Vladimir Grigor'evič Šuchov
1853–1939

Die Kunst der
sparsamen Konstruktion

Herausgeber

Institut für Auslandsbeziehungen,
Stuttgart

Ščusev-Architekturmuseum,
Moskau

Institut für
leichte Flächentragwerke
der Universität Stuttgart
Teilprojekt C3
»Geschichte des Konstruierens«
des Sonderforschungsbereichs 230

in Zusammenarbeit mit

Akademie der
Wissenschaften der UdSSR

Universitätsbibliothek
Stuttgart

Kujbyšev-Hochschule
für Bauingenieure, Moskau

VLADIMIR G. ŠUCHOV 1853–1939

DIE KUNST DER SPARSAMEN KONSTRUKTION

bearbeitet von

Rainer Graefe
Murat Gappoev
Ottmar Pertschi

mit Beiträgen von

Klaus Bach
Evgenij E. Belenja†
Nadežda M. Carykova
Ivan I. Černikov
Selim O. Chan-Magomedov
Natal'ja L. Čičerova
Murat Gappoev
Rainer Graefe
Boris Gusev
Igor' A. Kazus'
Valentina A. Memelova
Ottmar Pertschi
Irina A. Petropavlovskaja
Vladimir A. Putjato
Ekkehard Ramm
Erika Richter
Georgij M. Ščerbo
Nina A. Smurova
Fedor V. Šuchov
Jos Tomlow
Rosemarie Wagner

Deutsche Verlags-Anstalt
Stuttgart

Konzeption und Redaktion:
Rainer Graefe, Murat Gappoev, Ottmar Pertschi

Redaktionelle Mitarbeit:
Erika Richter, Jos Tomlow

Übersetzungen der russischen Beiträge:
Ottmar Pertschi

Fotoarbeiten:
Ilse Schmall

Schreibarbeiten:
Ursula Wucherer

Umschlag-Foto:
Igor' A. Kazus'

Gestaltung:
Hans Peter Hoch, Andreas Hoch
Gertrud Baur-Burkarth

Druck:
Dr. Cantz'sche Druckerei
Stuttgart-Bad Cannstatt 1990

CIP-Kurztitel der Deutschen Bibliothek

Vladimir Grigor'evič Šuchov: (1853–1939);
die Kunst der sparsamen Konstruktion/
bearb. von Rainer Graefe…
Mit Beitr. von Klaus Bach… u. Texten von
Vladimir Grigor'evič Šuchov. –
Stuttgart: Deutsche Verlags-Anstalt
ISBN 3-421-02984-9
NE: Graefe, Rainer [Hrsg.];
Šuchov, Vladimir Grigor'evič [Ill.]
Vw: Bach, Klaus [Mitverf.]
→ Šuchov, Vladimir Grigor'evič

© 1990 Deutsche Verlags-Anstalt GmbH,
Stuttgart, und
Institut für Auslandsbeziehungen,
Stuttgart
Alle Rechte vorbehalten
Printed in Germany

6	Grußwort	136	Rosemarie Wagner: Der Brückenbau
7	Vorwort		
	Beiträge	150	Boris Gusev: Wiederaufrichtung eines Minaretts in Samarkand
8	Rainer Graefe, Ottmar Pertschi: Leben und Werk	152	Igor' A. Kazus': Über die Erhaltung der Šuchov-Bauten
20	Fedor V. Šuchov: Erinnerungen an meinen Großvater	154	Nina A. Smurova: Šuchov und die Architektur Moskaus
22	Fedor V. Šuchov: Vladimir G. Šuchovs Tätigkeit in den Jahren nach der Revolution	158	Erika Richter: Moskauer Bauten Šuchovs – vorläufige Übersicht
24	Georgij M. Ščerbo: Über die Quellen der Neuerungen in Šuchovs Werk	164	Nina A. Smurova: Šuchovs Rolle bei der Ausbildung einer neuen Ästhetik in der russischen Architektur
28	Rainer Graefe: Netzdächer, Hängedächer und Gitterschalen	168	Selim O. Chan-Magomedov: Vladimir Šuchov, die Konstruktivisten und die Stilbildung der sowjetischen Architektur-Avantgarde
54	Murat Gappoev: Bogenkonstruktionen mit einem System aus biegeweichen Zuggliedern		Schriften von Vladimir G. Šuchov
60	Evgenij J. Belenja†, Vladimir A. Putjato: Zweidimensionale Tragwerke	174	Beschreibung von Netzdächern für Gebäude. Patentschrift, eingereicht am 27. März 1895
74	Murat Gappoev: Holzkonstruktionen	176	Beschreibung netzförmiger Gewölbedächer. Patentschrift, eingereicht am 27. März 1895
78	Irina A. Petropavlovskaja: Hyperbolische Gittertürme	177	Beschreibung eines gitterförmigen Turms. Patentschrift, eingereicht am 11. Januar 1896
92	Irina A. Petropavlovskaja: Der Sendeturm für die Radiostation Šabolovka in Moskau	178	Berechnung der Gebäude der Ingenieurabteilung auf der Ausstellung in Nižnij Novgorod
104	Klaus Bach: Gittermasten russischer und amerikanischer Schlachtschiffe	181	Berechnung der Gebäude der Fabrik- und Handwerks-Abteilung mit Dächern von 2200 Qu.Sažen und der Maschinenabteilung mit Dächern von 1000 Qu.Sažen auf der Ausstellung in Nižnij Novgorod
110	Jos Tomlow: Die Einführung einer neuen Konstruktionsform durch Šuchov und Gaudí		Archivbestand
116	Natal'ja Čičerova: Šuchovs Beitrag zur Entwicklung des Erdölwesens	184	Nadežda Carykova, Valentina Memelova, Ottmar Pertschi: Šuchov-Materialien in sowjetischen Archiven
120	Ekkehard Ramm: Der Behälterbau	187	Ottmar Pertschi: Verzeichnis der Schriften Šuchovs
128	Ivan J. Černikov: Konstruktionen von Erdölkähnen		Anhang
134	Nina A. Smurova: Beitrag zur Wasserversorgung Moskaus	190 193 194	Zur Entstehung der Arbeit Die Autoren Index

Diese Veröffentlichung stellt erstmals das Werk des bedeutenden Ingenieurs Vladimir Grigor'evič Šuchov außerhalb der Sowjetunion umfassend vor. Sie ist das Ergebnis einer Gemeinschaftsarbeit sowjetischer und deutscher Fachleute und Institutionen. Eine derartige enge Zusammenarbeit dürfte im wissenschaftlich-kulturellen Bereich zum ersten Mal stattgefunden haben. Insofern hat dieses Projekt Modellcharakter. Seit 1980 hat das Team mit Enthusiasmus viele Schwierigkeiten überwunden und neue, mitunter unkonventionelle Wege beschritten. Gemeinsames Arbeiten verbindet. Diese Möglichkeit, sich kennenzulernen, voneinander zu lernen und miteinander neue Erkenntnisse zu gewinnen, soll kein Einzelfall bleiben, sondern eine Selbstverständlichkeit werden. Zum Thema Architektur sind bereits anschließende gemeinsame Projekte in Vorbereitung.

Jürgen Hering
Leitender Bibliotheksdirektor
Universitätsbibliothek Stuttgart

Prof. Dr. V. Ja. Karelin
Rektor
Moskauer Kujbyšev-Hochschule für Bauingenieure (MISI)

Akademiemitglied Prof. Dr. V. P. Mišin
Akademie der Wissenschaften der UdSSR
Šuchov-Gedächtnis-Kommission des Präsidiums

Prof. Dr.-Ing. Drs. h. c. Frei Otto
Institut für leichte Flächentragwerke der
Universität Stuttgart

Hermann Pollig
Forum für Kulturaustausch
Institut für Auslandsbeziehungen, Stuttgart

Aleksej M. Ščusev
Direktor
Ščusev-Architekturmuseum, Moskau

Vorwort

Murat Gappoev
Rainer Graefe
Ottmar Pertschi

Vladimir Grigor'evič Šuchov war einer der herausragenden Konstrukteure des ausgehenden 19. und des frühen 20. Jahrhunderts und gilt bis heute als einer der bedeutendsten Ingenieure Rußlands und der Sowjetunion. Obwohl Šuchov neben Gustave Eiffel, Robert Maillart oder Eugène Freyssinet ein führender Wegbereiter der modernen Baukonstruktion und einer neuen Synthese von Ingenieurkonstruktion und Architektur war, ist sein Werk im Westen bisher kaum bekannt.

Šuchov war ein Meister der Kunst, sparsam, mit geringstem Aufwand an Material und Kosten zu konstruieren. Seine Hängedächer, Bogenkonstruktionen, Gitterschalen und Gittertürme in Form von Hyperboloiden waren neuartige Lösungen, die durch eine bis dahin unerreichbare Leichtigkeit, durch die Einfachheit und Eleganz der Konstruktion und durch die ungewohnte, kühne Formgebung seinerzeit Bewunderung hervorriefen. Sie stellen einen Abschluß und Höhepunkt in der Entwicklung der eisernen Baukonstruktionen des 19. Jahrhunderts dar und nehmen künftige Entwicklungen vorweg.

Šuchovs langjährige Tätigkeit im vorrevolutionären Rußland wurde während der ersten zwei Jahrzehnte der Sowjetunion vielseitig und ideenreich fortgesetzt. Die Breite seines Arbeitsgebiets ist erstaunlich. Sein Werk umfaßt neben grundlegenden wissenschaftlichen Arbeiten eine Vielzahl von technischen Erfindungen und Entwicklungen. Berühmt wurde Šuchov ebenso durch seine Baukonstruktionen. Von ihm stammen Brücken ganzer Eisenbahnstrecken, Fabrik-, Ausstellungs- und Bahnhofshallen, Wassertürme, Leuchttürme, Strom- und Sendemasten. In Zusammenarbeit mit führenden russischen Architekten war er am Bau zahlreicher Moskauer Gebäude beteiligt.

Die vorliegende Veröffentlichung enthält die Ergebnisse von Untersuchungen, die von einer Gruppe sowjetischer und deutscher Fachleute in enger, freundschaftlicher Zusammenarbeit durchgeführt worden sind. Wie diese Gemeinschaftsarbeit zustande kam, wer unmittelbar daran beteiligt war und welche Personen und Institutionen das Unternehmen gestützt und gefördert haben, ist im Nachwort ›Zur Entstehung der Arbeit‹ (Seite 190) dargelegt. Allen Beteiligten sei auch an dieser Stelle herzlich gedankt.

Buch und Ausstellung stellen das Gesamtwerk Šuchovs erstmals außerhalb der Sowjetunion vor. Ein großer Teil der Pläne, historischen Fotos und Dokumente ist zuvor noch nie veröffentlicht worden. Im Mittelpunkt stehen Šuchovs Baukonstruktionen. Aber auch wichtige Arbeiten in anderen technischen Bereichen sind berücksichtigt, um einen Eindruck von der ungewöhnlichen Vielseitigkeit dieses Ingenieurs zu geben und von seiner charakteristischen Arbeitsweise, Aufgaben in ihrer Gesamtheit zu erfassen und zu lösen.

Wir hoffen, mit dieser Veröffentlichung Anstöße zu weiteren Forschungen zu geben, die Diskussion um Erhaltung und Sanierung noch bestehender Šuchov-Bauten anzuregen und vor allem: die überragende historische Bedeutung dieses großen russischen Ingenieurs einer breiteren Öffentlichkeit bewußt zu machen.

Leben und Werk*

Rainer Graefe
Ottmar Pertschi

Vladimir Grigor'evič Šuchov[1] wurde 1853 in der Kleinstadt Grajvoron (Gebiet Belgorod) geboren. Sein Vater war dort Filialleiter der Petersburger Staatsbank. Die Schulzeit verbrachte er in Petersburg. Seit 1871 studierte Šuchov am Polytechnikum in Moskau. Diese aus einer Handwerkerschule hervorgegangene Hochschule ermöglichte nicht nur Adligen das Studium.[2] Sie zeichnete sich durch ein fortschrittliches Lehrprogramm und durch ein hohes Niveau vor allem in den Fächern Mathematik und Mechanik aus. Eine Besonderheit war die enge Verbindung von theoretischem und praktischem Unterricht, wozu eine gründliche handwerkliche Ausbildung in verschiedenen Werkstätten gehörte (s. G. Ščerbo, S. 24). Am Moskauer Polytechnikum eignete Šuchov sich die Grundlagen für seine späteren wissenschaftlichen und praktischen Arbeiten an. Er blieb dieser Hochschule zeit seines Lebens verbunden. Die »Polytechnische Gesellschaft« der Schule ernannte ihn 1903 zum Ehrenmitglied und veröffentlichte einige seiner Schriften (1.5; 1.6; 1.9). 1876 schloß Šuchov das Studium als »Mechanikingenieur« mit Auszeichnung ab. Seine besondere Begabung war aufgefallen. Man offerierte ihm eine Assistentenstelle bei dem berühmten Mathematiker Pafnutij Čebyšev (Tschebyscheffsches Polynom). Der Vorstand des Polytechnikums bot ihm außerdem an, Hochschullehrer auf einer Amerikareise zu begleiten. Šuchov lehnte das Angebot, eine wissenschaftliche Laufbahn einzuschlagen, ab und trat die Reise an. Ihr Ziel war, Informationen über die neuesten technischen Errungenschaften in den Vereinigten Staaten einzuholen. Šuchov besuchte die Weltausstellung in Philadelphia, auf der zahllose technische Neuheiten zu bewundern waren (die Singer-Nähmaschine, der Bell'sche Telefonapparat, die erste mechanische Schreibmaschine). Etwas von der Begeisterung, die diese gewaltige Leistungsschau der amerikanischen Industrie auslöste, vermittelt noch Walt Whitmans »Song of the Exhibition«. Šuchov besichtigte außerdem Maschinenfabriken in Pittsburgh und studierte das amerikanische Eisenbahnwesen. In Philadelphia traf er den Vorsitzenden der russischen Ingenieurgesellschaft Aleksandr V. Bari, der später eine entscheidende Rolle in seinem Leben spielen sollte.

Aus Amerika zurückgekehrt, nahm Šuchov in Petersburg eine Stelle als Planer von Lokomotivhallen bei der Warschau-Wien-Eisenbahngesellschaft an. Nebenbei begann er ein Studium an der Militärmedizinischen Akademie. Zwei Jahre später (1878) brach er beide Tätigkeiten ab und zog als Mitarbeiter von Bari in den Süden, in die russische Kolonie Azerbajdžan. Die erst wenig entwickelte Region befand sich im Aufbruch. Man hatte begonnen, die reichen Erdöllager auszubeuten. Bari hatte nach mehrjährigem Amerika-Aufenthalt ein Baubüro in Moskau gegründet und beabsichtigte nun, sich am vielversprechenden Erdölgeschäft zu beteiligen. Šuchov blieb zwei Jahre in Baku. Hier entfaltete der Berufsanfänger in kürzester Zeit eine erstaunliche Kreativität und Arbeitslust. Schon im Jahr der Ankunft konnte Bari nach seinen Plänen die erste Erdölleitung Rußlands mit 10 km Länge bauen. Auftraggeber war die finanzgewaltige Firma »Gebr. Nobel«. Eine weitere Erdölleitung folgte im nächsten Jahr, die weltweit erste Leitung für vorgewärmtes Masut wenig später. Neben den umfangreichen Arbeiten für Planung und Ausführung dieser und weiterer Pipeline-Anlagen beschäftigte sich Šuchov mit einer Vielzahl anderer Probleme, die bei Förderung, Transport und Verarbeitung des Erdöls anfielen.

Die gesamte Erdöltechnik war damals noch überaus primitiv. Das geförderte Öl wurde in offenen Gruben gelagert und in Fässern mit Pferdewagen und Schiffen transportiert. Man gewann aus dem Öl Kerosin für die Beleuchtung und Masut als Brennstoff, die Benzine verflüchtigten sich (Erfindung des Benzinmotors 1883). Die Brandgefahr war groß, ganze Gebiete wurden durch in den Boden sickerndes Öl verseucht.[3] Maksim Gor'kij, der wenig später Baku besuchte, hat die malerische und düstere Szenerie eindrucksvoll beschrieben.[4] 1878 entwickelte Šuchov einen neuartigen eisernen Erdöltank,[5] 1879 ließ er eine Düse zur Verbrennung des Masut patentieren.[6] Zahlreiche weitere Neuerungen folgten in den nächsten Jahren, darunter verschiedene Pumpen (1.7), die grundlegende Erfindung des Krakkens, Planung und Bau von Tankschiffen und Raffinerieanlagen.[7] Mit ihnen lieferte Šuchov einen wesentlichen Beitrag zum Aufbau der russischen Erdölindustrie (s. N. Čičerova, S. 116ff.).

Schon zwei Jahre nach seiner Einstellung wurde Šuchov zum Chefingenieur des Bari-Konstruktionsbüros in Moskau befördert. In dieser Zeit fand durch die expansive Außenpolitik von Zar Alexander II. eine schnelle Entwicklung der russischen Wirtschaft statt, ausländisches Kapital strömte ins Land.[8] Bari gründete in Moskau, zusätzlich zu seinem Baubüro, eine Fabrik für Dampfkessel, außerdem in rascher Folge Filialen in den wichtigsten Städten, so daß die Firma die Aktivitäten auf weite Teile des russischen Reichs ausdehnen konnte. Der Unternehmer Bari, selbst ausgebildeter Techniker, hatte in Šuchov den einfallsreichen und vielseitigen Ingenieur gefunden, der ihm im Konkurrenzkampf mit einheimischen und westlichen Firmen zum Erfolg verhalf. Die Produktion der neuen Šuchovschen Erdölbehälter wurde aufgenommen. Innerhalb von zwei Jahren wurden 130 Behälter hergestellt (bis 1917 waren es mehr als 20 000). Sie waren die ersten rationellen Metallbehälter dieser Art überhaupt (s. E. Ramm, S. 120ff.). Anstelle der in den USA und anderen Ländern verwendeten schweren rechteckigen Blechbehälter hatte Šuchov zylindrische Behälter mit dünnen, auf Sandbettung gelagerten Böden und mit abgestuften Wanddicken entwickelt und damit den Materialaufwand drastisch senken können. Seine Bauweise wird im Prinzip bis heute verwendet. Šuchov veröffentlichte seine elegante Berechnungsmethode 1883 in einem Aufsatz (1.1).

---

* Zahlen in runden Klammern verweisen auf das Verzeichnis der Schriften Šuchovs (S. 187ff.).

Abb. 1
Šuchov als Schüler
(Sammlung F. V. Šuchov)

Abb. 2
Der Chefingenieur des Konstruktionsbüros A. V. Bari, 1886 (Sammlung F. V. Šuchov)

Abb. 3
Šuchov im Alter
(Sammlung F. V. Šuchov)

Anmerkungen

UBS Übersetzung der Universitätsbibliothek Stuttgart

1   Russische Namen und Worte werden im Text und in den Anmerkungen in der wissenschaftlichen Umschrift wiedergegeben.
Für die Aussprache gilt:
s wie ß in »Roß« (stimmlos);
š wie sch in »Schule« (stimmlos);
z wie s in »Rasen« (stimmhaft);
ž wie g in »Etage« (stimmhaft);
c wie z in »Zeit«;
č wie tsch in »Peitsche«;
šč wie schtsch;
y dunkler i-Laut;
2   Vgl. Anweiler, Oskar: Geschichte der Schule und Pädagogik in Rußland vom Ende des Zarenreiches bis zum Beginn der Stalin-Ära. Berlin: 1964.
3   Henry, J.D.: Baku. An eventful history. London: 1905.
4   Safarjan, M.K.: Vklad V.G. Šuchova v rezervuarostroenie. (V.G. Šuchovs Beitrag zum Behälterbau; russ.). In: V.G. Šuchov – vydajuščijsja inžener i učenyj. M.: 1984, S. 72–76 (S. 72).
5   Kovel'man, G.M.: Tvorčestvo početnogo akademika i inženera Vladimira Grigor'eviča Šuchova. (Das Werk des Ehrenmitglieds der Akad. d. Wiss. und Ingenieurs V.G. Šuchov; russ.). M.: 1961, S. 168–185 (Kapitel über Behälterbau).
6   Archiv Akad. d. Wiss. 1508-1-42.
7   Lopatto, A.É.: Početnyj akademik Vladimir Grigor'evič Šuchov – vydajuščijsja russkij inžener. (Das Ehrenmitglied der Akademie V.G. Šuchov – ein bedeutender russischer Ingenieur; russ.). M.: 1951, S. 14–15.
8   Giterman, V.: Geschichte Rußlands. Hamburg: 1949, Bd. 3, S. 194. Eine detaillierte Schilderung der politischen, kulturellen und wirtschaftlichen Entwicklung Rußlands im 19. Jhdt. bis zur Oktoberrevolution findet sich im Sammelband: Rußlands Aufbruch ins 20. Jhdt. Politik, Gesellschaft, Kultur 1894–1917. Hrsg. v. G. Kasakov, E. Oberländer, N. Poppe, G. v. Rauch. Freiburg: 1970.

Abb. 4
Die Delegation des Moskauer Polytechnikums vor der Amerikareise 1876 (Šuchov hinten links)
(Sammlung F. V. Šuchov)

Abb. 5
Im Kreis der Familie, 1900
(Sammlung F. V. Šuchov)

9 Kovel'man, G.M. 1961 (a.a.O.), S. 179–184.
10 Kovel'man, G.M.: Krupnejšij russkij inžener – Vladimir Grigor'evič Šuchov. (1853–1939). (V.G. Šuchov, der größte russische Ingenieur; dt. – UBS Nr. Ü/208. In: Trudy po istorii techniki. M., 8 (1954), S. 64–88. (S. 26 d. Übers.)
11 Giterman, V. (a.a.O.), S. 205.
12 Thuchof water tube boilers. In: The Engineer. London, 3 (1897), 12.2., S. 164.

Alle Behälter wurden standardisiert, die Zubehörteile genormt, neuartige Dachkonstruktionen erprobt. Listen, mit deren Hilfe die jeweils günstigste Lösung hinsichtlich Volumen, Material, Aufwand und Kosten schnell zu ermitteln waren, erleichterten die Planung. Für Zuschnitt der Bleche und Schlagen der Nietlöcher wurden Schablonen angefertigt. 1881 wurden in Jaroslavl' erstmals zehn Behälter in einer Art Fließbandverfahren gebaut: Spezialisierte Arbeitstrupps, die jeweils bestimmte Bauteile (Fundament, Boden, Wand usw.) herstellten, rückten nacheinander von Objekt zu Objekt vor. Material und Energie wurden, wo immer möglich, eingespart – etwa durch Plazierung der Behälter auf Erhebungen oberhalb der Bahngleise, um die Waggons unter Ausnutzung des Gefälles ohne Pumpen betanken zu können.[9] Manche dieser Behälter sind heute noch, nach einem Jahrhundert, in Betrieb (z.B. in Kinešma und Batumi). Eines der ältesten erhaltenen Exemplare auf dem Werksgelände der Firma Bari (heute Dinamo) in Moskau dient heute mit eingebautem Tor als Lagerraum. Bari nahm später die Serienproduktion auch von gleichen Behältern für Wasser, Säuren und Alkohol sowie von Silos auf.

Das Eisenbahnnetz im südlichen Rußland war noch unzureichend entwickelt. Um die Wasserwege vom Schwarzen und vom Kaspischen Meer für Öltransporte in den Norden nutzen zu können, baute Šuchov ab etwa 1885 die ersten russischen Tankschiffe (erster deutscher Hochseetanker 1886 mit 3000 t Fassungsvermögen). Für die besonderen Bedingungen der Flußschiffahrt (Strömungen, Untiefen) entwickelte er, auch hier wieder nach beeindruckenden rechnerischen Analysen (1.11; 1.12) Kähne mit strömungsgünstiger Formgebung und mit extrem langen und extrem flachen Rumpfkonstruktionen (s. I. Černikov, S. 128 ff.). Einbauten und Trennwände wurden als tragende Teile einbezogen, Zugelemente zur Aussteifung eingesetzt. Zunächst wiesen die Tankkähne Längen von etwa 70 Metern auf (Breite ca. 10 m, Rumpfhöhe 1,5–2 m, Fassungsvermögen ca. 800 Tonnen), schließlich erreichten sie mehr als doppelte Längen (150–170 m, Fassungsvermögen ca. 10000 t), ohne daß die Querschnitte der tragenden Teile wesentlich vergrößert wurden. Die Montage erfolgte in genau geplanten Arbeitsschritten mit standardisierten Teilen auf Werften in den Städten Caricyn (heute Volgograd) und Saratov an der Wolga, die 1:1 Werkzeichnungen wurden in Moskau gefertigt. Auch beim Schiffsbau erlangte die Firma Bari bald eine führende Marktposition. In den Jahren des Aufschwungs der Wolga-Schifffahrt (bis 1900) wurde von ihr die Mehrzahl der russischen Tankkähne gebaut, außerdem Erdölbehälter an fast allen Umschlagplätzen entlang der Wolga.

1886 wurde zum Ausbau der Moskauer Wasserleitung ein Wettbewerb ausgeschrieben, an dem die Firma Bari sich beteiligte. Šuchov hatte zuvor schon unter Verwertung seiner Erfahrungen im Behälter- und Leitungsbau und unter Einsatz neu entwickelter Pumpen für die kleine

Industriestadt Tambov eine Wasserleitung angelegt. Mit seinen Mitarbeitern plante Šuchov in dreijähriger Arbeit auf der Grundlage umfangreicher geologischer Untersuchungen ein neues Moskauer Wasserversorgungssystem (s. N. Smurova, S. 134f). Da dieses Projekt (1.4) unter allen Angeboten das billigste war, erhielt Bari vom Moskauer Stadtrat den Zuschlag. Das Finanzministerium vergab den Auftrag allerdings an eine andere Firma, die bei der Realisierung dann teilweise Šuchovs Planungen folgte.

Die Arbeitsgemeinschaft des Firmenbesitzers Bari und seines ersten Ingenieurs Šuchov bewährte sich bei unterschiedlichsten Projekten. Wenn Bari mit sicherem Gespür wieder eine neue Marktlücke entdeckt hatte, lieferte Šuchov umgehend die passenden Ideen und Produkte. Seinen ungewöhnlichen Arbeitsstil hat Šuchov-Biograph Kovel'mann so beschrieben: »Ein allgemeiner Charakterzug in Šuchovs Tätigkeit ist seine synthetische Methode, ein beliebiges Problem zu lösen. Diese Methode fand ihren Ausdruck in der Einheit von Theorie und Praxis, Konstruktion und Berechnung, Entwurf und Herstellung, technischer Vollkommenheit und wirtschaftlicher Zweckmäßigkeit und schließlich im ganzheitlichen Erfassen jeder Aufgabe unter Berücksichtigung ihrer Bezüge zu vergleichbaren Problemen.«[10] Bari hatte zunächst Dampfkessel aus England und Frankreich importiert, die in seiner Moskauer Kesselfabrik lediglich zusammengebaut wurden – ein wenig profitables, aber übliches Verfahren. Der »von außen aufgepfropfte Kapitalismus«[11] brachte Rußland wachsende Importe aus dem westlichen Ausland mit geringen Gewinnspannen für den einheimischen Handel und mit immensen Außenhandelsdefiziten für die russische Wirtschaft. Šuchov erfand neue Rohrkessel in horizontaler und vertikaler Bauweise (Patente 1890 und 1892 – 2.4; 2.5), deren Vorteile vor allem in der Vergrößerung der beheizbaren Flächen, der Einfachheit der Gesamtkonstruktion und der Zusammensetzung aus immer gleichen Elementen bestanden (s. N. Čičerova, S. 118f). 1896 nahm Bari die Serienproduktion auf. In demselben Jahr wurden die Šuchovschen Dampfkessel auf der Allrussischen Ausstellung in Nižnij Novgorod prämiert und sogar in der englischen Fachpresse als »Thuchof water tube boilers« lobend erwähnt.[12] 1900 erhielt die Firma Bari auf der Weltausstellung in Paris für dieses Produkt eine Auszeichnung (Šuchov eine Goldmedaille). Sie schmückte seitdem, zusammen mit der Abbildung eines Kessels, Briefköpfe und Prospekte der Firma (bis 1910 ohne Erwähnung Šuchovs). Die Patente wurden 1910, nun unter Šuchovs Namen, verlängert (2.9), ein zweites Mal nach der Revolution 1925 (2.10). Hier und da waren Šuchovsche Dampfkessel in den letzten Jahren noch in Betrieb.

Seit etwa 1890 wandte sich Šuchov neuen Aufgaben in der Baukonstruktion zu, ohne deshalb die anderen, überaus vielfältigen Bereiche seiner Tätigkeit zu vernachlässigen. Sie nahmen nun allerdings nur noch einen

Abb. 6
Auf dem Hochrad
(Sammlung F. V. Šuchov)

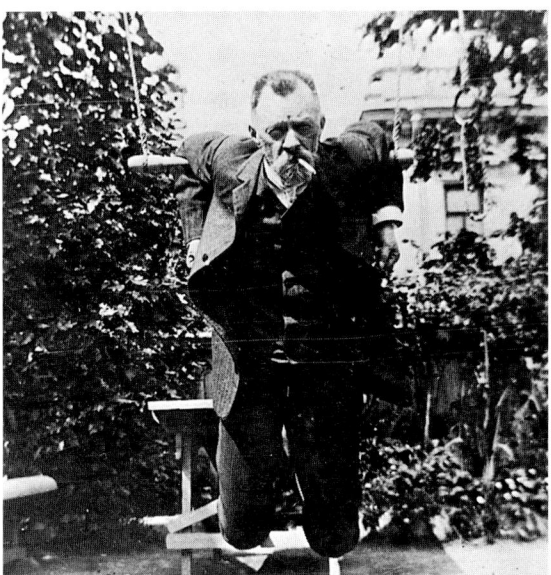

Abb. 7
Jux auf der Schaukel
(Sammlung F. V. Šuchov)

Abb. 8
Kraftprobe, auf dem Arm
Tochter Ksen'ja
(Sammlung F. V. Šuchov)

13 Kovel'man, G.M. 1961 (a.a.O.), S. 120–130.
14 Archiv Akad. d. Wiss. 1508-1-65 Nr. 17–19.
15 Schädlich, Ch.: Das Eisen in der Architektur des 19. Jahrhunderts. Habilitationsschrift. Weimar, 1967, S. 104.
16 Chudjakov, P.: Novye tipy metalličeskich i derevjannych pokrytij dlja zdanij po sisteme inženera Šuchova. (Neue Metall- und Holzdachtypen für Gebäude nach dem System des Ingenieurs V.G. Šuchov; dt. – UBS Nr. Ü/361.) In: Techničeskij sbornik i Vestnik promyšlennosti. M.: 1896, Nr. 5, S. 169–172.
17 Elpat'evskij, S.: S Nižegorodskoj vystavki. (Von der Ausstellung in Nižnij Novgorod; russ.). In: Russkoe bogatstvo. SPb., 1896, Nr. 10, S. 148–158.
Vodonapornaja bašnja. (Der Wasserturm; russ.). In: Odesskie novosti. Odessa, 1896, Nr. 3686, 11.7.
Vodonapornaja bašnja sistemy V.G. Šuchova. (Der Šuchovsche Wasserturm; russ.). In: Dvigatel'. M., 1896, Nr. 30/31, 25. 8., S. 7–8.
18 Butin, A.: L'exposition nationale russe de Nijni-Novgorod en 1896. In: Le Génie Civil. Paris, 29 (1896), Nr. 751, 31.10., S. 421–426.
Exposition nationale russe de Nijni-Novgorod. In: Le Génie Civil. Paris, 29 (1896), Nr. 732, 20.6., S. 127.
(Krell über eiserne Hochbaukonstruktionen). In: Zeitschrift des Vereins deutscher Ingenieure. Düsseldorf, 40 (1896), Nr. 26, 27.6., S. 731–133.
The great Nijni Novgorod exhibition. In: The Engineer. London, 82 (1896), 10.7., S. 43–44.
The Nijni Novgorod exhibition. In: The Engineer. London, 83 (1897), 22.1., S. 80.
Nijni-Novgorod-exhibition – Water tower. In: The Engineer. London, 83 (1897), 19. 3., S 292–294.
(Die allrussische Ausstellung in Nishnij-Nowgorod). In: Zeitschrift des Vereins deutscher Ingenieure. Düsseldorf, 41 (1897), Nr. 14, 3. 4., S. 413–414.

Teil seiner Zeit, seiner Aufmerksamkeit und seiner ungewöhnlichen Begabungen in Anspruch. Am Ausbau des russischen Eisenbahnnetzes wurde die Firma Bari zunächst mit Brückenbauten (später mit zahlreichen weiteren Bauaufträgen) beteiligt. 1892 baute Šuchov seine ersten Eisenbahnbrücken, in den nächsten Jahren entstanden nach seinen Plänen und unter seiner Leitung 417 Brücken für verschiedene Bahnlinien (s. R. Wagner, S. 136ff.). Um diese Menge bewältigen zu können, um kurzfristig planen und kostengünstig bauen zu können, ging Šuchov abermals den Weg der Standardisierung. Für unterschiedliche Spannweiten zwischen 25 und 100 m entwarf er eine Reihe von Brückentypen, die in wechselnder Verwendung und Kombination entlang der Bahnstrecken dennoch ein abwechslungsreiches Bild boten. Bei diesen Fachwerkbrücken handelte es sich nicht um grundlegend neue Entwicklungen, sondern um eigenständige Weiterentwicklungen von zuvor vor allem in Deutschland entstandenen Tragwerkssystemen. Wegen der in Rußland herrschenden Eisenknappheit wurden besonders leichte, materialsparende Konstruktionen ausgebildet. Die filigrane Bauweise, die sorgfältige Durchbildung aller Details und das prägnante, unverwechselbare Erscheinungsbild dieser Brückenbauten lassen erstmals die gestalterischen Fähigkeiten dieses so vielseitig begabten Ingenieurs erkennen.

Die gemauerten Brückenpfeiler waren anscheinend durchweg gleich. Für die Druckluftgründung wurden Senkkästen in Holz-Eisen-Konstruktion entwickelt. Die Druckluft wurde mit Šuchovschen Dampfkesseln erzeugt, die sich wegen der kompakten Bauweise und des geringen Gewichts für den mobilen Einsatz besonders eigneten. Viele der von Šuchov erdachten Herstellungs- und Montageverfahren dürften im Brückenbau erstmals angewendet worden sein. Ganze Brückenträger wurden an den Flußufern seriell gefertigt und im Winter über Holzgerüste, die auf dem Eis standen, nacheinander in Position gezogen. Gerüste waren so konstruiert, daß sie mit wenigen simplen Vorkehrungen in ihrer vollen Länge abgesenkt werden konnten.[13]

Neben den Eisenbahnbrücken entwarf und baute Šuchov eine Reihe kleinerer Brücken für unterschiedliche Zwecke, manche von ihnen in eher konventioneller, andere in vollständig neuer Bauweise. Zwei Tabellen Šuchovs sind erhalten, auf denen, neben schematischen Zeichnungen der jeweils verwendeten Brückenkonstruktion, genaue Angaben zu Abmessungen, Materialaufwand und Druckkräften zusammengestellt sind.[14]

Gleichzeitig mit dem Brückenbau nahm Šuchov die Entwicklung von Dachkonstruktionen auf, auch dies ein neues Betätigungsfeld, wenn man von seinen Dächern für Erdölbehälter absieht. Die Absicht war, Konstruktionssysteme zu finden, die mit minimalem Aufwand an Material, Arbeit und Zeit herzustellen und zu bauen waren. Am Anfang standen, wie häufig, grundsätzliche Überlegungen zu prinzipiell möglichen Lösungen und rechnerische Analysen vorhandener Lösungen. Die Neuheit der Aufgabe, vielleicht auch die Ungebundenheit an konkrete Bauaufträge, mögen diese Entwicklungsarbeit besonders begünstigt haben (1.9). In nur wenigen Jahren gelang Šuchov die Erfindung und Realisierung verschiedener Dachkonstruktionen von so grundlegender Neuheit, daß allein diese Leistung ihm einen besonderen Rang unter den Bauingenieuren seiner Zeit gesichert hätte.

Bereits vor 1890 müssen Šuchovs extrem leichte Bogenkonstruktionen mit dünnen diagonalen Zugelementen entstanden sein. Die Tragwirkung dieser Bogenbinder unterschied sich prinzipiell von bisher verwendeten, vergleichbaren Binderkonstruktionen und stellte die gängigen konstruktiven Vorstellungen quasi auf den Kopf (s. M. Gappoev, S. 54ff., R. Graefe, S. 44). Als tragende Teile der Glastonnen über der Petrovskij-Passage und über den Passagen des Kaufhauses GUM, beide in Moskau, tun diese Bögen noch heute ihren Dienst.

1895 meldete Šuchov seine »Netzdächer« zum Patent an (vgl. S. 174). Dabei handelte es sich um Netze und Gitter aus Band- und Winkeleisen und mit rautenförmigen Maschen. Aus ihnen ließen sich weitgespannte leichte Hängedächer und Gitterschalen herstellen (s. R. Graefe, S. 28ff.). Mit der Entwicklung dieser Netzdächer war ein völlig neuer Tragwerkstyp geschaffen. Zugbeanspruchte, hängende Dachkonstruktionen gab es bis dahin nur in vereinzelten Experimenten und Bauten. Šuchov bildete Hängedächer erstmals als Flächentragwerke aus, eine Bauweise, die erst Jahrzehnte später wieder angewendet wurde. Auch auf dem Gebiet der bereits hochentwickelten eisernen Wölbkonstruktionen stellten seine aus nur einem Stabelement gebildeten Gitterschalen einen wesentlichen Fortschritt dar. Christian Schädlich bemerkt dazu in seiner grundlegenden Untersuchung der eisernen Baukonstruktionen des 19. Jahrhunderts: »Šuchovs Konstruktionen vollenden die Bemühungen des 19. Jahrhunderts um eine eigenständige Eisenkonstruktion und weisen zugleich weit ins 20. Jahrhundert hinein. Sie brachten einen bedeutsamen Fortschritt: Das auf Haupt- und Nebenteilen beruhende Stabgefüge des zu jener Zeit üblichen räumlichen Fachwerks wurde durch ein Netz gleichwertiger Konstruktionsglieder ersetzt.«[15]

Nach ersten Versuchsbauten (zwei Gitterschalen 1890, ein Hängedach 1894) stellte Šuchov seine neuen Dachkonstruktionen bei der Allrussischen Ausstellung in Nižnij Novgorod (derzeit Gor'kij) 1896 in einer beispiellosen Demonstration erstmals der Öffentlichkeit vor. Die Firma Bari baute insgesamt acht Ausstellungshallen mit teilweise beträchtlichen Abmessungen und vermietete sie an die Aussteller. Vier von ihnen waren mit Hängedächern, vier mit tonnenförmigen Gitterschalen überdacht. Eine der Hallen mit Netzhängedach war außerdem im Zentrum mit einer hängenden dünnen Blechfläche überdacht – auch das eine nie zuvor verwendete Bauweise. Das finanzielle Risiko für Bari war groß, die

Abb. 9
Mit Mitarbeitern auf einem
Šuchovschen Erdölkahn
(Sammlung F. V. Šuchov)

für Planung und Bau verfügbare Zeit sehr kurz, Zweifel der zuständigen Behörde an der Stabilität der Dachkonstruktionen mußten ausgeräumt werden. Letzteres gelang bei Überprüfung der Dächer im schneereichen Winter 1895/96.[16]

Zusätzlich zu diesen Hallen wurden ein Wasserturm, bei dem Šuchov sein Netzwerk auf eine vertikale Gitterkonstruktion übertragen hatte, und, als eine weitere Neuheit, zwei Hallen mit leichten Tonnendächern aus mehreren Schichten dünner Bretter gebaut (s. M. Gappoev, S. 74). Am Rande sei erwähnt, daß die Bauarbeiter auf Šuchovs Initiative auf der Baustelle ein Mittagessen erhielten. Ein Grund für diese Fürsorge mögen die damaligen sozialen Unruhen gewesen sein. Allerdings kam die Regelung auch dem Fortgang der Arbeiten zugute.

Die Resonanz war groß,[17] auch die ausländische Presse berichtete ausführlich über Šuchovs Baukonstruktionen.[18] Bewundert wurde die technische Leistung. Daß die Hallen zugleich den – gelungenen – Versuch darstellten, die architektonischen Möglichkeiten der gerade erst entwickelten Tragwerksformen zu erproben, wurde nicht bemerkt. Das architektonische Konzept war derart eng mit dem konstruktiven verknüpft (und derart weit vom Außendekor des Architekten Kossov entfernt), daß man es Šuchov zuschreiben darf. Die erhaltenen Fotos zeigen in der Außenansicht recht unauffällige Bauten. Die Innenräume unter den geschwungenen Netzen der Hängedächer und unter den filigranen Gittertonnen unterschiedlicher Spannweiten sind jedoch außerordentlich eindrucksvoll. Die Unverblümtheit, mit der die eisernen Fachwerkstützen und -träger gezeigt sind, verstärken für den heutigen Betrachter den ästhetischen Reiz dieser kargen Hallenarchitektur. Insgesamt erstaunen der sichere Umgang mit den neuen, ungewohnten Bauformen und die Fähigkeit, auch bei Verwendung gleicher Bauteile abwechslungsreiche Raumfolgen und Durchblicke zu schaffen. Offensichtlich besaß Šuchov »ein ausgezeichnetes räumliches Vorstellungsvermögen und – wir scheuen uns nicht, es zu sagen – künstlerisches Talent« (Afanasjew).[19]

Die meisten Ausstellungsbauten sind später, wie von vornherein geplant, verkauft worden. Dem Erfolg der Ausstellung war sicherlich zuzuschreiben, daß Šuchov in den folgenden Jahren mit dem Bau von zahlreichen Fabrik- und Eisenbahnhallen und von vielen Wassertürmen beauftragt wurde. Außerdem wurde er immer häufiger von Moskauer Architekten zu Bauprojekten hinzugezogen. Eine Möglichkeit, weitere Hängedächer zu bauen, fand sich nicht. Mit Entwürfen für das Moskauer Künstlertheater hat Šuchov immerhin versucht, diese Dachkonstruktion auch in die repräsentative Architektur einzuführen. Gitterschalen wurden in größerer Anzahl als Hallendächer verwendet, unter anderem bei Bauten der Bari-Kesselfabrik (1896 und 1897), welche mit der Zeit eine ganze Kollektion von Šuchov-Konstruktionen erhielt (Abb. 35). 1897 errichtete Šuchov in Vyksa für die Hüttenwerke eine Werkhalle mit räumlich gekrümmten Gitterschalen – gegenüber den bisherigen, einfach gekrümmten Schalen eine bedeutende konstruktive Verbesserung. Diese kühne Dachkonstruktion, ein früher Vorläufer der modernen Gitterschalen, hat in der Provinzstadt bisher erfreulicherweise überdauert (s. I. Kazus', S. 152).

Den größten geschäftlichen Erfolg brachte der Firma Bari die in Nižnij Novgorod gezeigte Turmkonstruktion in Form eines Hyperboloids. Diese Erfindung hatte Šuchov sich noch kurz vor Ausstellungsbeginn patentieren lassen (vgl. S. 177).[20] Im Prinzip stellte sie eine Variante der bei den Dächern verwendeten Netzbauweise dar. Die Rotationsfigur des Hyperboloids war allerdings eine vollständig neue, noch nie zuvor ge-

19 Afanas'ev, K. N.: Ideen – Projekte – Bauten. Sowjetische Architektur 1917 – 1932. Dresden: 1973, S. 13.
20 Berthold Burkhardt machte die Entdeckung, daß auch in Deutschland der Bau von Hyperboloid-Gittertürmen erwogen wurde. Die Firma Mannesmann suchte nach Verwendungsmöglichkeiten für nahtlose Rohre (Patent Januar 1885). Eine Lithographie mit dem Titel »Mannesmann Constructionen – Rohrtürme« zeigt einen Leuchtturm und einen Aussichtsturm in Hyperboloid-Form. Wann sie entstand und ob sie veröffentlicht wurde, ist bislang unklar. Die Entwürfe könnten durch Šuchovs Wasserturm in Nižnij Novgorod angeregt worden sein. Sie könnten aber auch unabhängig davon entstanden sein. Jedenfalls weisen beide Turmzeichnungen Unstimmigkeiten auf. Es handelt sich bei ihnen um Ideenzeichnungen und nicht um Ausführungspläne. Mannesmann hat diese Idee anscheinend nicht weiter verfolgt.

brauchte Bauform. Sie ermöglichte, eine räumlich gekrümmte Gitterfläche mit geraden, schräggestellten Stäben zu erzeugen. Das ergab leichte, steife Turmkonstruktionen, die sehr einfach und elegant berechnet und hergestellt werden konnten (s. I. Petropavlovskaja, S. 78; J. Tomlow, S. 110). Der Nižnij Novgoroder Turm trug auf einem 25,60 m hohen Schaft einen 114 000 l fassenden Wasserbehälter zur Versorgung des Ausstellungsgeländes. Auf dem Behälter befand sich eine Aussichtsplattform, die über eine Wendeltreppe im Turminnern zu erreichen war. Dieser erste Hyperboloid-Turm ist eines der schönsten Bauwerke Šuchovs geblieben. Er wurde an den steinreichen Baron Nečaev-Mal'cev verkauft, der ihn auf seinen Ländereien beim Dorf Polibino (bei Lipeck) zur Bewässerung der Gärten aufstellte. Dort steht der Turm noch heute, wenn auch in recht lädiertem Zustand.

Die sprunghaft gestiegene Nachfrage nach Wassertürmen infolge der beschleunigten Industrialisierung brachte Bari zahlreiche Aufträge. Gegenüber den sonstigen Turmkonstruktionen war der Šuchovsche Gitterturm herstellungstechnisch vorteilhafter und kostengünstiger.[21] Hunderte von Wassertürmen wurden von Šuchov in dieser Bauweise entworfen und gebaut. Die große Anzahl führte teilweise wieder zur Typisierung der Gesamtkonstruktion und einzelner Teile (Behälter, Treppenaufgänge). Trotzdem weisen diese reihenweise hergestellten Türme eine überraschende formale Vielfalt auf. Šuchov nutzte mit offensichtlichem Vergnügen die Eigenschaft des Hyperboloids, durch Änderung beispielsweise der Schrägstellung der Stäbe oder der Durchmesser des oberen und des unteren Rands unterschiedlichste Formenvarianten erzeugen zu können (s. J. Tomlow, S. 110) – jede von ihnen mit anderer Gestalt und mit anderem Tragverhalten. Die auch gestalterisch schwierige Aufgabe, die schweren Behälter in jeweils erforderlicher Höhe auf einer möglichst leichten Turmkonstruktion unterzubringen, wurde immer mit sicherem Formgefühl gelöst. Nicht wenige dieser Wassertürme standen im Ortskern, wo sie, mit der historischen Bebauung konstrastierend, einen markanten Orientierungspunkt bildeten. Womöglich noch vielfältiger als die Turmformen selbst waren die Formen der im Innern angebrachten Treppenaufgänge. Im durchsichtigen Gitterwerk des Turmschafts von allen Seiten sichtbar, prägte ihre Gestalt den Gesamteindruck mit. Dementsprechend sorgsam wurden sie in die Konstruktion eingepaßt. Unter den verschiedenen Wendeltreppen finden sich grazile, außerordentlich gewagte Hängekonstruktionen. Sie bestehen lediglich aus zwei hochkant stehenden, gewendelten Blechstreifen, zwischen die die Blechstufen genietet sind, und einigen vertikalen Bandeisen. Der Nižnij Novgoroder Turm hat eine derartige Treppe (anstelle der schwereren ursprünglichen Wendeltreppe) nach seiner Umsetzung nach Polibino erhalten. Sie ist heute am Fuß durchgerostet und schwingt bei Wind in ihrer vollen Länge von 25 m wie ein Seil hin und her.[22] Die größte Höhe erreichte unter diesen Hyperboloid-Türmen – allerdings ohne die Auflast eines Wasserbehälters – der Leuchtturm in Cherson mit 68 m (3.10). Dieses wohlgestaltete Bauwerk ist leider im letzten Krieg zerstört worden.

Eine genaue Übersicht über sonstige Baukonstruktionen von Šuchov, die in den Jahren bis zur Revolution entstanden sind, gibt es noch nicht. Während der Jahre 1888 bis 1906 hat Šuchov über die von ihm errichteten Hallen- und Dachkonstruktionen in zwei Kladden Buch geführt.[23] Ebenso wie bei der erwähnten Auflistung seiner Brückenkonstruktionen wurden dabei neben einer schematischen Zeichnung der Konstruktion genaue technische Angaben einschließlich Materialverbrauch aufgeführt. Wie vollständig diese Auflistung ist, ist unklar, die Ausstellungsbauten von Nižnij Novgorod fehlen jedenfalls. Die meisten Gebäude und die große Anzahl vergleichbarer späterer Bauten sind bisher erst unzureichend untersucht worden. Ihre Erforschung dürfte noch manche originelle konstruktive Lösung zutage fördern. Dazu nur zwei Beispiele: Šuchov hat vorgeschlagen, gleichgeformte Träger auch für unterschiedliche Teile der Gesamtkonstruktion zu verwenden, um Herstellung und Montage zu vereinfachen. Dem unterschiedlichen Lastfall entsprechend sollten die Querschnitte verschieden bemessen werden. Diese Idee wurde bei dem eisernen Kegeldach eines Schmiedegebäu-

21 Belyj, Ju. A.; I. I. Charičkov: Šuchovskaja bašnja v g. Nikolaeve – pamjatnik inženernogo iskusstva. (Ein Šuchov-Turm in der Stadt Nikolaev – ein Denkmal der Ingenieurkunst; dt. – UBS Nr. Ü/311). In: Pamjatniki nauki i techniki. 1981. M.: 1981, S. 104–108.

22 Eine Treppenkonstruktion von ähnlicher Kühnheit ist uns nur vom Pont Transporteur in Marseille bekannt (1902 von den Ingenieuren Arnodin und Leinekugel le Coq). Die Stufen dieser Wendeltreppe werden von einer schlauchförmigen Schar senkrechter, straff gespannter Stahlseile getragen (Konrad Wachsmann: Wendepunkte im Bauen. Wiesbaden: 1959, Abb. 44).

23 Archiv Akad. d. Wiss. 1508-1-57.

Abb. 10
Šuchov und P. K. Chudjakov, wohl 1930
(Sammlung F. V. Šuchov)

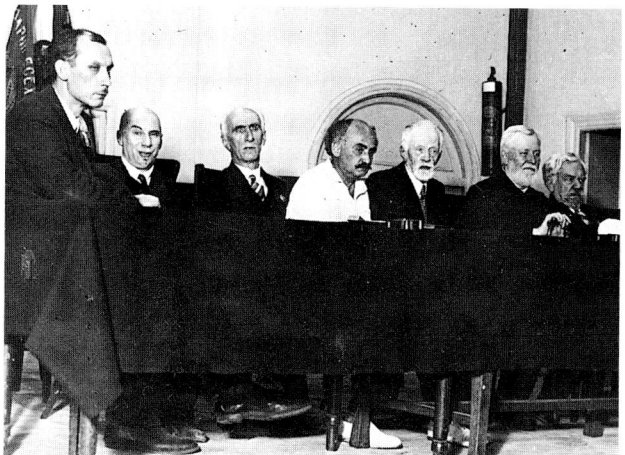

Abb. 11
Šuchov auf einer öffentlichen Versammlung in den 30er Jahren
(Sammlung F. V. Šuchov)

Abb. 12 und 13
Reklame für Dampfkessel, Prospekte der Firma Bari, 1900/1901 (links) und der verstaatlichten Firma Parostroj (Oben das Werkgelände in Vogelperspektive, vgl. Abb. 35 (Archiv Akad. d. Wiss. 1508-2-47 Nr. 5 und 52)

Abb. 14
Bilanz der Bautätigkeit und Produktion der Firma Parostroj in den Jahren 1913–1928, veröffentlicht vom zuständigen Ministerium
(Archiv Akad. d. Wiss. 1508-2-44 Blatt 88)

des der Kesselfabrik Bari verwirklicht (Abb. 109–111). Beim Moskauer Hauptpostamt hat Šuchov 1912 die Schalterhalle mit Oberlicht und gläsernem Dach versehen. Er erfand dafür ein ebenes Raumfachwerk, das man als Vorläufer der von Konrad Wachsmann und Max Mengeringhausen in den vierziger Jahren entwickelten Raumfachwerke aus nahtlosen Rohren ansehen kann (Abb. 115–118). Allerdings verwendete Šuchov noch kein Tetraedersystem. Mit ihnen experimentierte etwa zur gleichen Zeit Alexander Graham Bell (der Erfinder des Telefons) beim Bau von Flugdrachen.[24]

Die erwähnten Arbeitskladden mit ihren Aufstellungen ausgeführter Baukonstruktionen, ebenso die Aufstellungen von Brückenkonstruktionen, sind wahrscheinlich Vorarbeiten für eine geplante Publikation gewesen. 1897 hatte Šuchov in seinem Buch »Der Dachverband« (1.9) einen zweiten Band angekündigt, der nicht erschienen ist.[25] Anscheinend hat Šuchov in dieser Veröffentlichung eine umfassende Bewertung verschiedener Konstruktionssysteme, ihres Tragverhaltens und des zu ihrer Herstellung erforderlichen Aufwands vornehmen wollen.

1914 ließ die Firma Bari zu Reklamezwecken eine Landkarte drucken, die eine Übersicht über sämtliche bis dahin von ihr erstellten Bauwerke und technischen Objekte gibt (Abb. 307, 311). Diese Karte ist zugleich eine anschauliche Darstellung der immensen Arbeitsleistung Šuchovs, der trotzdem immer die Zeit gefunden hat, russische und ausländische Fachliteratur zu studieren, einen regen Gedankenaustausch mit befreundeten Wissenschaftlern und Technikern zu pflegen und seinem Hobby, der Fotografie, nachzugehen, übrigens auch das mit sehr beachtlichen Ergebnissen.

Nach eigenen Angaben hat Šuchov regelmäßig die Zeitschriften »The Engineer« und »Cassier's Magazine« gelesen, eine Lektüre, die sicherlich auch seine politischen Vorstellungen beeinflußt hat. 1906 veröffentlichte Šuchov in dem Sammelband »Weg nach Tsushima«, den sein Freund P. K. Chudjakov herausgab, einen Aufsatz (1.13), in dem er bitter mit der militärischen Führung Rußlands abrechnet und einen Appell an die Herrschenden richtet, »moralische Voraussetzungen für die menschenwürdige Existenz der russischen Landeskinder« zu schaffen. Dies ist die einzige Veröffentlichung Šuchovs geblieben, die sich nicht ausschließlich mit technischen Fragen befaßt.

Seit 1910 wandte die Firma Bari sich auch dem Bau von Kriegsgerät zu. Das zaristische Rußland strebte einen Zugang zum Mittelmeer an und förderte die Produktion von militärischem Material. Šuchov entwickelte zwar Minen (1.16), außerdem eine Lafette für schwere Geschütze (1.17), blieb ansonsten aber auf diesem Gebiet auffällig unproduktiv.

Die letzte größere Arbeit, die Šuchov vor der Revolution ausführte, war die Bahnhofshalle des Kiever (früher Brianskier) Bahnhofs in Moskau (1912–1917, Spannweite 48 m, 30 m hoch, 230 m lang) (Abb. 121–131). Der Entwurf der gesamten Bahnhofsanlage stammt von Rerberg. Šuchovs Mitwirkung ist erkennbar an der leichten Bauweise der Dreigelenk-Binder und an manchen konstruktiven Details (z. B. zwischen den Windverbänden quer über die Tonnenfläche gespannte Zugelemente). Auch hier hat Šuchov eine sehr rationale Montagetechnik verwendet: die Binderhälften wurden mit Hilfe zweier einfacher Holztürme hochgezogen und zusammengefügt, die Türme anschließend zum nächsten Binder gefahren. Der gesamte Montagevorgang ist in einer Fotodokumentation festgehalten worden.[26] Ein ähnlicher Entwurf Šuchovs für die Bahnsteighallen des Kazaner Bahnhofs (von A. Ščusev, 1913–1926) ist nicht ausgeführt worden (Abb. 132).

1913 war der Firmengründer Bari gestorben. Die Firmenleitung übernahm sein Sohn. Mit der Revolution 1917/18 änderte sich die Situation im gesamten Gefüge Rußlands völlig. Baris Erben emigrierten nach Amerika. Die Firma und die Fabrik wurden verstaatlicht, die Arbeiter wählten den Chefingenieur Šuchov zum Firmenleiter. Im Alter von 61 Jahren sah Šuchov sich vor eine völlig neue Situation gestellt (s. F. Šuchov, S. 22f). Aus dem Baubüro Bari wurde »Stal'most«, heute das wissenschaftliche Planungsinstitut CNIIProektstal'konstrukcija, aus der Bari-Dampfkesselfabrik die Fabrik »Parostroj«, heute »Dinamo«. Die alten Firmenprospekte wurden – mit veränderten Namen – weiterbenutzt (Abb. 12, 13). Man hoffte auf eine Fortsetzung der geschäftlichen Verbindungen, auch im Ausland. Šuchov soll zu diesem Zweck verschiedene Reisen ins westliche Ausland unternommen haben.

In den ersten Jahren nach der Revolution mußten unter großen Schwierigkeiten umfangreiche Reparatur- und Instandsetzungsarbeiten geleistet werden. Mit welchem Einfallsreichtum und rückhaltlosem Arbeitseinsatz Šuchov in dieser Zeit tätig war, ist nur noch wenigen zufällig erhaltenen Dokumenten zu entnehmen. Noch während des Bürgerkriegs (1918–1921) wurde mit den Wiederaufbauarbeiten an zerstörten Eisenbahnbrücken begonnen. Qualifizierte Arbeitskräfte und das notwendigste Arbeitsgerät fehlten. Der Mangel an Stahl zwang dazu, auch unter schwierigsten Bedingungen abgestürzte Brückenträger zu bergen und, soweit irgend möglich, zu reparieren. Aus Eisenbahnschienen und Baumstämmen wurden provisorische Kräne gebaut, ganze Brückenträger im Winter auf dem Eis der Flüsse verschoben, um andere, irreparable Träger zu ersetzen (s. R. Wagner, S. 147f). Die von Šuchov hierbei ausgebildeten Fachleute und die unter seiner Leitung entstandenen Montagewerkstätten bildeten später den Kern der staatlichen Organisation für Brückenneubauten.[27] Ein anderes Beispiel für die vielfältigen Aktivitäten Šuchovs unter den Bedingungen dieser Zeit ist der Bau einer eigens entwickelten hölzernen Wasserleitung in Moskau (1.18) (Abb. 145, 146).

Šuchovs nach der Revolution entstandenes Werk ist erst in groben Umrissen bekannt und in seiner Gesamtheit noch nicht erfaßbar (s. F. Šuchov, S. 22f). 1928 veröffentlichte das zuständige Ministerium ein Plakat mit einer beeindruckenden Aufstellung der Leistungen der Firma Parostroj seit 1917/18 (Abb. 14).[28] Gebaut und produziert wurden danach Flüssigkeitsbehälter, Dach- und Brückenkonstruktionen, Bohrrohre und Leitungsrohre, Hyperboloid-Wassertürme, Gasbehälter, Fernleitungsmasten und Kräne.

---

24 Wachsmann, K. (a. a. O.), S. 29ff.
25 (1.9), S. 154.
26 Archiv Akad. d. Wiss. 1508-1-60.
27 Kovel'man, G. M.: 1961 (aaO), S. 215–225. (Montage von Metallbrücken).
28 Kovel'man, G. M.: V. G. Šuchov (russ.). Maschinenschrift. M., 1953, Bd. 9: Daten zu Leben und Werk. (1508-2-44 Blatt 88).
29 Kovel'man, G. M. 1961 (a. a. O.), S. 213.

Einen seiner größten Bauaufträge erhielt Šuchov schon bald nach Gründung der Sowjetunion: Die Errichtung eines Sendeturms der Komintern-Radiostation Šabolovka in Moskau (s. I. Petropavlovskaja, S. 92f). Bereits im Februar 1919 hatte Šuchov Entwurf und Berechnungen für einen 350 m hohen Turm vorgelegt. Die für eine derart hohe Konstruktion erforderliche Stahlmenge war nicht verfügbar. Im Juli desselben Jahres unterschrieb Lenin eine Verfügung des Arbeiter- und Bauern-Verteidigungsrates, daß eine verkleinerte, 150 m hohe Version dieses Turmes zu bauen sei (Abb. 15). Lenin sorgte dafür, daß Stahl aus Armeebeständen bereitgestellt wurde. Schon im Spätherbst begannen die Bauarbeiten. Der Turm war eine Weiterentwicklung der Hyperboloid-Gittertürme und bestand aus sechs dementsprechend geformten Abschnitten. Aus zwei gleichen Abschnitten war von Šuchov bereits 1911 ein Wasserturm in Jaroslavl' zusammengesetzt worden (3.8) (Abb. 149g–i). Die übereinandergestellten Hyperboloide bildeten insgesamt eine schlankere, kegelförmige Turmkonstruktion. Diese Bauweise ermöglichte ein neuartiges, verblüffend einfaches Montageverfahren (»Teleskopverfahren«). Innerhalb des untersten Turmteils wurden die nächsten Segmente am Boden zusammengebaut. Sie wurden dann mit Hilfe von fünf einfachen Holzkränen, die auf dem jeweils obersten fertiggestellten Turmsegment standen, nacheinander in die Höhe gezogen. Wahrscheinlich durch einen Materialfehler stürzte im Juni 1921 der vierte Turmabschnitt aus 75 m Höhe ab und zerstörte den fünften und sechsten Abschnitt, die am Boden bereits fertiggestellt waren. Mitte März 1922 wurde der Sendeturm in Betrieb genommen. Dieser unglaublich leichte und filigrane Turm mit Details von bestechender Einfachheit und mit seiner eigenwilligen Formgebung ist eine brillante Konstruktion und ein Meisterwerk der Baukunst. Am Fuß des hochaufragenden Netzwerks stehend kann man sich vorstellen, welches einzigartige Bauwerk Moskau bei Verwirklichung des ursprünglichen Entwurfs mit 350 m Höhe erhalten hätte. Nach Šuchovs Berechnungen hätten drei derartige Sendetürme (oder zwei 350 m-Türme und zwei 275 m-Türme) gereicht, um die gesamte Sowjetrepublik und die angrenzenden Gebiete kommunikativ zu vereinen.[29]

Der Turm entstand in einer Zeit großer Not. Sein kostspieliger Bau blieb nicht ohne Kritik (Abb. 19). Aber er entstand auch in einer Zeit des Aufbruchs und er verleiht dieser Stimmung Ausdruck. 1919 hatte Tatlin den Auftrag erhalten, ein Monument für die III. Internationale zu entwerfen. Sein berühmtes Turmmonument sollte fast 400 m hoch werden, eine eindrucksvolle, aber technisch nicht realisierbare Architektur-Utopie. Mit ihrer Höhe übertrumpfte sie absichtsvoll den Eiffelturm, der 1889 zur 100-Jahrfeier der französischen Revolution erstmals die Traumhöhe von 1000 Fuß (300 m) erreicht hatte. Mit dem Eiffelturm als Symbol des Fortschritts konkurriert auch Šuchovs ausführbar durchgeplantes Projekt (Abb. 174). Gegenüber dem Eiffelturm mit 8850 t Gewicht hätte Šuchovs 50 m höherer Turm nur 2200 t gewogen. Während der Ingenieur für Moskau einen neuen Turm plante, lud der Dichter Majakovskij den Pariser Turm in

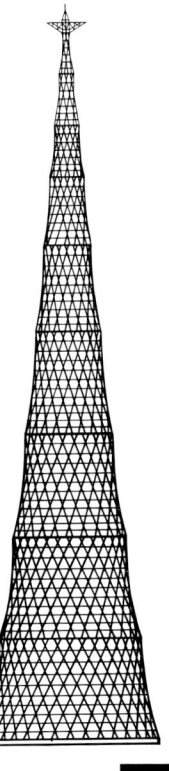

Abb. 15
Verfügung des Arbeiter- und Bauern-Verteidigungsrates zum Bau des Šabolovka-Sendeturms in Moskau, 30. 7. 1919
»Um eine zuverlässige und dauerhafte Verbindung zwischen der Hauptstadt der Republik (d. h. Moskau) und den Weststaaten bzw. den Randgebieten der Republik (Rußland) sicherzustellen, wird das Volkskommissariat für Post- und Fernmeldewesen beauftragt, in kürzester Frist in Moskau eine Sendestation einzurichten, die mit den modernsten Maschinen und Geräten ausgestattet und so leistungsfähig ist, daß sie der gestellten Aufgabe gerecht wird.«
(Auszug)
Unterschriften:
I. Ul'janov (Lenin)
Vorsitzender des Verteidigungsrates,
L. Fotiev
Sekretär des Verteidigungsrates
(Zentrales Parteiarchiv des Marx-Engels-Lenin-Instituts beim ZK der KPdSU 2-1-10764/14858)

Abb. 16 und 17
Größenvergleich zwischen Eiffelturm (1889) und ursprünglich geplantem Šabolovka-Sendeturm (1919)
(vgl. Abb. 174)

Abb. 18
»Die Trompete der Radio-Revolution«, Gemälde zur Fertigstellung des Šabolovka-Sendeturms 1922 von Vladimir Krinskij (Ščusev-Architekturmuseum)

Abb. 19
»Und ab durch den Äther«. Karikatur zum Bau des Šabolovka-Sendeturms im »Krokodil« (1923, Nr. 6, S. 8) von K. Rotov.
Text oben:
»In Moskau, wo sich bereits drei Sender gegenseitig stören, soll jetzt auch noch eine superstarke Rundfunkstation in Betrieb genommen werden.«
Text unten:
»He, Bürger, was machen Sie da oben?« – »Ja, wenn wir schon so viele Moneten hier hineingesteckt haben, dann dürfen sie doch nicht ›in den Wind gehen‹ (d. h. verschleudert werden), sondern sollen direkt in den Äther gehen.«

Abb. 20
Šuchov und Mitarbeiter vor dem fertiggestellten Šabolovka-Sendeturm, Winter 1921/22, historisches Foto (Sammlung F. V. Šuchov)

seinen »Plaudereien mit dem Eiffelturm« nach Moskau ein: »Turm / wollen Sie den Aufstand anführen?/ Turm / wir / wählen Sie zum Führer! / Für Sie / Musterbild des Maschinenzeitalters / ist hier kein Platz... Wir gehen nach Moskau! / Bei uns / in Moskau / ist Weite!«[30]
Der Bau des Šuchov-Turms löste große Begeisterung aus. Im Jahr seiner Fertigstellung entwarf Vladimir Krinskij ein Wandbild mit dem Titel »Die Trompete der Radiorevolution«, das die Konstruktion des Turms freilich wenig zutreffend wiedergibt (Abb. 18). Aleksej Tolstoj schrieb, durch den Turmbau inspiriert, den Roman »Das Hyperboloid des Ingenieurs Garin« (1926). Nikolaj Kuznecov dichtete:
»Ins Blaue, in einhundertfünfzig Meter Höhe,
Von der man die weite Flur überblickt,
Bis zu den windgejagten Wolken
Wuchs der Sendeturm empor.
Es drückte der Blockade-Krieg,
Als die Schultern von uns Arbeitern
Diesen Riesen
Über Moskau errichteten.«[31]
Neun Jahre später hat Šuchov diese Turmkonstruktion mit mehrstöckigen hyperbolischen Stromleitungsmasten gleicher Bauweise womöglich noch übertroffen, auch wenn sie nur Höhen von 60 und 120 m erreichten (s. I. Petropavlovskaja, S. 82f). Obwohl diese Masten die Last der Stromleitungskabel zu tragen haben, sind sie noch leichter und feinteiliger konstruiert, die schrittwei-

se Änderung der Gitterstrukturen von unten nach oben folgt klareren Regeln. Diese bedeutenden technischen Denkmale, an abgelegener Stelle an der Oka errichtet, sind bisher unbeachtet geblieben. Unsere sowjetischen Kollegen konnten in Erfahrung bringen, daß sie intakt sind und immer noch der Stromversorgung dienen (Abb. 204–206).

1924 stattete eine amerikanische Delegation Šuchov einen Besuch in Moskau ab. In den Jahren zuvor hatte die amerikanische Firma »Sinclair Oil« den Alleinanspruch des Rockefeller-Konzerns »Standard Oil« auf die Erfindung des Krackens angefochten. Sie wies darauf hin, daß das von Standard Oil genutzte Patent des amerikanischen Ingenieurs Barton eine Imitation des russischen Patents von Šuchov sei. Die Delegation sollte diese Behauptung überprüfen. Šuchov legte ihr dar, daß das Bartonsche Verfahren tatsächlich eine nur geringfügig geänderte Weiterentwicklung seiner eigenen Patente von 1891 war. In Amerika begann damit eine lange Reihe von Rechtsstreitigkeiten. Sie wurde schließlich mit einem Vergleich zwischen den amerikanischen Firmen beendet, um zu vermeiden, die Rechte von der jungen Sowjetunion erwerben zu müssen.[32]

Im Alter von 79 Jahren konnte Šuchov noch erleben, daß seine in der Jugend erstellten Planungen für eine komplette Erdölraffinerie verwirklicht wurden. In seiner Anwesenheit wurde 1932 in Baku die Anlage »Sovjetskij Kreking« in Betrieb genommen. Šuchov selbst überwachte während der ersten Wochen die Produktion. Diese Pilotanlage wurde später verschiedentlich nachgebaut. Der avantgardistische Maler und Grafiker Aristarch Lentulov hat mehrere dieser Raffinerien dargestellt.[33]

In diesen Jahren war Šuchov in wissenschaftlichen und politischen Gremien der Sowjetrepublik rege tätig. Seit 1918 war er Mitglied des staatlichen Planungskomitees für das Erdölwesen, 1927 war er in dieser Funktion Mitglied der sowjetischen Regierung. 1928 wurde er zum korrespondierenden Mitglied der Akademie der Wissenschaften gewählt, 1929 zu ihrem Ehrenmitglied ernannt. Im gleichen Jahr gehörte er dem Moskauer Stadtrat an. Während der letzten Lebensjahre lebte Šuchov zurückgezogen und empfing nur noch Freunde und alte Mitarbeiter. Im Februar 1939 starb er. Er ist auf dem Friedhof beim Novodevičij-Kloster (Neujungfrauenkloster), dem Moskauer Prominentenfriedhof, begraben.

Seine letzte bautechnische Arbeit galt der Erhaltung eines Architekturdenkmals (s. B. Gusev, S. 150f). Das Minarett einer berühmten Medresse (Gebetsschule) in Samarkand aus dem 15. Jahrhundert hatte sich bei einem Erdbeben schiefgestellt und war vom Einsturz bedroht. 1932 wurde ein Wettbewerb zur Rettung des Turms ausgeschrieben. Šuchov gewann ihn mit dem unkonventionellen Vorschlag, den Turm auf einer Art von Wippe, die er konstruiert hatte, wieder ins Gleichgewicht zu bringen. Auch diese schwierige Arbeit wurde nach seiner Planung und unter seiner Leitung erfolgreich durchgeführt. Den Bauten dieses großen Ingenieurs ist zu wünschen, daß sie mit gleicher Sorgfalt und gleichem Können instandgesetzt und bewahrt werden.

30 Majakovskij, Vladimir V.: Izbrannye proizvedenija v dvuch tomach. (Ausgewählte Werke in 2 Bden; russ.). M.: 1960, Bd. 1, S. 89: »Paris«. Auf dieses Gedicht hat Afanas'ev in Zusammenhang mit dem Šuchov-Turm hingewiesen (Afanas'ev, K. [a.a.O.]).
31 Arnautov, L.I., Karpov, Ja.K.: Povest'o velikom inžinere. (Roman über einen großen Ingenieur; russ.). M.: 1981, 2. erg. Aufl., S. 238. Auf einem Wandbild im Palast der Pioniere in Moskau, welches die geschichtliche Entwicklung von Wissenschaften und Technik darstellte, bildete 1936 Ivan Leonidov den Šabolovka-Turm als epochemachendes Bauwerk neben technischen Neuerungen wie Telefon, Fahrrad, Zeppelin und Flugzeug ab (Gozak, A., Leonidov, A.: Ivan Leonidov. London: 1988, S. 134 und 135 [Abb.]).
32 Arnautov, L.I., Karpov, Ja.K. (a.a.O.), S. 353.
33 Aristarch Lentulov. 1882–1943. Živopis', grafika, teatr. Katalog vystavki proizvedenij. (Aristarch Lentulov. 1882–1943. Malerei, Graphik, Bühnenbild. Ausstellungskatalog; russ.). M.: 1987, S. 86, 104, 106.

Abb. 21
Fahrt zum Adžiogol-Leuchtturm bei Cherson
(Foto: Šuchov.
Sammlung F. V. Šuchov)

Erinnerungen an meinen Großvater V. G. Šuchov

Fedor V. Šuchov

Vladimir Grigor'evič Šuchov oder – wie wir ihn nannten – »Opa Šuchov« war kein gewöhnlicher Großvater, sondern das verehrte Oberhaupt einer großen Familie. Er verhätschelte seine Enkel nicht und machte ihnen keine großen Geschenke, aber er verstand es, mit uns wie mit Erwachsenen über das zu reden, was für unser Alter wichtig war, und – für mich das Wichtigste – er erlaubte uns, auf dem großen Ledersofa in seinem Arbeitszimmer zu sitzen und ihm beim Arbeiten und bei den Besprechungen mit seinen Mitarbeitern zuzusehen. Dadurch vermittelte er uns Enkeln sozusagen seine Arbeit. Für uns war er damals ein sehr bedeutender Mann, der wichtige Probleme löste und bei seinen Gesprächspartnern Achtung, ja sogar Ehrfurcht genoß. Beim Reden wurde seine Stimme nie laut und nur an der Betonung merkte man seine Beziehung zum Gesprächspartner und zum Gehörten. Meist mild und wohlwollend betonend, wurde er manchmal doch bestimmt, ja fast befehlend. Er konnte fordern und seinen Standpunkt hart vertreten.

So entstand ein zweispältiger Eindruck von Vladimir Grigor'evič als gutmütiger Großvater und strenger Chef. Diese Doppeldeutigkeit der kindlichen Eindrücke kann man damit erklären, daß sein privates und sein geschäftliches Arbeitszimmer aus ein und demselben Raum bestanden. Die eine Tür des Arbeitszimmers führte auf den langen Wohnungsflur, die andere in die Zeichenräume des Planungsbüros (Telegrafnyj pereulok 13–1). Beide Türen standen den ganzen Tag über offen und jedermann hatte Zutritt. In den Jahren nach der Revolution wohnte Vladimir Grigor'evič im gleichen Haus in demselben Stockwerk, in dem sich auch das Büro befand, und er hatte dort vier Zimmer und eine verglaste Veranda, die als Eßzimmer diente. Es war das größte Vergnügen für uns, wenn wir vom Großvater nach Hause kamen und darüber erzählen konnten, was wir in seinem Arbeitszimmer gesehen hatten. Dort standen ein großer Schreibtisch mit farbig illustrierten technischen Zeitschriften, Schränke mit Büchern in verschiedenen Sprachen und mit schönen Einbänden, Modelle von Türmen und Barken und auf einem Schrank ein Elektrophon. Es war höchst interessant, dem Großvater zuzusehen, wie er Bücher aus den Schränken holte und daraus exzerpierte.

Wenn in den Zeichensälen keine Zeichner waren, öffnete Opa die Tür zum Büro und zeigte uns die Zeichnungen auf den Reißbrettern, die Berechnungstabellen und Graphiken, als ob er die »Jungs«, wie er uns nannte, in den Arbeitsvorgang des Zeichnens einweisen wollte. Uns versetzte die riesige Anzahl von lustig klingelnden Rechenmaschinen und von Rechenschiebern in Entzücken. Den Arbeitsstil des Büros machte besonders das hohe Niveau der Berechnungsarbeiten aus.

Beim Großvater zu Mittag zu essen, war auch sehr spannend. Am großen Mittagstisch versammelten sich die ganze Familie sowie Gäste und Freunde, Schüler und Mitarbeiter. Hier fanden sich Akademiemitglieder und Professoren aus dem Moskauer Polytechnikum und dem Bauinstitut ein, Arbeiter und Industrielle. Vladimir Grigor'evič war ein glänzender Gesprächspartner, er konnte reden, aber auch zuhören. Seine Bildung war in allen Lebensbereichen gewaltig. Im Russischen verfügte er über einen großen Wortschatz und kannte viele Redewendungen, seine Wortwahl war genau und der Satzbau exakt. In seiner Sprache verschmolzen russische Einfachheit und Klarheit mit französischer Eleganz. Mit den Jahren begann sich bei uns aus den Gesprächen, die wir im Arbeitszimmer und am Eßtisch hörten, ein allgemeineres Bild vom Großvater abzuzeichnen: der große Ingenieur und Wissenschaftler, den man manchmal das Oberhaupt des Ingenieurkorps nannte und der an vielen Riesenprojekten beteiligt war. Vladimir Grigor'evič arbeitete viel, zehn bis zwölf Stunden täglich, abends unterbrach er manchmal die Unterhaltung mit Gästen, um für kurze Zeit in den Zeichensaal zu verschwinden und dort ganz allein eine ihm eben in den Kopf geschossene Idee zu überprüfen.

Großvater wuchs in seiner Bedeutung noch bei den Enkeln, weil er ohne weiteres mit V. I. Kalinin oder mit A. I. Rykov, dem damaligen Ministerratsvorsitzenden, telefonieren konnte oder mit I. V. Kosior, dem stellvertretenden Wirtschaftsminister der Sowjetunion, und mit anderen hohen Politikern. Außerdem waren wir immer stolz darauf, daß er den Šabolovka-Funkturm auf direkte Anweisung von Lenin selbst gebaut hatte.

Vladimir Grigor'evičs Ruhm wurde immer größer, er war bereits korrespondierendes Mitglied der Akademie der Wissenschaften der UdSSR und zweifacher Held der Arbeit geworden. Man feierte seine Jubiläen, er aber blieb derselbe einfache und zugängliche Mensch. Abends ging er viel spazieren. Die Gasse, in der er lebte, führte auf den Čistoprudnyj bulevar, und er ging manchmal den ganzen Boulevard entlang, eine Strecke von fast 6 km. Sonntags fuhr er zum Spaziergang zur Aussichtsplattform auf die Lenin-Berge oder nach Sokol'niki.

In den dreißiger Jahren zog Opa in ein Haus am Zubovskij bulevar um: ein neues, sehr helles und sonniges Arbeitszimmer und darin derselbe alte Schreibtisch, dieselben Schränke, dasselbe Sofa und die gewohnten Modelle, aber keine Tür mehr zum Zeichensaal. Zur Arbeit, und jetzt waren es zwei Arbeitsstellen – Stal'proekt und Giproneft' –, mußte er fahren, obwohl er doch immer schwächlicher wurde. Die Menschen kamen jetzt hierher. Wie viele Wissenschaftler und Ingenieure haben dieses Arbeitszimmer wohl gesehen?

Die Enkel wuchsen heran, und damit änderten auch die Gespräche mit dem Großvater ihren Charakter. Opa fragte einmal: »Was willst du werden, was für ein Beruf liegt dir?« Für mich war die Frage schon lange geklärt. Ich antwortete: »Ich will Ingenieur werden wie mein Großvater und mein Vater.« Opa blickte mich sehr ernst und, wie mir schien, etwas traurig an und fragte: »Und du bist dir im klaren, was das heißt – Ingenieur zu sein?«

Abb. 22
Šuchov mit seinen Söhnen und dem Enkel Fedor V. Šuchov
(Sammlung F. V. Šuchov)

Als ich mit jugendlichem Enthusiasmus über den Ingenieurberuf sprach, bemerkte er: »Du glaubst gar nicht, wie schwierig das ist. Man muß nachdenken, Tag und Nacht, und die ganze Zeit über Neues ausdenken, sonst scheiterst du im Leben. Außerdem bedeutet der Ingenieurberuf Fabriken, Montagestellen, die dann auch dein Arbeitsplatz sein werden, mit Arbeitsgruppen, die deine Ideen verwirklichen sollen. Auch darüber mußt du nachdenken, wie schwierig es ist, mit den Schlossern, Nietern und Kesselschmieden zusammenzuarbeiten.«
All dies waren Offenbarungen für mich. Ich verstand, warum die Arbeiter von »Parostroj« Vladimir Grigor'evič so liebten und ihn einstimmig zum Ersten Ingenieur gewählt hatten. Nach einigem Nachdenken fügte er hinzu: »Vergiß nie, daß man mit der Technik ganz ehrlich umgehen muß. Einen Betrug nimmt sie bitter übel, sie geht daran kaputt und vernichtet dabei nicht nur deinen guten Ruf, sondern vielleicht auch Menschenleben.«
Als wir ein anderes Mal über den Ingenieurberuf sprachen, sagte er: »Die Ingenieurkunst ist deshalb undankbar, weil man Wissen besitzen muß, um ihre Schönheiten zu verstehen. Die Schönheit von Kunstwerken hingegen begreift man mit dem Gefühl. Ich rate dir, bevor du dabei bleibst, Ingenieur werden zu wollen, erst einmal als Arbeiter in einer Fabrik zu arbeiten. Heute ist das besonders wichtig, weil du einige Arbeitsjahre nachweisen mußt, bevor du auf die Hochschule gehen kannst.«
Und ein weiteres Mal gab mir Opa eine Lehre auf meinen Lebensweg mit, als bei der Kürzung des Abendstudiums am Moskauer Polytechnikum gerade die jüngsten Studenten exmatrikuliert wurden. Zu denen gehörte auch ich. Ich erzählte das Großvater in der Hoffnung, er werde helfen. Er überlegte und sagte dann: »Das ist nicht so schlimm. Geh doch im nächsten Jahr ins Vollstudium. So kannst du dich selbst davon überzeugen, ob du deinen Beruf wirklich so liebst. Außerdem stählt ein Mißerfolg am Anfang des Lebens den Charakter.«
Das Ende der zwanziger und der Anfang der dreißiger Jahre waren eine sehr harte Arbeitszeit, weil sowohl in der Stahlkonstruktion als auch in der Erdölindustrie neue Ideen und Konzepte aufkamen, die Gesundheit des Großvaters aber nachließ. In seinem Arbeitstagebuch tauchen neben den Notizen über Versammlungen und Besprechungen Bemerkungen auf wie »sehr müde«, »wieder ein Herzanfall«, »heute unwohl, kann kaum arbeiten«. Er, der an Selbständigkeit und volle Eigenverantwortung gewöhnt war, störte sich an den bürokratischen Hürden, den ganzen Überprüfungen und Beschränkungen und daran, daß die Arbeitsgruppenleiter nicht nach ihren fachlichen Eigenschaften ausgewählt wurden. Wie oft hörte ich von ihm: »Ich habe nur noch wenig zu leben, es ist schade, seine Kräfte umsonst zu vergeuden.«
In seinen letzten Lebensjahren hat Vladimir Grigor'evič sich aus der aktiven Arbeitswelt zurückgezogen. Seine von den Ärzten knapp bemessene Arbeitszeit widmete er gemeinsamen Arbeiten mit Schülern, Besprechungen, er las viel und dachte über das Schicksal unserer sowjetischen Technik nach. Zu seinem Helfer und engsten Freund wurde in jenen Jahren die älteste Tochter Ksen'ja Vladimirovna Šuchova, die vieles aus seinem Werk aufbewahrt hat.
Wenn ich an den Großvater und an die Arbeit denke, die er geleistet hat, dann glaube ich, daß seine Erfolge sich in vieler Hinsicht erklären lassen durch sein aufrichtiges Leben, seine moralische Strenge, seine Zuneigung zu anderen und seine Verachtung von materiellem Wohlstand – alles Eigenschaften, welche die fortschrittliche russische Intelligenz am Ende des neunzehnten Jahrhunderts auszeichneten.

Vladimir G. Šuchovs Tätigkeit in den Jahren nach der Revolution

Fedor V. Šuchov

Das zweite Jahrzehnt des 20. Jahrhunderts war für Šuchov eine Zeit des Suchens, Zweifelns und der Neubestimmung seines Lebenswegs. Bereits über sechzig Jahre alt, nach dem Verständnis der damaligen Zeit also schon ein alter Mann, lag ein großes Werk hinter ihm. Als Ingenieur von Weltrang, im russischen Reich als erster Ingenieur allgemein anerkannt, konnte er eigentlich zufrieden sein. Er war aber voller Zweifel und Enttäuschung.

Das von ihm entwickelte Erdöl-Destillationsverfahren bei hoher Temperatur und großem Druck hatte nicht die gebührende Anerkennung gefunden. Eines seiner Lieblingskinder, das Ensemble von Ausstellungspavillons für die Allrussische Industrieausstellung 1896 in Nižnij Novgorod, das seiner Zeit weit voraus war, war nicht entsprechend geschätzt worden. Diese »Symphonie aus stählernen Klöppelspitzen«, einst der Stolz der heimischen Technik, war Stück für Stück verkauft und im ganzen Land verstreut worden. Taktverfahren, Vereinheitlichung und Standardisierung hatten sich nicht durchgesetzt.

In seiner gesamten früheren Tätigkeit war Šuchov darauf eingestellt gewesen, sich an der Verwirklichung der gewaltigen Pläne und der Lösung staatlicher Ingenieuraufgaben zu beteiligen. Ein weiterer Aufschwung seines Schaffens war dadurch eingeschränkt worden, daß keine Aufträge für Großprojekte mehr hereinkamen, was an den Geschäftsinteressen und Produktionsmöglichkeiten der Firma Bari lag. Die Beteiligung an der Produktion von kriegstechnischem Gerät während des Ersten Weltkriegs gab keine moralische Befriedigung, ebensowenig während des Russisch-Japanischen Krieges: Die Niederlage, den Rückzug der russischen Armee, die eine Schlacht nach der anderen verlor, hatte Šuchov nur schweren Herzens verwunden. Für eine Entwicklung des Ingenieurwesens, einen neuen technischen Aufstieg waren andere Möglichkeiten notwendig, eine andere Denkweise, notwendig waren radikale Veränderungen. Dies bestätigte ihm seine Kenntnis der russischen Wirklichkeit, die er Tag für Tag in Gesprächen mit Mitarbeitern des Konstruktionsbüros erwarb, bei Reisen zu den Baustellen und in Besprechungen mit Vertretern der fortschrittlichen russischen Intelligenz. Gab es keine Veränderungen, dann mußte alles zum Stillstand kommen und die Schaffenskraft erlahmen.

Die revolutionären Veränderungen empfand Vladimir Grigor'evič als angemessene und logische Folge. Den Vorschlag zu emigrieren lehnte er ab, er widmete all seine Kraft dem Dienst an der wiedergewonnenen Heimat. Die Regierung wußte dies zu würdigen und ebenso die Belegschaft der Firma. 1918 wurde er einstimmig zum Chefingenieur gewählt, 1919 erteilte ihm der Oberste Volkswirtschaftsrat (d.h. das Wirtschaftsministerium) durch die Unterschrift A.I. Rykovs die Ernennung zum Mitglied der Firmenleitung.

Mit dem Vertrauen kamen auch neue Aufträge und Arbeiten, deren Bedeutung und Umfang von Jahr zu Jahr wuchsen. Trotz des Mangels an Eisen und an Arbeitskräften ging der Bau von Industrieobjekten voran. Šuchov benutzte unter diesen Bedingungen häufig Konstruktionen aus Holz und Metall, deren theoretische Begründung und erstmalige Anwendung bereits auf frühere Jahre zurückgingen. In der Lokomotivfabrik Podol'sk benutzte er für das Dach mit 32 Meter Spannweite und für die Kranträger mit 5 Tonnen Tragkraft Konstruktionen, die nach I.P. Bardin den Arbeits- und Materialeinsatz auf beinahe die Hälfte verringerten. Zur gleichen Zeit arbeitete Šuchov an einer Theorie über Wasserleitungen aus Holz, definierte ihre technische und wirtschaftliche Zweckmäßigkeit und setzte die Theorie in die Praxis um.

Für eine dauernde und zuverlässige Verbindung mit den westlichen Staaten und mit den entfernten Gebieten der Republik brauchte das Land eine leistungsstarke Rundfunkstation. So wurden 1919 im Auftrag von Staatsoberhaupt Lenin an Šuchov Planung und Bau eines Rundfunk-Sendeturms vergeben, der zu einem Symbol der Zeit wurde. Der ursprüngliche Plan eines 350 m hohen Turms hatte einen einmaligen Prestigebau vorgesehen. Wie immer, so hatte bei Šuchov auch hier die technische und wirtschaftliche Zweckmäßigkeit den Vorrang, und die Höhe wurde auf 150 m festgesetzt. Auch bei dieser Höhe machen die Eleganz und die Leichtigkeit des Turms noch heute einen starken Eindruck.

Damit hatte eigentlich ein phantastischer Aufschwung in Šuchovs vielseitiger Ingenieurtätigkeit begonnen. Er war u.a. beteiligt an Planung und Bau der Werkstätten für die Eisenverarbeitungswerke Verchne-Isetsk und Belorečensk in den zwanziger Jahren, der Hüttenwerke in Magnitogorsk, Kuzneck und Zaporož'e in den dreißiger Jahren, beim Bau der Autofabrik in Gor'kij und dem Wiederaufbau der Moskauer Autofabrik. Dabei löste er Konstruktionsprobleme wie die Aufhängung von Laufkränen mit bis zu 220 Tonnen Tragfähigkeit. Beim Wiederaufbau der Moskauer Automobilfabrik ließ er die Rahmen in 6 m Abstand voneinander (anstelle des üblichen 3-m-Abstands) aufstellen, was einen Meilenstein in der Entwicklung von Metallkonstruktionen bedeutete.

Auch der Bau von eisernen Türmen und Masten ging weiter. So baute Šuchov vier Stromleitungsmasten zur Überbrückung der Oka, wobei die 120 m hohen Masten einige Ähnlichkeit mit dem Šabolovka-Rundfunkturm aufweisen. 1929 wurden ähnliche Türme mit gleicher Höhe auch für andere Zwecke gebaut.

Breite Entfaltung fand die Planung von Bauten der Erdölindustrie. Die früheren Pläne für große Erdöl-Pipelines wurden wieder zum Leben erweckt. In den zwanziger Jahren war Vladimir Grigor'evic an der Planung und dem Bau der Pipelines Baku-Batumi mit 822 km Länge und Groznyj-Tuapse beteiligt. Dies war ein wichtiger Abschnitt in der Entwicklung der Erdölindustrie, denn dadurch konnte das sowjetische Erdöl auf den Weltmarkt gelangen. Schließlich fand auch der

Abb. 23
»Der Chefingenieur der Firma ›Parostroj‹, Genosse Šuchov, unterrichtet die Arbeiter über den Entwurf eines Hochdruckkessels«
(Titelbild der Zeitschrift »Massovik«, 1928, Nr. 40)

Krack-Prozeß in Form der Erdöldestillation bei hohen Temperaturen und Drücken seine Verwirklichung. 1932 ging die erste sowjetische Krack-Fabrik in Betrieb, die bislang beste Anlage hinsichtlich der Einfachheit der Ausstattung und der hohen Qualität des gewonnenen Benzins.

Man kann sich kaum vorstellen, wie es Šuchov mit seinen 76 Jahren fertigbrachte, die Arbeit als Chefingenieur im Planungsbüro »Stal'most« mit der Planung von Bauten für die Erdölindustrie zu vereinbaren und gleichzeitig die Planungen im Staatlichen Planungsinstitut für Anlagen der Erdölindustrie zu leiten. Zu eben dieser Zeit befaßte er sich auch noch mit der Lösung von einzelnen Ingenieurproblemen, was Einfühlungsvermögen, Vorstellungskraft und Erfindungsgeist erforderte. Er bekam den Auftrag, die Hafenanlagen im Leningrader Industriehafen zu bauen, ebenso eine Flugzeughalle, in der das größte Flugzeug der damaligen Zeit, die »Maksim Gor'kij«, gebaut wurde. Die Spannweite dieser Flugzeughalle betrug 45 m, die Konstruktion wurde aus Typenelementen gefertigt. Außerdem entwarf er Großtanks und Gasdruckbehälter für die Fabrik »Dagestanskie ogni«, fungierte als Berater beim Heben von Schiffen, die im Bürgerkrieg versenkt worden waren, und richtete noch ein schief stehendes Minarett der Ulugbek-Medresse in Samarkand wieder auf. Diese Arbeit war eine Glanzleistung des Ingenieurwesens. Unter seiner Beteiligung wurden zahlreiche Normen für Metallkonstruktionen und Dampfkessel ausgearbeitet. Von 1926 bis 1934 reichte Šuchov ebenso viele Erfindungen ein wie in den zwanziger Jahren vor der Oktoberrevolution. Alle Rechte auf diese Patente übertrug er dem sowjetischen Staat.

Vladimir Grigor'evic Šuchovs Werk wurde vom Volk und der Regierung durchaus gewürdigt. 1928 wurde er zum Korrespondierenden Mitglied der Akademie der Wissenschaften der UdSSR gewählt, und später wurde ihm die seltene Ehre eines Ehrenmitglieds dieser Akademie zuteil. Zweimal wurde ihm der Titel »Held der Arbeit« verliehen. Er war einer der ersten Lenin-Preisträger. 1927 wurde Šuchov in das Russische Exekutivkomitee (die Regierung der RSFSR) gewählt. Zuvor war er zweimal in den Moskauer Stadtrat gewählt worden. So würdigte die Heimat seine Leistungen.

Über die Quellen der Neuerungen in Šuchovs Werk

Georgij M. Ščerbo

»Ein heiliges Feuer brennt nicht von selbst. Um es zu entflammen, muß man Brennmaterial sammeln, es in den Ofen legen und blasen...«. So charakterisierte Violet-le-Duc, der berühmte französische Baumeister, Historiker, Theoretiker und Restaurator des 19. Jahrhunderts, das Werden eines schöpferischen Menschen.[1] Bei Šuchovs phänomenaler Arbeit stellt man sich die Frage, die alle Denker seit den alten Griechen interessierte: Was ist bedeutsamer, eine große Begabung oder ein unermüdliches Bemühen, Streben und zweckbestimmtes Arbeiten?

Das Akademiemitglied N. P. Mel'nikov führte aufgrund seiner persönlichen Kontakte mit Vladimir Grigor'evič folgende außergewöhnliche Charaktereigenschaften an: »hingebungsvoller Fleiß, Gedankenschärfe und Beweglichkeit, Bescheidenheit und Aufrichtigkeit, Interesse an allem Neuen«.[2] Beim Lernen (schon im Gymnasium) und bei der Arbeit war er hinsichtlich Organisation und Systematik vorbildlich. Er konnte die Kernfrage klar herausstellen, ohne die Details zu vernachlässigen. Bei der Beurteilung von Šuchovs Ingenieurleistungen und Erfindungen wird im allgemeinen das Hauptgewicht auf den gesunden Menschenverstand gelegt, der ihm als Kompaß bei der Arbeit gedient habe. Dies ist sicherlich eine wichtige Voraussetzung, aber nicht die einzige und in besonderen Fällen nicht die ausschlaggebende. Deshalb muß man auch der Absicht widersprechen, den kreativen Prozeß auf die Allmacht des gesunden Menschenverstands, der auf persönlicher Erfahrung und logischem Denken basiert, reduzieren zu wollen. Denn es bliebe vieles außer acht, was einen Ingenieur von so großem Format ausmacht. Bereits Kant hat formuliert: »Um Menschen nach ihrer Erkenntniskraft (ihrer Vernunft allgemein) beurteilen zu können, muß man sie einteilen in solche, denen man einen gesunden Menschenverstand zuerkennen muß – das ist natürlich nicht ein ausgezeichneter Verstand –, und in Wissenschaftler«.[3] Nur auf wissenschaftlicher Basis kann man zu grundsätzlich Neuem gelangen, zu paradoxen Schlußfolgerungen und Lösungen. Nur die Verbindung der Eigenschaften eines versierten Praktikers und eines guten Theoretikers verhalfen Šuchov zu Entwicklungen neuer Konstruktionsformen, denen er wissenschaftliche Analysen der vielfältigen technischen Lösungsmöglichkeiten und detaillierte mathematische Überarbeitungen zugrunde legte.

Wie die kurze, aber sehr fruchtbare Arbeitsperiode auf den Erdölfeldern von Baku gezeigt hatte, waren die dortigen Bedingungen des entstehenden Industriezweigs mit seinen ungewöhnlichen produktionstechnischen Problemen ein sehr fruchtbarer Boden für ein neues Ingenieurwesen und für Erfindungen.[4] Gerade hier bildete sich die universale Šuchovsche Methode aus. Sie beruhte erstens auf der Suche nach der grundsätzlich neuen Ingenieurlösung; zweitens auf einer wissenschaftlich-analytischen, bislang kaum verbreiteten empirischen Vorgehensweise und drittens auf der ziel-

Abb. 24
Familie beim Tee
(Foto: Šuchov.
Sammlung F. V. Šuchov)

Abb. 25
Auf der Schaukel
(Foto: Šuchov.
Sammlung F. V. Šuchov)

Anmerkungen

1 /Viollet-le-Duc, E./ Violle le Djuk, E.: Besedy ob architekture. (Gespräche über Architektur; russ.). M.: 1937, Bd 1, S. 181.
2 Mel'nikov, N. P.: Predislovie. (Vorwort zum »Roman über einen großen russischen Ingenieur«; russ.) In: Arnautov, L.I., Karpov, Ja. K. (a.a.O. – S. 19, Anm. 31), S. 3.
3 Kant, I.: Sočinenija. (Werke; russ.). M.: 1966, Bd. 6, S. 370.
4 Vitvickij, N.: Kerosinovoe carstvo. (Das Kerosin-Reich; russ.). In: Živopisnaja Rossija. SPb./M., 2 (1902), S. 321–324, 340–346.

gerichteten, effektiven Lösung der ökonomischen Aufgaben. Das zeigte sich bei seiner Erdölleitung, bei Rundbehältern ohne Fundamente, beim Apparat zur Verbrennung der Erdölrückstände und bei vielen nachfolgenden Projekten und Erfindungen.

Eine wertvolle Eigenschaft Šuchovs war seine Fähigkeit, sich schnell von einer Lösung auf ein neues technisches Problem umstellen zu können. Schritte ins Unbekannte machte er nicht nur in seinen jungen Jahren, sondern auch während des Ersten Weltkriegs und in den Jahren seiner Tätigkeit nach der Revolution. Dazu passen die Worte des bekannten französischen Malers Delacroix: »Weitaus bewundernswerter ist es, die Kühnheit eines Meisters am Abstieg seines Lebensweges festzustellen. Der Mut, das in der Vergangenheit Erzielte aufs Spiel zu setzen, ist zweifelsohne das Merkmal einer großen Stärke«.[5]

Eine gute Grundlage für die Entwicklung einer fortschrittlichen ingenieurmäßigen Denkweise war der Aufbau des Unterrichts am Moskauer Polytechnikum, zu dem es nichts Vergleichbares in den anderen russischen und in ausländischen Hochschulen gab. Die gelungene Verbindung von theoretischem und praktischem Unterricht förderte die Ausbildung von Fachleuten nicht nur durch Wissen, sondern auch durch Können. Besonders gut organisiert war die Ausbildung im Handwerklichen. Die Studenten wurden gründlich in Holz- und Metallbearbeitung eingeführt. Sie lernten in der Schreinerei, der Gießerei, der Schlosserei, der Modellwerkstatt, der mechanischen Werkstatt und der Schmiede. Sie übten sogar Zusammenbau und Bedienung von Dampfmaschinen, fertigten eigenhändig Instrumente, Getriebeteile und sogar kleine Dampfmaschinen an, die mit dem Firmenzeichen der Institutswerkstatt verkauft wurden.[6]

In Šuchovs Studienjahren (1871–1876) wurde besonderer Wert auf den Mathematikunterricht gelegt. Der bedeutende Mathematiker und Pädagoge A.V. Letnikov (1837–1888) widmete sich dem begabten jungen Mann und beeinflußte wesentlich seine schöpferische Entwicklung. Lehrer und Schüler interessierten sich lebhaft für jede neue Arbeit von P.F. Čebyšev (1821–1894), Begründer der Petersburger Mathematikschule und Akademiemitglied, und versuchten, besonders in der Theorie der Mechanik, seine Arbeiten in die Praxis umzusetzen, wobei sie in engem Kontakt mit dem berühmten Autor standen. Ein anderer großer Gelehrter, N.E. Žukovskij (1847–1921), begann 1872 (als Šuchov ins zweite Studienjahr kam) im Moskauer Polytechnikum seine Tätigkeit als Dozent am Lehrstuhl für analytische Mechanik. Auch er schätzte seinen nur sechs Jahre jüngeren Schüler sehr. Für ihre langjährige Beziehung spricht, daß kein anderer als Žukovskij im Jahre 1903 Šuchov als Ehrenmitglied der Polytechnischen Gesellschaft vorschlug. Diese war ein Jahr nach Šuchovs Studienabschluß am Moskauer Polytechnikum gegründet worden. Im Jahre 1872 wurde auch der unermüdliche Forscher und Technikexperte F.E. Orlov (1843–1892) zum Professor am Lehrstuhl für praktische Mechanik ernannt. Seine pädagogische Arbeit an der Moskauer Universität hatte ihm einen hervorragenden Ruf eingebracht. Auch mit ihm hat Šuchov sich später eng angefreundet.[7]

Für einen schöpferischen Geist ist der Umgang mit wertvollen Menschen stets notwendig. Dazu hat sich der französische Schriftsteller Stendhal geäußert: »Nur der Verstand kann auf die Dauer den anderen Verstand nähren. In der Einsamkeit kann man nicht schöpferisch tätig sein.«[8] Bei den im Polytechnikum entstandenen Kontakten spielte die lange Jahre dauernde Freundschaft mit P.K. Chudjakov die wichtigste Rolle. Petr Kondrat'evič Chudjakov (1858–1935) war eine hervorragende Persönlichkeit und ein Mensch mit ungewöhnlichem Schicksal. Er kam mit zehneinhalb Jahren ins Polytechnikum und war mit neunzehneinhalb Jahren (ein Jahr später als Šuchov) bereits Mechanikingenieur. Im Abschlußjahr wurde ihm für seine Forschungen vom Polytechnikum die Goldmedaille verliehen. Er bekam dort eine Anstellung als Lehrer und wurde dann zum Professor ernannt. Über Šuchovs neuen Weg bei den Netzkonstruktionen schrieb er: »In den damaligen Kursen des Ingenieur- und Bauwesens würde man vergeblich eine dahingehende Anweisung suchen. Dazu bedurfte es des besonderen unermüdlichen Forschergeistes eines eigenständigen Ingenieurs«.[9]

Zu Beginn seiner Ingenieurtätigkeit hatte Šuchov das Glück, den bedeutenden russischen Gelehrten D.I. Mendeleev (1834–1907) kennenzulernen. Der Kontakt mit ihm »spielte eine bedeutende Rolle für Šuchovs Auffassungen«.[10] Der Kreis der kreativen und organisatorischen Kontakte mit Autoritäten aus Wissenschaft, Technik und Industrie wurde allmählich immer größer. Šuchovs reges Informationsbedürfnis verlangte nach ständiger Kommunikation. Der Umfang der Beziehungen aktivierte nicht nur die eigenen Forschungen und ihre Effektivität, sondern diente auch der Werbung und der Verbreitung seiner Erfolge und gewährleistete neue Aufträge. Eine gute Gelegenheit für derartige Kontakte und für den Austausch von Informationen war die Polytechnische Gesellschaft am Moskauer Polytechnikum. Hier versammelten sich viele bedeutende Wissenschaftler: Mechaniker, Techniker, Bauleute und Vertreter von nahestehenden Bereichen der Wissenschaft und Praxis. Seit der zweiten Hälfte der neunziger Jahre war Šuchov eines der aktivsten Mitglieder der ingenieurmechanischen Abteilung der Polytechnischen Gesellschaft.[11] Er machte mehrfach Kapitaleinlagen und Spenden: 1896 bis 1902 übergab er 1167 Rubel aus dem Verkaufserlös seiner Bücher und nach der Wahl zum Ehrenmitglied der Gesellschaft eine Einlage von 1600 Rubel,[12] eine große Summe für die damalige Zeit. In den zwanziger Jahren, als er zum Professor an seiner früheren Lehranstalt ernannt war, begann eine Zusammenarbeit mit den hier versammelten bedeutendsten Wissenschaftlern des Bauwesens.[13]

5 Mastera iskusstv ob iskusstve. (Meister der Künste über die Kunst; russ.). M./L.: 1933, Bd 1, S. 340.
6 Chudjakov, P.K.: Kak ja učilsja. (Wie ich studierte; russ.). In: Sovetskoe studenčestvo. M.: 1936, Nr. 7, S. 38–39.
7 Pamjati Fedora Evploviča Orlova. (Zum Gedenken an Fedor Evplovič Orlov; russ.). M.: 1892, S. 20.
8 Stendhal/Stendal': Sobranie sočinenij. (Gesammelte Werke; russ.). L.: 1950, Bd. 15, S. 614.
9 Chudjakov, P. 1896 (a.a.O. – S. 12, Anm. 16), S. 172.
10 Kovel'man, G.N. 1961 (a.a.O. – S. 9, Anm. 5), S. 15.
11 Rozanov, P.P.: Dvadcatipjatiletie Obščestva, sostojaščego pri Imperatorskom tehničeskom učilišče. (25jähriges Bestehen der beim Kaiserlichen Polytechnikum bestehenden Gesellschaft; russ.). 1877–1902. M.: 1903, S. 72.
12 Dom Politechničeskogo obščestva, sostojaščego pri Moskovskom techničeskom učilišče. (Das Haus der beim Moskauer Technikum bestehenden Polytechnischen Gesellschaft; russ.). M.: 1905, S. 56.
13 Obzor dejatel'nosti Moskovskogo vysšego techničeskogo učilišča; (Tätigkeitsbericht des Moskauer Höheren Polytechnikums; russ.). M.: 1926.

Vier Jahrhunderte zuvor hatte Giordano Bruno geschrieben: »Eine Besonderheit des lebendigen Geistes ist es, daß er nur wenig zu hören und zu sehen braucht, um danach lange zu grübeln und zu verstehen.«[14] Die Reise (1876–1877) nach Philadelphia zur Weltausstellung, nach Pittsburgh, dem Zentrum der Eisenverarbeitung, und zu anderen Industrie- und Eisenbahnbetrieben der USA hat eine Fülle von lehrreichen Informationen und Eindrücken vermittelt. Der junge, begabte Wissenschaftler wurde bereits damals so geschätzt, daß ihm gut dotierte Stellen angeboten wurden. Zahlreiche Informationen und persönliche Kontakte brachte dem bereits gefeierten Erfinder auch der Besuch der Pariser Weltausstellung 1900. Eine ständige Quelle von Informationen aus dem Ausland waren für ihn wissenschaftlich-technische Fachzeitschriften in Englisch, Deutsch und Französisch.

Um die Bedingungen, unter denen das kreative Potential Šuchovs sich entwickelte, und um dessen Umfang zu verstehen, muß man wissen, daß Šuchov eine harmonische Persönlichkeit mit hohem kulturellem Niveau war. Er war lebhaft nicht nur an wissenschaftlich-technischen, sondern auch an geisteswissenschaftlichen Fragen interessiert. Die Geschichtswissenschaft begeisterte ihn, »eine Leidenschaft, die er sich bis zu den letzten Tagen seines Lebens bewahrte«.[15]

Als aufmerksamer und praktischer Mensch betrachtete Šuchov seine Umgebung auch immer unter dem Gesichtspunkt seiner persönlichen Neigungen, seiner beruflichen Interessen und Fertigkeiten. Dadurch ließen sich technische Ideen schnell auch in anderen Bereichen umsetzen und qualitativ verändern. Der Gedankengang eines Erfinders läßt sich nicht in allen Einzelheiten verfolgen. Hinsichtlich Šuchovs neuer Konstruktionsideen gibt es nur den einzigen Hinweis, daß ein geflochtenes, umgestürztes und belastetes Körbchen ihm zur Idee des hyperbolischen Turms verhalf. Das kann jedoch allenfalls ein Schritt im Gedankengang gewesen sein, der den möglichen Konstruktionssystemen für derartige Bauwerke galt. Vierzig Jahre zuvor hatte der russische Ingenieur und Wissenschaftler D.I. Žuravskij bereits ein ähnliches Problem bei der Planung der Turmspitze für die Peter- und Pauls-Kirche in Petersburg (Höhe 56,4 m) gelöst, bei der er sieben mögliche Varianten untersuchte.[16] Darunter befand sich eine kühne Lösung ohne vertikale Stäbe längs der Kanten des achteckigen Bauwerks. In dieser Variante wurden die übereinanderliegenden Ringpaare nur durch Kreuzstreben verbunden, die bei jeder Stufe in die Fläche eines Hyperboloids eingeschrieben waren.[17] Eine vergleichbare Konstruktion findet sich in Šuchovs Entwurf eines Wasserturms wieder. Šuchov ging aber einen grundlegenden Schritt weiter: Er schuf das hyperbolische Gittersystem.

Zur Arbeit des Technikers hat er einmal bemerkt, wie wichtig es sei, aus der Erfahrung von Generationen zu schöpfen, die einen Schatz von Gedanken und Erfindungen vieler unbekannter Meister bilde. Wie er selbst damit umging, könnte vielleicht die Frage nach Urbil-

14 Bruno, Dž./Giordano/: Dialogi. (Gepräche; russ.). M.: 1949, S. 448.
15 Kovel'man, G.M. 1961 (a.a.O. – S. 9, Anm. 5), S. 18.
16 Žuravskij, D.I.: Opisanie rabot po vozvedeniju verchnej časti kolokol'ni Petropavlovskogo sobora v S.-Peterburgskoj kreposti. (Beschreibung der Arbeiten zur Errichtung des oberen Glockenturmteils der Peter-und-Pauls-Kirche auf der Petersburger Festung; russ.). In: Žurnal. Glavnoe upravlenie putej soobščenija. SPb., 30 (1859), Nr. 4, S. 93–102.
17 Ščerbo, G.M.: V.G. Šuchov i ego setčatye konstrukcii. (V.G. Šuchov und seine netzförmigen Konstruktionen; dt. – UBS Nr. Ü/264, 7 S.). In: Promyšlennoe stroitel'stvo. M.: 1974, Nr. 5, S. 45–47.

Abb. 26
Im Baubüro Bari
(Foto: Šuchov.
Sammlung F. V. Šuchov)

Abb. 27
Trauerzug mit dem Sarg des Revolutionärs Nikolaj É. Bauman, ermordet bei einem Attentat am 31. 10. 1905
(Foto: Šuchov.
Sammlung F. V. Šuchov)

Abb. 28
Kesselfabrik Bari,
Werkstattgebäude
mit Gitterschalen-Überdachung
(vgl. Abb. 76, 77)
(Foto: Šuchov.
Sammlung F. V. Šuchov)

Abb. 29
Bau des Wasserturms in
Jaroslavl':
Im Vordergrund die Bleche des
Wasserbehälters, 1911
(vgl. Abb. 149 g–i)
(Foto: Šuchov.
Sammlung F. V. Šuchov)

dern einiger seiner Konstruktionen verdeutlichen. Bei der Betrachtung von Denkmälern der russischen Baukunst des 15. bis 17. Jahrhunderts z.B. muß Šuchov die häufigen schmiedeeisernen Fenstergitter aus senkrechten, an den Spitzen verbundenen Zickzackelementen bemerkt haben. Gute Kenntnisse der Schmiedekunst waren ihm behilflich, den Vorteil dieser Lösung zu erkennen. Im Šuchovschen zylindrischen Gewölbe aus gebogenen Eisenbändern finden wir diese Idee, allerdings in völlig anderer Funktion, wieder.

In diesem Zusammenhang stellt sich auch die Frage, was Šuchov zu den netzförmigen Hängedächern inspiriert haben könnte. Nicht zufällig wurden sie von den Zeitgenossen in Analogie zu den Tuchzelten der Wanderzirkusse Zelte genannt. Bekanntlich wurde das erste Einmast-Zirkuszelt (Durchmesser 27,5 m) 1830 in den USA gebaut. Bald danach tauchte in Paris das erste Zirkuszelt auf.[18] Etwa anderthalb Jahrzehnte später entwickelten die Amerikaner eine Konstruktion für größere Zeltbauten mit zusätzlichen Stützen zwischen den Hauptmasten. Unter diesen in Europa bald verbreiteten Zirkuszelten erlangte der große deutsche Wanderzirkus Cortti-Althoff aus dem Jahre 1865 größte Berühmtheit. In den darauffolgenden Jahrzehnten begann man, riesige längliche Zirkuszelte zu bauen, wie die populären Zelte von Barum und Bailey.[19] Diese Zirkuszelte müssen Šuchovs Interesse bei seiner Amerikareise geweckt haben.

Es ist heute üblich, alle Erfindungen ihrer Bedeutung nach in fünf Klassen einzuteilen, angefangen von geringfügigen Verbesserungen an bekannten technischen Systemen bis zu der Klasse, welche die technischen Realisierungen von völlig neuen Erfindungen umfaßt. Viele Erfindungen Šuchovs kann man danach in die sehr hohe vierte Klasse einordnen: Sie umfassen große Ideen als Grundlage zur Herstellung neuer technischer Systeme. Dazu zählen seine sämtlichen Netzkonstruktionen. In die dritte Klasse, in der die Veränderung eines Systemelements eine Verbesserung ermöglicht (z.B. eine Zerstäuberdüse, eine Kolbenpumpe mit biegsamer Kolbenstange), würde eine komplizierte und vollkommene technische Erfindung Šuchovs gehören, welche zwar nicht die erste, aber die beste Umsetzung in die Praxis darstellt: seine Anlage zur Erdölspaltung (Krakken). Das Akademiemitglied A.P. Krylov nannte sie »die Krönung der schöpferischen Tätigkeit Šuchovs auf dem Gebiet der Erdölverarbeitungstechnik«.[20]

Nicht nur Ausmaß, Umfang und Bedeutung der Tätigkeit dieses unermüdlich tätigen Geistes hinterlassen einen tiefen Eindruck. Vorbildlich sind auch die harmonische und fruchtbare Verbindung von natürlicher Begabung, praktischer und theoretischer Ausbildung, anerzogener Zielstrebigkeit, Konsequenz, Beharrlichkeit und ständiger Aufmerksamkeit gegenüber allem Neuen und Fortschrittlichen und das Vermögen, das gesamte schöpferische Potential in die Lösung einer Aufgabe einzubringen. All dies war die Grundlage für die einmaligen Leistungen dieses russischen Ingenieurs und Erfinders, der seiner Zeit in vielem voraus war.

18 Cirk. (Stichwort »Zirkus«; russ.). In: Malen'kaja énciklopedija. M.: 1979, S. 370.
19 Žando, D.:
Istorija mirovogo cirka.
(Geschichte des Welt-Zirkus; russ.). M.: 1984,
S. 43–44, 49, 51, 72.
20 Krylov, A.P.:
Dejatel'nost' V.G. Šuchova
v neftjanoj promyšlennosti.
(Šuchovs Tätigkeit in der Erdölindustrie; russ.).
In: V.G. Šuchov – vydajuščijsja inžener i učenyj. M.: 1984,
S. 82–87.

Netzdächer, Hängedächer und Gitterschalen

Rainer Graefe

Im Jahr 1895 meldet Šuchov ein Patent auf die Erfindung eines »netzförmigen Systems« zur Überdachung von Gebäuden an (vgl. S. 174). Diese Patentschrift mit kargem Text und schlichten Zeichnungen markiert einen Wendepunkt in der historischen Entwicklung der eisernen Baukonstruktionen.

Die Grundidee ist, anstelle der üblichen, aus unterschiedlichen Teilen zusammengefügten Fachwerkkonstruktionen, flächige Tragwerke aus durchweg gleichen Teilen herzustellen. Diagonal sich kreuzende lineare Elemente, die an den Kreuzungsstellen vernietet oder verschraubt werden, bilden Netze mit rautenförmigen Maschen. Diese Netze sollen ebenso als hängende, zugbeanspruchte wie als gewölbte, druckbeanspruchte Tragwerke verwendbar sein. In beiden Fällen können Flächen mit einfacher und mit doppelter Krümmung ausgebildet werden.

Dementsprechend werden vier mögliche Dachformen vorgestellt: Ein Hängedach über rechteckigem Grundriß zeigt Figur 4 (Abb. 30). Seine einfach gekrümmten Netzflächen sind zwischen einen geraden Firstbalken und gerade Randträger gespannt. Die biegebeanspruchten Randträger sind über schräge Stützen zum Boden abgespannt.

Ein Hängedach mit doppelt (antiklastisch) gekrümmter Fläche über einem Gebäude mit kreisrundem Grundriß zeigen die Figuren 1 und 3. Die Zugelemente sind radial – rechtsdrehend und linksdrehend – zwischen einen äußeren Druckring und einen inneren Zugring gehängt und bilden ein Netz mit nach außen zunehmender Maschengröße.

Das Zentrum dieses Rundbaus überdeckt, als Beispiel eines druckbeanspruchten Netzdachs mit doppelter (synklastischer) Krümmung, eine Gitterkuppel. Ihre bogenförmigen Druckelemente sind in der Draufsicht ebenso angeordnet wie die Elemente des äußeren Hängenetzes. Für diese Kuppel wird auch eine andere mögliche Netzform aus sich rechtwinklig kreuzenden Elementen vorgeschlagen, deren Projektion in die Ebene ein Netz mit gleichen quadratischen Maschen ergibt (Fig. 2).

Verschiedene druckbeanspruchte Gittertonnen mit einseitiger Krümmung zeigen die Figuren 8 bis 11 in der ursprünglichen Fassung der Patentzeichnung (Abb. 30). Die erste Variante (Fig. 8, 9) wurde schließlich gesondert zum Patent angemeldet (vgl. S. 176).

Als Vorteile dieser Bauweise werden genannt: die beträchtliche Gewichtseinsparung gegenüber gewöhnlichen Dachkonstruktionen; die Beanspruchung der Netzelemente immer nur durch eine Kraft (Zug oder Druck); die große Tragfähigkeit der Netzflächen auch bei konzentriertem Lastfall; die wesentliche Vereinfachung von Herstellung und Montage durch die Gleichheit aller Konstruktionselemente.

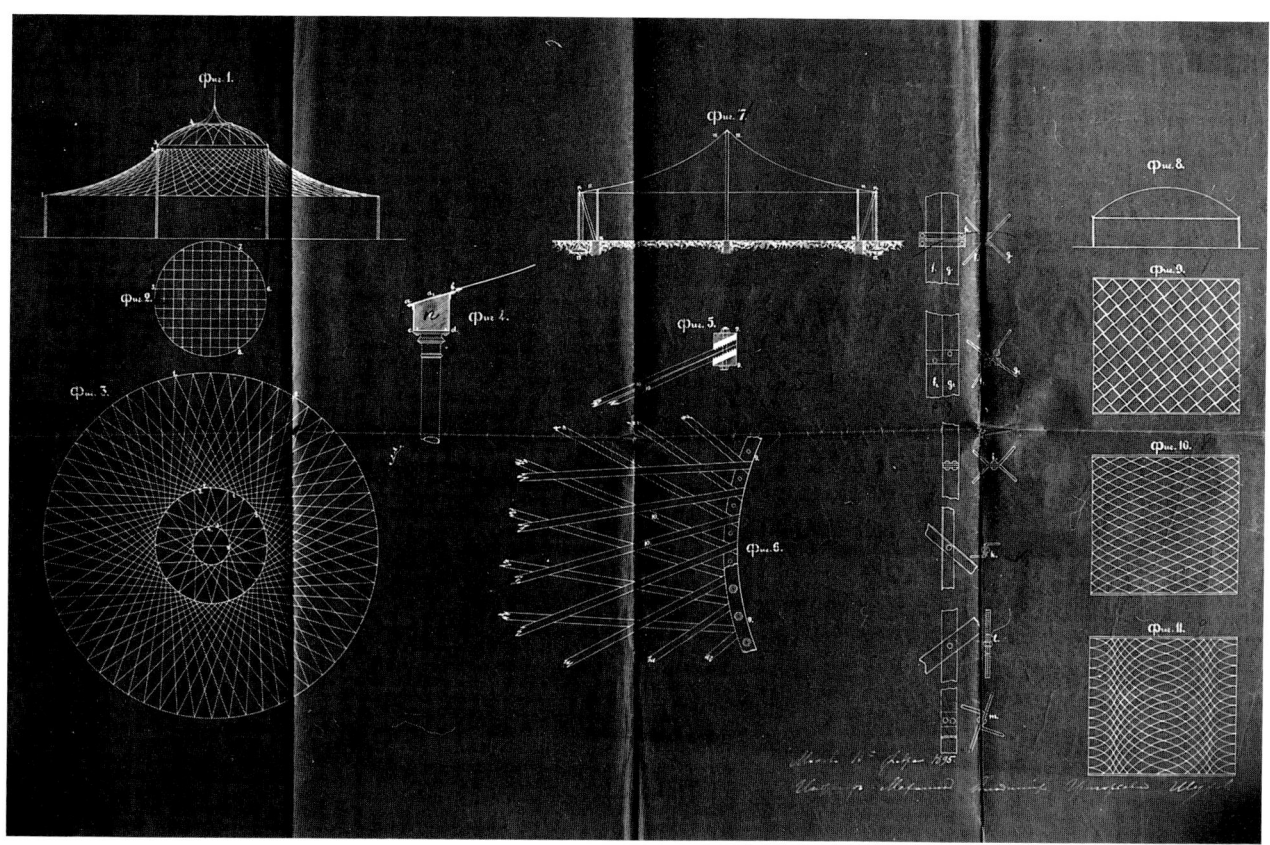

Abb. 30
Netzdächer für Gebäude, ursprüngliche Fassung der Patentzeichnung 1894/95 (vgl. Abb. S. 175 und 176) (Blaupause, 92 x 57 cm, Archiv Akad. d. Wiss. 1508-1-48)

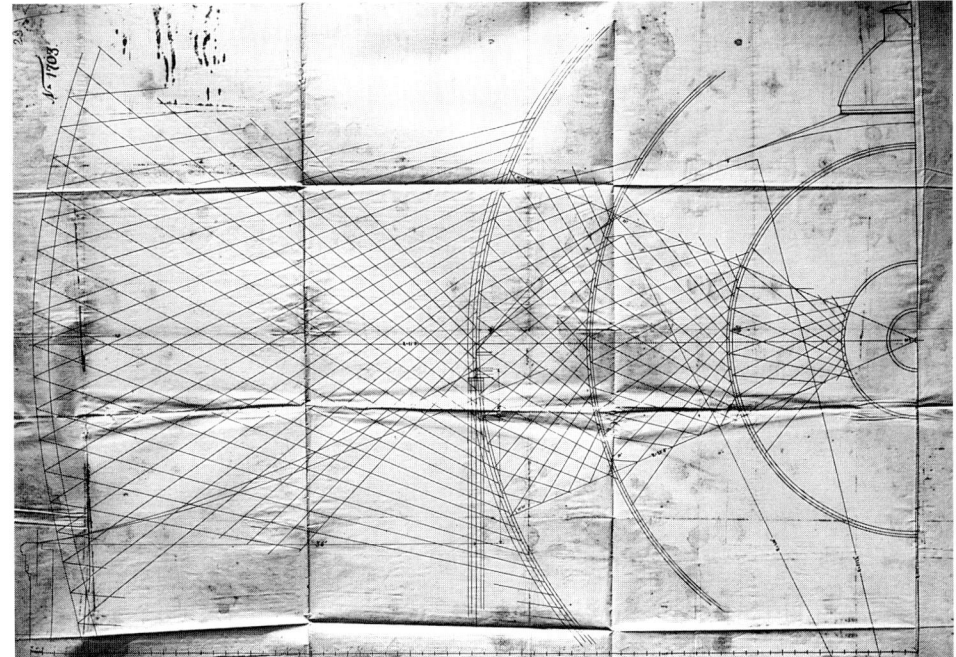

Abb. 31
Hängedach und Gitterkuppel für ein Werkstattgebäude der Kesselfabrik Bari in Moskau, Plan mit Draufsicht und Schnitt, 1894
(99,5×73 cm, Histor. Stadtarchiv 1209-2-4 Nr. 29)

Abb. 32
Schnittzeichnung der Dachkonstruktion aus Abbildung 31, Maßangaben in Meter umgerechnet
(Umzeichnung: G. U. Esslinger)

Allerdings handelt es sich bei den beschriebenen Netzsystemen im Grunde um zwei Tragwerkstypen. Zwar bestehen beide aus immer gleichen Elementen, diese müssen aber je nach Beanspruchung doch unterschiedlich ausgebildet werden. Bei den Hängedächern bestehen die zugbeanspruchten Elemente aus biegeunsteifen Bandeisen, die mit der Flachseite in der Dachfläche liegen und die unter Eigengewicht von selbst in Form von Kettenlinien durchhängen.[1] Bei den gewölbten Netzdächern oder Gitterschalen bestehen sie aus steifen, hochkant stehenden Bandeisen oder Winkeleisen. Ihre Krümmung bildet sich nicht von selbst, sondern wird schon bei Fertigung der Elemente (oder durch Biegen der gesamten Netzfläche bei der Montage) hergestellt. Zur Verbindung der hochkant übereinanderstehenden Bandeisen, die sich nur mit den Kanten berühren, sind spezielle Teile erforderlich (Abb. 30, Details rechts oben). Eine Sonderform besteht aus hochkant stehenden, zickzackförmigen Bandeisen, die an den Spitzen miteinander vernietet sind (s. 176).

Vor Abfassen beider Patente hatte Šuchov die neuartige Bauweise bereits in der Praxis erprobt. 1890 wurden von ihm zwei tonnenförmige Gitterschalen zur Überdachung von Erdöl-Pumpstationen in Groznyj gebaut (Abb. 55). Sie bestanden aus elliptisch gekrümmten Z-Profilen.[2] Den Bogenschub nahmen horizontale Zugglieder auf. Die leichten Sprengwerke der Randträger und die sich oben verjüngenden Fachwerk-Wandstützen hat Šuchov später bei ähnlichen Bauten in manchen Varianten wiederholt. Genaueres scheint über diese Bauten mit überdachten Flächen von schätzungsweise 13,5×9 m und über ihren Verbleib nicht bekannt zu sein. Sein erstes[3] Hängedach errichtete Šuchov 1894 in Moskau über einem Werkstattgebäude der Kesselfabrik Bari mit kreisrundem Grundriß (Durchmesser 44 m). Dieses rare Baudenkmal war in den siebziger Jahren noch erhalten.[4] Nachforschungen ergaben jetzt, daß es inzwischen bedauerlicherweise abgerissen worden ist. Anhand der wenigen vorhandenen Dokumente ist es aber möglich, sich wenigstens ein ungefähres Bild von der Konstruktion zu machen.

Der einzige erhaltene Plan mit Draufsicht und Schnitt (Abb. 31) zeigt als Überdachung eine gleiche Kombination von innerer Gitterkuppel und äußerem Hängenetz wie bei dem in der Patentschrift abgebildeten Rundbau. Teile dieses Ausführungsplans sind, wie gleich zu zeigen sein wird, vor Baubeginn noch verändert, andere gar nicht ausgeführt worden, so daß wir die seltene Gelegenheit haben, Šuchovs konstruktive Überlegungen in zwei Planungsschritten zu verfolgen.

Nach dieser Zeichnung soll ein netzförmiges Hängedach mit 11 m Spannweite zwischen die ringförmige Außenmauer und eine innere Ringkonstruktion auf Gitterstützen gehängt werden. Der innere Ring trägt außerdem die Gitterkuppel, die das Gebäudezentrum überdeckt. Sie ist aus drei konzentrischen, durch aussteifende Ringe verbundene Flächen zusammengesetzt, deren Gitter aus jeweils zwei Scharen radial angeordneter, gegenläufiger Stabelemente bestehen. Netz- und Gitterelemente sind in der Draufsicht nur als Systemlinien wiedergegeben. Detaillierter ist die Bauweise in der Schnittzeichnung gezeigt, die hier der besseren Lesbarkeit halber in einer Umzeichnung gesondert abgebildet wird (Abb. 32). Auf der linken Seite stellt die Linie a den meridionalen Schnitt durch die Fläche des Hängedachs, die Linie b die (nicht perspektivisch verzerrte) Kurve eines der schrägwinklig zur Schnittebene hängenden Bandeisen und seine tatsächliche Länge dar. Ebenso gibt auf der rechten Seite die Linie c_1–c_2–c_3 den Schnitt durch die Kuppelfläche wieder, während die Linien d_1, d_2 und d_3 die Kurven der gekrümmten Gitterelemente und ihre tatsächlichen Längen wiedergeben. Diese Gitterelemente sind als Kreissegmente geformt, deren Radien unterschiedlicher Längen jeweils am rechten Ende der Linien d_1, d_2 und d_3 eingetragen sind. Infolge ihrer Schrägstellung erzeugen die Kreissegmentbögen Gitterflächen mit im Querschnitt elliptischer Krümmung, so daß die Gitterkuppel insgesamt die Umrißlinie eines aus Ellipsensegmenten zusammengesetzten Korbbogens erhält.

Die beiden angeschnittenen Dachflächen sind nur mit einzelnen Linien wiedergegeben. Dabei handelt es sich nicht um eine schematische Wiedergabe wie in der Draufsicht. Dickere, mit diesen Flächen verbundene Teile sind nämlich mit vollem Querschnitt eingezeichnet: am unteren Rand des Hängedachs ein dickeres Flacheisen, das den Randanschluß bildet, in der Kuppelkurve die T-Profile der aussteifenden Ringe und in der Laterne gekrümmte Profilteile. Beide Flächen haben demnach eine nur geringe Dicke, und beide Dächer bestehen folglich aus den gleichen, flach liegenden Bandeisen.

Die Idee war in dieser Planungsphase also, mit ein und derselben Netzkonstruktion Hängefläche und Kuppelfläche herzustellen. Die Kuppel aus den in Flachlage wenig steifen Bandeisen und mit dem statisch wenig günstigen, im Scheitel abgeflachten Bogenprofil hätte eine Spannweite von immerhin 22 Metern gehabt. Eine Aussteifung ihrer ›weichen‹ Gitterfläche gegen Beulen wäre nur in Ringrichtung durch die umlaufenden T-Profile (und die daran anschließenden, unverschieblichen Dreiecksmaschen), nicht aber in Bogenrichtung gewährleistet gewesen. Offenbar war Šuchov selbst mit dieser Kuppelkonstruktion nicht zufrieden, denn sie wurde nicht gebaut. Interessant an diesem aufgegebenen Projekt bleibt jedoch die zugrundeliegende Zielvorstellung, einen Netztyp sowohl für zugbeanspruchte als auch für druckbeanspruchte Überdachungen zu entwickeln. Sie ist in der im darauffolgenden Jahr verfaßten Patentschrift bereits fallengelassen.

Ein Foto der Baustelle, im November 1894 aufgenommen, zeigt die filigrane, schön geschwungene Netzfläche des Hängedachs, die bereits rundum fertig montiert, aber noch nicht eingedeckt ist (Abb. 33). Gegenüber dem Plan weist das Netz eine größere Maschenzahl auf (je Netzelement 28 anstelle von 22 Kreuzungsstellen). Das bedeutet, daß entweder die Netzstruktur verändert oder daß die Spannweite vergrößert wurde, vielleicht um die Spannweite des zu überdachenden inneren Bereichs zu verringern. Welche Dachkonstruktion dort anstelle der Gitterkuppel ausgeführt wurde, läßt sich nur in etwa angeben. Auf dem Baustellen-Foto fehlt dieser Dachteil noch, auf einem von Šuchov aufgenommenen Innenfoto (Abb. 33) ist er nicht sichtbar. Lediglich seine Außenform ist einer kleinen Abbildung auf einem Prospekt[5] zu entnehmen, die den gesamten Gebäudekomplex der Kesselfabrik Bari in Moskau aus der Vogelperspektive wiedergibt (Abb. 35).

In der Mitte sind zwei Rundbauten zu sehen, links das fragliche Werkstattgebäude und rechts ein Schmiedegebäude, das anscheinend gleichzeitig gebaut wurde. Sein kegelförmiges Dach war in einer Holzbauweise errichtet, die Šuchov in ähnlicher Weise bereits zur Überdachung von Erdölbehältern verwendet hatte (s. M. Gappoev, S. 76). Es bestand ebenfalls aus einem äußeren und einem inneren Dachteil, die beide von einer ringförmigen hölzernen Stützkonstruktion im Inneren getragen wurden. Ein Foto des im Bau befindlichen Dachs (Abb. 143) aus radialen, hochkant liegenden Balken zeigt im Zentrum des inneren Kegelstumpfs einen Druckring, dessen Öffnung mit etwa 5 m lichter Weite noch nicht geschlossen ist. Ihm wurde, wie aus der Vogelperspektive zu sehen ist, eine kegelförmige, verglaste Laterne aufgesetzt. Über dem Werkstattgebäude links ist die Mitte mit einem Dach gleicher Form und mit gleicher Laterne versehen. Ob es sich um dieselbe Holzkonstruktion oder um eine ähnliche Eisenkonstruktion handelt, ist nicht ersichtlich.

Der Fertigstellung dieser revolutionären Hängedachkonstruktion und der Patentanmeldung im nächsten Jahr folgte in bemerkenswertem Tempo bereits im darauffolgenden Jahr der Bau einer ganzen Gruppe von Netzdächern. 1896 fand in Nižni Novgorod die Allrussische Ausstellung statt, eine Leistungsschau handwerklicher und industrieller Produkte des zaristischen Rußland. Šuchov erhielt, wie bereits geschildert, hier eine ungewöhnliche Chance, die Möglichkeiten seiner neuen Netzbauweise der internationalen Fachwelt vorzuführen. Die beeindruckende Reihe von Bauten, die alle von der Firma Bari hergestellt waren, bestand aus vier Hallen mit Hängedächern, die eine Fläche von insgesamt 10160 m^2 überdeckten, und aus vier Hallen mit Gitterschalen mit einer Gesamtfläche von 16910 m^2.[6] Hinzu kam, als eine weitere neuartige Netzkonstruktion, ein Wasserturm in Form eines Hyperboloids. Die Erfindung dieser Turmkonstruktion hatte Šuchov sich noch in Januar desselben Jahres patentieren lassen (s. J. Petropavlovskaja, S. 78). Eine weitere Anwendungsmöglichkeit der Netzbauweise sollte eine Brücke mit Gittertonnen als Fahrbahnträger demonstrieren, die allerdings wohl nicht gebaut wurde (s. R. Wagner, S. 137).

Hängedächer erhielten drei Gebäude der »Bau- und Ingenieursektion«, eine Ausstellungshalle mit kreisrundem Grundriß und zwei sie flankierende Hallen mit rechteckigem Grundriß (Abb. 36–46), und außerdem eine vierte Halle mit ovalärem Grundriß, das »Ergänzungsgebäude für die Sektion Fabrik- und Handwerkserzeugnisse« (Abb. 47–53). Diese vier Pavillons waren, wie verschiedenen Berichten[7] zu entnehmen ist, unter den Ausstellungshallen die vielbeachteten Attraktionen. Ein »Reisehandbuch«, das als Ausstellungsführer in vier Sprachen herausgegeben wurde, weist nachdrücklich auf diese Bauten hin. Die übrigen großen Ausstellungshallen seien, so heißt es, vom »gewöhnlichen Ausstellungstypus, sogenannte Industriepaläste der letzten internationalen Ausstellungen«[8]. Anders die Šuchovschen Hängedächer: »Die Rotunde und die angrenzenden rechtwinkligen Gebäude können das Recht, selbständige Exponate zu sein, beanspruchen. Sie sind aus Eisen vom Ingenieur Bary nach dem System des Ingenieur-Mechanikers Schuchov erbaut. Das Originelle in der Construction dieser Gebäude besteht darin, daß ihre Dächer ohne Sparren sind und ein straff aufgezogenes,

Abb. 33
Hängedach desselben Werkstattgebäudes während des Baus. Historisches Foto, 1894
(Sammlung F. V. Šuchov)

Abb. 34
Innenraum desselben Werkstattgebäudes (Abb. 34), Stereofoto von Šuchov
(Sammlung F. V. Šuchov)

Abb. 35
Werkgelände der Kesselfabrik Bari in Moskau. Abbildung auf einem Werbeprospekt. Šuchov-Bauten von links nach rechts: Werkstattgebäude mit Gittertonnen, kreisrundes Werkstattgebäude mit Hängedach, dahinter Wasserturm, kreisrundes Schmiedegebäude mit Holzdach (links davon kleiner Erdölbehälter), Schmiedegebäude mit Gittertonne
(Ausschnitt aus Abb. 12)

Abb. 36
Allrussische Ausstellung in Nižnij Novgorod, 1896, Rotunde und Rechtecksbauten der »Bau- und Ingenieursektion« mit Hängedächern. Plan mit Seitenansichten und Grundrissen
(69,5 x 103 cm, Histor. Stadtarchiv 1209-1-69 Nr. 12)

Abb. 37
Allrussische Ausstellung in Nižnij Novgorod, 1896, Rotunde mit Hängedach. Schnitt
(Vseross. prom. i chud. vystavka v Nižnem Novgorode... SPb. [1897], S. 56)

Abb. 38
Allrussische Ausstellung in Nižnij Novgorod, 1896, rechteckiger Ausstellungspavillon mit Hängedach. Schnitt
(Vseross. prom. i chud. vystavka v Nižnem Novgorode... SPb. [1897], S. 55)

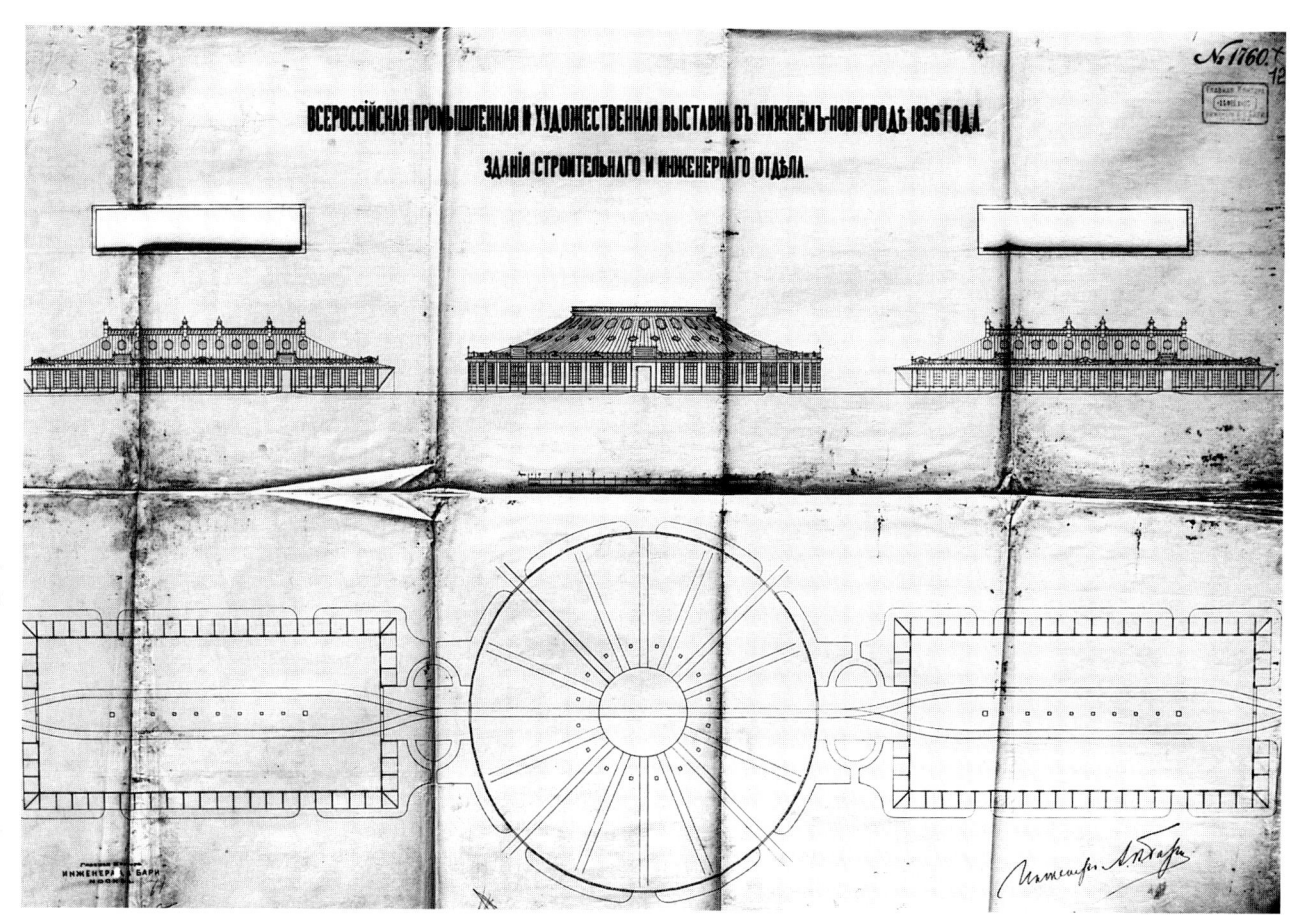

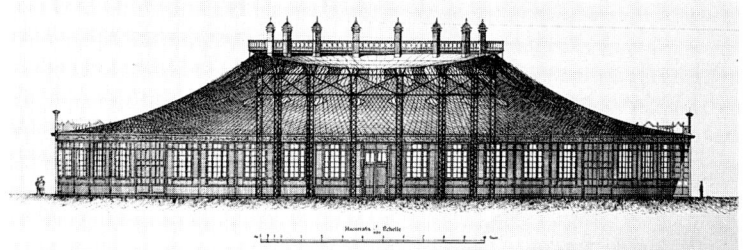 

Abb. 39
Allrussische Ausstellung in Nižnij Novgorod, 1896, Rotunde und rechteckige Ausstellungspavillons im Bau. Historisches Foto, 1895
(Archiv Akad. d. Wiss. 1508-1-49 Nr. 10)

Abb. 40
Allrussische Ausstellung in
Nižnij Novgorod, 1896,
Bau der Rotunde.
Historisches Foto, 1895
(Archiv Akad. d. Wiss.
1508-1-49 Nr. 11)

Abb. 42
Allrussische Ausstellung in
Nižnij Novgorod, 1896,
Dachkonstruktion der Rotunde
im Bau. Historisches Foto
(Archiv Akad. d. Wiss.
1508-1-49 Nr. 2)

Abb. 41
Allrussische Ausstellung in
Nižnij Novgorod, 1896,
Bau der Rotunde.
Historisches Foto, 1895
(Archiv Akad. d. Wiss.
1508-2-37 Blatt 41)

Abb. 43
Allrussische Ausstellung in
Nižnij Novgorod, 1896,
Innenraum der Rotunde mit
Blechhängedach (Mitte) und
Netzhängedach.
Historisches Foto, 1895/96
(Archiv Akad. d. Wiss.
1508-1-49 Nr. 1)

Abb. 44
Allrussische Ausstellung in Nižnij Novgorod, 1896, rechteckiger Ausstellungspavillon im Bau.
Historisches Foto, 1895
(Archiv Akad. d. Wiss. 1508-2-36 Blatt 31)

Abb. 45
Allrussische Ausstellung in Nižnij Novgorod, 1896, rechteckiger Ausstellungspavillon, Außenansicht.
Historisches Foto, 1896
(Archiv Akad. d. Wiss. 1508-1-49 Nr. 12)

Abb. 46
Allrussische Ausstellung in Nižnij Novgorod, 1896, rechteckiger Ausstellungspavillon, Innenraum.
Historisches Foto, 1895/96
(Archiv Akad. d. Wiss. 1508-1-49 Nr. 7)

hängendes, mit Eisenblech bedecktes Netz bilden. In Folge dieses Systems zeigt das Dach im Durchschnitt die Form einer Kettenlinie.«[9]

Die Überdachung der Rotunde (68,30 m Durchmesser, 15 m Höhe) bestand aus zwei Hängedächern. Zwischen einen von 16 Stützen getragenen steifen Ring und einen gleichen Druckring auf der Außenwand war ein Netz aus 640 vernieteten Bandeisen (50,8 x 4,76 mm, Spannweite des Netzes 21,50 m) gespannt. In den Innenring mit 25 m Durchmesser war eine vernietete Blechmembrane in Form einer flachen Kalotte gehängt (Stichhöhe 1,50 m). Die Zugbeanspruchung des Ringträgers durch das äußere Hängenetz wurde teilweise durch die innen hängende Blechfläche aufgehoben. Die beim kreisrunden Werkstattgebäude der Kesselfabrik Bari nicht ausgeführte Gitterkuppel war hier gleichsam auf den Kopf gestellt. Vielleicht war zunächst sogar geplant, die Hängeschale in gleicher Netzbauweise herzustellen.[10] Das Regenwasser wurde durch zwei Rohre an der Unterseite abgeführt (Abb. 43).

Gegenüber den netzförmigen Hängedächern hatte das Blechhängedach den praktischen Nachteil, daß das Vernieten der Teile und die Montage auf einer hölzernen Hilfskonstruktion erfolgen mußten, ein relativ aufwendiges Verfahren; andererseits den zumindest ideellen Vorteil, daß Tragwerk und Dachhaut identisch waren, womit ein letzter möglicher Schritt der Vereinheitlichung aller Teile vollzogen war. Die Konstruktion könnte durch die Hängebodenbehälter von Wassertürmen angeregt worden sein, welche seit den sechziger Jahren in Frankreich und später auch in Deutschland gebaut wurden. Die Idee, die Böden zylindrischer Wasserbehälter als zugbeanspruchte Blechschalen auszubilden, stammte von J. Dupuit. In den achtziger Jahren erreichten derartige Hängeböden bereits Spannweiten von 18 m.[11] Šuchov hat diese Bauweise 1911 bei einem Wasserturm in Jaroslavl' angewandt (Abb. 149 g–i). Derartige Behälterböden aus wenigstens 8 mm dicken Blechen waren für große Zugbeanspruchungen ausgelegt. Šuchovs leichte Dachkalotte bestand aus nur 1,58 mm dicken Blechen (übliche Blechdicke zur Dacheindeckung: 1 mm), die bei Windsog wie eine Kuppel tragen, also Druckkräfte aufnehmen mußten. Wie es Šuchov gelang, ein Beulen der Fläche ohne zusätzliche Aussteifung oder andere Vorkehrungen zu verhindern, wissen wir nicht. Ein vergleichbares Hängedach ist erst 1937 wieder von Bernhard Lafaille in Form eines flachen Blechkegels mit nach unten gekehrter Spitze gebaut worden (Spannweite 30 m, Blechdicke 2 mm). Es war gegen Windsog durch die Auflast einer zentralen Laterne gesichert.[12]

In der Rotunde wurden »Locomotiven und rollendes Eisenbahnmaterial« ausgestellt. In ihrer Mitte befand sich eine Drehscheibe mit 18 m Durchmesser, von der 18 Gleise ausgingen. Zwei Gleise führten in die benachbarten Hängedach-Pavillons mit rechteckigem Grundriß (68 m lang, 30 m breit, 11 m hoch) (Abb. 36). Ihre gleichmaschigen Netze (aus gleichen Bandeisen wie beim Dach der Rotunde) bildeten Walmdächer. Der leichte Gitterträger des Firstbalkens wurde von neun Stützen getragen. In den Graten, in denen die Walm- und Längsseiten der Dächer verschnitten, waren als Tragelemente breitere Bandeisen (20 x 6 mm) von den Firstenden zu den Ecken gespannt. Die Netze der Walmseiten hatten, anders als die der Längsseiten, bei queroblonger Maschenform die Hauptkräfte in Querrichtung abzutragen, im unteren Bereich also über eine größere Spannweite als die anderen Dachflächen. Um hier ein Durchhängen zu vermeiden, wurden sie in der Mitte durch zwei weitere, vom Firstende zum Rand gespannte Bandeisen (30 x 6 mm) unterstützt, die zugleich als Abspannung der Stützenreihe dienten (Abb. 44, 46).

Die geraden, biegebeanspruchten Randträger wurden über schräggestellte Stützen mit Rundstäben zu Erdankern abgespannt. Sie lagen auf den senkrechten Außenwänden, die mit einigem Abstand zu den schrägen Stützen, nach innen gerückt, aufgestellt waren. Die Hängenetze reichten also nur scheinbar bis zum äußeren Dachrand, der aus einem vorgesetzten Holzdach bestand. Eisenprofile, welche die Zugverbindung zwischen Randträgern und Stützen herstellten, dienten zugleich als Sparren dieses Vordachs (Abb. 38, 45).

Alle Netzdächer wurden in der damals in Rußland üblichen Weise mit verzinktem Eisenblech eingedeckt, das direkt auf den Netzmaschen befestigt wurde. Vor allem bei den Dächern der rechteckigen Pavillons dürfte diese Eindeckung nicht unwesentlich zur Formstabilität beigetragen haben. Während die Form des Rotundendachs durch die gegensinnigen Krümmungen ihrer Fläche stabilisiert wurde, waren bei diesen nur einseitig gekrümmten und relativ leichten Netzflächen (max. 20 kg/m²) Verformungen bei ungleich verteilter Auflast (Schnee) oder bei Windsog zu befürchten. Offenbar wurden durch die Blecheindeckung schubsteife Flächen gebildet.

Fertigung und Montage der Pavillons waren von F. G. Farbštejn, Ingenieur der Firma Bari, minutiös geplant und vorbereitet worden. Im Unterschied zu den Dächern der übrigen Ausstellungshallen, die in vorgefertigten Teilen angeliefert wurden, schnitt man die Bandeisen der Hängedächer erst auf der Baustelle nach Schablonen zu und montierte sie dann in einfachsten, sich ständig wiederholenden Arbeitsschritten, die weder erfahrene Arbeitskräfte noch aufwendige Vorrichtungen erforderten. Der Aufbau geriet so zu einer zusätzlichen Demonstration der Vorteile dieser Bauweise: »Am 1. Mai 1895 wurden die Bauarbeiten begonnen. Laut Vertrag mußten der Rundbau am 1. Juli und die beiden Rechteckbauten am 1. August 1895 in grundiertem Zustand, aber noch ohne abschließenden Anstrich übergeben werden, was auch eingehalten wurde.«[13]

Eine Kombination beider Hängedachformen überdeckte den Ovalbau. Über den im Grundriß halbkreisförmi-

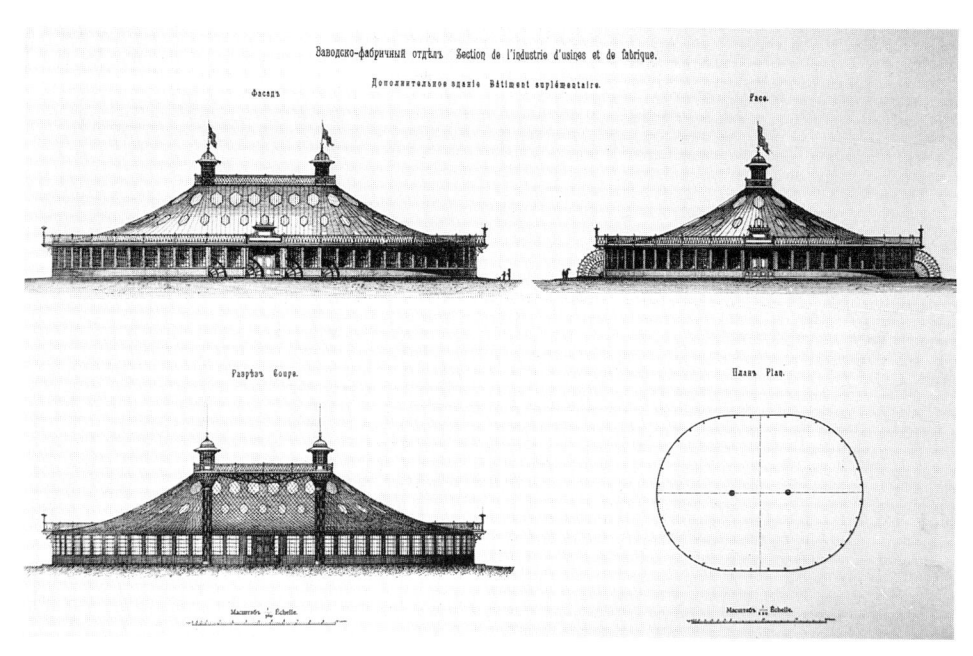

Abb. 47
Allrussische Ausstellung in Nižnij Novgorod, 1896, ovales »Ergänzungsgebäude für die Sektion Fabrik- und Handwerkserzeugnisse« mit Hängedach.
Ansichten, Längsschnitt und Grundriß, 1896
(Vseross. prom. i chud. vystavka v Nižnem Novgorode…
SPb. [1897], S. 59)

Abb. 48
Allrussische Ausstellung in Nižnij Novgorod, 1895, ovaler Ausstellungspavillon. Grundriß mit Maßangaben. Zeichnung aus Šuchovs handschriftlicher Berechnung
(Archiv Akad. d. Wiss. 1508-1-47 Nr. 60
Rückseite Ausschnitt)

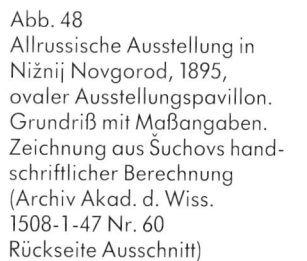

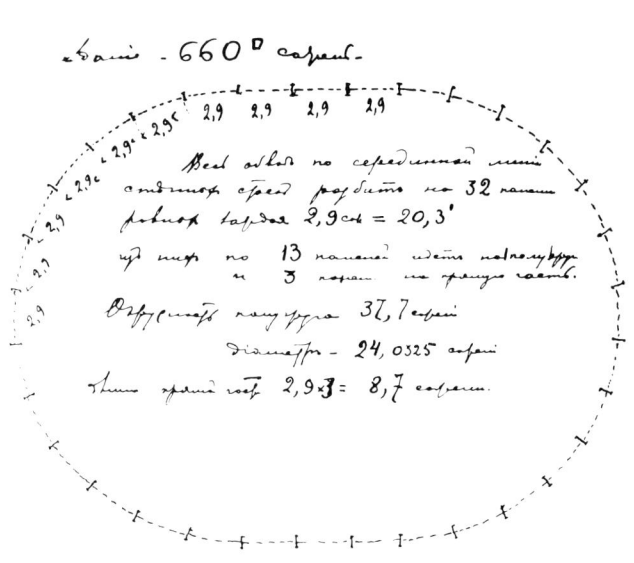

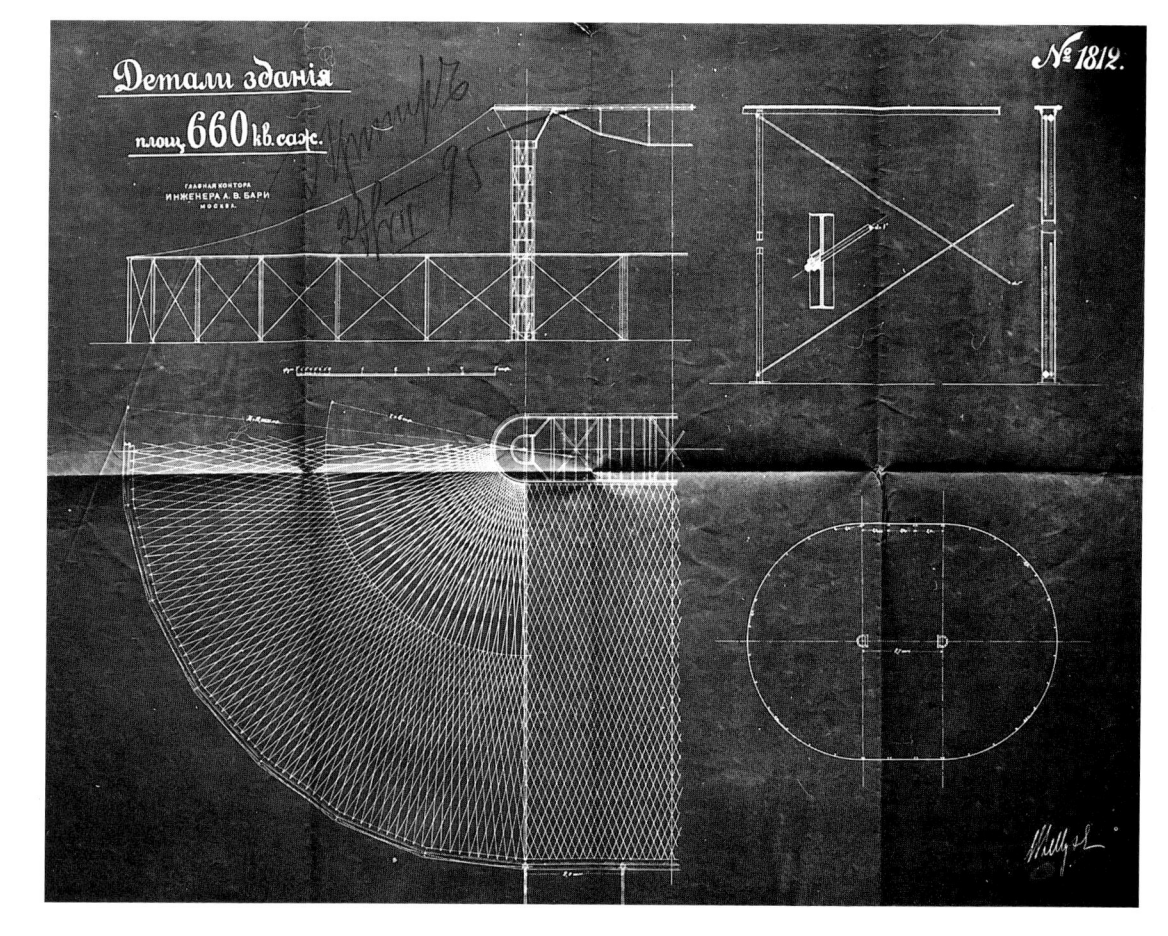

Abb. 49
Allrussische Ausstellung in Nižnij Novgorod, 1896, ovaler Ausstellungspavillon mit Hängedach. Plan mit Längsschnitt, Draufsicht, Wanddetails und Grundriß, 1895
(Blaupause, 78×63 cm, Archiv Akad. d. Wiss. 1508-1-48 Nr. 5)

Abb. 50
Allrussische Ausstellung in
Nižnij Novgorod, 1896,
ovaler Ausstellungspavillon,
Außenansicht.
Historisches Foto, 1896
(Exposition russe de
l'industrie et des beaux-arts
de 1896 à Nijni-Novgorod.
M. [o. D.], Blatt 25 Rückseite)

Abb. 51
Allrussische Ausstellung in
Nižnij Novgorod, 1896,
Hängedach des
ovalen Ausstellungspavillons.
Werkplan, 1895
(Blaupause, 125x70cm,
Archiv Akad. d. Wiss.
1508-1-48 Nr. 2)

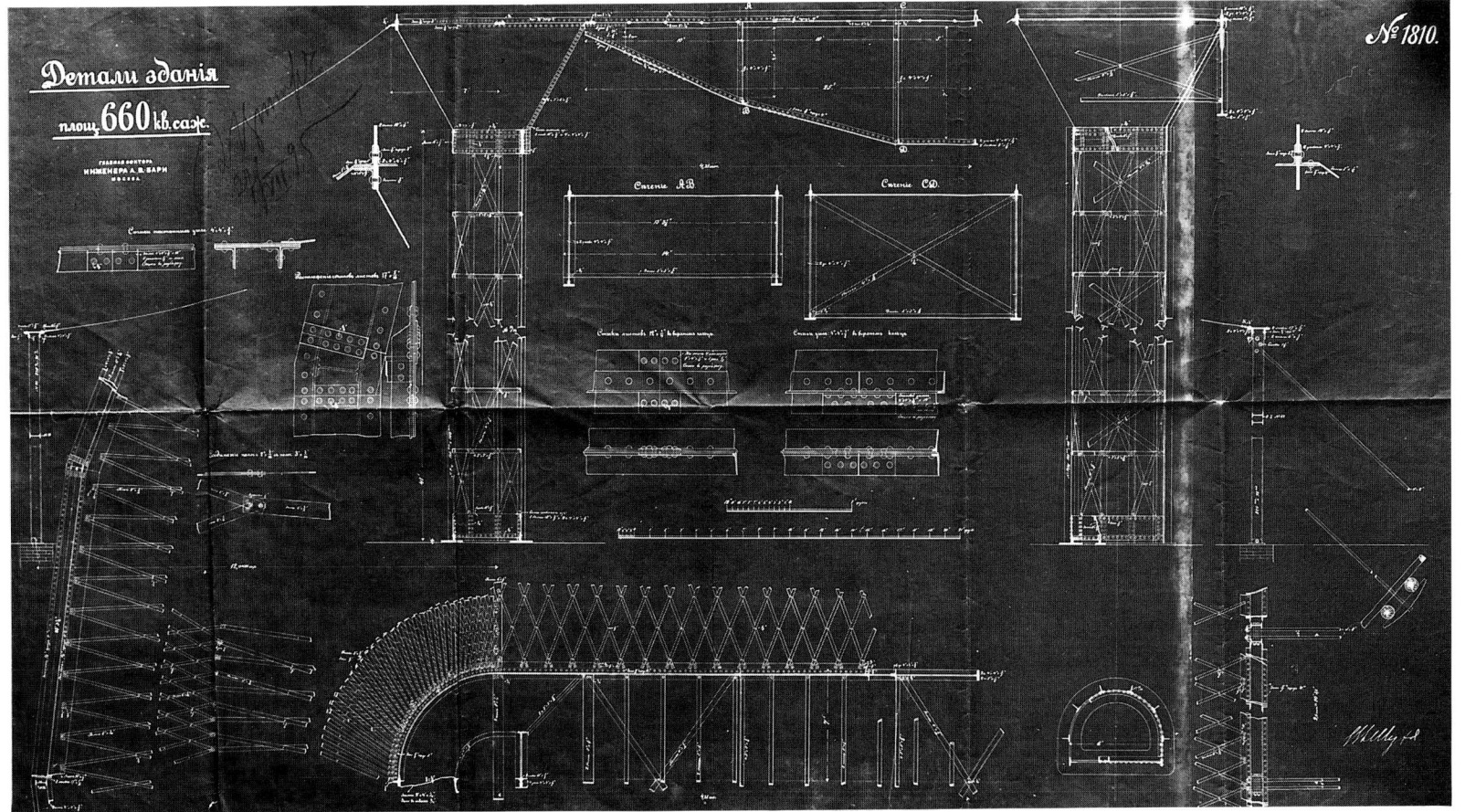

Abb. 52
Allrussische Ausstellung in
Nižnij Novgorod, 1896,
ovaler Ausstellungspavillon.
Innenraum während der
Eindeckung des Hängedachs.
Historisches Foto, 1895
(Archiv Akad. d. Wiss.
1508-2-37 Nr. 47)

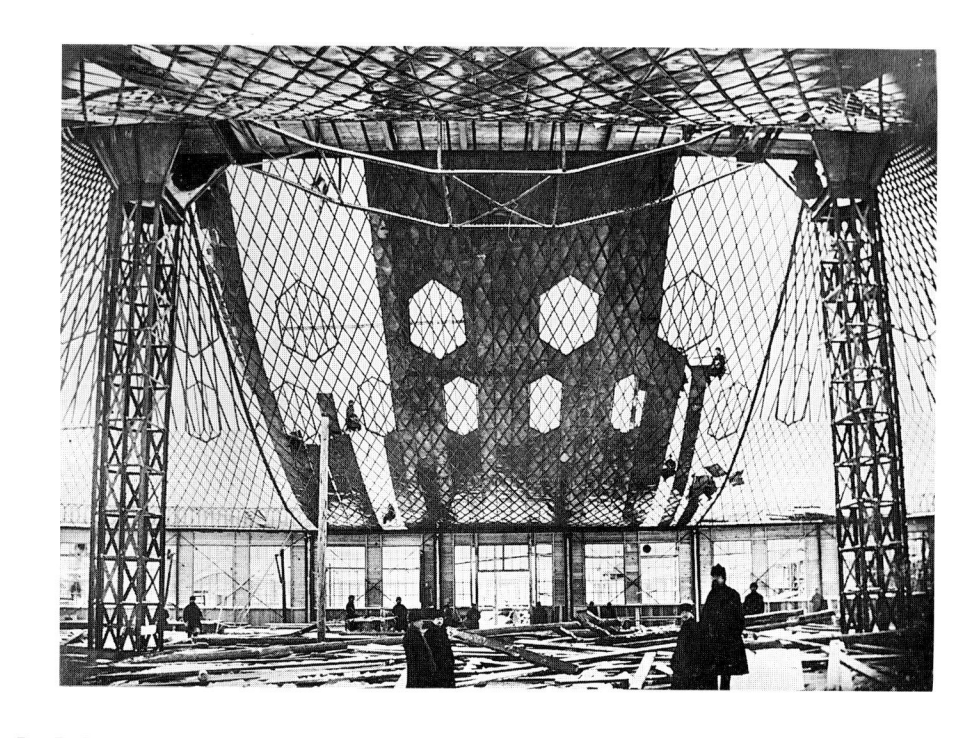

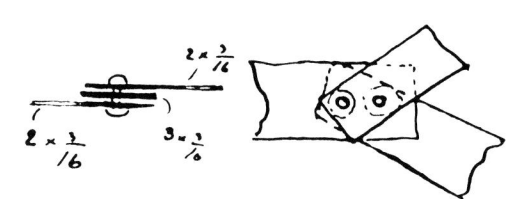

Abb. 54
Allrussische Ausstellung in
Nižnij Novgorod, 1895,
ovaler Ausstellungspavillon.
Verzweigungsdetail
eines Netzelements des
Hängedachs,
Skizze aus Šuchovs
handschriftlicher Berechnung
(Archiv Akad. d. Wiss.
1508-1-47 Nr. 60 Ausschnitt)

Abb. 53
Allrussische Ausstellung in
Nižnij Novgorod, 1896,
ovaler Ausstellungspavillon.
Innenraum während der
Eindeckung des Hängedachs.
Historisches Foto, 1895
(Archiv Akad. d. Wiss.
1508-1-49 Nr. 2)

gen Schmalseiten hingen doppelt gekrümmte Netzflächen, dazwischen zwei Rechteckflächen mit einfacher Krümmung (Abb. 47, 49). Die innere Stützkonstruktion des Dachs (70 m lang, 51 m breit) bestand lediglich aus zwei Gitterstützen (15 m hoch) und einem unterspannten Fachwerk-Firstbalken. Die 2 m breite, mit Brettern eingedeckte Oberseite dieses Firstträgers war als Aussichtsplattform vorgesehen, auf die eine – nicht ausgeführte – Wendeltreppe in einer der beiden Stützen hätte führen sollen.[14]

Die geraden Randträger im mittleren Bereich der Längsseiten waren, ähnlich wie bei den Rechteckpavillons, mit doppelten Rundeisen nach außen abgespannt, die Randträger der halbkreisförmigen Enden als halbe Druckringe ausgebildet. Die mittleren, einfach gekrümmten Dachflächen bestanden aus gleichen Netzen wie die Dächer der Rechteckbauten. Für die doppelt gekrümmten Flächen beider Schmalseiten mußte eine besondere Netzform verwendet werden, weil die Hängedächer, anders als bei der Rotunde, den gesamten Innenraum überdeckten. Obwohl die Netzbänder zur Mitte hin so eng zusammenliefen, daß sie in Mastnähe fast geschlossene Flächen bildeten, wären sie am 23,5 m entfernten Außenrand mit Abständen von 124 cm angekommen. Um derart große Netzmaschen im äußeren Dachbereich zu vermeiden, gabelten sich die vom Zentrum ausstrahlenden Bänder (76,2 x 4,76 mm) auf ungefähr halber Strecke in zwei dünnere Bänder (50,8 x 4,76 mm), die ein engmaschiges Netz bildeten. Die Verbindung zwischen den einfach gekrümmten und den doppelt gekrümmten Netzflächen stellte wegen der unterschiedlichen Maschenformen auf beiden Seiten, der nur näherungsweise übereinstimmenden Querschnittskurven und der unterschiedlichen Verformbarkeit unter äußeren Lasten ein konstruktives Problem dar. Šuchov löste es pragmatisch mit einem breiteren und dickeren Bandeisen (150 x 6 mm) als Verbindungsteil (Abb. 49, 51). Wieweit dessen Quersteifigkeit und die aussteifende Wirkung der Blecheindeckung ausreichten, unter Lastfall Verwindungen in diesem Übergangsbereich zu unterbinden, muß offenbleiben.

Nun zu den tonnenförmigen Gitterschalen der anderen vier Ausstellungshallen. Der »Ergänzungsbau für die Sektion Maschinen« (Abb. 59–63) besaß ein Dach aus drei parallelen, im Innern von zwei Stützenreihen getragenen Tonnen und überdeckte eine Fläche von 4550 m² (Spannweiten der Außentonnen 15 m, der Innentonne 23,5 m, Länge 85 m). Das »Gebäude der Sektion Fabrik- und Industrieerzeugnisse« (Abb. 64–67), mit 222 m Länge und 10009 m² Fläche die größte Halle, war über dem mittleren Haupttrakt mit drei quer zur Längsachse gestellten Tonnen (Spannweiten außen 15 m, innen 28 m) und über den beiden Seitenflügeln mit jeweils drei längsgerichteten Tonnen (Spannweiten außen 13 m, innen 15 m) überdeckt. Der Innenraum war lediglich durch die Reihen der auffallend schlanken Stützen unterteilt. Der Pavillon der Staatlichen Eisenbahn war mit

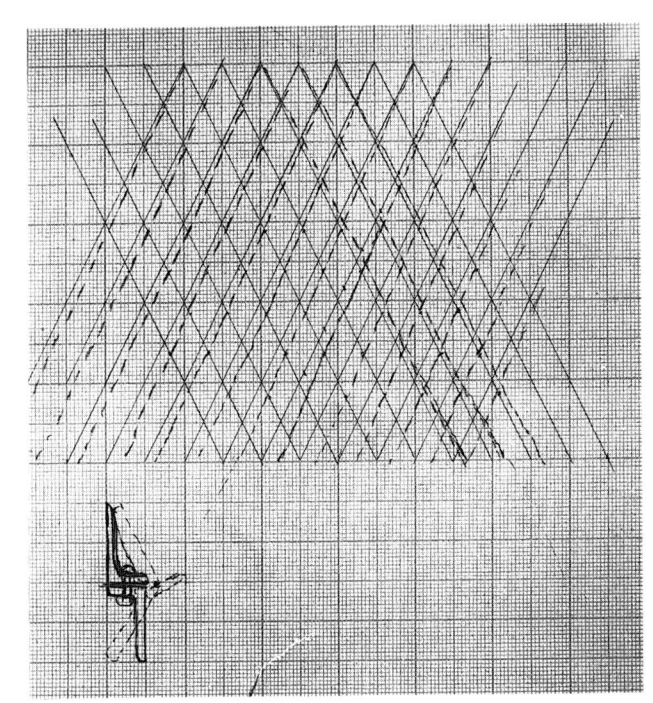

Abb. 55
Pumpstationen in Groznyj mit Gitterschalen, 1890.
Historisches Foto
(Archiv Akad. d. Wiss. 1508-2-59 Nr. 22)

Abb. 56
Verformungsstudie zu Gitterschalen, links unten: Verbindungsdetail.
Bleistiftzeichnung von Šuchov
(21,1 x 19,7 cm, Archiv Akad. d. Wiss. 1508-1-47 Nr. 25)

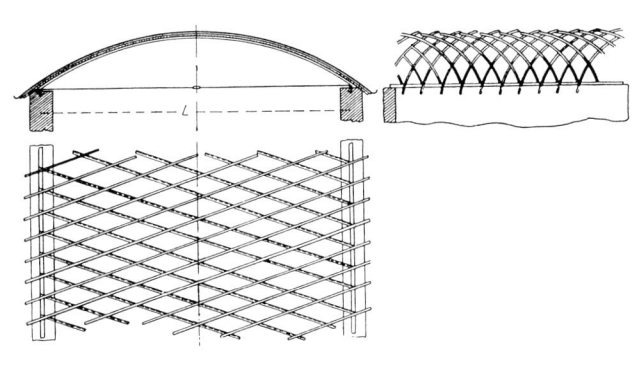

Abb. 57
Allrussische Ausstellung in Nižnij Novgorod.
Bauweise der Gitterschalen
(Chudjakov, P. 1896 [a.a.O.])

Abb. 58
Allrussische Ausstellung in Nižnij Novgorod, 1896, »Ergänzungsbau für die Sektion Maschinen«.
Plan mit Grundriß, Querschnitt und Vorderansicht.
Vorentwurf mit zentraler Kuppel, wohl 1894
(53 × 40,7 cm,
Histor. Stadtarchiv
1209-1-69 Nr. 11)

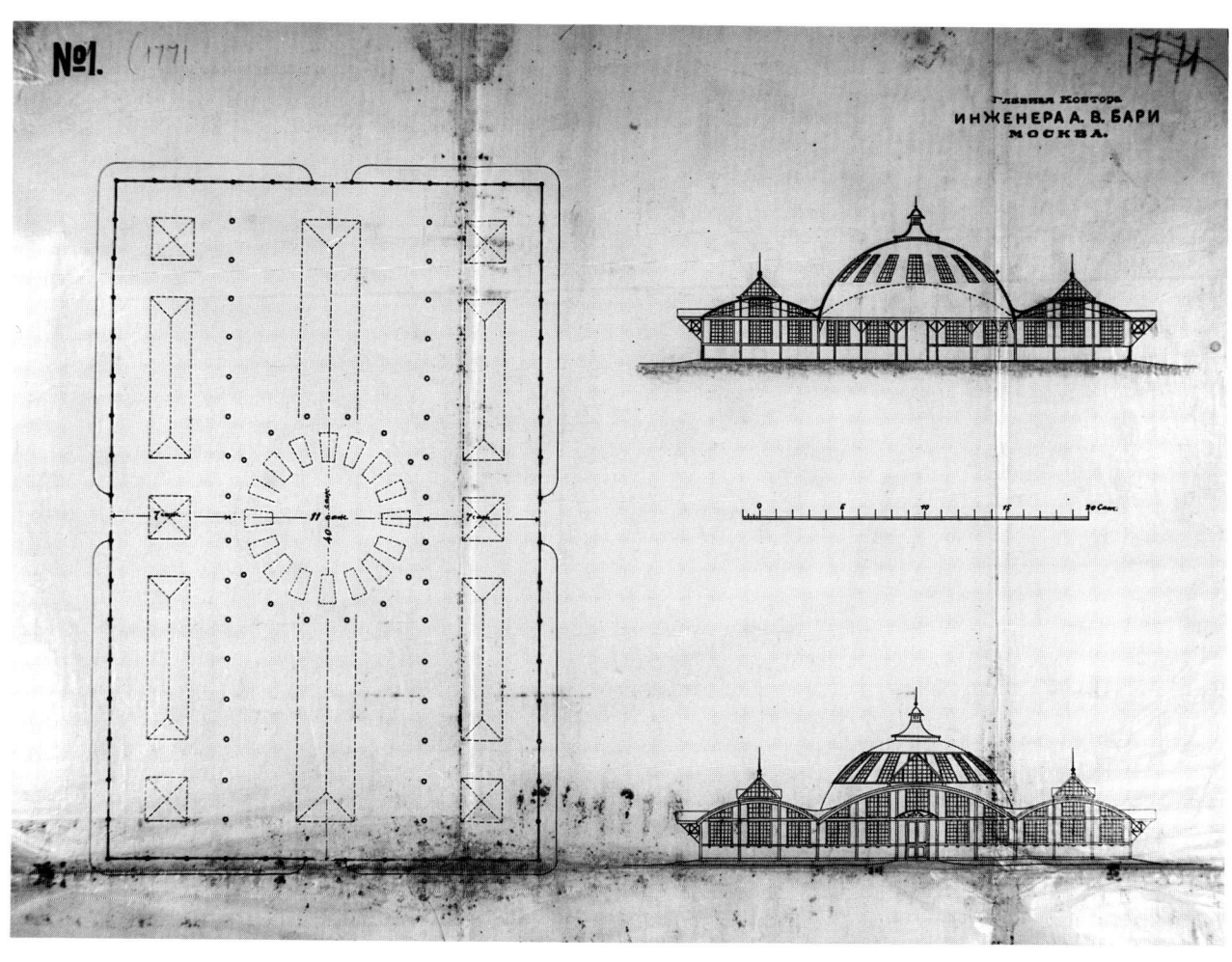

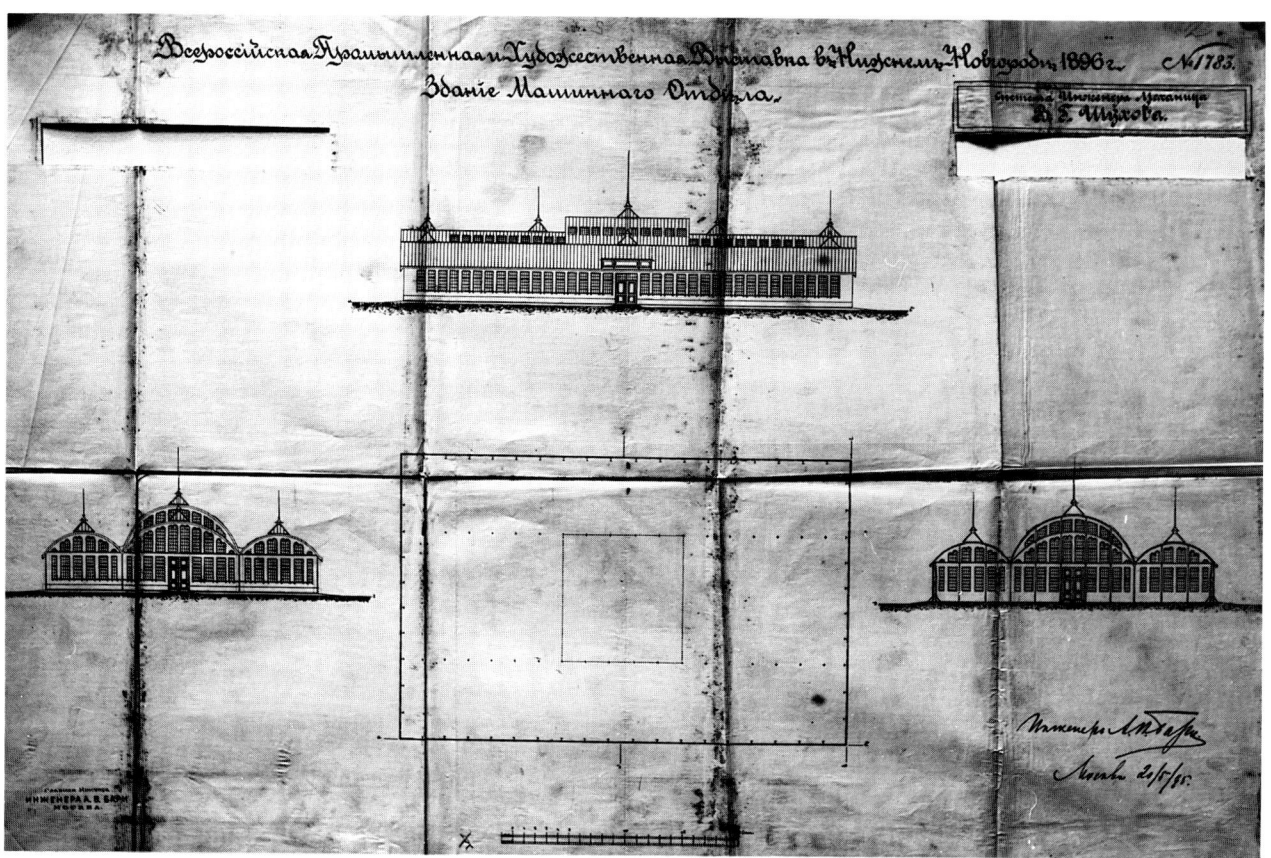

Abb. 59
Allrussische Ausstellung in Nižnij Novgorod, 1896, »Ergänzungsbau für die Sektion Maschinen«. Ausführungsplan mit Seitenansicht, Querschnitt, Grundriß und Vorderansicht, wohl 1894.
(98 × 63 cm,
Histor. Stadtarchiv
1209-1-69 Nr. 2)

Abb. 60
Allrussische Ausstellung in Nižnij Novgorod, 1896, »Ergänzungsbau für die Sektion Maschinen«. Bau der Gitterschalen, im Hintergrund der Šuchovsche Wasserturm und die Große Maschinenhalle.
Historisches Foto, 1895.
(Archiv Akad. d. Wiss. 1508-1-49 Nr. 16)

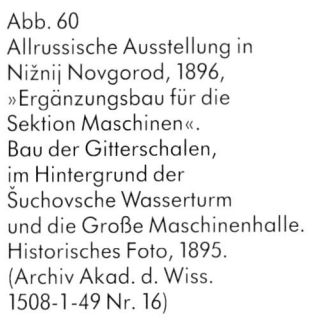

Abb. 61
Allrussische Ausstellung in Nižnij Novgorod, 1896, »Ergänzungsbau für die Sektion Maschinen«, Außenansicht.
Historisches Foto 1896
(Exposition russe de l'industrie et des beaux-arts de 1896 à Nijni-Novgorod. M. [o.D.], Blatt 20 Rückseite)

Abb. 62
Allrussische Ausstellung in Nižnij Novgorod, 1896, »Ergänzungsbau für die Sektion Maschinen«, Innenraum.
Historisches Foto 1896
(Exposition russe de l'industrie et des beaux-arts de 1896 à Nijni-Novgorod. M. [o.D.], Blatt 19)

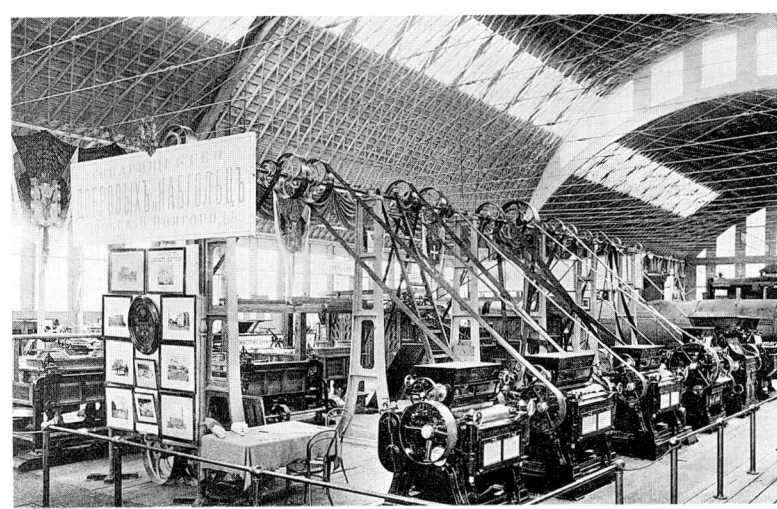

Abb. 63
Allrussische Ausstellung in Nižnij Novgorod, 1896, »Ergänzungsbau für die Sektion Maschinen«. Innenraum, in der Mitte vorne Šuchov.
Historisches Foto 1895
(Archiv Akad. d. Wiss. 1508-2-36 Nr. 37)

Abb. 64
Allrussische Ausstellung in
Nižnij Novgorod, 1896,
»Gebäude der Sektion Fabrik-
und Industrieerzeugnisse«.
Ausführungsplan mit Vorder-
ansicht, Seitenansicht,
Querschnitt des Mitteltraktes
und Grundriß, 1894/95
(105 x 68,5 cm,
Histor. Stadtarchiv
1209-1-69 Nr. 10)

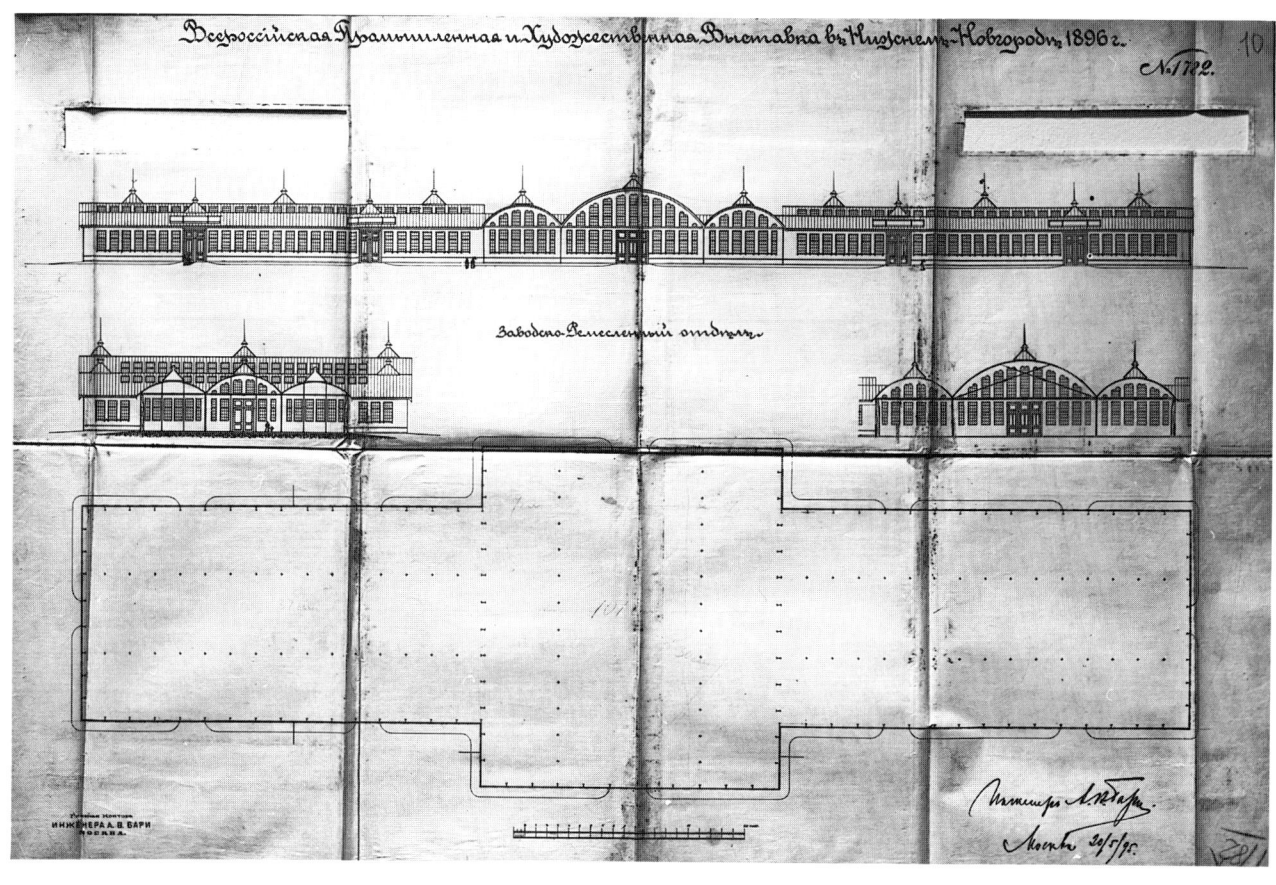

Abb. 65
Allrussische Ausstellung in
Nižnij Novgorod, 1896,
»Gebäude der Sektion Fabrik-
und Industrieerzeugnisse«,
Innenraum des Mitteltrakts.
Historisches Foto, 1895
(Archiv Akad. d. Wiss.
1508-1-49 Nr. 9)

einer einzelnen Tonne überdacht (Spannweite 32 m, Länge 58 m) (Abb. 68–70), ebenso das relativ kleine »Kesselhaus der Sektion Maschinen« (15× ca. 34 m) (Abb. 72).

Form und Bauweise der Gitterschalen waren, von Details abgesehen, durchweg gleich. Die sich kreuzenden, elliptisch gebogenen Gitterstäbe erzeugten Tonnen mit kreissegmentförmigem Querschnitt. Sie bestanden aus Winkeleisen mit Schenkeln ungleicher Breite, von denen der breitere hochkant stand und der schmalere in der Gitterfläche lag (letztere beim oberen Stabbogen an der Unterseite, beim unteren an der Oberseite, so daß sie sich an den Kreuzungsstellen berührten und problemlos vernietet oder verschraubt werden konnten). Je nach Spannweite wurden Winkeleisen unterschiedlicher Querschnitte verwendet (z. B. bei 13 m Spannweite: 80×40×4,5 mm; bei 28 m Spannweite: 100×50×7,5 mm). Die Enden der oberen Bogenschar ragten schräg über die Außenwände und trugen die Dachtraufen. Den Horizontalschub nahmen quergespannte Zugstangen auf, die zur Verringerung der Biegebeanspruchung der Randträger an den Enden gegabelt waren.

Beim »Ergänzungsbau der Sektion Maschinen« hatte Šuchov zunächst einen erneuten Versuch unternommen, in der Netzbauweise eine doppelt gekrümmte Wölbfläche auszuführen. Von den erhaltenen zwei Vorentwürfen zeigt einer (Abb. 58) über dem Zentrum der Halle eine kalottenförmige Kuppel (Spannweite 25,60 m, Stichhöhe 10,30 m). Leider ist die Konstruktion dieser Gitterkuppel nicht wiedergegeben. Ihr geringes Gewicht ist aber an den Abmessungen der 16 schlanken, kreisförmig angeordneten Stützen und des leichten, ringförmigen Sprengwerkrahmens, die sie hätten tragen sollen, ablesbar. Offenbar konnte auch für diese Kuppel keine befriedigende konstruktive Lösung gefunden werden, denn an ihrer Stelle erhielt die mittlere Tonne einen überhöhten Mittelteil mit stärkerer Krümmung (Abb. 61). Seine beiden verglasten Stirnseiten bildeten oberhalb der angrenzenden Tonnendächer große, sichelförmige Oberlichter – eine eindrucksvolle, mit einfachsten Mitteln bewirkte Hervorhebung des Raumzentrums (Abb. 63).

Von ausschlaggebender Bedeutung für das Tragverhalten derart dünner, flächiger Tragwerke ist die Formgebung. Šuchov hat selbst die Parabel für die statisch günstigste Bogenform erklärt.[15] Daß sämtliche Gittertonnen im Querschnitt kreissegmentförmig waren, steht dazu nur scheinbar im Widerspruch: Die Kreissegmente waren nämlich mit Bedacht so flach gehalten (Stichhöhen von ¼ bis ⅙ der Spannweiten), daß ihre Kurven mit der Kurve einer flachen Parabel praktisch identisch waren oder ihr sehr nahekamen.[16] Hinsichtlich der Gesamtform der Gitter blieb allerdings der Nachteil, daß ihre Wölbflächen mit einfacher Krümmung zwar einfacher herstellbar, aber weitaus weniger tragfähig waren als Flächen mit doppelter Krümmung.[17] Sie waren relativ ›weich‹. Um »Dächer ohne Dachstuhl«, wie

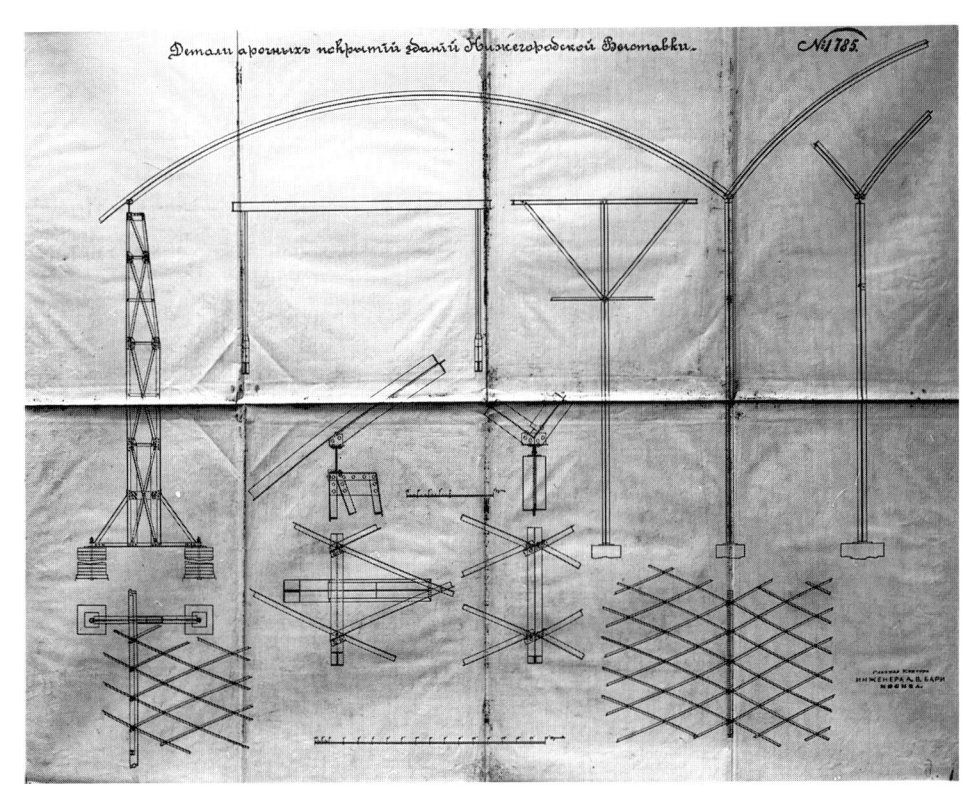

Abb. 66
Allrussische Ausstellung in Nižnij Novgorod, 1896, »Gebäude der Sektion Fabrik- und Industrieerzeugnisse«. Werkplan des Mitteltrakts, 1894/95
(86,5×70,5 cm, Histor. Stadtarchiv 1209-1-69 Nr. 9)

Abb. 67
Allrussiche Ausstellung in Nižnij Novgorod, 1896, »Gebäude der Sektion Fabrik- und Industrieerzeugnisse«. Blick aus dem Mitteltrakt in einen Seitentrakt, 1895
(Archiv Akad. d. Wiss. 1508-1-49 Nr. 6)

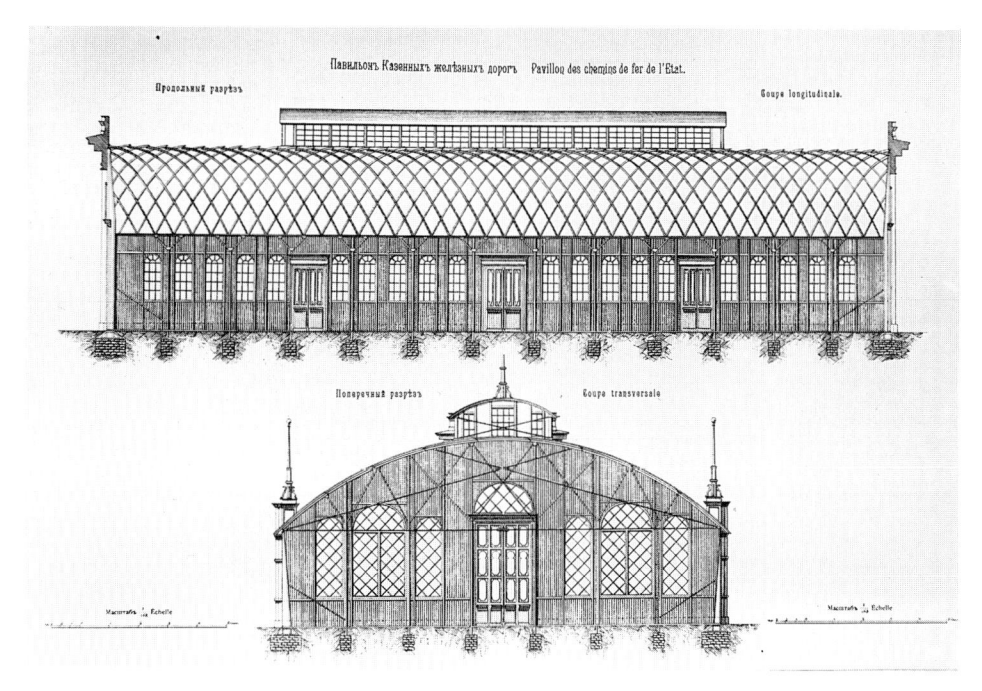

Abb. 68
Allrussische Ausstellung in
Nižnij Novgorod, 1896,
Pavillon der
Staatlichen Eisenbahn.
Längs- und Querschnitt
(Vseross. prom. i chud. vystavka
v Nižnem Novgorode…
SPb. [1897], S. 58)

Abb. 69
Allrussische Ausstellung in
Nižnij Novgorod, 1896,
Pavillon der Staatlichen
Eisenbahn, Außenansicht.
Historisches Foto 1896
(Exposition russe de
l'industrie et des beaux-arts
de 1896 à Nijni-Novgorod.
M. [o. D.], Blatt 46)

die Hängedächer genannt wurden, handelte es sich genaugenommen bei den Gittertonnen deshalb nicht. Sie erhielten ausreichende Steifigkeit nämlich erst durch eine zusätzliche Konstruktion, die ebenfalls eine Entwicklung Šuchovs war und die man salopp als einen mit minimalem Materialaufwand herstellbaren, zugbeanspruchten ›Dachstuhl‹ bezeichnen könnte: Von den Auflagern waren in regelmäßigen Abständen Zugstäbe diagonal zu den ¾ Punkten der Tonnenbögen gespannt (Abb. 65). Die Wirkungsweise dieser kaum sichtbaren, schrägen Züge wird an anderer Stelle ausführlich dargelegt (dazu M. Gappoev, S. 54f). Sie bestand, vereinfacht gesagt, darin, daß nicht der unter Belastung heruntergedrückte Bogen- bzw. Tonnenteil (mit einem Druckelement) abgestützt wurde, sondern daß das mit Einsinken eines Teils zwangsläufig verbundene Ausweichen des gegenüberliegenden Teils (mit einem Zugelement) verhindert wurde. Diese Zugvorrichtungen hatte Šuchov zunächst zur Aussteifung zweidimensionaler Bögen verwendet, in Moskau unter anderem bei den Überdachungen der Petrovskij-Passage und des Kaufhauses GUM. Seine Glastonnen (ca. 15 m Spannweiten, 250 m lang) dürften unter den zahlreichen Glaspassagen des 19. Jahrhunderts zu den leichtesten Konstruktionen überhaupt gehören (Abb. 101–105). Gebaut wurden sie um 1890 von der Petersburger Metallfabrik, einem Partner der Firma Bari. Der Architekt des Gebäudes war A. Pomerancev. In Nižnij Novgorod wurde von Pomerancev in Zusammenarbeit mit derselben Petersburger Firma die große Maschinenhalle erstellt (Abb. 93, 94), deren imposante gläserne Tonne (36 m Spannweite, 180 m lang) von eisernen Fachwerkbögen mit gleichen schrägen Zugstäben[18] getragen wurde. Šuchov hat später derartige Zugvorrichtungen nicht mehr bei zweidimensionalen Bögen, aber bei zahlreichen Gitterschalen eingesetzt, wobei er gelegentlich recht komplizierte Systeme benutzte (Abb. 98). Bei den Gitterschalen in Nižnij Novgorod waren die schrägen Züge aus Rundstäben in Abständen von 180 cm angebracht. Ihre gegabelten Enden waren an den Kreuzungsstellen der Gitterstäbe befestigt. Die Gabelenden wurden aus zwei dünneren Rundstäben – bei der Haupttonne der größten Halle aus drei hochkant stehenden Bandeisen (Abb. 65) – hergestellt.

Die Stabilität der Gitterschalen belegt ein Bericht von Šuchovs Freund und Studiengefährten P.K. Chudjakov. Er teilt mit, Schnee habe sich nur auf den Lee-Seiten der Tonnen, dort allerdings in Mannshöhe, angesammelt, wobei er in den Kehlen zwischen den Tonnen nahezu senkrechte Wände bildete. Die Überprüfung der Dachverformungen unter diesen einseitigen Schneelasten habe »hervorragende Ergebnisse« erbracht.[19]

Als Dächer nicht beheizbarer Interimsbauten wurden die Gitterschalen, ähnlich wie die Hängedächer, mit verzinktem Eisenblech ohne Wärmedämmung auf längslaufenden Dachlatten eingedeckt. Nur die Tonne des Pavillons der Staatlichen Eisenbahn wurde unter der

Blecheindeckung »mit einem festen Holzdach ebenfalls nach Šuchovs System« versehen.[20] Gemeint ist damit anscheinend eine neuartige Bauweise für hölzerne Tonnendächer, in der Šuchov zwei nicht näher bekannte Ausstellungsbauten in Nižnij Novgorod ausgeführt hat (s. M. Gappoev, S. 74). Auf die Gitterschale des Eisenbahn-Pavillons mit der größten Spannweite von 32 Metern mag diese Holzeindeckung auch zur zusätzlichen Aussteifung aufgebracht worden sein.
Architekt anscheinend sämtlicher[21] Hallen war V. Kossov. Bei den Innenräumen verzichtete er, sicherlich in Absprache mit Šuchov, auf jede Dekoration oder Verkleidung der Hallenkonstruktionen. Diese puristische Entscheidung soll Šuchov später dafür verantwortlich gemacht haben, daß die Besucher, zu unmittelbar mit den ungewohnten Bauformen konfrontiert, die ästhetischen Qualitäten der Hallenräume nicht wahrgenommen hätten (s. N. Smurova, S. 164). Das Äußere der Gebäude war im Vergleich mit dem Gründerzeit-Schwulst der übrigen Ausstellungsarchitektur einfach gehalten. Mit Gittern, dekorierten Lüftungsschächten und allerhand Zierat versuchte Kossov, das etwas gedrungene Erscheinungsbild der konkaven Hängedächer und der flachen Tonnendächer aufzubessern. Besser gelöst wurde von ihm die Formgebung der Fenster in den Dachflächen. Bei den Tonnendächern bestanden sie aus großen, rechteckigen Öffnungen, vor denen, von innen gesehen, das Gitterwerk der Dachkonstruktion als feinmaschiges Netz lag. Bei den Hängedächern mag die Sechseckform der Fenster zunächst mit Bezug auf das Maschenraster der Dachnetze gewählt worden sein, in der Absicht also, eine der neuen Konstruktionsform gemäße Formensprache zu verwenden. Eigenartigerweise paßt aber keines der ausgeführten Fenster in das Raster der darunterliegenden Netzflächen (Abb. 71 links), obwohl sich daraus durchaus ansprechende Fensterformen hätten ableiten lassen (Abb. 71 rechts). Vielleicht hatte Kossov einen Vorschlag Šuchovs mißverstanden. Denn dieser versah 1897 die Gitterschale eines Bari-Schmiedegebäudes in Moskau mit derartigen, ins Gitterraster eingepaßten Sechseckfenstern (Abb. 71, rechts unten; Abb. 75).[22]

Wenden wir uns nun den späteren Šuchov-Bauten zu. Obwohl von den Nižnij Novgoroder Gitterschalen in Ausstellungsführer und Fachpresse weit weniger Aufhebens gemacht worden war als von den Hängedächern, wurden nur sie ein geschäftlicher Erfolg für die Firma Bari. Bis 1904 überdachte Šuchov, soweit bislang festzustellen war, mindestens dreißig Gebäude mit dieser Konstruktion, darunter die erwähnte Schmiede in Moskau mit 25 m Spannweite. Eine Übersicht über die insgesamt erstellten Gitterschalen und über den erhaltenen Bestand haben wir bislang nicht. Zwei Bauten verdienen besondere Aufmerksamkeit:
Ein Werkstattgebäude der Kesselfabrik Bari (Abb. 76) wurde 1896 mit einer Addition von fünf quer zur Längsachse liegenden Tonnen überdeckt (70×24 m). Die

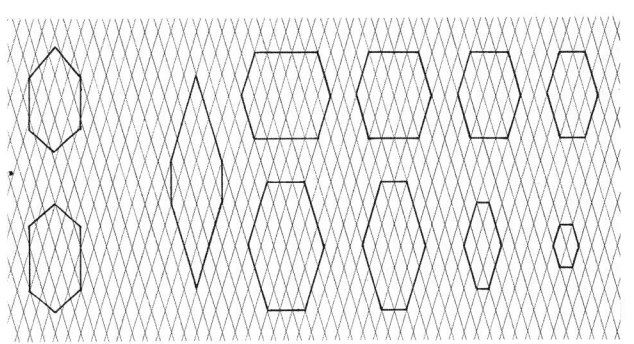

Abb. 70
Allrussische Ausstellung in Nižnij Novgorod, 1896, Pavillon der Staatlichen Eisenbahn, im Bau. Historisches Foto 1895 (Archiv Akad. d. Wiss. 1508-1-49 Nr. 3)

Abb. 71
Fensterformen auf Netzdächern,
links: Fenster von Hängedächern in Nižnij Novgorod;
rechts: andere mögliche, aus dem Maschenraster entwickelte Fensterformen;
rechts unten: Fenster in der Gitterschale eines Schmiedegebäudes der Kesselfabrik Bari (Zeichnung: G. U. Esslinger)

Abb. 72
Allrussische Ausstellung in Nižnij Novgorod, 1896, Kesselhaus der »Sektion Maschinen« (Archiv Akad. d. Wiss. 1508-1)

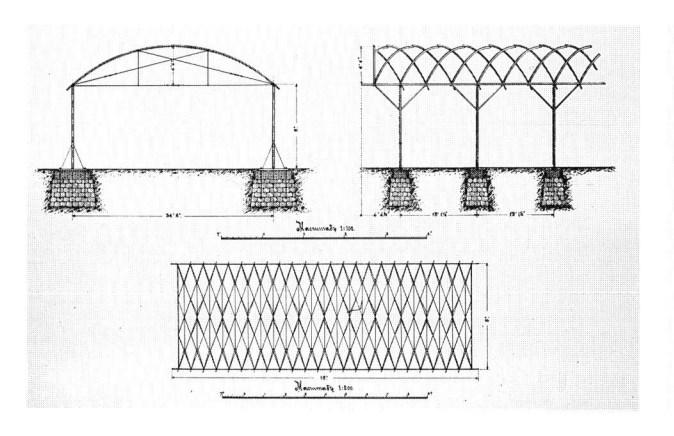

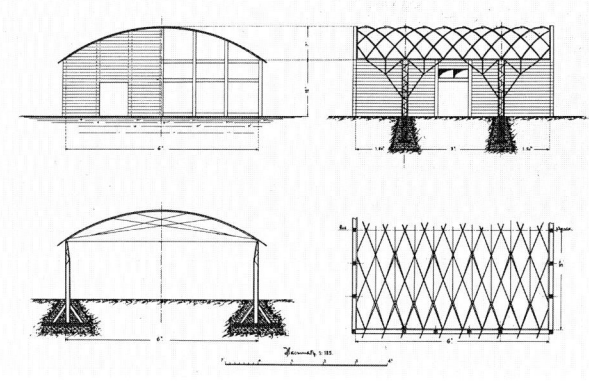

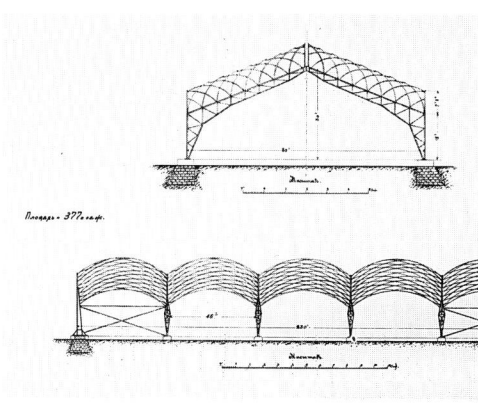

Abb. 73 und 74
Ausgeführte Gitterschalen aus der Zeit nach 1896
(36,6 x 23 cm,
Archiv Akad. d. Wiss.
1508-1-62 Nr. 6 und 4)

Abb. 75
Kesselfabrik Bari in Moskau, Gitterschale für das rechteckige Schmiedegebäude. Werkplan 1897
(vgl. Abb. 36, Gebäude rechts),
(83,5 x 54 cm,
Histor. Stadtarchiv
1209-2-4 Nr. 20)

Abb. 76
Kesselfabrik Bari in Moskau, rechteckiges Werkstattgebäude.
Plan mit Querschnitt und Längsschnitt, 1896
(36,4 x 22,7 cm,
Archiv Akad. d. Wiss.
1508-1-65 Nr. 29)

Abb. 77
Kesselfabrik Bari in Moskau, rechteckiges Werkstattgebäude. Werkplan 1896
(vgl. Abb. 36, Gebäude links)
(92 x 70 cm,
Histor. Stadtarchiv
1209-2-4 Nr. 23)

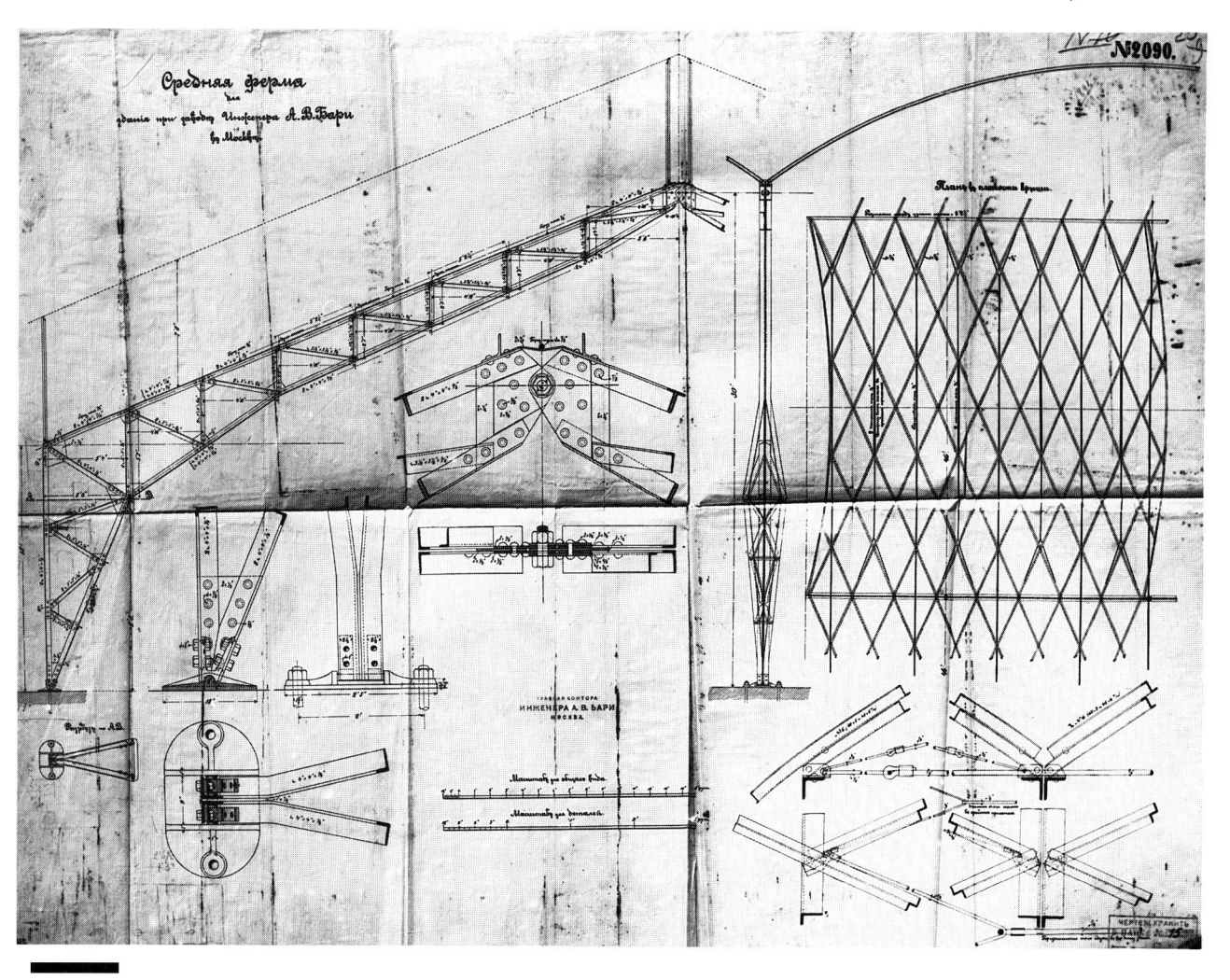

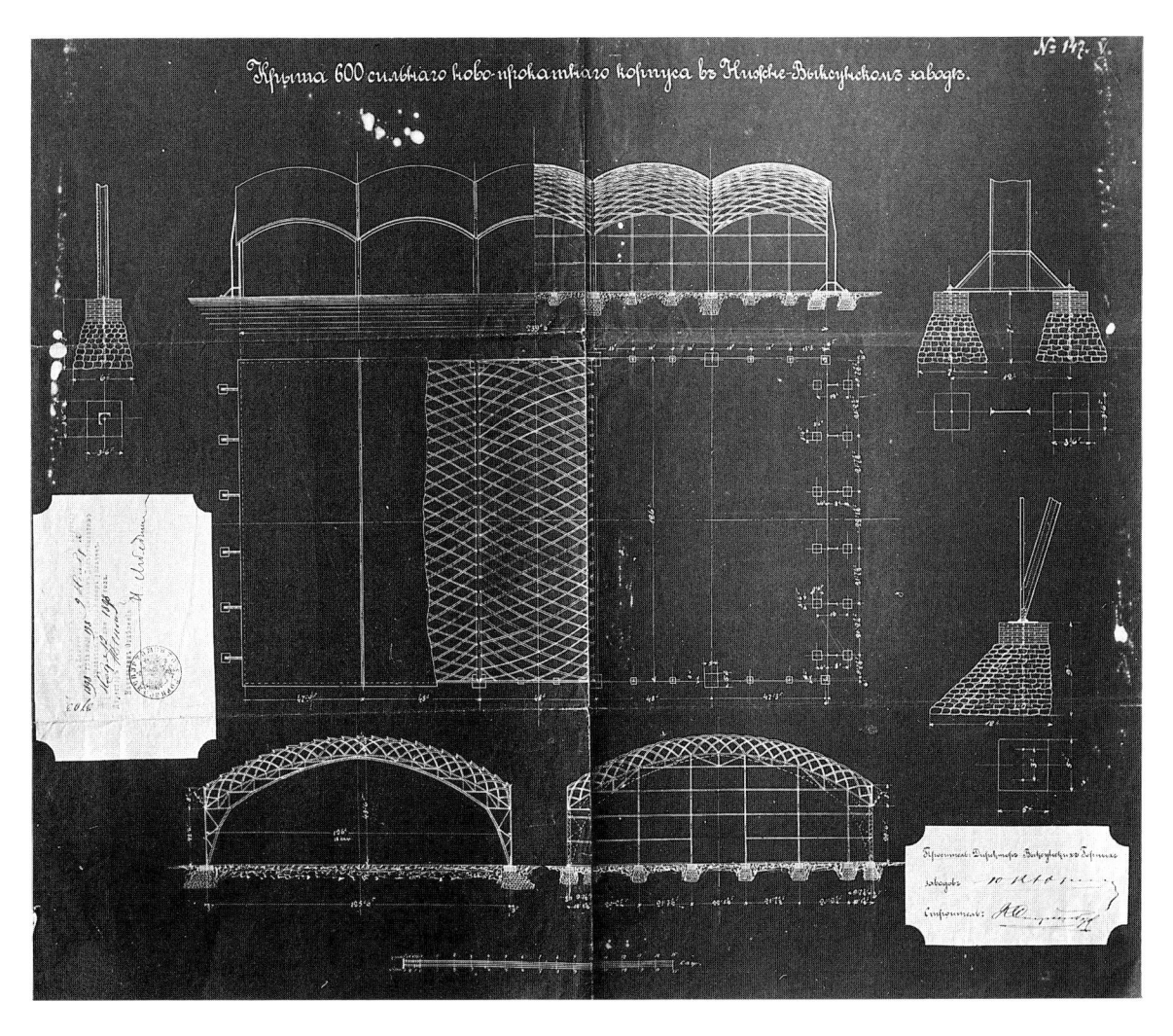

Tonnengitter bestanden aus Z-Profilen (60,5 x 45,6 mm) und waren mit den üblichen Schrägzügen ausgesteift. Dickere horizontale Zugstäbe gingen durch jeweils zwei oder mehrere Tonnen. Die als Dreigelenkbinder ausgebildeten Fachwerkrahmen wiesen eine beachtenswerte Detaillösung auf: Ihre senkrechten, in die Außenwand integrierten Stützenteile waren gegen seitliches Ausknicken in der Mitte aufgespreizt (Abb. 77). Durch Schrägstellung der Tonnenhälften, die, beidseitig zum First ansteigend, sich gegenseitig abstützten, wurde ein insgesamt steiferer Dachverband mit räumlicher Tragwirkung angestrebt. Das Gebäude ist nicht erhalten.

Eine ähnliche Überdachung aus fünf Quertonnen auf Fachwerkrahmen erhielt im folgenden Jahr (1897) eine Halle der Hüttenwerke in Vyksa (73 x 38,4 m, Spannweite der Tonnen 14,6 m) (Abb. 78–85). Durch den einfachen Kunstgriff, die Oberseiten der Fachwerkträger als flache Kreissegmente auszubilden, erhielten die aufliegenden Tonnen eine entsprechende Aufwölbung auch in Längsrichtung und bildeten Translationsschalen mit doppelter Krümmung. Die elliptisch gebogenen Gitterstäbe aus Z-Profilen mußten wegen dieser Schalenform leicht verwunden werden. In Längs- und Querrichtung bildeten die Tonnen Kreissegmente mit Stichhöhen von $1/6$ der jeweiligen Spannweite. Die Blecheindeckung wurde auf Dachlatten befestigt, die wegen der geringeren Krümmung in Längsrichtung der Tonnen verlegt waren.

Mit diesem Bauwerk gelang Šuchov der Durchbruch zum räumlich gekrümmten Flächentragwerk auch bei der gewölbten, druckbeanspruchten Variante seiner Netzdächer. Die erheblich verbesserte Tragfähigkeit, die durch diese Formgebung erreicht wurde, hätte den Einbau aussteifender Schrägzüge überflüssig machen sollen. In der Planzeichnung (Abb. 78) und in verschiedenen schematischen Darstellungen (z.B. in Šuchovs Kladden) fehlen schräge Zugelemente. Um den Innenraum vollständig von Zugelementen freihalten zu können, wurden außerdem anstelle der horizontalen Züge äußere Wandstützen vor die Schmalseiten des Gebäudes gestellt. Daß schließlich doch unter den Gittern in größeren Abständen Schrägzüge angebracht wurden, mag bei der neuartigen Bauweise eine Vorsichtsmaßnahme gewesen sein.

Die Halle in Vyksa ist bisher erhalten geblieben – ein besonderer Glücksfall, handelt es sich doch um eines der Meisterwerke des Bauingenieurs Šuchov. Das schlichte, sorgfältig gestaltete Äußere dieses Zweckbaus mit seinen klar gegliederten großen Fensterflächen ist zwar vollständig verändert worden. Die Dachkonstruktion befindet sich aber noch in recht gutem Zustand (s. I. Kazus', S. 152).

Als letztes Beispiel sei die Vestibülkuppel für eine Röhrenfabrik in Samara (heute Kujbyšev) erwähnt. Wann dieser Entwurf (Abb. 86) entstand und ob er ausgeführt wurde, ist mir nicht bekannt. Zwei kleine, verglaste Gitterkuppeln über ellipsenförmigem Grundriß (5 m x 3,6 m, obere Stichhöhe 1,35 m) führen spielerisch das Prinzip der Umkehrbarkeit von Wölb- und Hängekon-

Abb. 78
Halle der Hüttenwerke in Vyksa. Plan mit Längsschnitt, Grundriß und Querschnitten, 1897 (Blaupause, ca. 70 x 65 cm, Heimatmuseum Vyksa)

Abb. 79
Halle der Hüttenwerke in Vyksa während des Baus 1897.
Die älteren Werkstattgebäude darunter wurden erst nach Fertigstellung der Halle abgerissen. Historisches Foto
(Sammlung F. V. Šuchov)

Abb. 80
Halle der Hüttenwerke in Vyksa während des Baus 1897.
Historisches Foto
(Sammlung F. V. Šuchov)

Abb. 81
Hüttenwerke in Vyksa, Lithographie, um 1900
(Ausschnitt mit der Šuchovschen Halle)
(99,5 x 70,5 cm, Heimatmuseum Vyksa)

Abb. 82
Halle der Hüttenwerke in Vyksa
von 1897, Gitterschale nach
Entfernung der Eindeckung
(Foto: I. Kazus', 1989)

Abb. 83
Halle der Hüttenwerke in Vyksa
von 1897, Unteransicht
einer Gitterschale
(Foto: I. Kazus', 1989)

Abb. 84
Halle der Hüttenwerke in Vyksa
von 1897, Blick aufs Dach
(Foto: I. Kazus', 1989)

Abb. 85
Halle der Hüttenwerke in Vyksa
von 1897, Innenraum
(Foto: I. Kazus', 1989)

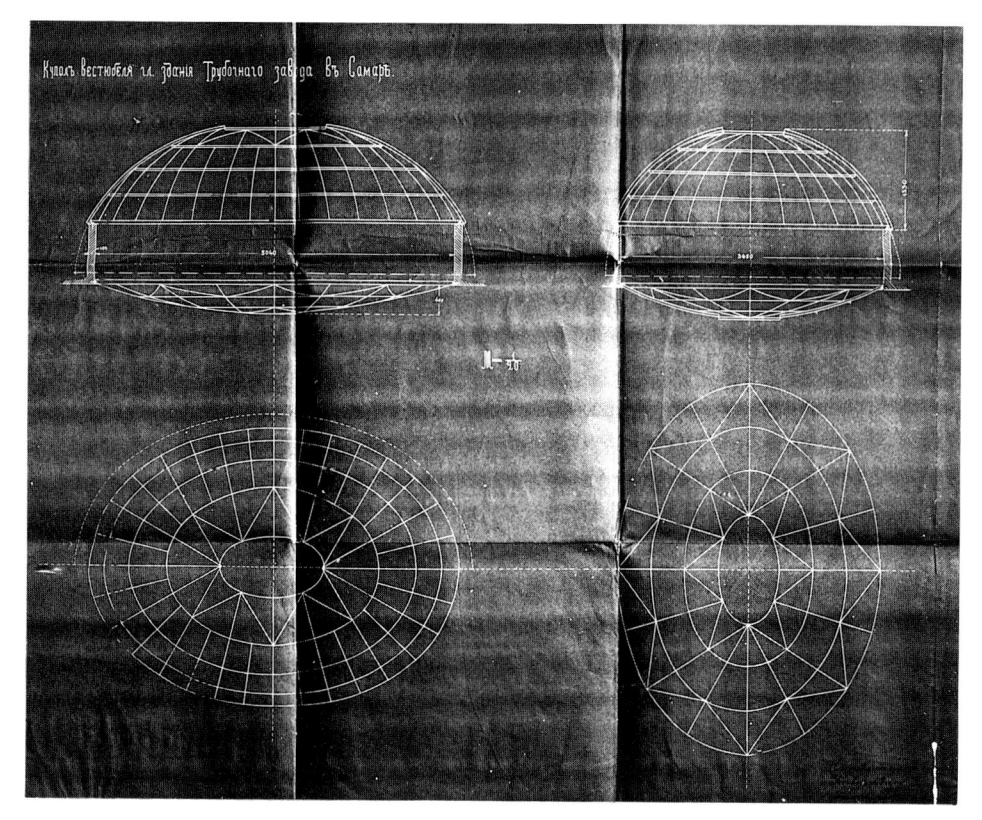

Abb. 86
Röhrenfabrik in Samara,
Kuppel des Vestibüls.
Plan. Entstehungszeit
nicht bekannt
(Blaupause 67,7 x 54 cm,
Histor. Stadtarchiv
1209-2-2 Nr. 24)

Abb. 87
Kesselfabrik Bari in Moskau,
»Verteilung der Säulen im
Schmiedegebäude«.
Plan zu einem Hängedach,
1901
(69,8 x 37 cm,
Histor. Stadtarchiv
1209-2-4 Nr. 9)

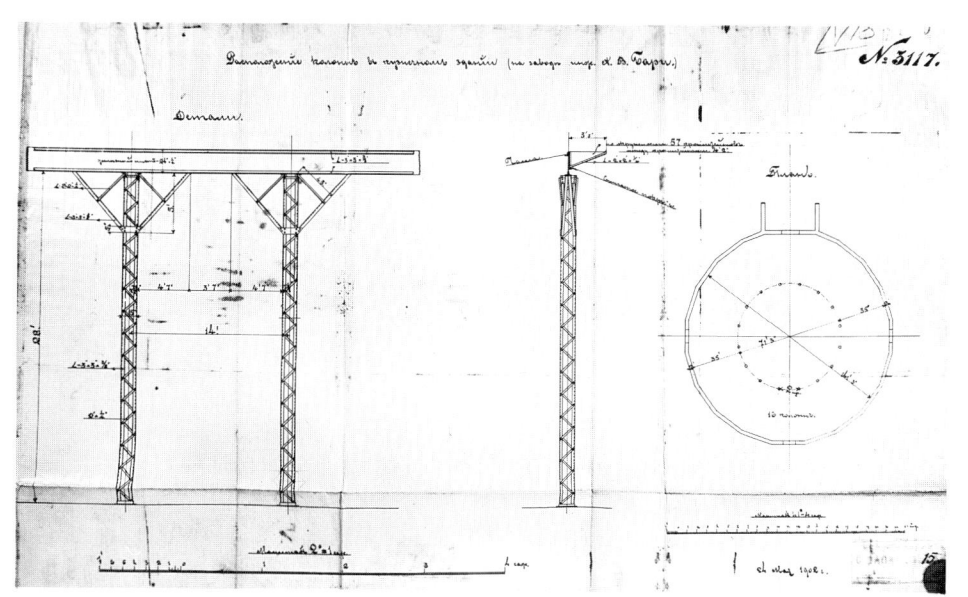

struktion vor: unter der stehenden oberen Kuppel hängt eine gleiche, aber flachere Kuppel kopfüber. Der Grundsatz der Verwendung immer gleicher Stabelemente ist bei ihnen aufgegeben. Beide Kuppeln sind durch Ringe (oben Vollprofile, unten dünnere T-Profile) und durch Dreiecksmaschen ausgesteift.

Weitere Hängedächer hat Šuchov nach den Bauten in Nižnij Novgorod zwar geplant, aber nicht ausführen können. Ein Hängedach-Projekt entstand, als Šuchov das erwähnte hölzerne Kegeldach über dem Schmiedegebäude der Kesselfabrik Bari (Abb. 143) 1902 durch eine eiserne Fachwerkkonstruktion mit gleicher Außenform ersetzte. Diese Dachkonstruktion ist erhalten (Abb. 109–111). Zunächst war eine andere Überdachung vorgesehen, wie aus einem Plan zur »Verteilung der Säulen im Schmiedegebäude« hervorgeht (Abb. 87): Oberhalb der in Seitenansicht gezeigten Gitterstütze (rechts) geht vom angeschnittenen ringförmigen Eisenträger nach beiden Seiten eine schräg abfallende Linie aus. An die linke Linie ist russisch das Wort »Schale«, an die rechte »hängendes Dach« geschrieben. Hier war also eine gleiche Überdachung wie bei der Rotunde in Nižnij Novgorod vorgesehen mit äußerem Hängenetz und innerer Blechhängeschale.

Bleistift-Zeichnungen von unbekannter Hand, die aus Šuchovs Nachlaß stammen, geben Entwürfe für das Moskauer Künstlertheater wieder. Über einem kreisrunden Zuschauerraum (für 3000 Personen, 60 m Durchmesser) ist beim ersten Entwurf (Abb. 88, 89) eine Dachkonstruktion in Form eines flachen Kegelstumpfs vorgesehen. Er besteht aus geraden, radial angeordneten (Stahl-)Balken, deren untere Enden sich gegen einen Zugring auf der Außenmauer und deren obere Enden sich gegen einen inneren Druckring stemmen. In den

Abb. 88 und 89
Moskauer Künstlertheater, erster Entwurf mit zentralem Blechhängedach. Längsschnitt und Seitenansicht. Bleistiftzeichnung, um 1901
(37,1 x 23,1 cm,
Archiv Akad. d. Wiss.
1508-1-56 Nr. 4 Rückseite)

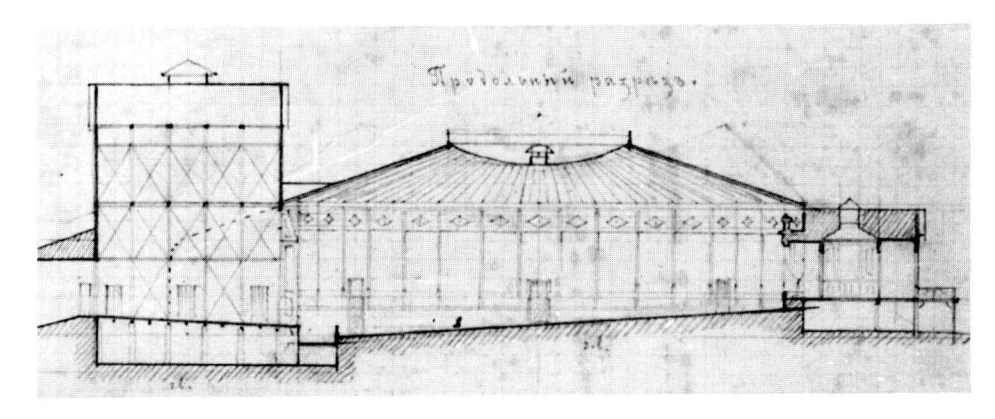

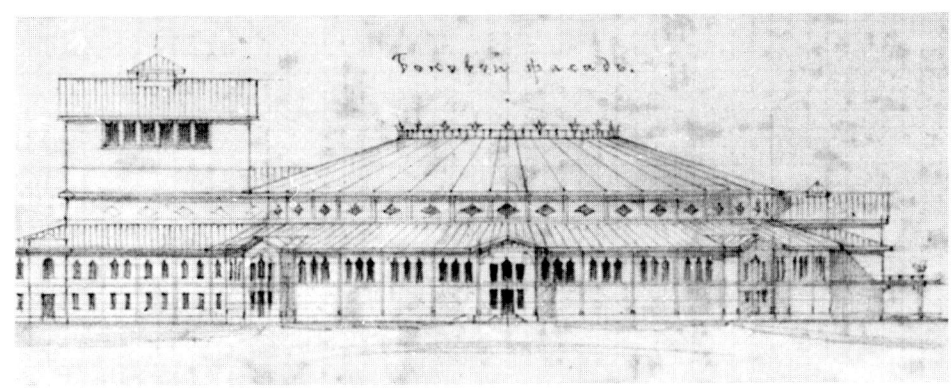

Druckring mit 21,5 m lichter Weite ist eine Blechkalotte mit mittig aufgesetzter Laterne eingehängt. Die gesamte Überdachung stellt eine Kombination aus zwei früheren Dachkonstruktionen dar. Der äußere eiserne Kegelstumpf ist eine vergrößerte Variante des inneren hölzernen Dachteils über dem Bari-Schmiedegebäude (Abb. 143), das innere Hängedach ist die – mit gleichen Abmessungen übernommene – Blechkalotte des eben besprochenen Hängedachprojekts für dasselbe Gebäude.

Ein zweiter Dachentwurf, der zunächst mit wenigen Umrißlinien in die erste Entwurfszeichnung hineinskizziert und dann in einer besonderen Zeichnung (Abb. 90, 91) dargestellt wurde, sieht im Zentrum eine größere blecherne Hängekalotte mit dem eindrucksvollen Durchmesser von 40 Metern vor. Das Moskauer Künstlertheater wurde nicht nach diesen Entwürfen, sondern 1902 nach Plänen des Architekten F. O. Šechtel' gebaut. Šuchov führte dabei – in weniger spektakulärer Bauweise – die Dachkonstruktion des Bühnenhauses aus und konstruierte später (1907) dessen Drehbühne.

Die historische Bedeutung von Šuchovs Hängedächern und Gitterschalen ist von verschiedenen Autoren bereits gewürdigt und detailliert dargelegt worden.[23] In der vorausgegangenen Entwicklung lassen sich nur vereinzelt Projekte und Bauten ausmachen, bei denen vergleichbare Lösungen schon angestrebt oder gefunden waren. 1824 hatte der tschechische Ingenieur Friedrich Schnirch das Hängedach erfunden (Patent 1826). Seine Dachkonstruktionen bestanden aus parallelen Ketten, die als Pfetten zwischen First und Außenmauer gehängt wurden. Bei den wenigen Hängedächern, die in der folgenden Zeit gebaut worden sind, handelte es sich um eher konventionelle Konstruktionen, die an Ketten oder

Abb. 90 und 91
Moskauer Künstlertheater, zweiter Entwurf mit zentralem Blechhängedach größerer Spannweite. Querschnitt und Vorderansicht. Bleistiftzeichnung, um 1901
(22,6 x 18,4 cm,
Archiv Akad. d. Wiss.
1508-1-57 Nr. 159 Rückseite)

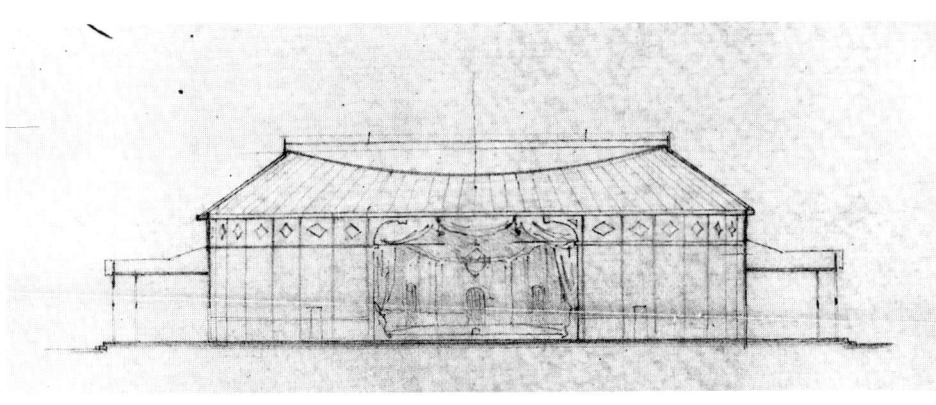

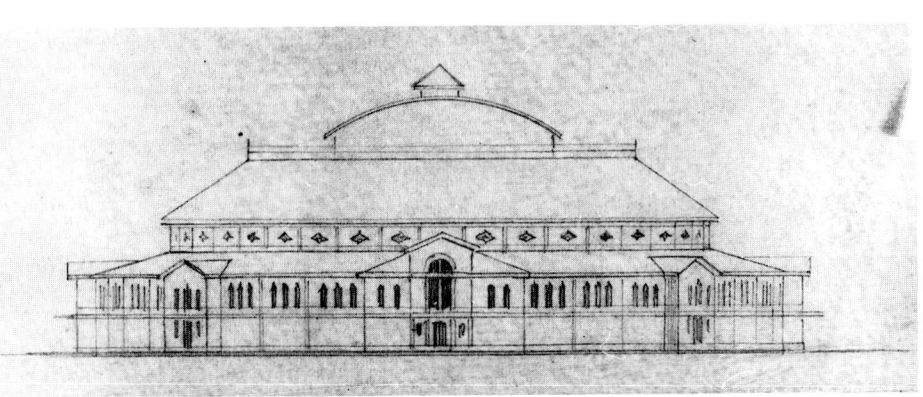

51

Abb. 92
Hängedächer über kreisrundem Grundriß, Entwürfe und Bauten.
(Zeichnungen: S. Schanz und H. Voigt)

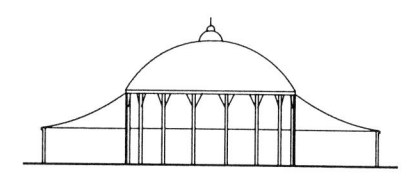

1. Werkstattgebäude der Kesselfabrik Bari, Entwurf, 1894.

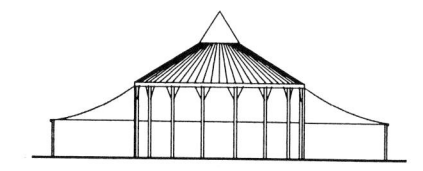

2. Gleiches Werkstattgebäude der Kesselfabrik Bari, ausgeführtes Dach, 1894.

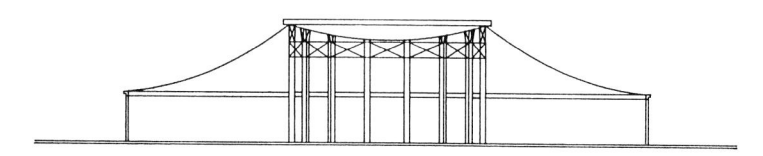

3. Rotunde in Nižnij Novgorod, gebaut 1895.

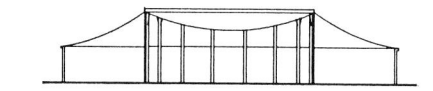

4. Schmiedegebäude der Kesselfabrik Bari, Entwurf (nicht ausgeführt), 1901.

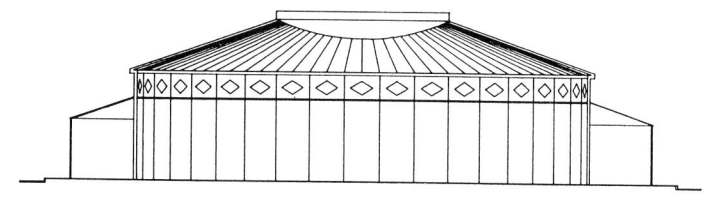

5. Moskauer Künstlertheater, erster Entwurf, 1901.

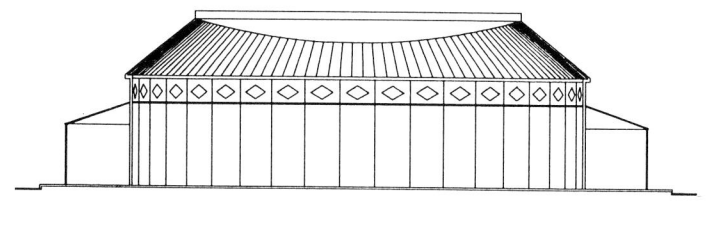

6. Moskauer Künstlertheater, zweiter Entwurf, 1901. (nicht ausgeführt)

Seilen hingen. Die Idee, »Netz- oder Knotensysteme« für gewölbte eiserne Dachkonstruktionen zu verwenden, taucht bereits ein erstes Mal in der 1828 veröffentlichten ›Konstruktionslehre‹ Georg Mollers auf. Vorbild waren für ihn die Bauten der späten Gotik, bei denen »alle langen Linien... verhältnismäßig sehr schwach genommen, dagegen in kurzen Zwischenräumen durch unverschieblich feste Punkte oder »Knoten« netzförmig abgeschlossen sind«.[24] Mollers schmiedeeiserne Kuppel über der Ostvierung des Mainzer Doms (1828) war die erste eiserne Gitterkuppel überhaupt. Ihre Gitterfläche war noch durch ein räumliches System von Verstrebungen ausgesteift. Eiserne Gitterkuppeln, bei denen alle Elemente in einer Ebene lagen, sind seit 1863 von Johann Wilhelm Schwedler gebaut worden. Sie bestanden aus radialen, gekrümmten Sparren, horizontalen Ringen und gekreuzten Zugelementen.

Die Konstruktionen Schwedlers müßte Šuchov gekannt haben. Wieweit Šuchov ansonsten über frühere Entwicklungen informiert war, wissen wir nicht. Die meisten diesbezüglichen Veröffentlichungen werden ihm kaum zugänglich gewesen sein. In seinem Buch »Der Dachverband« (1.9) wird als einzige ältere Dachkonstruktion der damals häufig verwendete Polonceau-Träger behandelt. Im allgemeinen hat Šuchov sich in seinen Schriften darauf beschränkt, seine Berechnungsmethoden vorzustellen. Äußerungen zu Konstruktionen anderer sind selten. Hinsichtlich eigener Arbeiten hat Šuchov sich jedes weiteren schriftlichen Kommentars enthalten. Einige wenige mündliche Äußerungen sind durch alte Mitarbeiter und Freunde überliefert. Von ihnen abgesehen, erfahren wir von Šuchov selbst kaum etwas über die Vorgehensweise bei Entwurf und Entwicklung seiner Dachkonstruktionen, über Herstellungs- und Montageverfahren oder etwa über Vorstellungen zu den ästhetischen Aspekten seiner Konstruktionen. So lassen sich vorerst viele Fragen nur vermutungsweise, andere gar nicht beantworten. Daß beispielsweise bei Entwicklung der Šuchovschen Netzdächer Modellversuche stattgefunden haben, ist anzunehmen, aber durch nichts belegt. Mit einiger Wahrscheinlichkeit läßt sich Šuchovs Vorliebe für Dächer über kreisrundem Grundriß nicht nur aus konstruktiven Vorteilen dieser Dachform erklären, sondern auch damit, daß seine frühesten Dachkonstruktionen beim Bau zylindrischer Erdölbehälter entstanden sind und daß die dabei gewonnenen Erfahrungen weiter verwendet wurden. Manche neue Erkenntnis mag durch Nachforschungen in Archiven noch zutage zu fördern sein.

Mit Šuchovs »Dächern ohne Dachstuhl« gelang erstmals bei eisernen Baukonstruktionen der Durchbruch zu räumlich gekrümmten Flächentragwerken aus durchweg gleichen Elementen. Šuchov hat damit Lösungen vorweggenommen, die – nach einzelnen früheren Ansätzen – erst seit Mitte unseres Jahrhunderts eine erneute, breitere Anwendung gefunden und eine weiterführende Entwicklung erfahren haben.

Anmerkungen

1 Für Hängedächer über rechteckigem Grundriß werden – wohl irrtümlich – außer Bandeisen auch Winkeleisen vorgeschlagen. Überhaupt deuten einige Ungereimtheiten darauf hin, daß vor Einreichung des Patentantrags noch eilige Änderungen vorgenommen wurden.
2 Kovel'man G. M.: V. G. Šuchov. (russ.). Maschinenschrift. Moskva, 1953, Bd. 2: Metallkonstruktionen. (1508–2–37 Blatt 77).
3 I. A. Petropavlovskaja (Die Leichtbaukonstruktionen des russischen Ingenieurs Vladimir Grigor'evič Šuchov. In: Sonderforschungsbereich Natürliche Konstruktionen, Leichtbau in Architektur und Natur. Beiträge zum 1. Internationalen Symposium des SFB 230. Hrsg. v. Vorstand des Sonderforschungsbereiches 230. Stuttgart: 1989, S. 283) gibt an, daß Šuchov bereits 1890 für eine Öl-Pumpenstation in Majkop Hängedächer gebaut habe. Die Quelle dieser Information ist mir nicht bekannt.
4 Nach Ščerbo, G. M.: V. G. Šuchov i ego setčatye konstrukcii. (V. G. Šuchov und seine netzförmigen Konstruktionen; dt. – UBS Nr. Ü/264). In: Promyšlennoe stroitel'stvo. M., 1974, Nr. 5, S. 45–47 (S. 45).
5 Dieser Holzstich ist nach einer Lithographie angefertigt. Von ihr befindet sich eine stark verkleinerte Abbildung auf einer von der Firma Bari um 1900 publizierten Landkarte, in die alle ausgeführten Projekte eingetragen sind (Abb. 307). Die Lithographie stammt laut Signatur vom Kunstverlag Eckert & Pflug in Leipzig.
6 Alle folgenden Maßangaben sind entweder den Bauplänen entnommen oder zwei Aufsätzen Šuchovs, die hier auf den Seiten 178–183 abgedruckt sind.
7 Berichte über Nižnij Novgorod S. 12, Anm. 16–18 und S. 186, Anm. 51–52.
8 Die Allrussische Ausstellung vom Jahre 1896 in Nižnij-Novgorod. Reisehandbuch. Die Stadt – Die Messe – Die Ausstellung, hrg. von der »Allerhöchst angeordneten Commission der Allrussischen Ausstellung in Nižnij Novgorod«, St. Petersburg 1896, S. 114.
9 ebendort, S. 179 ff.
10 Die hängende Kalotte ist in der ursprünglichen Fassung der Patentzeichnung für Netzdächer in den Rundbau eingezeichnet (Abb. 30, Fig. 1). Dort müßte, dem Inhalt der Patentanmeldung entsprechend, eine netzförmige Hängekonstruktion gemeint gewesen sein.
11 Jan Werth: Ursachen und technische Voraussetzungen für die Entwicklung der Wasserhochbehälter. In: B. und H. Becher: Die Architektur der Förder- und Wassertürme. München 1971, S. 325–428 (S. 349, 352 ff).
12 Frei Otto: Das hängende Dach. Berlin 1954, S. 25 f.
13 Chudjakov, P. 1896 (a.a.O. – S. 12, Anm. 16).
14 Die Allrussische Ausstellung..., a.a.O. (vgl. Anm. 8), S. 141 f.
15 Šuchov. Der Dachverband (1.9)
16 Die Parabel ergibt unter Gleichlast, die Kettenlinie unter Eigengewicht Bögen, in denen keine Biegekräfte auftreten. Bei Stichhöhen von $1/5$ der Spannweite sind Kreis, Parabel und Kettenlinie praktisch gleich. (Dazu beispielsweise: Friedrich-Karl Schleyer, Berechnung von Seilen, Seilnetzen und Seilwerken, in: F. Otto, F.-K. Schleyer, Zugbeanspruchte Konstruktionen, Bd. 2, Berlin u. a. 1966, S. 102; Rainer Graefe, Zur Formgebung von Bögen und Gewölben, in: Architectura 1/1986, S. 50–67.)
17 Vgl. Heinz Isler, Zur Korrelation von Formgebung und Stabilität bei dünnen Schalentragwerken, in: Weitgespannte Flächentragwerke, Kolloquium Mai 1979, 2. Berichtsheft, Sonderforschungsbereich 64 der Universität Stuttgart, 1979, S. 175 ff.
18 Berthold Burkhardt machte mich auf einen Bericht (VDI 40, 1896, S. 731 ff) aufmerksam, wonach der deutsche Ingenieur Krell die Erfindung der mit schrägen Zügen ausgesteiften Bögen für sich beansprucht haben soll. Krell war Leiter der Metallfabrik in Petersburg (ein Geschäftspartner der Firma Bari). Er hatte in Deutschland über den Bau der Passagen des Kaufhaus GUM und der großen Maschinenhalle in Nižnij Novgorod durch seine Firma in einem Vortrag berichtet. Dabei erwähnte er auch Šuchovs Hängedächer. Vielleicht hatte der ungenannte Autor der Vortragsbesprechung Krells Ausführungen mißverstanden. Jedenfalls hat Šuchov die Berechnungen dieser Bogenkonstruktionen durchgeführt und nur er hat sie weiterhin verwendet, so daß außer Frage steht, daß die Erfindung von ihm stammt.
19 Chudjakov, P. 1896 (a.a.O. – S. 12, Anm. 16).
20 Ebendort
21 In: Die Allrussische Ausstellung..., a.a.O. (vgl. Anm. 8), S. 143 wird Kossov nur als Architekt des Gebäudes der Sektion Fabrik- und Industrieerzeugnisse genannt.
22 Bei K. S. Mel'nikovs Wohnhaus in Moskau (Bau gegen Ende der 20er Jahre) sind die äußeren Ziegelwände als ein Netzwerk mit Sechseckööffnungen ausgeführt, in denen Fenster gleicher Form sitzen. Die Anregung dazu dürften die Šuchovschen Hallendächer gegeben haben. Mel'nikov baute 1927–29 zusammen mit Šuchov zwei Moskauer Garagen (Abb. 133–140). Vgl. Chan-Magomedov, S. O.: Krivoarbatskij pereulok, 10. (Krivoarbat-Gasse Nr. 10; russ.). M.: 1984. (Heft über das Mel'nikov-Wohnhaus).
23 Christian Schädlich 1967 (a.a.O. – S. 12, Anm. 15), vor allem S. 103 ff und 110 ff; Kovel'man, G. M. 1954 (a.a.O. – S. 10, Anm. 10), S. 64–88. R. Graefe: Hängedächer des 19. Jahrhunderts, in: R. Graefe (Hrg.), Zur Geschichte des Konstruierens, Stuttgart 1989, S. 168–187.
24 zitiert nach: Hugo Ritgen, Beiträge zur Würdigung des Antheils der Lehre von den Constructionen in Holz und Eisen..., Leipzig 1835, S. 4.

Bogenkonstruktionen mit einem System aus biegeweichen Zuggliedern

Murat M. Gappoev

Šuchovs ausgeprägtes Gespür für konstruktive Lösungen und sein Vermögen, einfache und äußerst sparsame Ausführungen zu finden, drückt sich besonders in seinen Bogenkonstruktionen aus.

Zur Vermeidung von terminologischen Doppeldeutigkeiten halten wir uns in diesem Aufsatz an die Begriffe, die Šuchov selbst benutzte. Seine Konstruktions- und Berechnungsgrundlagen für Bogenkonstruktionen hat er in dem Buch »Der Dachverband« ausgeführt (1.9).

Unter »Bogenkonstruktionen« werden hier sowohl zweidimensionale, durch Stab- und Zugelemente ausgesteifte Bögen verstanden, als auch räumliche Konstruktionen in Form von Tonnengewölben mit entsprechenden Systemen aus Zugelementen. Bekanntlich geht man gewöhnlich bei der Berechnung von Gewölbekonstruktionen von Bögen aus. Deshalb läßt sich das Grundprinzip von räumlichen Wölbkonstruktionen mit einem System von aussteifenden Zugelementen am Beispiel von gleichen, zweidimensionalen Bögen untersuchen.

Dem Šuchovschen Bogenbinder liegt ein steifer Obergurt, der Bogen, zugrunde, der entweder aus Stahl oder aus Holz besteht. Wegen höherer Biegefestigkeit kann der Obergurt einen als Fachwerk aufgelösten Querschnitt aufweisen. Eine derartige Lösung wurde zum Beispiel beim Dach der großen Maschinenhalle auf der Ausstellung in Nižnij Novgorod angewandt (Abb. 93, 94). Der Bogen bestand aus zwei durch ein Dreiecksfachwerk verbundenen Winkeleisen. Er hatte Halbkreisform, genauer, die Form eines polygonalen Halbkreises, da er aus vierzehn geraden Montageteilen zusammengesetzt war. Durch Verwendung des aufgelösten Obergurtes erhielten die Bogenbinder eine große Biegesteifigkeit, gleichzeitig blieb die Leichtheit der Konstruktion erhalten.

Bei diesem Dach wurden Bogenbinder mit vier schräg geneigten Zugelementen und einem horizontal verlaufenden Zugelement verwendet. Die biegeweichen Zugglieder waren aus Rundstahl und wurden mit Anschlußblechen am unteren Gurt des Bogens befestigt.

Zugbänder und Zugstangen fanden bei Bogenkonstruktionen seit langem Verwendung. Sie sollten die horizontalen Schubkräfte der Bögen aufnehmen. Das Besondere an den von Šuchov entwickelten Bogenbindern ist, daß er »Schrägzüge« einsetzte, die den Bogen selbst zusätzlich versteiften. Weil diese Glieder nur auf Zug berechnet waren, hatten sie einen kleinen Querschnitt und machten die Konstruktion nicht wesentlich schwerer.

Das Verhalten der Šuchovschen Bogenbinder unterscheidet sich völlig von dem entsprechender Binder mit einem biegesteifen Gitter. Die von Šuchov für Bogenkonstruktionen entwickelten Schrägzüge bestanden aus biegeweichen Stahlstäben und konnten nur die Zugkräfte aufnehmen. Traten in der Konstruktion Druckkräfte auf, dann mußten sie ihre Stabilität verlieren und sich verbiegen, mit anderen Worten: Sie mußten sich aus dem Tragverhalten der Gesamtkonstruktion ausschalten.

Šuchov hat damit einen neuen Konstruktionstyp vorweggenommen, den man später als System mit »einseitig abschaltbaren Verbindungen« bezeichnete.[1] Derartige Konstruktionen besitzen gegenüber den traditionellen Systemen zweifellos einige Vorteile und werden heute als sehr vielversprechend angesehen. Umfassende Untersuchungen an den Systemen mit »einseitig abschaltbaren Verbindungen« zeigen, wie wirkungsvoll und zweckmäßig sie bei vielen Bauvorhaben eingesetzt werden könnten. Diese Untersuchungen ermöglichen auch schon die Realisierung entsprechender neuartiger Baukonstruktionen.

Allgemein bekannte Konstruktionsformen von Systemen einseitig abschaltbarer Verbindungen sind Seil- oder Verbundbrücken. Diese Konstruktionen haben bereits ihre eigene Geschichte und wurden in vielen Beispielen gebaut. Daneben gibt es weniger erforschte Konstruktionsformen und Berechnungsmethoden für Verbundsysteme aus Seilen und Stäben oder für Gewölbe- und Bogenkonstruktionen mit biegeweichen Verbindungen. Die von Šuchov entwickelten Bogenbinder mit Zugstangen sind die ersten Bogendächer mit einseitig abschaltbaren Verbindungen. Sie sind die Vorläufer von zahlreichen Gewölbe- und Bogendächern in Leichtbauweise. Die Berechnungs- und Planungsgrundlagen für diese Bogenkonstruktionen mit einem System aus biegeweichen Zuggliedern veröffentlichte Šuchov in seiner Theorie zur Berechnung von Bogenbindern (1.9).

Seit der Planung von Fachwerkdächern hängt die Lösung des Grundproblems davon ab, welches Trägersystem gewählt wird, wie viele Verbindungsstellen oder Felder es hat, wie die Längsbalken verlaufen und auch, welchen Abstand zwischen den Trägern man wählt. All diese Fragen hat Šuchov untersucht einschließlich jener, wie der Obergurt bei Bogenbindern mit biegeweichen Zügen verlaufen soll. Mit der Lösung dieses Fragenkomplexes war die Hauptaufgabe des Planers hinsichtlich Materialeinsparung und Gewichtsminimierung des Daches gelöst.

Zuerst entwickelte Šuchov anhand des einfachsten Falles eines Bogenbinders mit drei Zuggliedern (Abb. 95) Methoden zur Bestimmung der Kräfte in den einzelnen Bogenbinderabschnitten einschließlich der Biegemomente im Obergurt. Bei der Bestimmung der Normalkräfte geschah dies unter der Annahme, daß an den Befestigungspunkten der Zugstangen Gelenke vorhanden seien. Danach wurde diese Aufgabe in allgemeiner Form für Bogenbinder mit beliebig vielen Zugstangen gelöst. Wie dieses Šuchovsche System funktioniert, kann man anschaulich, wie in Abbildung 96 gezeigt, darstellen.

Anmerkungen

1 Rabinovič, N.M.: Voprosy teorii statičeskogo rasčeta sooruženij s odnostoronnimi svjazami. (Zur Theorie der statischen Berechnung von Bauten mit einseitigen Verbindungen; russ.) M.: 1975.
2 Chudjakov, P. 1896 (a.a.O. – S. 12, Anm. 16), S. 172.
Kovel'man, G.M. 1961 (a.a.O. – S. 9, Anm. 5).
3 Pevsner, H.F.: Lexikon der Weltarchitektur. München: 1971, Stichwort »Freyssinet«.
Burkhardt, B.; Osswald, A.: Luftschiffhallen. In: Zur Geschichte des Konstruierens. Hrsg. v. R. Graefe. Stuttgart: 1989, S. 195.
4 Kovel'man, G.M. 1961 (a.a.O. – S. 9, Anm. 5).

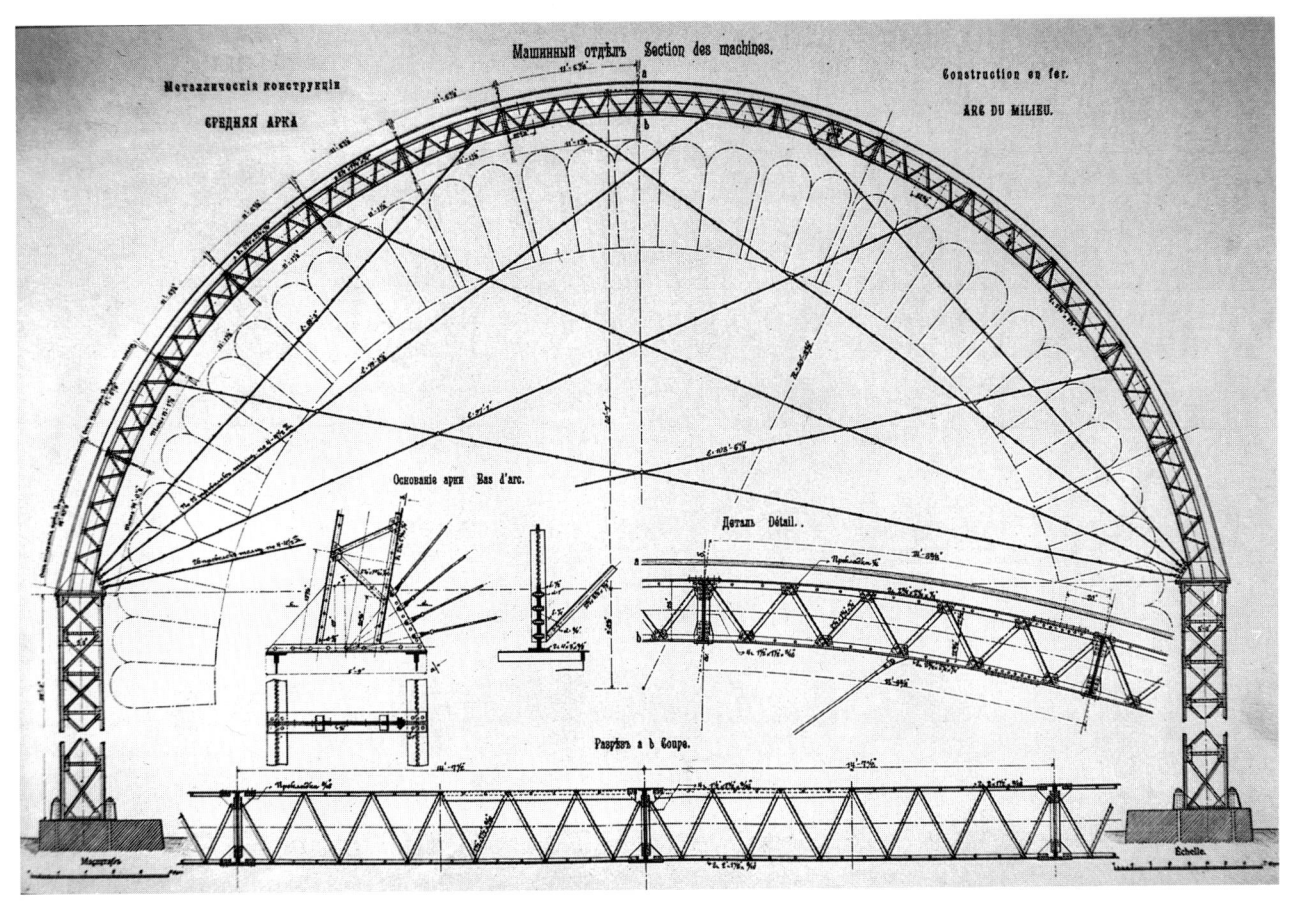

Abb. 93
Allrussische Ausstellung in
Nižnij Novgorod, 1896,
große Maschinenhalle,
Architekt: A. N. Pomerancev,
Konstruktion:
Metallfabrik Petersburg.
Plan der Dachkonstruktion
(Vseross. prom. i chud. vystavka
v Nižnem Novgorode…
SPb. [1897], S. 5)

Abb. 94
Allrussische Ausstellung in
Nižnij Novgorod, 1896,
große Maschinenhalle,
Außenansicht.
Historisches Foto 1896
(links der Šuchovsche
Wasserturm)
(Exposition russe de
l'industrie et des beaux-arts
de 1896 à Nijni-Novgorod.
M. [o. D.], Blatt 15)

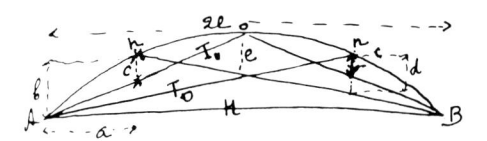

Abb. 95
Mit Zugelementen ausgesteifter
Bogen. Skizze aus Šuchovs
handschriftlicher Berechnung
(Archiv Akad. d. Wiss.
1508-1-59 Nr. 4)

Abb. 96
Šuchovsche Bogenkonstruktion,
Wirkungsweise der Zug-
elemente
(Zeichnung: G. U. Esslinger,
J. Tomlow)

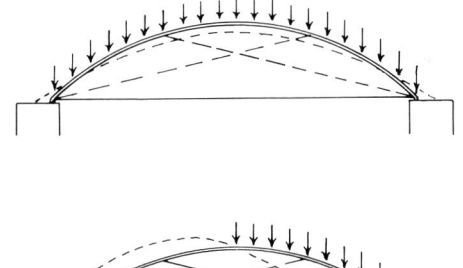

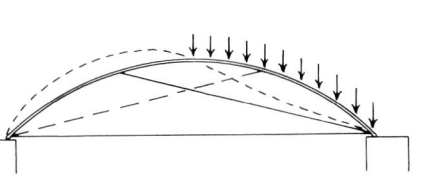

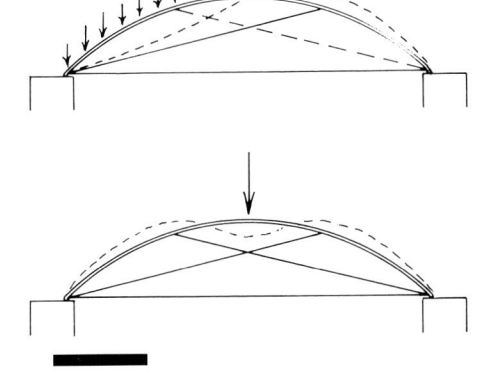

55

Abb. 97
Ausgeführte Gitterschalen mit aussteifenden Zugelementen, 1896–1904.
Schematische Zeichnungen aus einem Verzeichnis Šuchovs (Ausschnitte) mit folgenden Angaben: Auftraggeber, Spannweite, Länge, überdachte Fläche, Abstände zwischen den Bindern, Gewichte der Konstruktionsteile, Gesamtgewicht, Gewicht/Qu. Sažen.
(Kladde Archiv Akad. d. Wiss. 1508-1-57 Nr. 69 R, 70 R, 73 R)

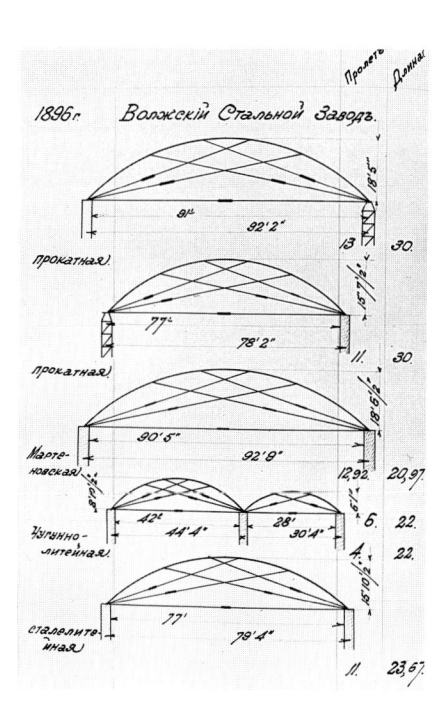

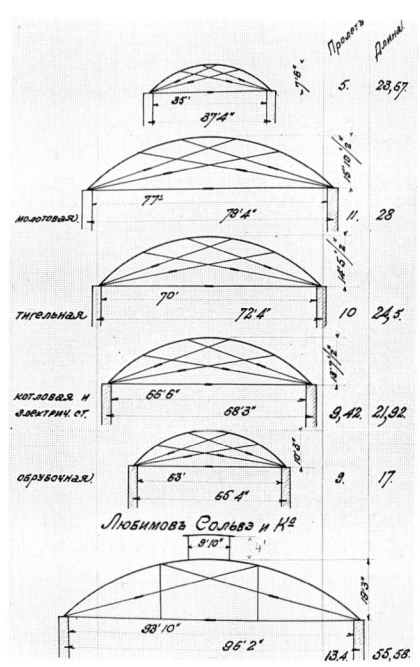

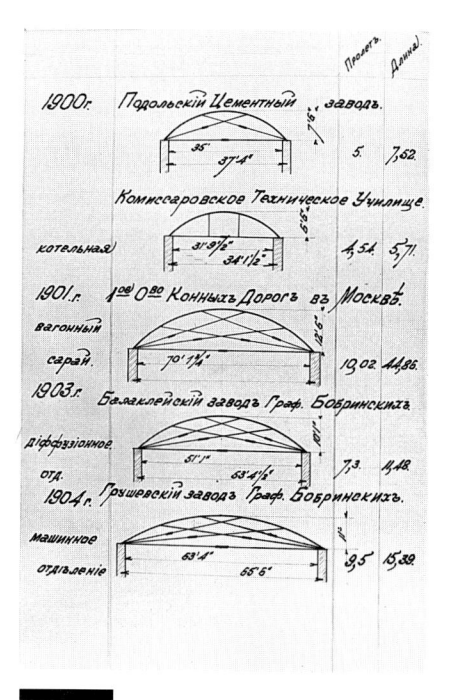

Wir wollen versuchen, Šuchovs Gedankengang bei der Lösung dieser Aufgabe nachzuvollziehen. Angenommen, in den Bogenkonstruktionen seien alle einseitigen Verbindungen zweiseitig, d. h. sie seien geeignet, sowohl Zug als auch Druck aufzunehmen. Unabhängig von der Zahl biegeweicher Zugglieder sind in diesem Fall die genannten Bogenbinder statisch einmal unbestimmte Systeme. Infolgedessen kann man aufgrund der normalen Fachwerk-Statik die Gleichung der Gleichgewichtsbedingungen aufstellen, mit einer Bedingung weniger als Zugstangen vorhanden sind. Anders ausgedrückt: Die Anzahl der Gleichungen ist geringer als die Anzahl der unbekannten Kräfte. Um die Kräfte in den Bogenbinderabschnitten bestimmen zu können, braucht also nur noch eine einzige Bedingung bekannt zu sein. Unter realen Bedingungen aber reagiert das von Šuchov entwickelte biegeweiche Zugsystem für die Bogenbinderkonstruktion nicht auf Druck. Tritt deshalb bei Belastungen des Binders in einem der Zugelemente Druck auf, fällt diese konstruktive Verbindung aus. In diesem Moment wird das ganze System statisch bestimmbar und seine weiteren Berechnungen werden wesentlich vereinfacht, weil die Zahl der Unbekannten und die Zahl der Statik-Gleichungen nunmehr identisch wird.

Die Bestimmung derjenigen Verbindungen, die in solchen Systemen ausfallen, ist das wichtigste und grundlegende Kriterium zur Berechnung von Konstruktionen mit einseitigen Verbindungen. Bei den heutigen EDV-Berechnungsverfahren für Konstruktionen mit »einseitig abschaltbaren Verbindungen« werden alle möglichen Belastungsarten abgefragt und nacheinander die Verbindungen ausgeschlossen, in denen Druckkräfte auftreten. Als Endergebnis kommt man zu einem System, bei dem alle biegeweichen Verbindungen auf Zug reagieren.

Šuchov hatte vorgeschlagen, die Bedingungen für das Ausfallen der Verbindungen anhand einer einfachen geometrischen Untersuchung des Systems bei verschiedenen Belastungen und in Abhängigkeit von den Anschlußstellen der Schrägzüge an den Bogen zu bestimmen. Auf diese Weise konnten schließlich die überflüssigen Verbindungen aus dem System herausgenommen werden. Danach konnte man, ebenfalls anhand geometrischer Proportionen, zur Bestimmung der Zugkräfte in den Zugstangen die Gleichungen für die Momente aufstellen, die mengenmäßig gleich der Anzahl der restlichen zugbeanspruchten Verbindungen oder der Anzahl der Unbekannten sind. Die so ermittelten Zugkräfte in allen Zugstangen waren eine Bestätigung für die richtige Bestimmung der Verbindungen, die ausfallen. Nach der Bestimmung der Kräfte in den Zuggliedern konnte man in einem beliebigen Querschnitt des Obergurts das Moment berechnen, indem man die Gleichung der Momente dieses Querschnitts aufstellte. Das von Šuchov entwickelte geometrische Verfahren zur Bestimmung der Kräfte in Bogenkonstruktionen zeichnete sich nach Meinung jüngerer Wissenschaftler[2] durch Einfachheit und hinreichende Genauigkeit aus.

Bei der Untersuchung der Form des Obergurts von Bogenbindern befaßte sich Šuchov neben Trägern mit geraden Elementen auch mit kreisförmigen und parabolischen Bögen. Ausgehend vom Kriterium der Minimalspannungen im Obergurt des Bogenbinders oder der absoluten Minimalwerte der Biegemomente, wurden die günstigsten Befestigungspunkte für die Schrägzüge am Bogen bestimmt und aufgelistet. Dabei wurde die Wirkung der Schrägzüge demonstriert: Bei einem parabolischen Bogen mit drei optimal angeordneten Zuggliedern ist beispielsweise der absolute Wert des Biegemoments annähernd dreimal kleiner als in Bögen mit nur einem horizontalen Zugglied. Zuvor wurde analytisch nachgewiesen, daß die günstigsten Anschlußstellen der Schrägzüge bei Bögen mit drei Zugbändern etwa in den Dritteln der Bogenspannweiten liegen.

Die Untersuchungsergebnisse zum Verhalten der Träger wurden von Šuchov systematisiert (Abb. 97) und in Form von Richtlinien zur Verwendung von Bögen mit beliebig vielen Zuggliedern je nach Spannweite des Trägers dargelegt. Zur Vereinfachung der Berechnung wurde für jeden Bogenbindertyp die Ableitung der Kräfte in den Zugelementen und der Biegemomente im Obergurt bzw. Bogen angegeben.

Am Ende seiner Untersuchung des gesamten Fragenkomplexes zur Planung von Gewölbe- und Bogenkonstruktionen mit einem System aus biegeweichen Zuggliedern gelangte Šuchov zur Optimierung des gesamten Dachs, wobei er vom Kriterium des geringsten Werkstoffaufwands und der Minimierung des Dachgewichts ausging. Er operierte dabei mit einer Kombination aus drei Faktoren: dem Abstand zwischen den Trägern, dem Abstand zwischen den einzelnen Dachlatten und dem Abstand zwischen den Knotenpunkten des Obergurts des Bogenbinders. Anhand seiner Optimierung konnte er analytisch nachweisen, daß erstens das Dachgewicht pro Flächeneinheit proportional zur Verringerung der Feldlängen des Obergurts und des Abstands zwischen den Trägern abnimmt und daß man zweitens dann das geringste Dachgewicht bekommt, wenn alle drei Parameter gleich groß sind, d.h. die Feldlängen des Obergurts mit den Trägerabständen und den Abständen zwischen den Dachlatten übereinstimmen. Hieraus folgt, daß es aus der Sicht des geringsten Werkstoffaufwands ideal ist, wenn keine Dachlatten vorhanden sind und der Abstand zwischen den Trägern so bemessen ist, daß das Dach direkt auf die Träger aufgelegt werden kann. Dabei muß der Obergurt des Trägers in Felder mit Längen aufgeteilt werden können, die den Abständen der Träger entsprechen.

Dort, wo Dachlatten oder durchgehender Dachbelag aus Holz sind, sollte zur Verringerung des Dachgewichts der Obergurt des Trägers nach Šuchov in zahlreiche Felder aufgeteilt werden, deren Länge dem Mindestabstand zwischen den Trägern entspricht. Die Minimierung des Dachgewichts führte ihn zu der logischen Schlußfolgerung, daß es zweckmäßig sei, bei Dächern Netzgewölbe einzusetzen. Die ersten derartigen Dachkonstruktionen wurden für die Gebäude der Ausstellung in Nižnij Novgorod gebaut.

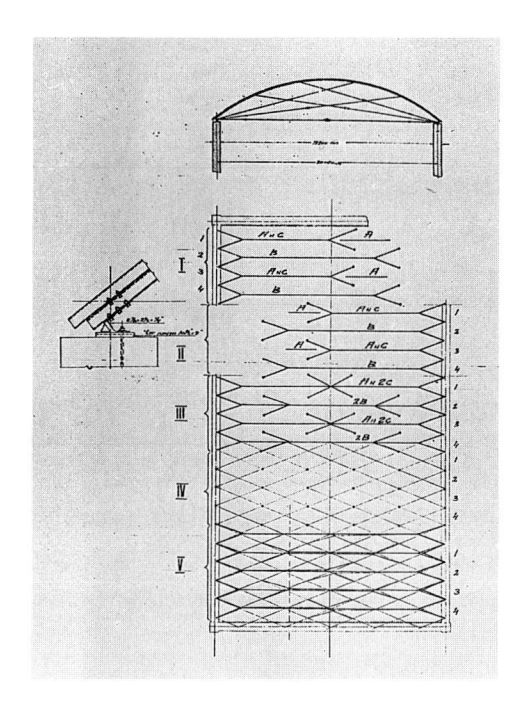

Abb. 98
Gitterschale der Gruševskij-Zuckerfabrik, 1904, Anordnung der Zugelemente (Archiv Akad. d. Wiss. 1508-2-87 Blatt 83)

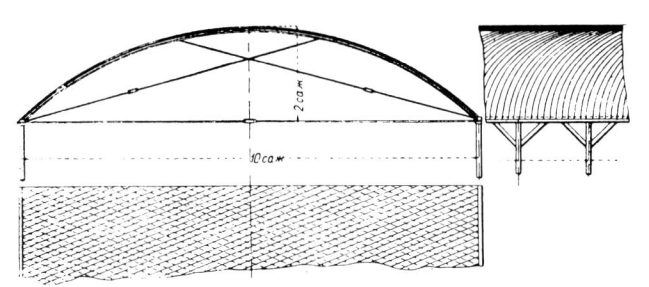

Abb. 99
Tonnendach aus mehreren Brettschichten, Spannweite 21 m. Plan mit Querschnitt, Längsschnitt und Draufsicht, 1896. (Chudjakov, P. 1896 [aaO])

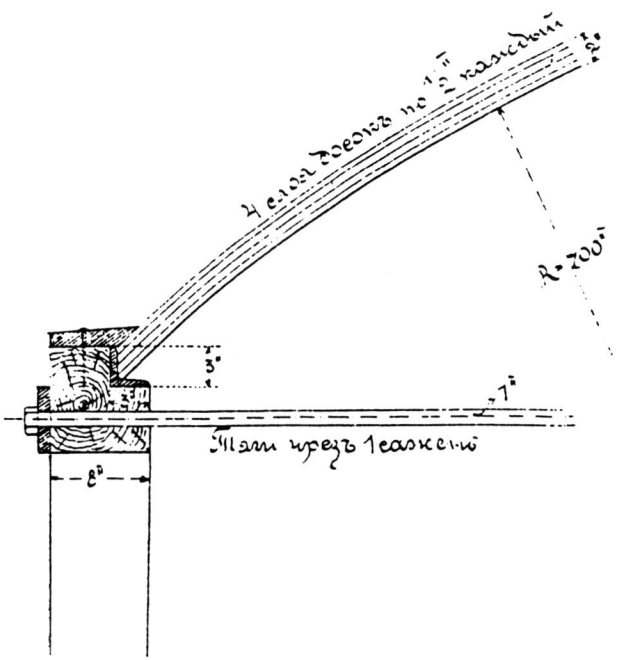

Abb. 100
Tonnendach aus mehreren Brettschichten. Konstruktionsdetails des Dachverbands. (Chudjakov, P. 1896 [aaO])

Abb. 101
Kaufhaus GUM in Moskau (ehemalige Obere Handelsreihen), 1889–1893, Architekt: A. N. Pomerancev, Ingenieure: A. F. Lolejt (Eisenbetonbrücken) und Šuchov (Passagendächer). Mittlere Passage
(Foto: R. Graefe, 1989)

Abb. 102
Kaufhaus GUM in Moskau, 1889–1893.
Blick auf die Passagendächer (rechts Roter Platz mit Basilius-Kathedrale)
(Foto: R. Graefe, 1989)

Abb. 103
Kaufhaus GUM in Moskau, 1889–1893.
Blick in die zentrale Kuppel
(Foto: R. Graefe, 1989)

Bei der Untersuchung der Bogenkonstruktionen mit einem System aus biegeweichen Zuggliedern wollen wir die Lösungen für Details und für Verbindungen nicht außer acht lassen. In erster Linie geht es um zugbeanspruchte Elemente. Sie wurden gewöhnlich durch Bolzen und Nieten direkt auf dem Schenkel des Metallbogens oder indirekt über ein Zwischenstück, ein abgeschrägtes Walzblech, befestigt. Bei Verwendung von Holz für den Obergurt des Bogenbinders oder bei Brettergewölben waren zusätzliche Vorrichtungen vorgesehen, um lokale Beschädigungen des Holzes durch Stauchungen an den Befestigungsstellen der Zugglieder zu verhindern.

Bei Netzdächern wurden die Züge an den Knotenpunkten des Netzes festgemacht. Um die notwendige Spannung aufrechtzuerhalten und ein Durchhängen der Zugglieder zu verhindern, wurden sie mit Spannschlössern versehen (Abb. 65). In den ausgeführten Šuchovschen Bogenkonstruktionen, wie beim GUM (Abb. 104), fehlen sie allerdings häufig. Die Zugglieder haben dennoch die notwendige gleichmäßige Spannung. Als Erklärung hierfür reicht wohl nicht aus, auf die exakte Detailfertigung und die präzise Montage zu verweisen. Man kann mit einiger Sicherheit annehmen, daß Šuchov sich die Möglichkeit zunutze machte, alle Schrägzüge vorzuspannen, die sich durch die Nachgiebigkeit der Bogenkonstruktionen und durch Veränderung der Länge der waagerechten Zugglieder ergab.

Diese Bogenkonstruktionen Šuchovs wurden später auch von anderen Ingenieuren und Architekten angewandt und weiterentwickelt. 1916 baute der französische Architekt Freyssinet Luftschiffhallen aus Stahlbeton.[3] Beim Betonieren wurde eine Schalung benutzt, die von parabolischen Bögen mit biegeweichen Zugelementen, wie bei Šuchov, ausgesteift wurde (Abb. 106). Um zu verhindern, daß die Bögen durch die Belastung beim Beginn des Betonierens nach oben ausknickten, wurde in den Bogenscheitel eine größere Anzahl von Zuggliedern eingezogen.

Zum Schluß sollte noch darauf hingewiesen werden – wie Kovel'man in seinem Buch über die Theorie der Bogenbinder geschrieben hat[4] –, daß in jenen Jahren, in denen Šuchov seine Bogenkonstruktionen zu bauen begann, die elementarsten Berechnungsverfahren für derartige Stabwerksysteme noch nicht vorhanden waren. Das unterstreicht die Bedeutung von Šuchovs Untersuchungen. Wie bereits gesagt, enthielt die von ihm entwickelte Berechnungsmethode bestimmte hypothetische Annahmen, insbesondere über den Einsatz von Gelenken an den Befestigungspunkten der Schrägzüge. Aus diesen Annahmen konnten jedoch nur etwas höhere Werte für die Biegemomente im Bogen resultieren und damit letztlich etwas größere Festigkeitsreserven gewonnen werden. Die von Šuchov entwickelten Bogenkonstruktionen sowie das Verfahren zu ihrer Berechnung können auch heute noch bei der Planung und beim Bau von Gebäuden und Bauwerken praktische Anwendung finden. Sie können auch als Grundlage für die Fortentwicklung der darin enthaltenen Ideen dienen.

Abb. 104
Kaufhaus GUM in Moskau, 1889–1893.
Dachkonstruktion der mittleren Passage, Bögen mit schrägen Zugstäben
(Foto: R. Graefe, 1989)

Abb. 105
Kaufhaus GUM in Moskau, 1889–1893.
Detail der Bogenkonstruktion
(Foto: R. Graefe, 1989)

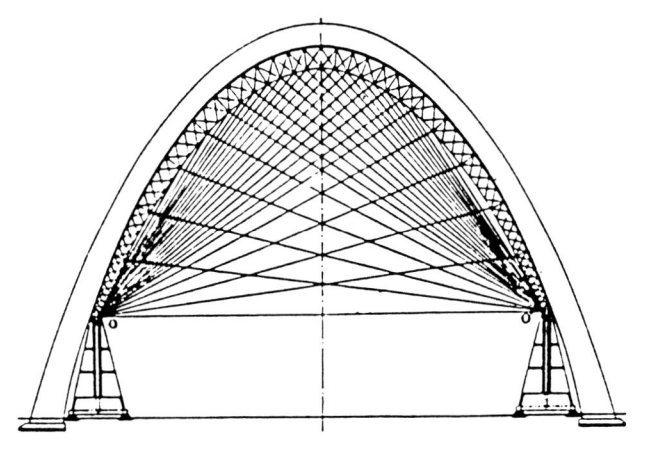

Abb. 106
Luftschiffhalle aus Stahlbeton, Eugene Freyssinet, 1916.
Mit schrägen Zügen ausgesteifte Schalung
(Zur Geschichte des Konstruierens. Stgt. [1989], S. 195)

Zweidimensionale Tragwerke

Evgenij I. Belenja†
Vladimir A. Putjato

Das Archivmaterial beweist, daß die wichtigsten Berechnungen und Konstruktionen von Šuchov im Verlauf seines gesamten Lebens von ihm allein erarbeitet wurden. Er war direkt mit der Planung, der Herstellung und der Montage der Metallkonstruktionen befaßt. Deshalb ist seine Arbeitsweise von besonderem Interesse. Nach den Berichten der Mitarbeiter K. Kupalov und K. Muchanov wurde die Planung eines jeden Baus sozusagen vom Punkt Null begonnen. Šuchovs Arbeitstisch war immer frei, seine Mitarbeiter durften nur die Stahlprofiltabelle mit sich führen. Wenn irgendeine Formel oder mathematische Gleichung gebraucht wurde, wurde sie wieder von neuem hergeleitet.

Große und allgemeine Aufmerksamkeit erregten 1896 auf der Allrussischen Ausstellung in Nižnij Novgorod die originellen und wirtschaftlichen Metallkonstruktionen der Ausstellungspavillons Šuchovs. Seine Kollegen sprachen damals von einer ausnahmsweise gelungenen Lösung, von einem »Zufallsfund«. Aber die Šuchovsche Idee einer netzförmigen Konstruktion hat ihren Ursprung am wenigsten dem Zufall zu verdanken. »Die Ermittlung einer solchen Oberfläche«, so Professor P. K. Chudjakov über die Netzdächer, »war beim Erfinder das Ergebnis einer eigenständigen mathematischen Analyse...«

Hauptthema seiner großen analytischen Arbeit, die Šuchov lange vor Eröffnung der Allrussischen Ausstellung durchführte, war die rationale Planung von Dachkonstruktionen. Die in den ersten Untersuchungen durchgeführten Berechnungen brachten noch keine wesentliche Verminderung des Werkstoffgewichts in so bekannten Konstruktionen wie dem Polonceau-Träger.

1897 wurden seine theoretischen Untersuchungen auf dem Gebiet der Baumechanik von zweidimensionalen Dachträgern verallgemeinert und von ihm in der Monographie »Der Dachverband« (1.9) veröffentlicht. Hierin werden die Aufgaben der Gewichtsoptimierung praktisch erstmals gestellt und gelöst. Der Verfasser schreibt hierüber selbst: »... wird die von mir erarbeitete analytische Berechnung der Dachträger vorgestellt, die Antwort gibt auf Fragen zur Bestimmung der Kräfte, welche die verschiedenen Trägerabschnitte aufnehmen, zur Bestimmung des Gewichts dieser Abschnitte und zur Benennung der günstigsten Lage aller Trägerabschnitte bei der Planung, wobei das Gewicht des für den Bau der Dachkonstruktion aufgewendeten Werkstoffs am geringsten sein sollte« (1.9).

Wegen der Vielfalt der Lösungen, der architektonischen Ausdruckskraft und der Leichtheit der Konstruktion sind die Konstruktionsformen der Fachwerkträger, die Šuchov damals bei Industriebauten anwandte, auch heute noch von Interesse. Die Fachwerkträger waren gelenkig auf Wänden oder Stahlstützen aufgelagert, was Šuchov bei seinen Untersuchungen nicht berücksichtigte. Die Spannweiten, für deren Überdeckung zweidimensionale Dachträger benutzt wurden, lagen zwischen 5 und 40 m, die am häufigsten benutzte Spannweite betrug 12 bis 13 m.

Zum Überdachen derartiger Spannweiten benutzte Šuchov eine Menge verschiedenartig konstruierter Dachträgerformen. Im Umriß überwogen dabei die Dreiecksbinder, was sich durch die übliche Dachform erklären läßt, aber auch durch ihre Eignung für große Spannweiten, weil diese Form dem Momentverlauf einer Ein-

Abb. 107
Fachwerkbinder ausgeführter Dachkonstruktionen, 1902/03. Schematische Zeichnungen aus einem Verzeichnis Šuchovs (Ausschnitte) mit folgenden Angaben: Auftraggeber, Spannweite, Länge, überdachte Fläche, Abstände zwischen den Bindern, Gewicht der Konstruktionsteile, Gesamtgewicht, Gewicht/Qu.Sažen.
(Kladde Archiv Akad. d. Wiss. 1508-1-57 Nr. 47 R, 50 R, 56 R)

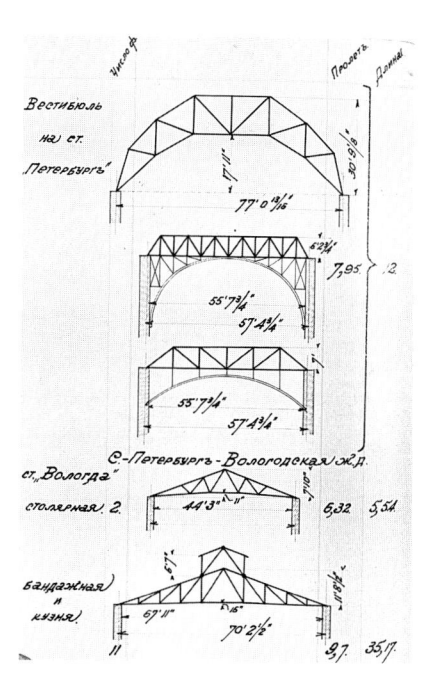

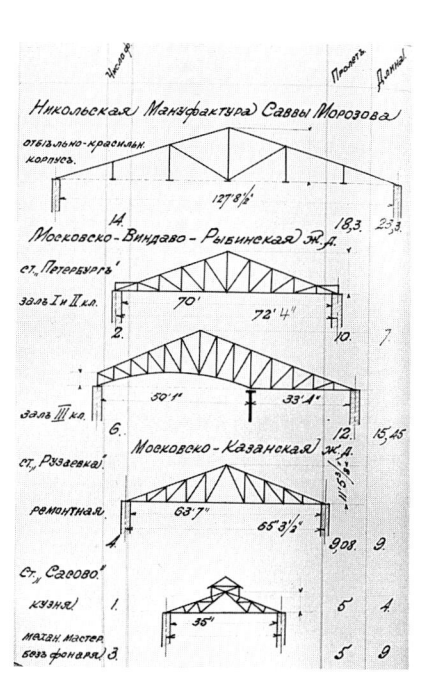

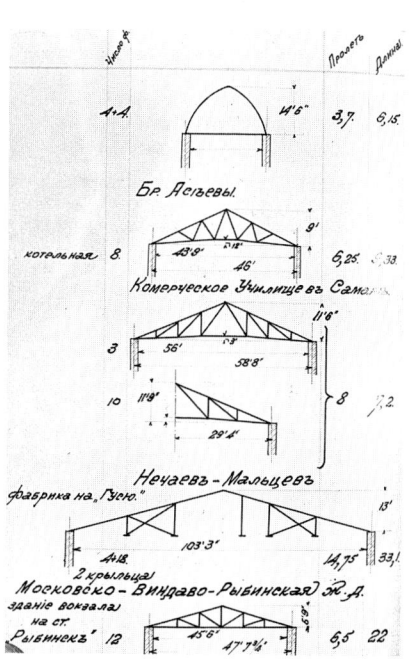

Abb. 108
Halle des Walzwerks in Lys'va,
1898,
Spannweite der Binder 37 m,
überdachte Fläche 2960 m².
Historisches Foto.
(Archiv Akad. d. Wiss.
1508-1-50 Nr. 1)

zellast in Feldmitte entspricht, was dann zu einer wesentlichen Einsparung von Stahl führt. In Šuchovs zweidimensionalen Konstruktionen findet man praktisch alle bekannten Fachwerksysteme vor: vom einfachen Streben- und Ständerfachwerk bis zum Sprengwerk. Šuchov erfüllte in jedem Fall nicht nur seinen Auftrag zur Planung eines Industriegebäudes, sondern suchte parallel dazu nach der optimalen Konstruktionsform.

Der Einsatz von Fachwerken, auch bei nur geringen Spannweiten, läßt sich dadurch erklären, daß es damals das Schweißen noch nicht gab und die Herstellung von zusammengesetzten Trägern kompliziert war. Neben der Planung von für die damalige Zeit üblichen Dreiecksbindern mit vielfältigsten Ausführungen der Ausfachung verwendete Šuchov häufig Dachkonstruktionen aus Bögen.

Im vorrevolutionären Rußland waren weitgespannte Bogendächer rar. Außer einigen Märkten, dem Senno in Leningrad und dem Kiever Markt, ist noch die Bahnhofsüberdachung der Oktober-Eisenbahn mit der geringen Spannweite von 22 m zu nennen. Bei der Entwicklung von Bogensystemen übertraf Šuchov erneut alle anderen und baute das letzte Gebäude des vorrevolutionären Rußland, die Bahnsteighalle des Kiever Bahnhofs in Moskau (Abb. 121ff.) mit 47,9 m Spannweite, was den Abmessungen der großen westeuropäischen Bahnhöfe nahekommt. Das Bahnhofsdach ist in Form eines Dreigelenkrahmens mit einem parabelförmig ausgebildeten Rahmenriegel ausgeführt. Ihrer Form und ihrer Verhaltensweise nach stehen solche Rahmen Fachwerken nahe. Hinsichtlich des Werkstoffaufwands sind sie wegen der großen Biegemomente in den Rahmen weniger vorteilhaft. Aber mit ihren Formen lassen sich Öffnungen gelungen lösen. Außerdem bekommt das Gebäude eine ausdrucksvollere Außenansicht, und der Raum unter dem Bogen in Stützennähe kann besser genutzt werden. Die Bögen mit variablen Querschnittsabmessungen bestehen aus vier Winkeleisen, die mit gekreuzten Bandeisen verbunden sind. Alle Verbindungen wurden mit den damals üblichen Vernietungen hergestellt. Die Bogengelenke wurden als zylindrische Lager ausgeführt, die genauestens der Berechnung entsprachen, was charakteristisch für die damals in Rußland verbreitete deutsche Zeichen- und Planungsschule war.

Von einigem Interesse ist die Montage der Bogenkonstruktionen. Sie wurde durch zwei bewegliche hölzerne Hilfstürme bewerkstelligt (Abb. 123–127). Mit diesen Montagetürmen und mit Hilfe von Flaschenzügen, Blöcken und Spannseilen wurden die Bogenhälften auf die geplante Höhe gehoben. Danach wurden die Bögen zusammengesetzt, die Verbindungen und Windverbände montiert und dann die Montagetürme über Schienen zum nächsten Boden bewegt.

Šuchov arbeitete ständig an der Vervollkommnung der üblichen Fachwerkkonstruktionen für die verschiedenartigsten Gebäude. In diese Zeit fällt auch eine Reihe von Plänen für Dachkonstruktionen, bei denen man nicht nur das Streben nach Gewichtsminimierung und architektonischer Ausdruckskraft der Konstruktion erkennt, sondern bei denen in gewissem Maße bereits Formen der Vereinheitlichung und Typisierung der Konstruktionen anklingen – ein Weg, den die sowjetischen Planer weiterentwickelt haben.

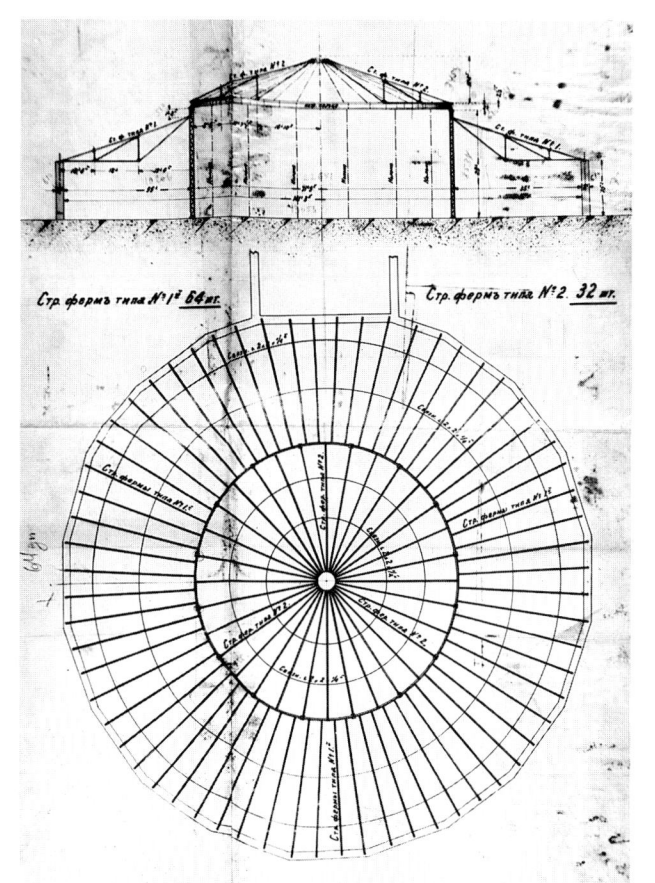

Abb. 109
Kesselfabrik Bari in Moskau, kreisrundes Schmiedegebäude. Plan für eiserne Dachkonstruktion, Querschnitt und Draufsicht, 1902 (53,5 x 33,5 cm, Histor. Stadtarchiv 1209-2-4 Nr. 10)

Abb. 110
Kesselfabrik Bari in Moskau, kreisrundes Schmiedegebäude. Blick in die Dachkonstruktion (Foto: R. Graefe, 1989)

Abb. 111
Kesselfabrik Bari in Moskau, kreisrundes Schmiedegebäude. Außenansicht des Dachs (Foto: R. Graefe, 1989)

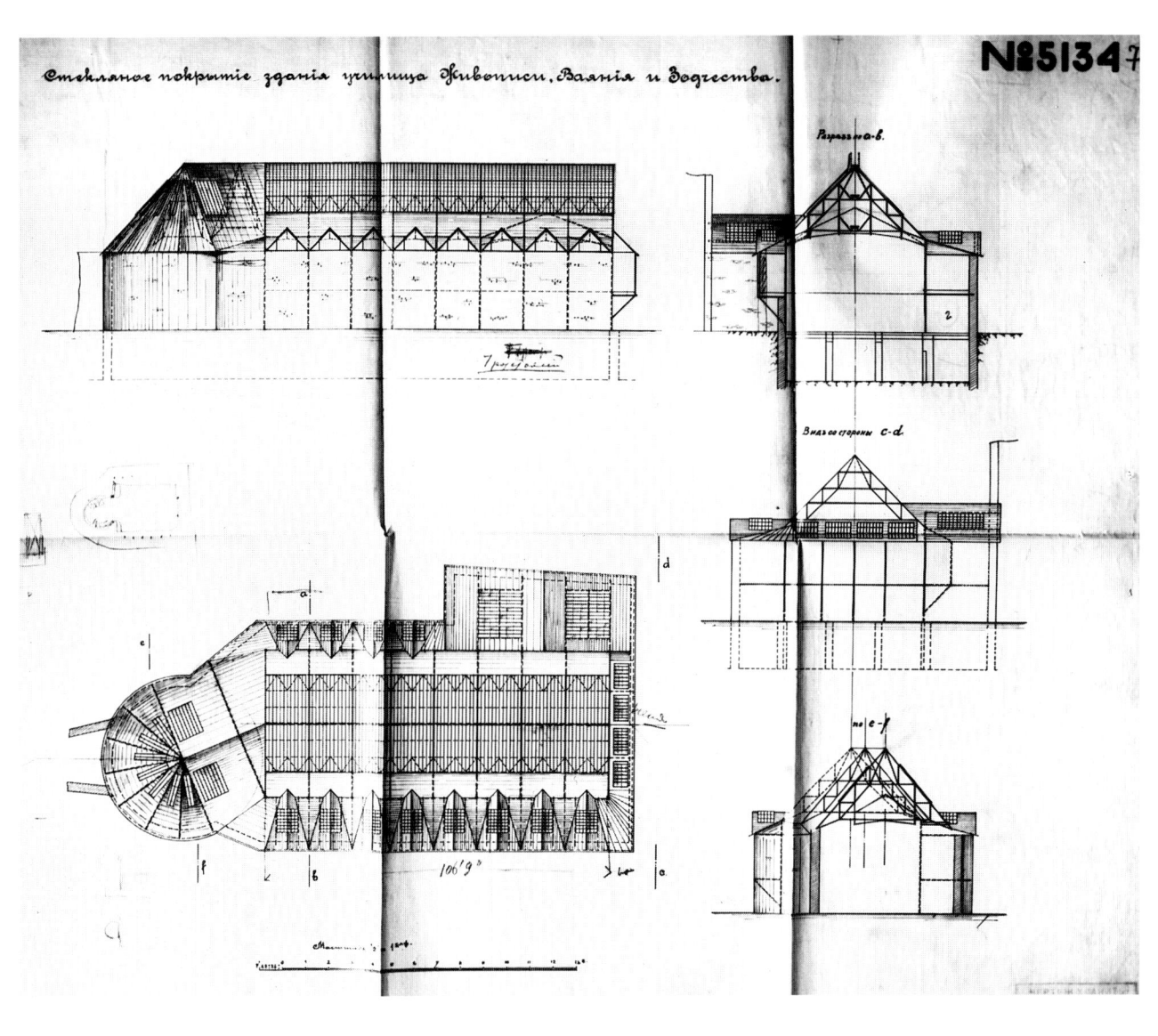

Abb. 112
Moskauer Lehranstalt für Malerei, Bildhauerei und Baukunst, Šuchovs Anbau der Gemäldegalerie.
Plan mit Längsschnitt, Grundriß und Querschnitten, nach 1900
(65,5 × 56 cm,
Histor. Stadtarchiv
1209-2-12 Nr. 7)

Abb. 113
Moskauer Lehranstalt für Malerei, Bildhauerei und Baukunst, Šuchovs Anbau der Gemäldegalerie. Plan der eisernen Wendeltreppe
(88 × 68 cm,
Histor. Stadtarchiv
1209-2-12 Nr. 8)

Abb. 114
Moskauer Lehranstalt für Malerei, Bildhauerei und Baukunst, Šuchovs Anbau der Gemäldegalerie.
Oberlicht und Glasdach
(Foto: R. Graefe, 1989)

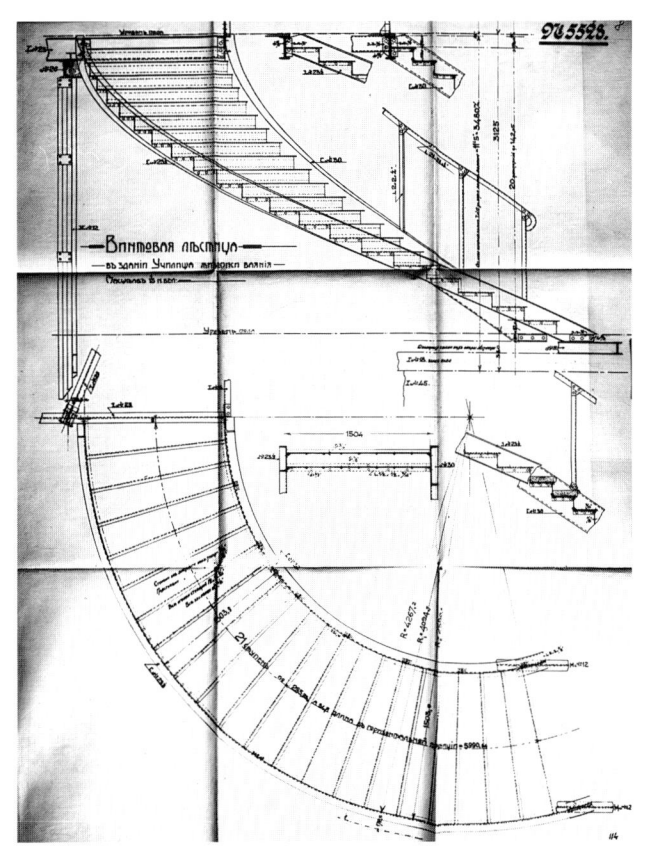

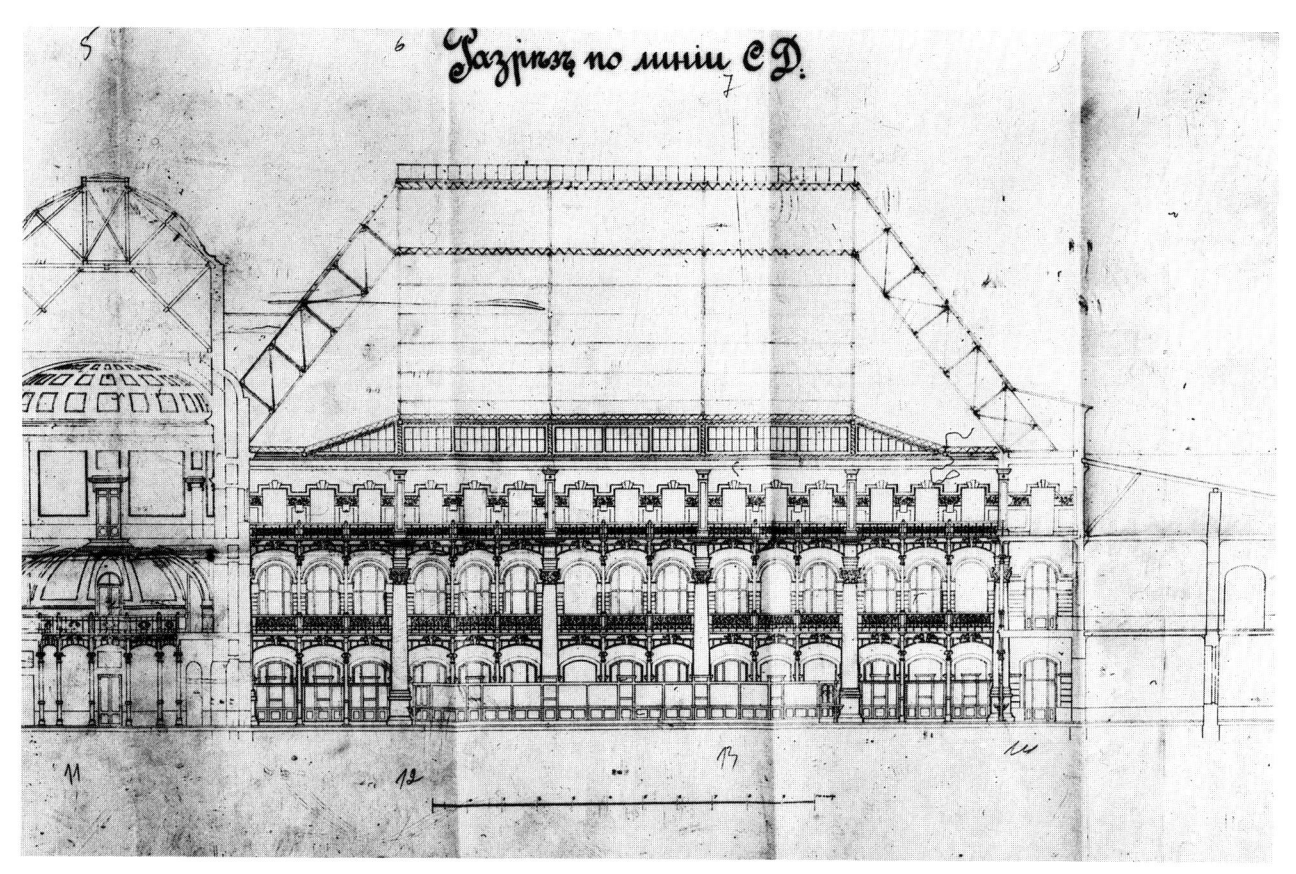

Abb. 115
Moskauer Hauptpostamt, Architekt: O. R. Munc mit D. I. Novikov unter Beteiligung der Brüder Vesnin. Oberlicht und Glasdach der Schalterhalle: Šuchov. Blaupause mit Längsschnitt, 1912
(Archiv Ščusev-Architekturmuseum)

Abb. 117
Moskauer Hauptpostamt. Unteransicht des Glasdachs
(Foto: R. Graefe, 1989)

Abb. 118
Moskauer Hauptpostamt. Blick in die ebenen Raumfachwerke des Glasdachs
(Foto: R. Graefe, 1989)

Abb. 116
Moskauer Hauptpostamt. Blaupause mit Querschnitt, 1912
(Archiv Ščusev-Architekturmuseum)

Abb. 119
Straßenbahndepot Ecke
ul. Šabolovskaja/Donskaja
in Moskau
(Foto: R. Graefe, 1989)

Abb. 120
Straßenbahndepot Ecke
ul. Šabolovskaja/Donskaja
in Moskau
(Foto: R. Graefe, 1989)

Abb. 121
Bahnsteighalle des Kiever
(ehemals Brjansker)
Bahnhofs in Moskau,
Architekt: I. I Rerberg,
Ingenieur: Šuchov, 1912–1917.

Abb. 122
Bahnsteighalle des Kiever
(ehemals Brjansker)
Bahnhofs in Moskau,
Architekt: I. I Rerberg,
Ingenieur: Šuchov, 1912–1917.

Historisches Foto von der
Baustelle.
Die Hälften der Fachwerk-
binder sind für die Montage
bereitgestellt.
(21. Dezember 1914, 11.35 h)
(Archiv Akad. d. Wiss.
1508-1-60 Nr. 2)

Im Vordergrund die
ausgelegten Hälften der
Fachwerkbinder, dahinter die
für die Montage aufgestellten
Binderhälften und die
beiden als Kräne dienenden
Holztürme.
(19. Februar 1915, 10.30 h)
(Archiv Akad. d. Wiss.
1508-1-60 Nr. 4)

Abb. 123
Bahnsteighalle des Kiever
(ehemals Brjansker)
Bahnhofs in Moskau,
Architekt: I. I Rerberg,
Ingenieur: Šuchov, 1912–1917.
Aufrichten eines halben
Binders.
(19. Februar 1915, 12.20 h)
(Archiv Akad. d. Wiss.
1508-1-60 Nr. 6)

Abb. 124
Bahnsteighalle des Kiever
(ehemals Brjansker)
Bahnhofs in Moskau,
Architekt: I. I Rerberg,
Ingenieur: Šuchov, 1912–1917.
Aufrichten der zweiten
Binderhälfte.
(19. Februar 1915, 17.40 h)
(Archiv Akad. d. Wiss.
1508-1-60 Nr. 8)

Abb. 125
Bahnsteighalle des Kiever
(ehemals Brjansker)
Bahnhofs in Moskau,
Architekt: I. I Rerberg,
Ingenieur: Šuchov, 1912–1917.
Plan mit Vorderansicht
und Längsschnitt,
unten: Bahnsteigdächer
(nicht ausgeführt), 1912.
(85 × 62,5 cm,
Archiv Akad. d. Wiss.
1508-1-73 Nr. 1)

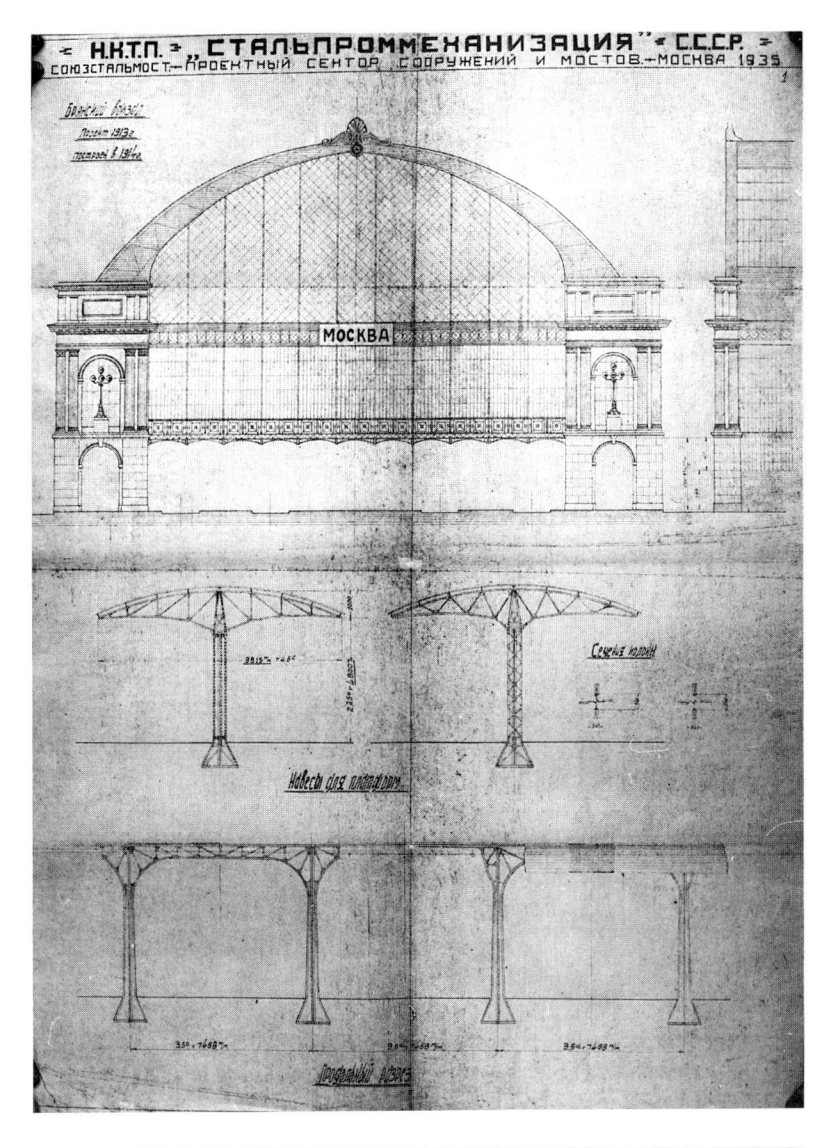

Abb. 126
Bahnsteighalle des Kiever
(ehemals Brjansker)
Bahnhofs in Moskau,
Architekt: I. I Rerberg,
Ingenieur: Šuchov, 1912–1917.
Erster fertiggestellter
Bogenbinder.
(19. Februar 1915, 18.15 h)
(Archiv Akad. d. Wiss.
1508-1-60 Nr. 9)

Abb. 127
Bahnsteighalle des Kiever
(ehemals Brjansker)
Bahnhofs in Moskau,
Architekt: I. I Rerberg,
Ingenieur: Šuchov, 1912–1917.
Fortsetzung des Montage-
vorgangs.
(19. April 1915)
(Archiv Akad. d. Wiss.
1508-1-60 Nr. 10)

67

Abb. 128
Bahnsteighalle des Kiever
(ehemals Brjansker)
Bahnhofs in Moskau,
Architekt: I. I Rerberg,
Ingenieur: Šuchov, 1912–1917.
Fertiggestellte Halle vor der
Eindeckung. Historisches Foto.
(Privat-Sammlung F. V. Šuchov)

Abb. 129
Bahnsteighalle des Kiever
(ehemals Brjansker)
Bahnhofs in Moskau,
Architekt: I. I Rerberg,
Ingenieur: Šuchov, 1912–1917.
Foto: Aleksandr
M. Rodčenko
(Vergrößerung nach Original-
negativ, Archiv der
Familie Rodčenko)

Abb. 130
Kiever (ehemals Brjansker)
Bahnhof in Moskau,
Architekt: I. I Rerberg,
Ingenieur: Šuchov, 1912–1917.
Blick über die Moskva
auf den Gesamtkomplex.
(Foto: R. Graefe. 1989)

Abb. 131
Bahnsteighalle des Kiever
(ehemals Brjansker)
Bahnhofs in Moskau,
Architekt: I. I Rerberg,
Ingenieur: Šuchov, 1912–1917.
(Foto: R. Graefe, 1989)

Abb. 132
Kazaner Bahnhof in Moskau,
1913–1926.
Architekt: A. V. Ščusev,
Ingenieure: Šuchov und
A. F. Lolejt.
Plan mit Schnitt der – nicht
ausgeführten – Bahnsteighallen
(A. V. Ščusev)
(Archiv Ščusev-Architektur-
museum)

71

Abb. 133
Lastwagengarage in der
Novo-Rjazanskaja ul. in
Moskau,
Architekt: K. Mel'nikov,
Dachkonstruktion: Šuchov.
Außenansicht, Planzeichnung
von K. Mel'nikov, 1926/27
(Archiv Ščusev-Architektur-
museum)

Abb. 134
Lastwagengarage in der
Novo-Rjazanskaja ul. in
Moskau,
Architekt: K. Mel'nikov,
Dachkonstruktion: Šuchov,
1927–1929. Außenansicht
(Foto: R. Graefe, 1989)

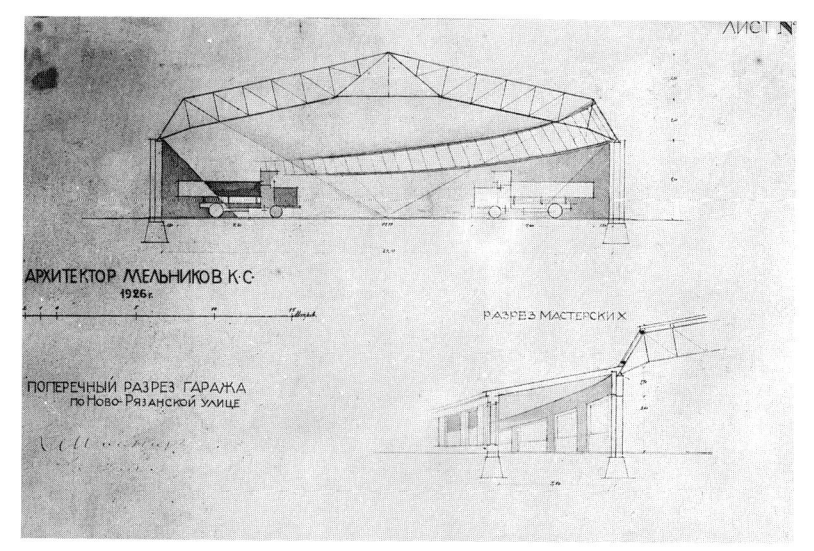

Abb. 135
Lastwagengarage in der
Novo-Rjazanskaja ul. in
Moskau. Planzeichnung
mit Querschnitten
von K. Mel'nikov, 1926/27
(Archiv Ščusev-Architektur-
museum)

Abb. 136
Lastwagengarage in der
Novo-Rjazanskaja ul. in
Moskau
Architekt: K. Mel'nikov,
Dachkonstruktion: Šuchov,
1927–1929.
Blick in die Dachkonstruktion
(Foto: R. Graefe, 1989)

Abb. 137
Bachmet'evskij-Busdepot
in Moskau.
Architekt: K. Mel'nikov,
Dachkonstruktion: Šuchov, 1928.
Erste Moskauer Autobusgarage, Fassade.
Foto: Aleksandr
M. Rodčenko
(Vergrößerung nach Originalnegativ, Archiv der
Familie Rodčenko)

Abb. 139
Bachmet'evskij-Busdepot
in Moskau.
Architekt: K. Mel'nikov,
Dachkonstruktion: Šuchov, 1928.
Historisches Foto der Baustelle.
(Archiv Akad. d. Wiss.
1508-1-70 Nr. 3)

Abb. 138
Bachmet'evskij-Busdepot
in Moskau.
Architekt: K. Mel'nikov,
Dachkonstruktion: Šuchov,
1928.
Historisches Foto der Rückseite.
(Archiv Akad. d. Wiss.
1508-1-70 Nr. 10)

Abb. 140
Bachmet'evskij-Busdepot
in Moskau.
Architekt: K. Mel'nikov,
Dachkonstruktion: Šuchov,
1928.
Historisches Foto
(Archiv Akad. d. Wiss.
1508-1-70 Nr. 12)

Holzkonstruktionen

Murat M. Gappoev

Zu Šuchovs Zeiten war Holz einer der verbreitetsten Baustoffe und fand deshalb auch in seinen Bauwerken Verwendung. Die Kenner von Šuchovs Werk haben mit Recht darauf hingewiesen,[1] daß praktisch alle seine in Metall gebauten Konstruktionen und die ihnen zugrundeliegenden Ideen auch in Holz hätten ausgeführt werden können. Dies kann man am deutlichsten am Beispiel der nach Šuchovs System gebauten Kühltürme demonstrieren, die in der UdSSR beim Bau von Heizkraftwerken sehr häufig realisiert wurden. Diesen Türmen liegt die Konstruktion des Hyperboloid-Gitterturms zugrunde, die von Šuchov für die verschiedensten Bauten verwendet wurde, von den Wassertürmen bis zum Šabolovka-Rundfunkturm in Moskau. Die Šuchovschen Kühltürme aus Holz sind von großer Wirtschaftlichkeit und funktionaler Zweckmäßigkeit. Die Verwendung von Holz hatte beim Betrieb der Kühltürme, d. h. unter dauernd wechselnden Temperatur-Feuchtigkeits-Bedingungen, gegenüber ähnlichen Systemen aus Stahl und Stahlbeton den Vorteil einer langen Lebensdauer. In den Fällen, in denen Šuchov einen Bau aus Holz selbst plante, berücksichtigte er die spezifischen Eigenschaften dieses Werkstoffs, nutzte die positiven maximal aus und bemühte sich, die negativen Eigenschaften zu minimieren.

Unter den Holzkonstruktionen Šuchovs sind in erster Linie die dünnwandigen Brettergewölbe zu nennen. Sie sind eine Mehrschichtenkonstruktion aus dünnen, platt aufgelegten und bogenförmig gekrümmten Brettern. Die Bretter einer jeden Schicht lagen schiefwinklig zu den Brettern der vorhergehenden Schicht.

In Abbildung 100 ist der Querschnitt durch ein Gewölbe eines in Nižnij Novgorod gebauten Gebäudedachs mit 21,3 m Spannweite dargestellt. Das Gewölbe bestand aus vier Schichten von dünnen, 12 bis 13 mm dicken Brettern. Die günstigste Form einer druckbeanspruchten Bogenkonstruktion ist die Parabel, wie Šuchov dies selbst bei seinen Fachwerkkonstruktionen nachwies. Bei den Holzkonstruktionen wurde dennoch ein kreisförmiger Tonnenquerschnitt gewählt, um die Herstellung zu vereinfachen. Der Querschnitt hatte die Form eines Segments mit einem Verhältnis von Pfeilhöhe zu Spannweite von 1:5. Dies kommt einer Parabel gleich. Offensichtlich wurden die Holzgewölbe in folgenden Schritten gebaut: Zuerst wurden auf dem Baugerüst die Schablonen des Gewölbes angebracht. Auf diese Schablonen wurden die Bretter der ersten Schicht gelegt und provisorisch befestigt. Dann wurden die nächsten Bretterschichten auf die jeweils vorhergehende Schicht genagelt. Durch eine solche Herstellungsweise ließen sich sogar kurze Bretter aneinanderstückeln, wenn die Stöße versetzt angeordnet wurden. Die geringe Dicke der Bretter war erforderlich, um die Bretter während der Gewölbeherstellung biegen zu können. Außerdem stieg damit die Zuverlässigkeit der Konstruktion wegen des geringen negativen Einflusses der naturbedingten Holzfehler (Astlöcher, Drehwuchs u.a.). Unter Verwendung der Mehrschichtenkonstruktion konnte Šuchov somit lange vor Erscheinen ähnlicher Schichtenverfahren, z. B. der sog. Leimholzkonstruktionen, Holz effektiv nutzen und den negativen Einfluß solcher Mängel wie Anisotropie, Inhomogenität u. a. wirksam verringern. Bei der Herstellung derartiger Gewölbe läßt sich außerdem auch feuchtes Bauholz verwenden. Dabei fällt das Biegen der Bretter wesentlich leichter, und die Gefahr eines Auftretens zu großer Eigenspannungen infolge der Biegeverformung nimmt ab. Was die Feuchtigkeit im Holz betrifft, so entweicht sie während der Nutzung.

Zur Aufnahme der Schubkräfte an den Auflagern wurden horizontale Zugbänder aus Rundstahl angebracht. Die Züge wurden über die Länge des Gewölbes in bestimmten Abständen eingezogen. Die Biegesteifigkeit des Gewölbes konnte je nach Brettdicke und Bretterzahl variiert werden. Bei relativ großen Spannweiten wurden die Šuchovschen Brettergewölbe außerdem durch schräge Stahlzugglieder ausgesteift, die im gleichen Abstand wie die Horizontalzüge in der Querschnittsebene des Holzgewölbes angebracht wurden. Die Bestimmung der Zugquerschnitte und ihrer Mindestzahl erfolgte nach der von Šuchov entwickelten Theorie der Bogenbinder mit beliebiger Zahl von Schrägzügen. Um das Šuchovsche Brettergewölbe noch steifer zu machen, hat später der deutsche Ingenieur Brod vorgeschlagen, zwischen die Bretterschichten Längsrippen zu legen. Infolgedessen nahm die Steifigkeit aufgrund des höheren Gewölbequerschnitts zu, außerdem konnten die Längssparren den in ihrer Richtung auftretenden Schub aufnehmen. Wegen des höheren Querschnitts war es zusätzlich möglich, zwischen den Außenschichten des Gewölbes eine Heizung anzubringen. Da in diesen mehrschichtigen Gewölben freie, zugige Räume vorhanden waren, wurde selbstverständlich die Brandgefahr für die Konstruktion größer. Dennoch waren die Dächer dieses Typs wegen der hohen Steifigkeit und der relativ großen überdachbaren Spannweiten weit verbreitet und erhielten die Bezeichnung Šuchov-Brod-Gewölbe.[2]

Neben den konstruktiven und ökonomischen Vorzügen, hauptsächlich aufgrund des räumlichen Tragverhaltens der Konstruktion und der Kombination von Trag- und Schutzfunktionen des Daches, hatten die Šuchovschen Brettergewölbe noch andere technische Vorzüge. Einmal waren sie einfach herzustellen und benötigten keinen aufwendigen Maschinenpark und keine hochqualifizierten Arbeitskräfte. Für die Herstellung auch recht großer Spannweiten konnten außerdem Bretter von geringer Dicke und begrenzter Länge benutzt werden. Šuchov lieferte uns in der ihm eigenen konkreten Ausdrucksweise eine genaue Methode zur Berechnung der entwickelten Gewölbekonstruktion, die auf der von ihm aufgestellten Theorie der Bogenbinder basiert. Mit einer für die Praxis ausreichenden Genauigkeit kann man diese Methode auch noch in heutigen Ingenieurberechnungen verwenden, falls notwendig, muß sie durch

Anmerkungen

1 Kovel'man, G. M.: M.: 1961. (a.a.O. – S. 9, Anm. 5).
2 ebendort S. 189, Abb. 90.
3 Slickouchov, Ju. V.; Budanov, V. D.; Gappoev, M. M.: Konstrukcii iz dereva i plastmass. (Konstruktionen aus Holz und Kunststoffen; russ.). M.: 1986.

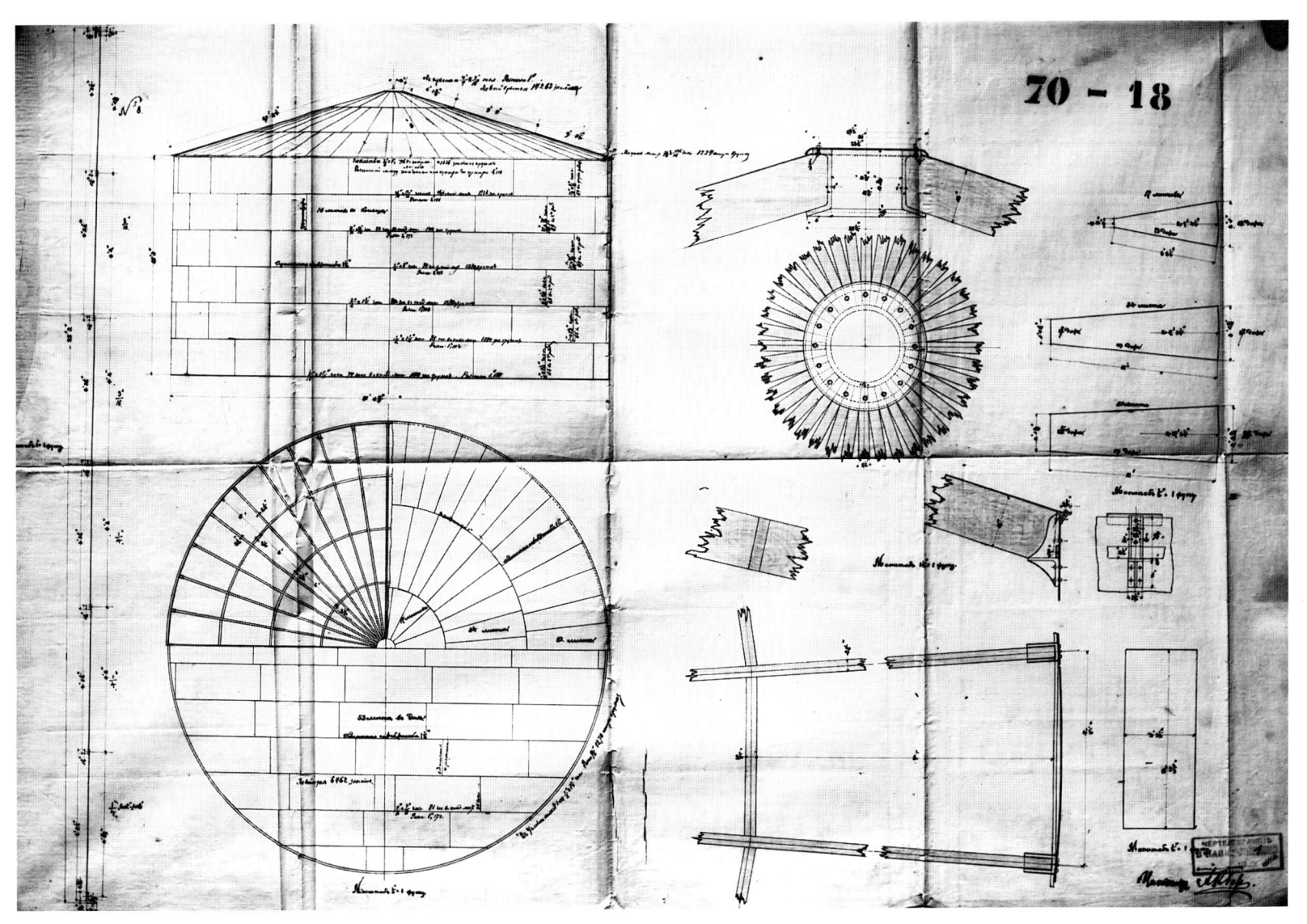

Abb. 141
Kegelförmiges Holzdach
eines Erdöltanks. Plan mit
Seitenansicht, Draufsicht und
Details, ca. 1880
(95,5 × 65,5 cm,
Histor. Stadtarchiv
1209-1-64 Nr. 15)

Abb. 142
Kegelförmiges Holzdach eines
Erdöltanks. Plan mit mittlerem
Metallring und Entlüftung (oben)
und äußerem Randanschluß
(links unten), ca. 1890
(55 × 52 cm,
Histor. Stadtarchiv
1209-1-46 Nr. 23)

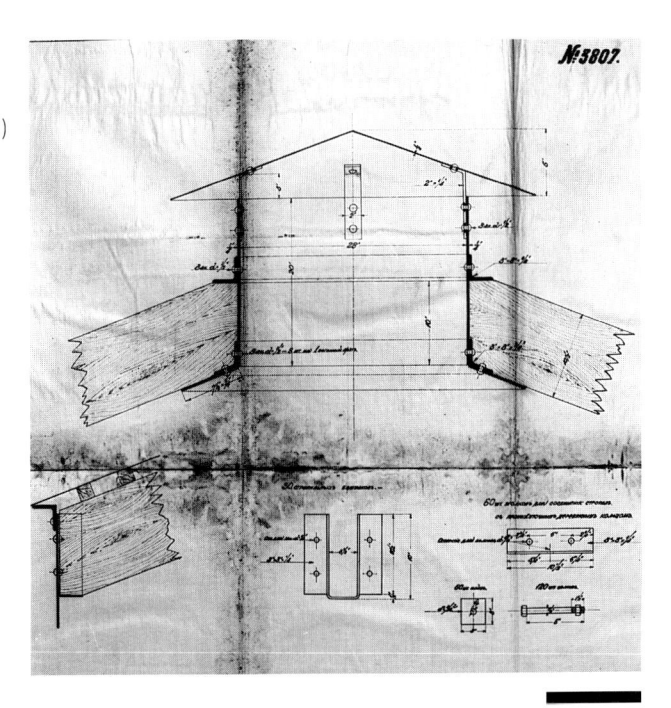

Abb. 143
Kesselfabrik Bari in Moskau, kreisrundes Schmiedegebäude. Bau des kegelförmigen Holzdachs (vgl. Abb. 35).
Historisches Foto, wohl 1894
(Privat-Sammlung F. V. Šuchov)

einige Elemente aus der heutigen Stabilitätstheorie für Schalen ergänzt werden.

Außer den oben beschriebenen Gewölben baute Šuchov noch in großem Umfang Dächer aus Holz. So bestanden zahlreiche kegelförmige Dächer für Erdölbehälter aus hochkant liegenden Bohlen mit aufliegenden Brettern.

Noch heute existiert ein sehr frühes derartiges Holzdach auf einem kleinen Behälter im Gelände der ehemaligen Firma A. V. Bari in Moskau (Abb. 248). Auch in Batumi gibt es noch Šuchov-Holzdächer auf Erdölbehältern verschiedener Durchmesser (Abb. 249 ff.).

Charakteristisch ist, daß die Bretter der Eindeckung nicht ringförmig aufliegen, sondern in beliebigen Winkeln zu den radialen Rippen des Daches. Durch eine derartige Anordnung der Bretter wurde der Aufbau erleichtert und außerdem die Konstruktion zusätzlich versteift. Ähnliche Dächer wurden auch für Behälter im Bahnhof von Nižnij Novgorod gebaut (Abb. 238). Wo notwendig, konnte das Holzdach durch einen unteren Gurt und ein Fachwerk verstärkt werden, dessen Elemente ebenfalls radial angeordnet waren. Abbildung 141 zeigt Ausschnitte eines Kegeldachs aus Holz. Die oberen Enden der Holzrippen stützen sich auf einen Metallring, durch den die Entlüftung erfolgt. Auf der ständigen Suche nach neuen Konstruktionsformen baute Šuchov in Moskau auf dem Gelände der Firma Bari über einem Rundbau ein ähnliches Dach aus Holz. Die hochkant stehenden Bohlenrippen des mittleren Dachteils stützen sich unten auf einen zugbeanspruchten Ring. Die oberen Bohlenenden werden von einem Druckring mit ca. 5 m Durchmesser gehalten. Der untere Stützring ist aus Kanthölzern und liegt auf Holzstützen mit Streben. Gleichzeitig diente dieser Stützring als Auflager für den äußeren Dachteil. Abbildung 246 zeigt die Montage eines vergleichbaren eisernen Daches auf einem runden Behälter mit großem Durchmesser. Die sternförmig aufliegenden Dachsparren werden von einer Mittelstütze, den Behälterwänden und Zwischenriegeln abgestützt, die ein regelmäßiges Achteck bilden und ihrerseits wiederum auf Stützen aufliegen.

Šuchov war einer der Pioniere für kombinierte Leichtkonstruktionen aus Metall und Holz. Neben den Brettergewölben mit Eisenzugbändern und den Bogenbindern mit Zugstangen aus Eisen entwickelte und baute er gewöhnliche Fachwerkkonstruktionen, bei denen das Holz in den zugbeanspruchten Teilen durch Metall ersetzt wurde. Dadurch stieg die Festigkeit der Konstruktion ohne Zunahme des Gewichts. Metall-Holz-Konstruktionen werden auch noch heute bei Dächern von Industriebauten und sonstigen Gebäuden verwendet. Dadurch läßt sich der Metallverbrauch wesentlich senken. Abbildung 144 zeigt ein Beispiel einer Šuchovschen kombinierten Konstruktion aus Holz und Metall, ein Hilfsgerüst zur Montage der Torf-Bunker des fünften Leningrader Elektrizitätswerks (1929).

Neben den sehr leichten Holzkonstruktionen dürfen auch die gewaltigen hölzernen Stützgerüste für den Bau von Eisenbahnbrücken nicht unerwähnt bleiben (Abb. 288). Auf den ersten Blick sind diese Gerüste nichts Außergewöhnliches. Aber die Art und Weise, wie sie hergestellt, eingesetzt und auf- und abgebaut wurden, ist sehr interessant. Abbildung 289 zeigt den Abbau eines solchen Gerüsts. Meist standen sie auf dem Eis des zugefrorenen Flusses, weshalb alle Arbeiten während des Winters sehr schnell durchgeführt werden mußten. Aus diesem Grund wurden auch die gesamten Arbeitsschritte von Šuchov sorgfältig geplant.

Am Schluß dieses kurzen Abrisses über Šuchovs Holzkonstruktionen dürfen die Wasserleitungen aus Holz für die Moskauer Wasserversorgung nicht vergessen werden. Bei der Untersuchung von Wasserleitungen kam Šuchov zu dem Ergebnis, daß bei größerem Durchmesser der Wasserleitungen die Blechdicke der Rohre verringert werden konnte. Er bewies, daß Holzrohre mit Eisenreifen sinnvoll waren (1.18). Abbildung 145, 146 zeigt eine derart konstruierte Wasserleitung in Moskau. Der Rohrinnendurchmesser betrug 53,34 cm. Die Bretter wurden längs der Rohrachse zusammengesetzt und bildeten einen kreisrunden Querschnitt. Zum Zusammenziehen der Bretter wurden Spezialschellen aus weichem Rundstahl mit 5 cm Durchmesser und Gewinde und Spannmuttern an den Enden benutzt. Um starke Stauchungen des Holzes unter den Schellen zu vermeiden, wurde Metall dazwischengelegt. Šuchov nutzte die natürliche Eigenschaft des Holzes, dessen Volumen bei Feuchtigkeit zunimmt. Aufgrund dieser Eigenschaft schlossen die Fugen zwischen den Brettern gut, und die Dichtung der Wasserleitung war gewährleistet. Außerdem ist Holz in nassem Zustand nicht der Fäulnis ausgesetzt und hat somit eine lange Lebensdauer. Diese Wasserleitung mit sparsamster Verwendung von Eisen spielte seinerzeit eine große Rolle in der Wasserversorgung Moskaus.

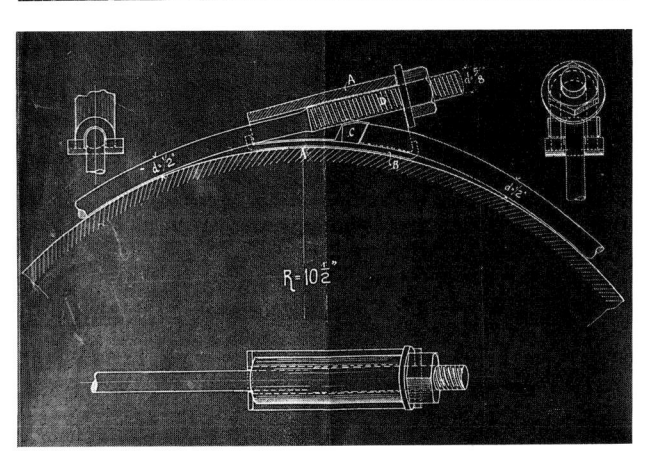

Der Einfluß von Šuchovs Ideen läßt sich in der weiteren Entwicklung der Holzkonstruktionen verfolgen. Beispiele dafür sind, neben den bereits genannten Kühltürmen, die gitterförmigen Gewölbe von S.I. Pesel'nik und die ähnlichen Zollbau-Lamellensysteme. Im Zentralarchiv der Stadt Moskau wird ein Gutachten von Šuchov über Gittersysteme aufbewahrt, das von ihm im Auftrag der Planungsabteilung des Moskauer Stadtrats 1938 angefertigt wurde. In diesem Gutachten unterzieht Šuchov die S.I. Pesel'nik-Systeme und die Zollbau-Systeme einer vergleichenden Bewertung, beurteilt ihr statisches Verhalten und geht ausführlich auf Fragen der Kräfteübertragung, des Verhaltens der Verbindungen, der Herstellung und des Verwendungsbereichs dieser Konstruktionen ein.

Auch angesichts der heutigen technischen Möglichkeiten und Werkstoffe sind Šuchovs Ideen noch lange nicht erschöpft und könnten in verschiedenen Bereichen der Technik und des Bauens für neuartige Lösungen genutzt werden.[3]

Abb. 144
Fünftes Leningrader Elektrizitätswerk »Roter Oktober«, Lehrgerüste beim Bau der Torf-Bunker. Unterspannte Holz-Eisen-Konstruktion.
Historisches Foto, 1929
(Kovel'man, G. M. 1961 [a.a.O.], S. 197f, Abb. 95)

Abb. 145
Moskau, hölzerne Wasserleitung.
Plan der Metallschelle, 1922
(61,5×41 cm, Archiv Akad. d. Wiss. 1508-1-35 Nr. 2)

Abb. 146
Moskau, Bau der hölzernen Wasserleitung.
Historisches Foto, 1922
(Archiv Akad. d. Wiss. 1508-1-36 Nr. 1)

Hyperbolische Gittertürme

Irina A. Petropavlovskaja

Für die 16. Allrussische Handwerks- und Industrie-Ausstellung 1896 in Nižnij Novgorod plante (1894) und baute (1895) Šuchov einen hyperbolischen eisernen Wasserturm (25,60 m hoch, Fassungsvermögen 123000 Liter). Dieser Turm versorgte die Ausstellung mit Wasser und war gleichzeitig Ausstellungsstück der Firma Bari (Abb. 153, 154). Die ausdrucksvolle Form des hyperbolischen Gitterturms aus sich kreuzenden Stäben erregte Aufmerksamkeit im gesamten Rußland.[1] Im Ausland wurde über Šuchovs Bauten in den Ingenieur-Fachzeitschriften geschrieben[2].

Großen Eindruck auf den Betrachter machte der »Moiré-Effekt« der Gitterstäbe, die malerische Reflexe von Licht und Schatten erzeugten.[3] In einem Führer zur Ausstellung in Nižnij Novgorod steht, daß der von Šuchov gebaute Turm zum Mittelpunkt der Ausstellung wurde. Für die Pariser Weltausstellung 1889 wurde der Eiffel-Turm gebaut, für die Ausstellung in Nižnij Novgorod der »Bari-Turm«, der richtiger »Šuchov-Turm« genannt worden wäre.[4]

Seit 1880 arbeitete Šuchov bei Bari an Plänen für verschiedene Typen von Wassertürmen aus Eisen. Aus technischen und ökonomischen Gründen befriedigten ihn diese Konstruktionen als Planer nicht. Da Behälter mit immer größerem Fassungsvermögen benötigt wurden, erwiesen sich die üblichen Konstruktionen, sogar die Wassertürme »amerikanischer Art«, als immer unwirtschaftlicher. Die Suche nach neuen ingenieurmäßigen Lösungen wurde dadurch gefördert, daß gutsituierte Städte im 19. Jahrhundert diese Zweckbauten als architektonische Akzente einsetzten. In den ein- bis zweistöckig bebauten Städten Rußlands mußten hohe Wassertürme, Masten und Leuchttürme zur Verschönerung der Stadt dienen.

Zur Geschichte der Entstehung der Šuchovschen hyperbolischen Wassertürme verlassen wir uns auf seine Erinnerungen (nach den Aufzeichnungen Kovel'mans): »… Über das Hyperboloid dachte ich lange nach. Da fand offensichtlich im Unterbewußten eine Arbeit statt, die aber nicht direkt auf ihn hinauslief.«[5] Vielleicht war es wirklich so, wie berichtet wird, daß ein Körbchen aus Weidenholz, das Šuchov in seinem Büro als Papierkorb benutzte und das die Form eines Hyperboloids hatte, zum empirischen Modell des technischen Bauprinzips wurde. Es wäre immerhin denkbar, daß daneben auch ein Denkmodell eine gewisse Rolle spielte. Von seinen Studienjahren berichtet Šuchov, daß »in den Vorlesungen zur analytischen Geometrie über die Hyperboloide gesagt wurde, sie seien ein gutes Training für den Verstand, aber von keinem praktischen Nutzen«.[6] Beim Planen des hyperbolischen Turms muß Šuchovs Kenntnis der Abwicklung eines einschaligen Hyperboloids aus sich kreuzenden Geraden im Augenblick der schöpferischen »Erleuchtung« sich irgendwie mit dem Blick für die funktionellen Möglichkeiten einer solchen Flächenform verknüpft haben. Der Ingenieur Šuchov muß erkannt haben, daß die Erzeugenden eines Hyperboloids bei einem Bauwerk rationell die tragenden Funktionen von Druckstäben übernehmen können.

In der Urfassung des Patentantrags für den »Netzartigen Turm« (vom 3. November 1895) schreibt Šuchov, daß »netzartige Türme« auch »… beim Bau von Behältern aus Ziegeln, Holz und Eisen« verwendet werden können. An konkreten Erfindungen werden hier angemeldet: »… Netzflächen, gebildet aus sich kreuzenden Spiralen, um dem Innendruck auf die Behälterwände Widerstand zu leisten«.[7] Den offiziellen Patentantrag reichte Šuchov drei Monate später ein (am 11. Januar 1896). In ihm sind nur die Netzflächen für den Bau von Türmen beschrieben (S. 177). Der ursprüngliche Patentantrag zeigt, daß die Idee der Netzkonstruktionen aus Bandeisen bei Šuchov bereits entstand, als er Erdölbehälter baute.[8] In der Patentbeschreibung für den »netzartigen Turm« wird dargelegt, daß zwei Systeme gerader »Stäbe aus Winkeleisen und Rohren« verwendet werden sollen. An den Kreuzungspunkten sollen die Stäbe miteinander vernietet werden. Zur Aussteifung dieses Gitters werden an der Innenseite horizontale Ringe befestigt. Die so gewonnene Gitterfläche bildet ein ausreichend steifes System. Um die Werkstoffestigkeit voll nutzen zu können, stellte sich Šuchov bei der Planung der Netztürme die Aufgabe, ein Gitterschema zu finden, bei dem die Stäbe des Hyperboloids in allen Punkten der Konstruktion nicht allzu unterschiedliche Spannungen erhalten.

Šuchov baute 1895 auf dem Gelände der Firma Bari (heute Fabrik »Dinamo«, Moskau) einen kleinen Wasserturm aus Eisen (Fassungsvermögen 1500 Liter), vielleicht schon mit hyperbolischer Konstruktionsform. (Weder der Turm noch die Berechnungen sind erhalten.) Er könnte ein Versuchsbau für die Gittertürme gewesen sein. Der Wasserturm für die Allrussische Ausstellung in Nižnij Novgorod war die erste Konstruktion einer langen Serie einstöckiger hyperbolischer Gittertürme. Die Turmfläche wurde aus 80 Stäben aus Winkeleisen gebildet. Sie waren miteinander durch 10 Querringe verbunden (Durchmesser am Fundament 11 m und oben 4,30 m). Die effektvoll geschwungene Linie der Turmsilhouette ergab sich durch die geraden Stäbe von selbst und bedurfte keiner besonderen Biegearbeiten.

Der Hauptgrund für die schnelle Verbreitung der Šuchovschen Türme in Rußland lag in den niedrigen Kosten[9] und der großen Stabilität[10] im Vergleich mit anderen Turmtypen.[11] In der Praxis waren Šuchovs Türme halb so teuer wie ähnliche Systeme zur Wasserversorgung.

Während der Industrialisierung, besonders um 1900, wurden für viele Industriebetriebe, Städte und Eisenbahnen zahlreiche einstöckige Šuchov-Wassertürme gebaut. 1910 gab es in verschiedenen Orten 45 Wassertürme, darunter 13 mit einem Fassungsvermögen der Behälter von 370000 bis 740000 Liter, außerdem zwei Leuchttürme in Cherson (Höhen 26,8 und 68 m, erbaut 1911).

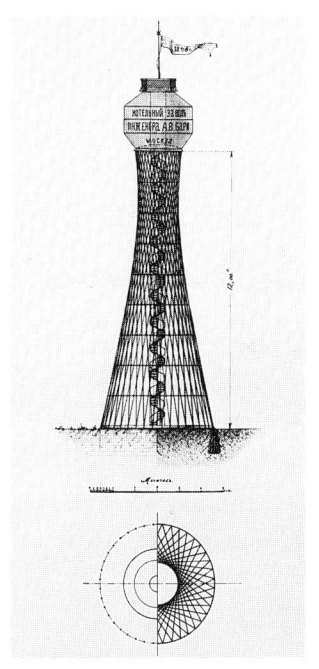

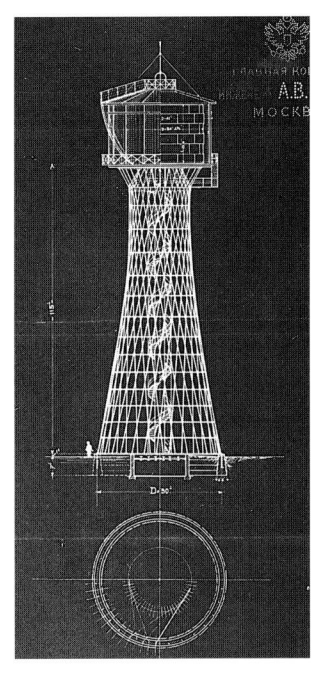

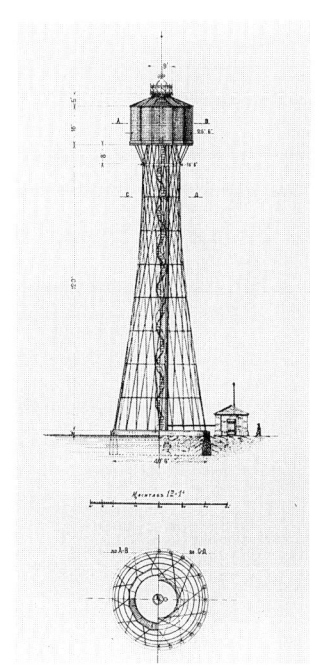

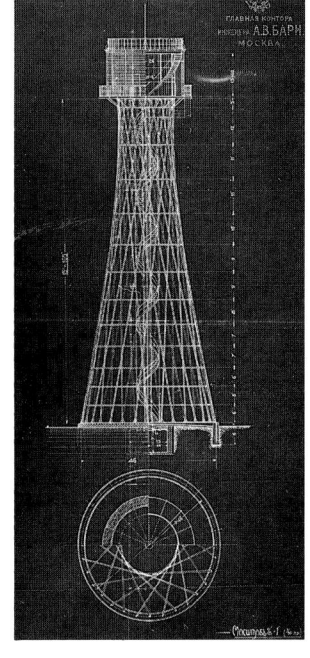

Abb. 147
Turmpläne, Planzeichnungen
(Höhenangaben ohne Behälter)
(Archiv Akad. d. Wiss.
1508-1-81 und 82)

a) Nižnij Novgorod, 1896.
Höhe 25,6 m, 114 000 Liter.
b) Höhe 35 m, 600 000 Liter.
c) Höhe 36,6 m.
d) Höhe 32 m, 120 000 Liter.

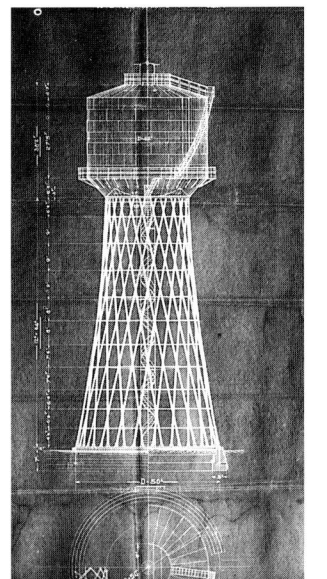

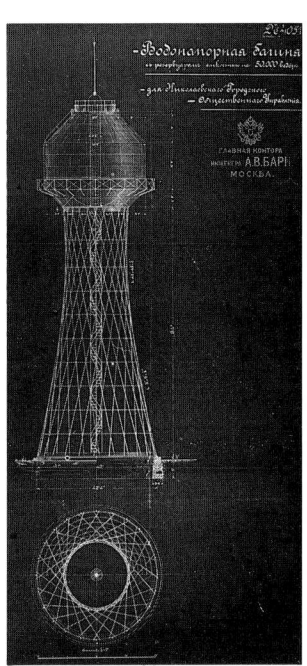

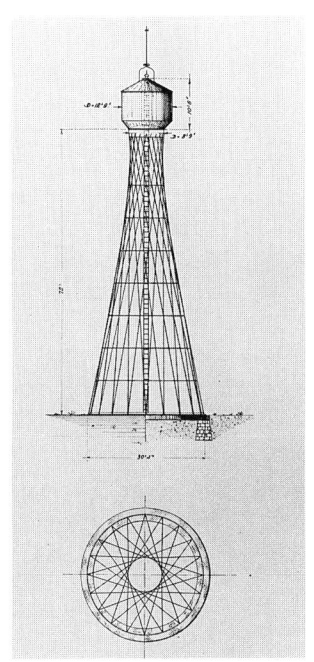

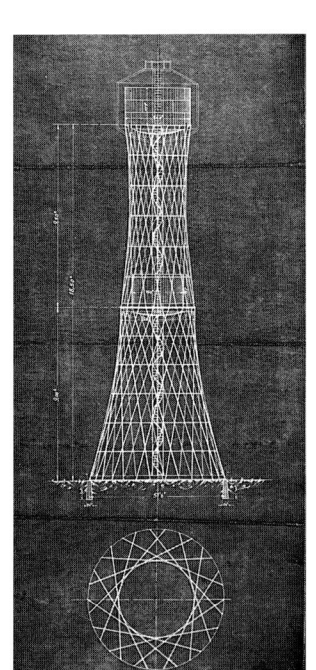

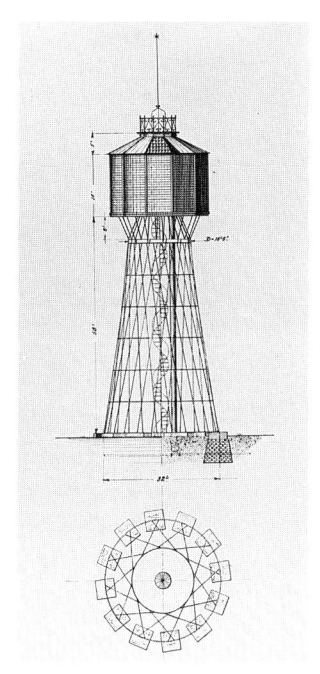

e) Höhe 27 m, 1 200 000 Liter.
f) Nikolaev, 1906.
Höhe 25,6 m, 600 000 Liter.
g) Lisičansk, Sodafabrik
Ljubimov & Sol've, 1896.
Höhe 22 m, 27 000 Liter.
h) Efremov, Städtisches
Wasserwerk, 1902.
Höhe 17,6 m, 120 000 Liter.

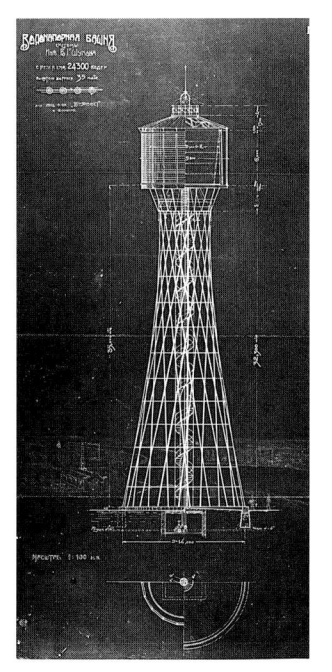

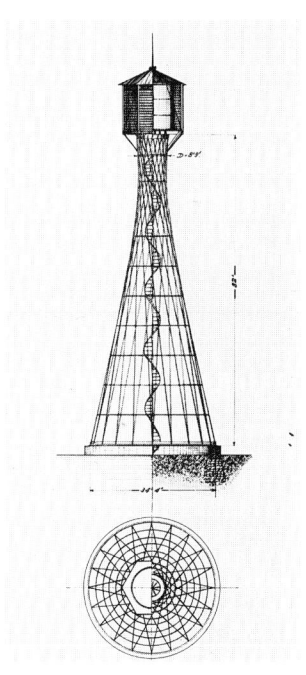

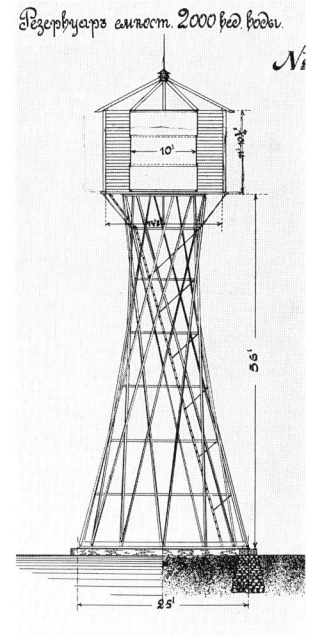

i) Höhe 35 m, 251 600 Liter.
j) Moskau-Simonovo,
Zentrale Elektro-Gesellschaft,
1899. Höhe 25 m, 27 600 Liter.
k) Jaroslavl', 1911. Höhe 39,4 m
(unterer Abschnitt 19,2 m,
oberer Abschnitt 20,2 m),
96 000 Liter (unten) und
192 000 Liter.
l) Höhe 17 m.

Abb. 148
Wassertürme, historische Fotos
(Archiv Akad. d. Wiss.
1508-1-78 und 80)

a) Nikolaev, 1906.
Höhe 25,6 m, 600 000 Liter
(erhalten).
b) Kolomna, 1902.
Höhe 36,5 m, 120 000 Liter
(angeblich abgerissen).
c) Moskau,
Kommissarov-Technikum,
1914.
Höhe 34 m, 120 000 Liter
(abgerissen).

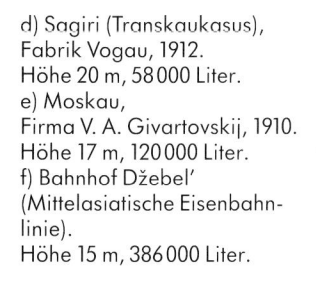

d) Sagiri (Transkaukasus),
Fabrik Vogau, 1912.
Höhe 20 m, 58 000 Liter.
e) Moskau,
Firma V. A. Givartovskij, 1910.
Höhe 17 m, 120 000 Liter.
f) Bahnhof Džebel'
(Mittelasiatische Eisenbahn-
linie).
Höhe 15 m, 386 000 Liter.

g) Tambov, 1915.
Höhe jeweils 21,3 m,
738 000 Liter
(angeblich abgerissen).
h) Jaroslavl', 1913.
Höhe 9,6 m, 60 000 Liter
(abgerissen).
i) Andižan, 1910.
Höhe 17 m, 120 000 Liter.

Abb. 149
Wassertürme, historische Fotos
(Archiv Akad. d. Wiss. 1508-1-80)

a) Char'kov, 1912.
Höhe 33,5 m, 720 000 Liter
(heute nach Poltava versetzt,
außer Betrieb; vgl. Abb. 163)
b) Jaroslavl', 1904.
Höhe 17 m, 120 000 Liter
(außer Betrieb, erhalten,
vgl. Abb. 161, 162)
c) Samara (Mittelasiatische
Eisenbahnlinie), 1912.
Höhe 15 m, 386 000 Liter.

d) Caricyn (Wolga), 1899.
Höhe 15 m, 49 000 Liter.
e) Priluki, 1914.
Höhe 19 m, 160 000 Liter.
f) Vyksa, wohl 1897.
Höhe 40 m
(Foto: A. V. Kosicyn, 1976;
Behälter heute entfernt).

g – i)
Jaroslavl', 1911.
Höhe 39,4 m, 96 000 Liter
(unten) und 192 000 Liter,
Montage des Turms und
fertiggestellter Bau
(abgerissen).

81

Die Tragfähigkeit dieser Konstruktionen nahm gewaltig zu (Fassungsvermögen der Behälter schließlich bis 1230000 Liter). Insgesamt vergrößerte sich das Fassungsvermögen der Behälter in zwei Jahrzehnten, bis 1917, um das Zehnfache.[12] Je nach den verschiedenen Einsatzbedingungen variierten die Türme in Höhe (von 9,1 bis 39,5 m), Gestalt und Stabmenge (25 bis 80 Stäbe). 1901 berechnete Šuchov die Stablängen der Gittermaschen und bestimmte die Querschnitte der verschiedenen Turmelemente. Er standardisierte die Fundamente, legte die Unterteilung des Turmschafts durch Ringe fest und berechnete die Anzahl der Winkeleisen für die Stäbe in Abhängigkeit von zwei Kennwerten: dem Fassungsvermögen des Behälters (123, 369, 738 und 1230 m^3) und der Turmhöhe. Im wesentlichen arbeitete Šuchov an der Typisierung der Turmentwürfe.[13] Er war beständig auf der Suche nach neuen Maßverhältnissen zur Vervollkommnung der einstöckigen Turmkonstruktionen.[14] In einer modifizierten Turmversion (Moskau-Simonovo, 1904, Fassungsvermögen des Behälters 28,3 m^3) nahm der Durchmesser des Hyperboloids, auf dem der Wasserbehälter stand, nach oben beträchtlich ab: Durchmesser unten 10,4 m, oben 2,4 m. Damit gewann das Bauwerk an architektonischer Ausdruckskraft. In anderen Varianten hatte der einstöckige Turm eine stark ausgeprägte Einschnürung oder sah aus wie ein oben abgeschnittenes Hyperboloid. Die Relationswerte $K = P/\varrho$ geben die wesentlichen Veränderungen in der äußeren Form wieder (Maße des unteren Rings des Turms P und des oberen Rings ϱ).[15]

Das Hyperboloid eines Turms (16 m Höhe) für einen Bahnhof der Mittelasiatischen Eisenbahn (1912) wurde auf einer bestimmten Höhe abgeschnitten, um eine größere Stabilität zu gewährleisten. Derart abgeschnittene Turmhyperboloide zeichnen sich durch große Höhen (bis 21 m) und noch größere Behältervolumina aus (bis 738 m^3). Zwei dieser Türme wurden in Tambov gebaut (Abb. 148g).

Die Konstruktionsform von zwei hyperboloiden Leuchttürmen bei Cherson (Höhe 68 und 28 m, 1911) wurde von Šuchov genau geplant (Abb. 150–152). Beim 68 m hohen Leuchtturm schlug er eine prinzipiell neue konstruktive Lösung für das hyperbolische System vor: ein Eisenrohr mit 2 m Durchmesser[16] in der Mitte, das mit dem Turmgitter durch radiale Zugbänder auf den Ebenen der Ringe in 10-Meter-Abständen verbunden war. Für höhere Türme führte Šuchov eine andere Form mit zwei und mehr Stockwerken ein (Plan von 1910) – erstmals 1911 beim Wasserturm im Bahnhof von Jaroslavl' (39,5 m hoch), der zwei Behälter trug: einen oberen Hochdruckbehälter und einen am Mittelring befestigten unteren Behälter zur Versorgung der durchfahrenden Züge (Abb. 148 g–i). Neben der Gesamtform der hyperbolischen Bauwerke wurden auch die Details verbessert, wobei die Parameter der benutzten Teile verändert wurden.

Um das Gewicht der Konstruktion zu verringern, wurde bei der Planung von Šuchov-Türmen der Versuch unternommen, anstelle von Winkelprofilen Rundrohre zu benutzen, wie dies im Patent Nr. 1896 (2.8) und in dem ursprünglichen Entwurf für den Turm von Tjumen (1906) vorgesehen war. Die Notwendigkeit, dabei Spezialverbindungen der schweizerischen Marke gf[17] zu verwenden, sowie die aufwendige Montage machten die an sich rationelle technische Lösung jedoch zu jener Zeit unwirtschaftlich. Hyperbolische Konstruktionen aus Stahlrohr wurden als Gittertürme auf russische und amerikanische Kriegsschiffe montiert, weil hier besondere Anforderungen an leichte und steife Konstruktionen gestellt waren (s. K. Bach, S. 104ff). Bei größeren Höhen oder Belastungen konnten als Stäbe auch U-Profile verwendet werden (Šabolovka-Turm in Moskau, 1922) (Abb. 175, 184).

Zur Verbindung der Stäbe und Ringe wurden bei den Wassertürmen im allgemeinen Vernietungen, gelegentlich Schrauben verwendet. Mit dem Aufkommen der Schweißtechnik (ab 1930) wurden sowohl die Behälterteile als auch die Verbindungen von Türmen des Šuchovschen Systems verschweißt.

Eine neue technische Lösung in Form der Serienplanung von Türmen wurde von Šuchov beim Bau der Wasserleitung der Stadt Tambov vorgeschlagen (1915). Sie bestand aus zwei nebeneinander stehenden Türmen (Höhe 21,3 m, je 738 m^3 Fassungsvermögen) (Abb. 148g). Bis 1917 sollte das gesamte Fassungsvermögen derartiger Turmpaare auf bis zu 2000 m^3 gesteigert werden.[18]

Ab 1935 setzte die Verwendung von hölzernen hyperbolischen Kühltürmen nach Šuchovs System ein, erstmals bei der Wärmezentrale in Orsk (Höhe 36 m, Berieselungsfläche 2400 m^2, gebaut 1937–1938), dann bei den Wärmezentralen in Moskau und Charkov.[19]

Nachdem der Bau von Šuchovschen Wassertürmen während des Ersten Weltkriegs fast eingestellt worden war, wurde er von der Sowjetmacht erneut aufgenommen. Bereits 1928 übertraf das in Türme verbaute Material die bis 1913 verbrauchte Materialmenge. Von 1924 bis 1929 wurden mehr als 40 Wassertürme gebaut.[20] 1930 wurde ein Typen-Plan für Standard-Wassertürme nach Šuchov zugelassen,[21] 1949 ein Atlas der Wasserturm-Standorte herausgegeben, in dem auch die Šuchovschen Wassertürme erfaßt sind.

Mit der Elektrifizierung gewann der Bau von Masten für Fernleitungen, Telefon- und Stromleitungen an Bedeutung. Am 1. März 1922 wurde die Komintern-Sendestation Šabolovka mit 100 kW Leistung in Betrieb genommen. Sie wurde von einem Šuchov-Turm aus betrieben (150 m Höhe), bestehend aus sechs hyperbolischen Stockwerken.[22] Im Rahmen des Staatsplans für die Elektrifizierung Rußlands (Goélro) wurden nach Šuchovs Plänen im Jahre 1931 mehrstöckige hyperbolische Stromleitungsmasten für zwei parallele Fernleitungen über die Oka gebaut (Abb. 185–206). Sie sind heute noch in Betrieb. Die Fernleitungen sorgen für die Stromversorgung des Gebiets Nižnij Novgorod (derzeit Gor'kij) mit 150 kW Spannung. Sie laufen über dreistöckige Masten (Höhe 60 m) und fünfstöckige Masten (Höhe 120 m).[23] Verglichen mit allen anderen hyperbolischen Turmbauten sind diese Strommasten die rationellsten Konstruktionen. Sie haben trotz der großen horizontalen Krafteinwirkungen durch Windbelastung, Spannung, Gewicht der Leitungsdrähte und Vereisung im Winter ihre Stabilität behalten[24]. Diese originelle und einmalige hyperbolische Bauform für Fernleitungsmasten ist nicht wieder verwendet worden.[25] Einer der Türme war bei der Aufstellung beschädigt worden. Wissenschaftler haben die Auffassung vertreten, die Beschädigung sei die Folge einer zu geringen Festigkeitsreserve gewesen. Dem steht die bleibende Funktionstüchtigkeit der Masten entgegen.[26]

Abb. 150
Stanislavskij-Leuchtturm bei Cherson, Höhe 28,5 m. Historisches Foto 1911 (Archiv Akad. d. Wiss. 1508-2-38 Nr. 72)

Anmerkungen

1   Zdanija i sooruženija Vserossijskoj chudožestvenno-promyšlennoj vystavki 1896 goda, v Nižem Novgorode. Sostavil G. V. Baranovskij. (Gebäude und Anlagen der Allrussischen Handwerks- und Industrieausstellung 1896 in Nižnij Novgorod; russ.). SPb.: 1897, 146 S. Obščij ukazatel' Vserossijskoj promyšlennoj i chudožestvennoj vystavki 1896 goda v Nižnem Novgorode. (Allgemeiner Führer durch die Allrussische Industrie- und Handwerksausstellung 1896 in Nižnij Novgorod; russ.). M.: 1896, 543 S. Chudjakov, P. 1986 (a.a.O. – S. 12, Anm. 16), S. 172.
2   The Nijni Novgorod exhibition. In: The Engineer. London, 83 (1897), 22.1, S. 80. The Great Nijni Novgorod exhibition. In: The Engineer. London, 82 (1896), 10.7., S. 43–44. Nijni-Novgorod-exhibition. – Water tower. In: The Engineer. London, 83 (1897), 19.3., S. 292–294. Otto, F. Visjačie pokrytija. Ich formy i konstrukcii. (Das hängende Dach. Übers. aus d. Dt.; russ.). M.: 1960, 180 S.
3   Smurova, N. A.: Évoljucija inženernoj formy giperboloida vraščenija v tvorčestve V. G. Šuchova. (Die Evolution der ingenieursmäßigen Form »Rotationshyperboloid« im Werk V. G. Šuchovs; russ.). In: Problemy istorii sovetskoj architektury. M.: 2 (1976), S. 15.
4   Obščij ukazatel'… (a.a.O.).
5   Kovel'man, G. M.: V. G. Šuchov. (russ.). Maschinenschrift, M.: 1953, Bd. 3: Metalltürme und -masten, 3 Bl. 3, 4.
6   Kovel'man, G. M. (a.a.O.).
7   Archiv Akad. d. Wiss. 1508-1-53 Bl. 1 und 2.
8   Petropavlovskaja, I. A.: Giperboloidnye konstrukcii v stroitel'noj mechanike. (Hyperboloide Konstruktionen in der Baumechanik; russ.). M.: 1988.
9   Im Jahre 1905 wurde für die Wasserleitung in der Stadt Nikolaev unter den Entwürfen für Wassertürme aus Ziegeln, Stahlbeton und Stahl dem System Šuchovs der Zuschlag erteilt, weil dies der wirtschaftlichste Typ war (gebaut 1907), Fassungsvermögen des Behälters 615 000 Liter.
10   Der Stabilitätskoeffizient des Funkturms Šabolovka beträgt nach dem Verstärkungsplan (1947) bei Berücksichtigung zusätzlicher Belastungen: $\gamma = 1{,}937$ (bei $\gamma = 1{,}08$ für den voll stabilen Turm).
11   Petrov, Dm.: Železnye vodonapornye bašni. Ich naznačenie, konstrukcii i rasčety. (Eiserne Wassertürme. Ihre Funktion, Konstruktion und Berechnung; russ.) Nikolaev: 1911. Petropavlovskaja, I. A. (a.a.O.).
12   Kovel'man G. M. 1961 (a.a.O. – S. 9, Anm. 5).
13   Kovel'man, G. M. (1953), Bd. 9: Daten zu Leben und Werk. 1508-1-82 Bl. 1: Planungstabellen für Šuchovsche Wassertürme; 1508-1-79 Bl. 2: Wassertürme, gebaut 1915.
14   Petropavlovskaja, I. A.: Razvitie giperboloidnoj konstruktivnoj formy po sisteme V. G. Šuchova. (Zur Entwicklung der hyperboloiden Konstruktionsform nach V. G. Šuchovs System; russ.). In: V. G. Šuchov – vydajuščijsja inžener i učenyj. M.: 1984, S. 55–69. Petropavlovskaja, I. A.: Iz istorii giperboloidnych sooruženij. (Aus der Geschichte der hyperboloiden Bauwerke; russ.). In: Voprosy istorii estestvoznanija i techniki. M.: 51 (1975), Nr. 2, S. 95–97.
15   Kovel'man, G. M. 1961 (a.a.O. – S. 9, Anm. 5).
16   Archiv Akad. d. Wiss. 1508-1-77 Bl. 1, 2, 6: Leuchttürme des Hafens von Cherson; 1508-1-58 Bl. 1–1R: Berechnungen von Leuchttürmen, Türmen und Dachverbänden, 1909–1910; (2.10).
17   Katalog der Jauris Fischer-Gießerei AG, Schaffhausen: 1908.
18   Petrov, D. M.: Železnye vodonapornye bašni, ich naznačenie, konstrukcii i rasčety. (Eiserne Wassertürme, ihre Funktion, Konstruktion und Berechnung; russ.). Feodosija: 1917, 2. Aufl.
19   Bol'šakov, V. V.: Derevjannye i metallodereyjannye konstrukcii V. G. Šuchova. (V. G. Šuchovs Holz- und Holz-Metall-Konstruktionen; russ.). In: V. G. Šuchov – vydajuščijsja inžener i učenyj. M.: 1984, S. 51–55.
20   Kovel'man, G. M. 1961 (a.a.O. – S. 9, Anm. 5). Archiv Akad. d. Wiss. 1508-1-91 Bl. 3, 4: Verzeichnis der Šuchovschen Wassertürme.
21   Erst 1931 wurden die amerikanischen Wassertürme standardisiert.
22   1508-1-61 Bl. 28 Rückseite bis 30 Rückseite.
23   Kovel'man G. M. 1953 (a.a.O. – S. 16, Anm. 2), Bd. 9, Bl. 47.
24   1966 wurden neben anderen Vorschlägen für Strommasten über die Ob' »VL 220/500 KW« bei Ust'-Balyk-Surgut auch die mehrstöckigen hyperboloiden Šuchov-Masten als Entwurf eingereicht.
25   In den 50er Jahren wurde eine dreistöckige Leuchtturmkonstruktion nach Šuchovs System von 12 m Höhe für Demonstrationszwecke beim Pavillon für Fischereiwesen auf der Ständigen Volkswirtschaftsausstellung VDNCh der UdSSR in Moskau aufgestellt.
26   Petropavlovskaja, I. A. 1984 (a.a.O.).

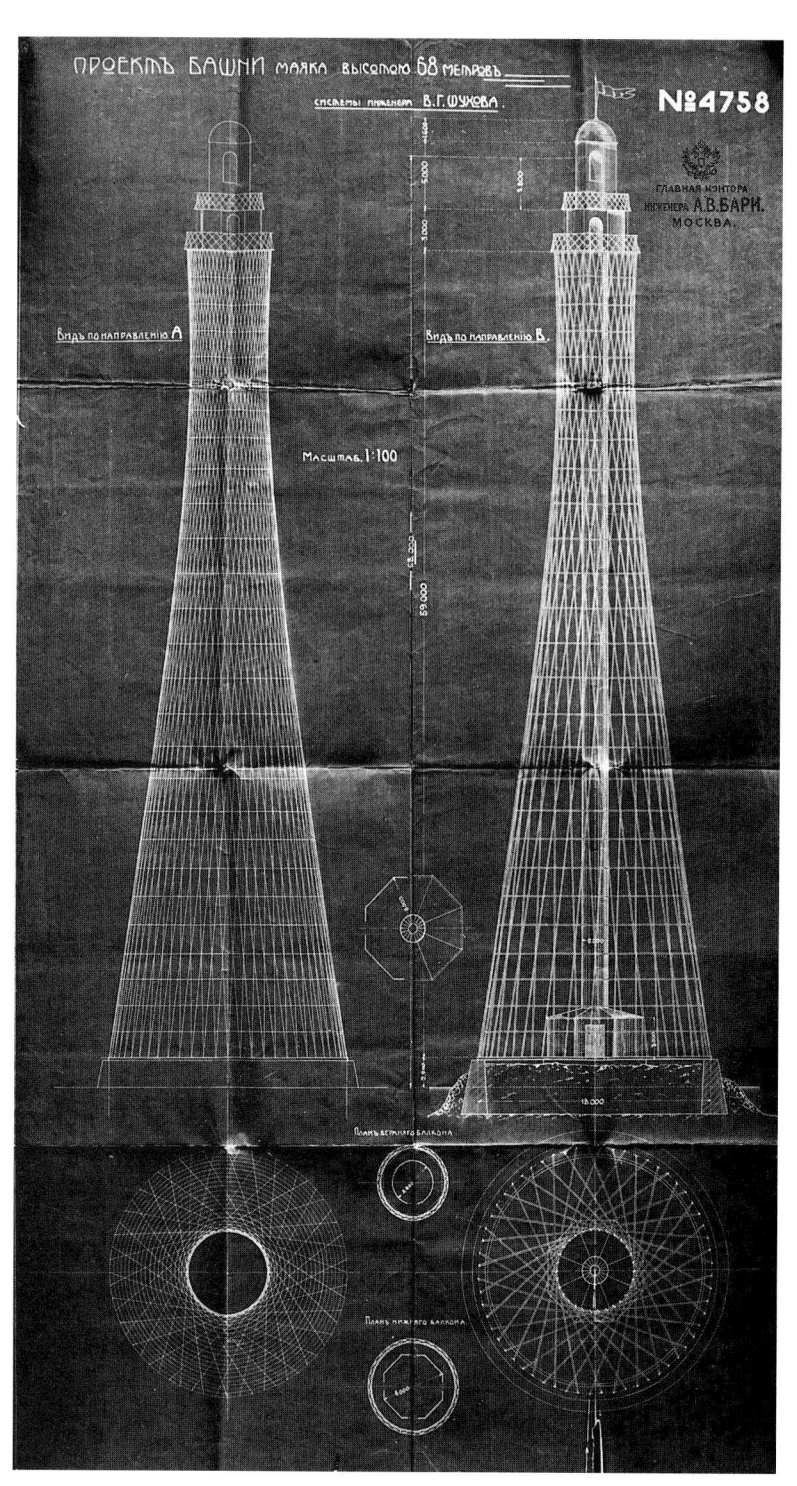

Abb. 151
Adžiogol-Leuchtturm bei
Cherson,
Höhe 68 m (mit Spitze 71,6 m).
Plan mit Ansicht und
Grundriß, 1908
links: Vorentwurf)
(Blaupause, 111,5 x 61,5 cm,
Archiv d. Akad. d. Wiss.
1508-1-83 Nr. 36)

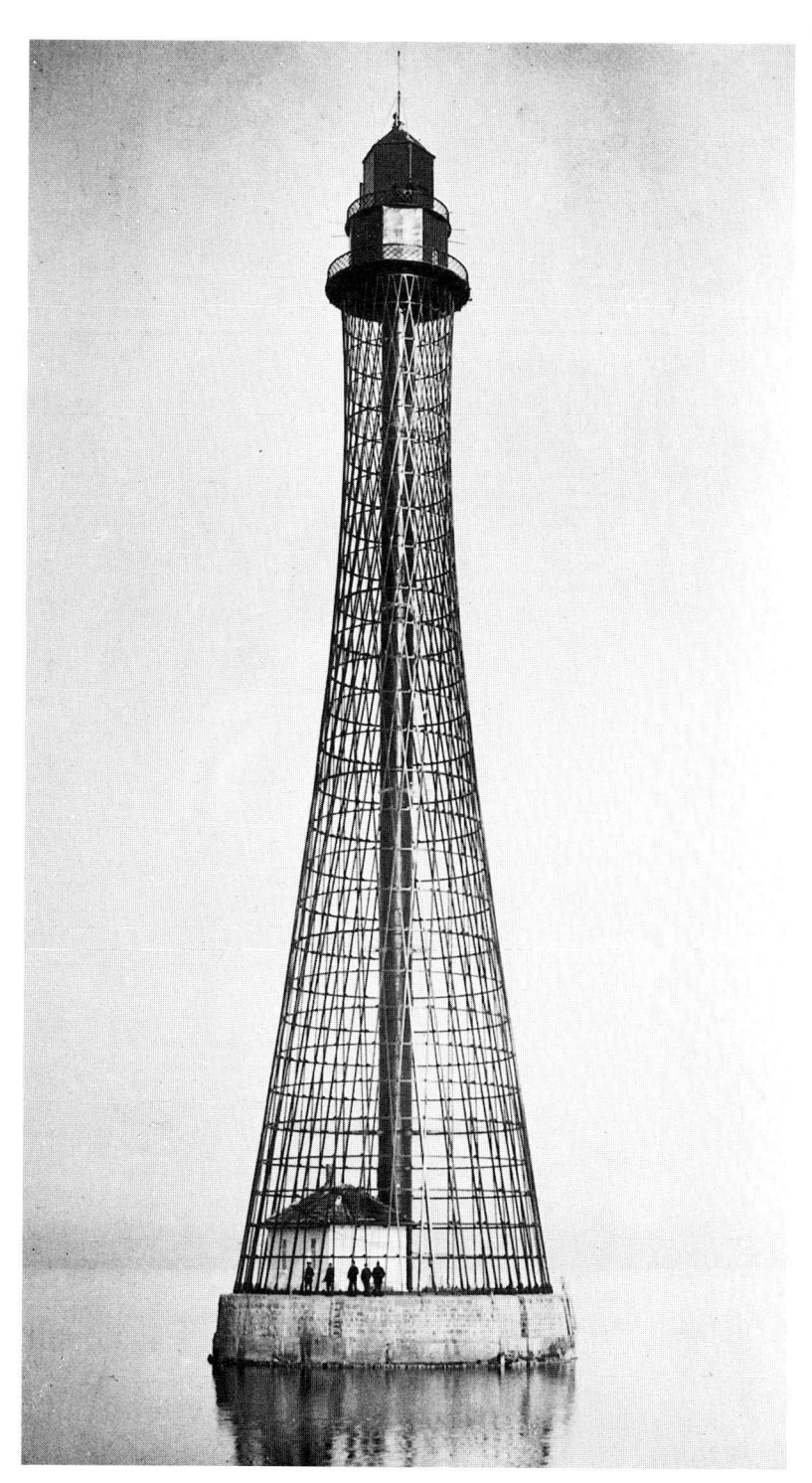

Abb. 152
Adžiogol-Leuchtturm bei
Cherson.
Historisches Foto, 1911
(Archiv Akad. d. Wiss.
1508-2-38 Nr. 11)

Abb. 153
Allrussische Ausstellung 1896
in Nižnij Novgorod,
Bau des Wasserturms.
Historisches Foto
(Archiv Akad. d. Wiss.
1508-1-80 Nr. 2)

Abb. 154
Allrussische Ausstellung in
Nižnij Novgorod, 1896,
Wasserturm. Höhe Turmschaft
25,6 m, Behälter für 10 000 l.
Historisches Foto
(Archiv Akad. d. Wiss.
1508-1-49 Nr. 8)

85

Abb. 155
Wasserturm von Nižnij Novgorod, umgesetzt nach Polibino (bei Lipeck), mit ausgewechselter Wendeltreppe (außer Betrieb)
(Foto: R. Graefe, 1989)

Abb. 156
Wasserturm in Polibino (ursprünglich in Nižnij Novgorod, 1896), Wendeltreppe im Turminneren
(Foto: R. Graefe, 1989)

Abb. 157
Wasserturm in Polibino (ursprünglich in Nižnij Novgorod, 1896), gemauertes Ringfundament und Anschluß der Turmkonstruktion
(Foto: R. Graefe, 1989)

Abb. 158
Wasserturm in Polibino
(ursprünglich in
Nižnij Novgorod, 1896),
Blick ins Innere
(Foto: R. Graefe, 1989)

Abb. 159
Wasserturm in Polibino
(ursprünglich in
Nižnij Novgorod, 1896)
(Foto: R. Graefe, 1989)

Abb. 160
Wasserturm in Polibino
(ursprünglich in
Nižnij Novgorod, 1896),
Blick ins Innere.
Mitten im Tank die
zylindrische Öffnung für den
Treppenaufgang
(Foto: R. Graefe, 1989)

87

Abb. 161
Wasserturm (ehemals der Genossenschaft Olovjanišnikov) in Jaroslavl', 1904, Höhe des Turmschafts 16,8 m, Fassungsvermögen 123 000 l (außer Betrieb)
(Foto: R. Graefe, 1989)

Abb. 162
Wasserturm (ehemals der Genossenschaft Olovjanišnikov) in Jaroslavl', 1904, Steig- und Fallrohr mit Wendeltreppe
(Foto: R. Graefe, 1989)

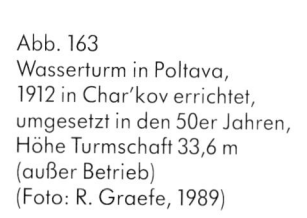

Abb. 163
Wasserturm in Poltava, 1912 in Char'kov errichtet, umgesetzt in den 50er Jahren, Höhe Turmschaft 33,6 m (außer Betrieb)
(Foto: R. Graefe, 1989)

Abb. 164
Wasserturm beim Bahnhof Lugovaja (Sucharevo im Kreis Moskau), (in Betrieb)
(Foto: R. Graefe, 1989)

Abb. 165
Wasserturm beim Bahnhof Lugovaja (Sucharevo im Kreis Moskau)
(Foto: R. Graefe, 1989)

Abb. 166
Wasserturm beim Bahnhof Lugovaja (Sucharevo im Kreis Moskau).
Blick von oben ins Turminnere. Die Wendeltreppe ist frei um die Rohre herumgeführt und zum Turmgitter mit Bandeisen abgespannt
(Foto: R. Graefe, 1989)

Abb. 167
Wasserturm beim Bahnhof Lugovaja (Sucharevo im Kreis Moskau).
Blick auf die Tragkonstruktion des Behälters
(Foto: R. Graefe, 1989)

Abb. 168
Wasserturm in Krasnodar.
Historisches Foto
(Stadtarchiv Krasnodar)

Abb. 169
Wasserturm in Krasnodar,
heutiger Zustand
(Foto: R. Graefe, 1989)

Abb. 170
Wasserturm in Krasnodar,
Turmbasis
(Foto: R. Graefe, 1989)

Abb. 171
Wasserturm in Krasnodar,
Anschlußdetails am Aussteifungsring
(Foto: R. Graefe, 1989)

Abb. 172
Wasserturm in Kinešma, 1929,
Höhe Turmschaft 25,8 m
(1989 abgerissen).
Historisches Foto
(Heimatmuseum Kinešma)

Abb. 173
Wasserturm in Kinešma,
Reste des 1989 abgerissenen
Turms
(Foto: R. Graefe, 1989)

Der Sendeturm für die Radiostation Šabolovka in Moskau

Irina A. Petropavlovskaja

Einige Jahrzehnte lang war die Silhouette des berühmten hyperbolischen Šuchov-Turms der Komintern-Sendestation Šabolovka in Moskau das Emblem des sowjetischen Rundfunks. Am 30. Juli 1919 wurde eine Verfügung des Arbeiter- und Bauern-Verteidigungsrats erlassen, die Lenin unterschrieb. Das Volkskommissariat für Post- und Fernmeldewesen wurde beauftragt, zur Sicherstellung einer zuverlässigen und dauernden Verbindung der Hauptstadt der Republik mit den westlichen Staaten und den Provinzen der Sowjet-Republik »in allerkürzester Frist in Moskau eine Sendestation mit den modernsten Geräten und Maschinen einzurichten« (Abb. 19). Bereits im Februar 1919 hatte Šuchov einen ursprünglichen Entwurf und Berechnungen für einen 350 m hohen hyperbolischen Funkturm aus neun Teilen mit nach oben abnehmenden Durchmessern vorgelegt[1] (Abb. 174). Šuchov konnte sein Projekt und sein Montageverfahren auf einer Sitzung der Baukommission im Volkskommissariat für Post- und Fernmeldewesen vortragen. Weil in diesen Jahren ein Mangel an Metallen herrschte, wurde beschlossen, einen nur 150 m hohen Sendeturm zu bauen. Unter dem Datum vom 28. Februar 1919 trug Šuchov in sein Arbeitsbuch die Berechnung für einen sechsstöckigen Turm aus hyperbolischen Teilen von bis zu 50 Tonnen Gewicht ein.[2]

Schon im Spätherbst 1919 wurde mit den Arbeiten zur Herstellung der Teile und mit der Montage der untersten Stufe begonnen. Es stellte sich heraus, daß die insgesamt benötigten 240 t Stahl in Moskau nicht vorhanden waren. Der für den Bau des Turmes zuständige Kommissar F. P. Koval' berichtet, daß der Vorsitzende der Regierungs-Baukommission des Volkskommissariats für Post- und Telegraphenwesen A. M. Nikolaev sich deshalb an Lenin wandte und ihn um Stahl aus den Heeresbeständen in Smolensk bat. Auf einer Sitzung des Sowjetrats und auf Vorschlag Lenins wurde beschlossen, die notwendige Stahlmenge zur Verfügung zu stellen.

Am 1. März 1922 wurde der Sender Šabolovka auf dem fertiggestellten Turm in Betrieb genommen. Die Sendungen konnten in weit entfernten Gebieten des Landes und im Ausland empfangen werden.

Viele Jahre lang war der Šuchov-Turm das höchste Bauwerk des Landes (der Glockenturm Ivan des Großen im Kreml ist 80 m, die Isaaks-Kathedrale in Leningrad und der Peters-Turm in Riga sind 120 m hoch). Die Stäbe der einzelnen hyperbolischen Turmsegmente bestanden aus jeweils zwei U-Profilen Nr. 14. An den Kreuzungsstellen waren zur Verbindung der zwei Profile beider Stäbe insgesamt vier Nieten erforderlich (Abb. 3).

Die Stäbe einer Richtung wurden direkt an den aussteifenden Zwischenringen aus U-Profilen Nr. 10 befestigt. Die Stäbe der Gegenrichtung, die diese Ringe nicht berühren, mußten mit geschmiedeten Winkeln an ihnen befestigt werden. Die Abstandhalter zwischen den U-Profilen der Stäbe bestehen aus Rohrstücken, durch die der Nietbolzen geht. Der unterste Stützring aus zwei Winkeleisen 100×100×6 mm wurde mit Ankerbolzen am Fundament festgemacht.

Am schwierigsten waren die Verbindungen der einzelnen Turmabschnitte. Die Ringe bestanden hier aus zwei Winkeleisen 100×100×10 mm (Abstand ca. 30 cm), die durch ein leichtes Gitter verbunden waren. Zwischen den Winkeleisen dieser Ringe wurden die unter verschiedenen Winkeln eintreffenden Gitterstäbe durch Blechteile verbunden (Abb. 175). Diese und andere Detaillösungen des komplizierten räumlichen Bauwerks sind von bewundernswerter Einfachheit.

Bei der Errichtung des Turms hatte Šuchov das »Teleskop«-Montageverfahren angewandt, indem er die einzelnen Turmabschnitte nacheinander in der Turmmitte hochzog. Dazu wurde zuerst der unterste Turmteil montiert. Auf seinem oberen Ring wurden A-förmige Holzkräne mit einfachen Flaschenzügen angebracht, um den nächsten Teil heben zu können. Innerhalb des fertiggestellten Teils wurde die zweite Stufe montiert. Auf der noch am Boden stehenden zweiten Stufe wurden bereits die Holzkräne montiert, die später für das Heben der dritten Stufe benötigt wurden. Erst dann wurde die zweite Stufe hochgezogen und auf dem obersten Ring der ersten Stufe befestigt. Um beim »Teleskop«-Verfahren jede Stufe durch den oberen Ring der darunterliegenden Stufe ziehen zu können, verringerte Šuchov den Durchmesser des unteren Teils der zu hebenden Stufe. Dazu benutzte er spezielle Zugbänder. Wenn die Stufe gehoben war, d. h. wenn sie durch den oberen Ring der darunter stehenden Stufe gegangen war, wurden die Zugbänder gelöst. Dann konnte der untere Rand der angehobenen Stufe mit dem oberen Rand der Stufe darunter verbunden werden.

Auf die Einwände von Fachleuten entgegnete Šuchov, daß es am günstigsten sei, jede Stufe nicht mit drei, sondern mit fünf Kränen zu heben. Er bewies, daß beim Heben mit nur drei oder vier Flaschenzügen ein Nachgeben von einem oder zwei Flaschenzügen unweigerlich zu einem Kippen der Stufe innerhalb der bereits montierten Konstruktion führen würde. Bei fünf Flaschenzügen kann auch bei Nachgeben von einem oder zweien die Stufe nicht kippen, weil sie noch an mindestens drei Punkten gestützt bleibt und der Schwerpunkt innerhalb des Stützdreiecks verbleibt.

Beim Anbringen von zwei weiteren Antennen (einer Drehkreuz-Antenne und einer Reflektor-Antenne) wurde 1947 eine Überprüfung von zweihundert Verbindungsstellen des Turms notwendig. Trotz 25 Betriebsjahren betrug die Korrosion an den Verbindungsstellen insgesamt nur 5 % der Metalldicke.[3] Der Plan zur Verstärkung des Turms sah vor, daß in der zweiten, dritten und vierten Turmstufe 17 zusätzliche Ringe mit dem Querschnitt 100×100×10 mm angebracht würden. Als 1970 eine neue Antenne und ein Aufzug eingebaut werden sollten, wurde bei den Stäben des Turms eine Korrosion von 10 % der Stahlelemente errechnet,[4] 1973 wurde eine entsprechende Berechnung zur Verstärkung des Turmes durchgeführt. Verstärkungsringe wurden im dritten und fünften Abschnitt angebracht.

Hinsichtlich seiner Wirtschaftlichkeit ist es interessant, den Bau mit dem Eiffelturm in Paris und dem Fernsehturm in Tokyo zu vergleichen. Nach dem ursprünglichen Plan (1919, 350 m Höhe) sollte das Gewicht des Šabolovka-Turms etwa 2200 Tonnen betragen, das des Eiffelturms (305 m) beträgt 8850 Tonnen und das des Fernsehturms in Tokyo (330 m) 4000 Tonnen.[5] Vergleicht man die Werte dieser drei Bauten, ergibt sich die Wirtschaftlichkeit des Šuchov-Turms von selbst. Zur hohen Effektivität der Šuchov-Konstruktion trug, neben der originellen technischen Lösung, auch die Verwendung hochfesten deutschen Ruhrstahls bei. Šuchovs konstruktive Leistung kann auch heute noch neben modernen Hochbauten bestehen.

Anmerkungen

1   Archiv Akad. d. Wiss. 1508-1-84 Bl. 2: Šuchovs ursprünglicher Entwurf für den 350 m hohen Funkturm Šabolovka.
2   Archiv Akad. d. Wiss. 1508-1-61 Bl. 28 28 Rückseite bis 30 Rückseite.
3   Kovel'man, G.M. M.: 1961 (a.a.O. - S. 9, Anm. 5).
4   Petropavlovskaja, I.A.: Giperboloidnye konstrukcii v stroitel'noj mechanike. (Hyperboloide Konstruktionen in der Baumechanik; russ.). M.: 1988, S. 172-173.
5   Mel'nikov, N.P.: V.G. Šuchov - osnovopoložnik otečestvennoj konstruktorskoj školy. (V.G. Šuchov, der Begründer der russ.-sowjetischen Konstruktionsschule; russ.). In: V.G. Šuchov - vydajuščijsja inžener i učenyj. M.: 1984, S. 12-19.

Abb. 174
Šabolovka-Radioturm in Moskau.
Ursprünglicher Entwurf, 1919, Höhe 350 m
(Blaupause, 93,5 x 60,2 cm, Archiv Akad. d. Wiss. 1508-1-84 Nr. 1)

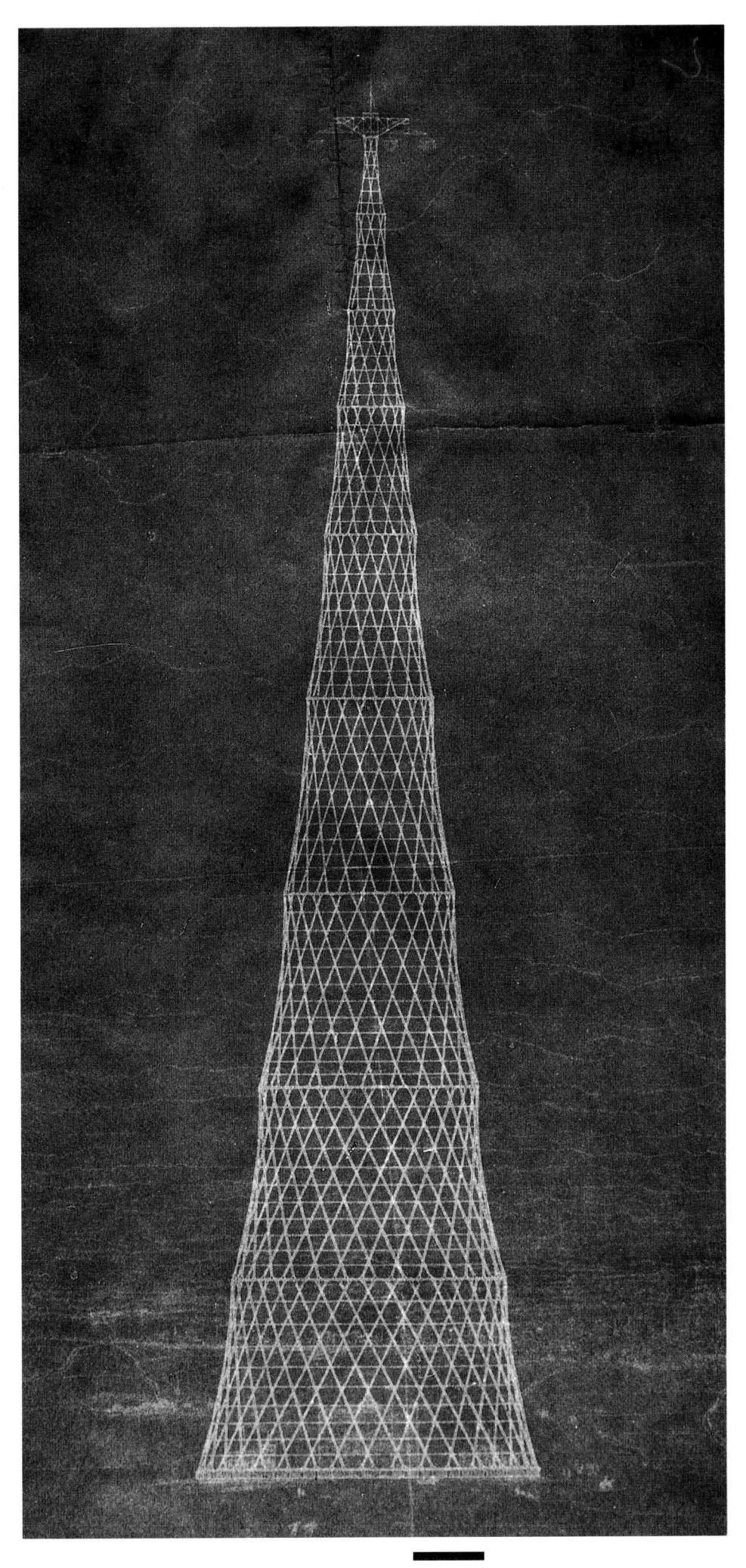

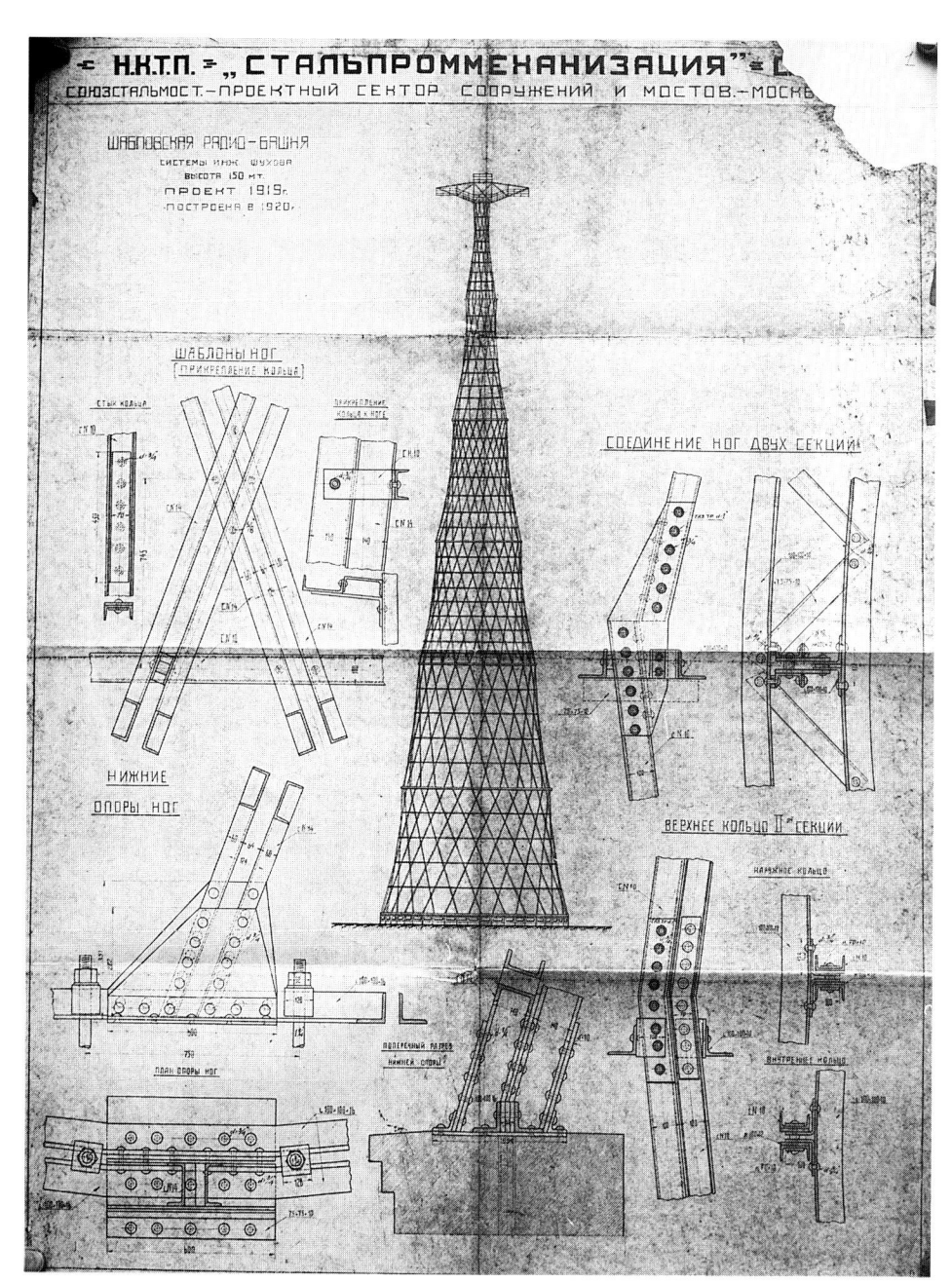

Abb. 175
Ausgeführter Šabolovka-Radioturm in Moskau, Werkplan mit Ansicht und Konstruktionsdetails, 1919, Höhe 150 m
(Pause, 88×66,5 cm, Archiv Akad. d. Wiss. 1508-1-85)

Abb. 176 und 177
Erinnerungsfoto zur Fertigstellung des Šabolovka-Radioturms, 1922 (Fotomontage).
Turm mit eingerüsteten zwei Untergeschossen und im Gitterwerk kletternden Montagearbeitern
(Foto 28,5×15,8 cm mit Passepartout, Privat-Sammlung F. V. Šuchov)

Abb. 178
Šabolovka-Radioturm in Moskau, 1919–1922.
Historisches Foto
(Archiv Ščusev-Architekturmuseum)

Abb. 179
Šabolovka-Turm mit später eingebautem Aufgang (rechts) und mit 1973 angebrachten Verstärkungsringen im dritten Abschnitt
(Foto: R. Graefe, 1989)

Abb. 180
Šabolovka-Turm.
Blick auf ersten und zweiten Abschnitt
(Foto: R. Graefe, 1989)

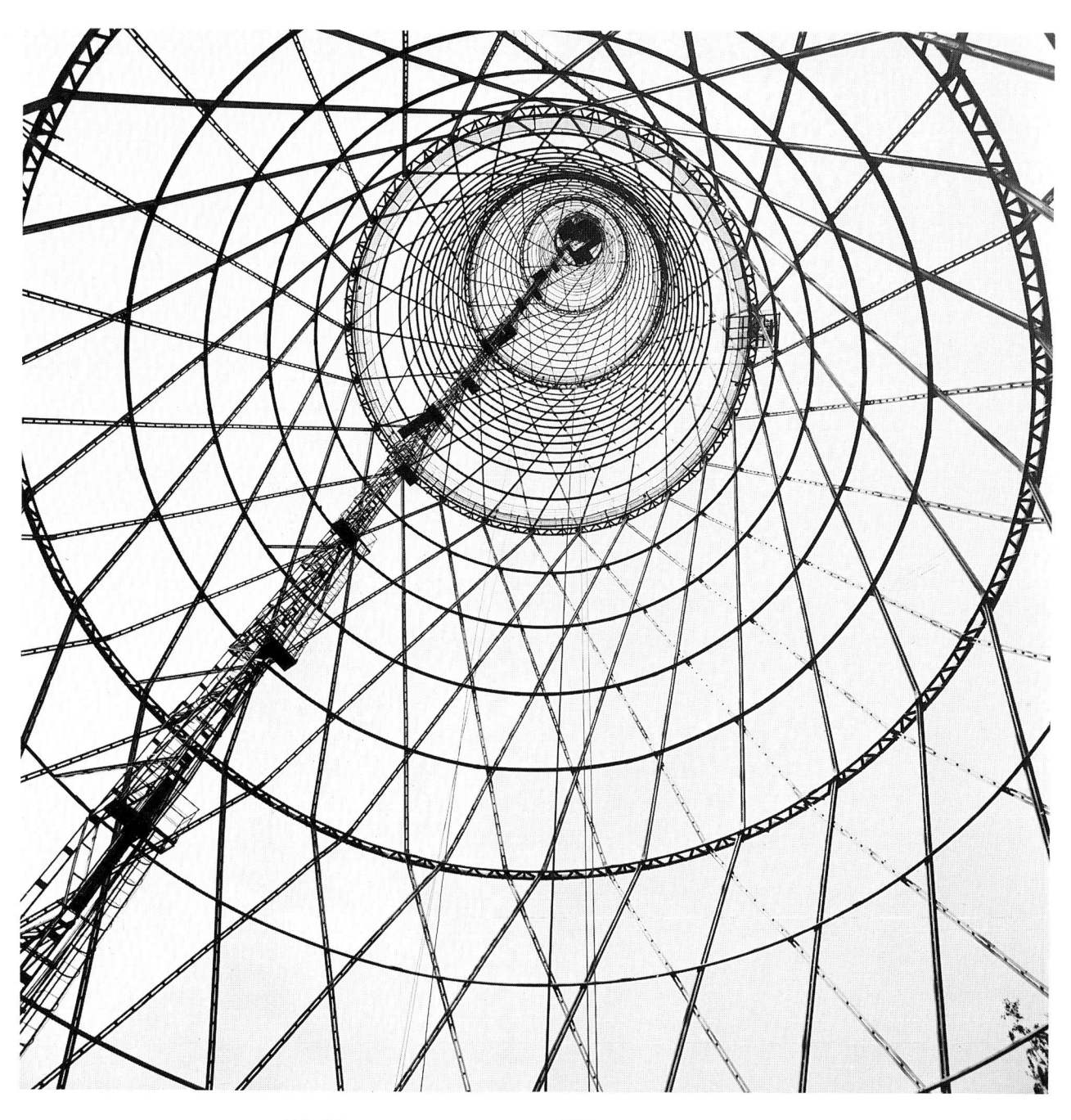

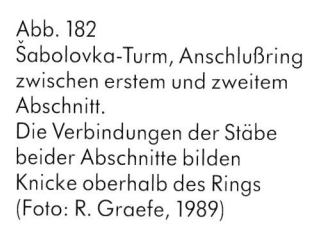

Abb. 181
Šabolovka-Turm, Innenansicht
(Foto: R. Graefe, 1989)

Abb. 182
Šabolovka-Turm, Anschlußring
zwischen erstem und zweitem
Abschnitt.
Die Verbindungen der Stäbe
beider Abschnitte bilden
Knicke oberhalb des Rings
(Foto: R. Graefe, 1989)

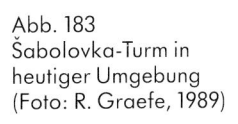

Abb. 183
Šabolovka-Turm in
heutiger Umgebung
(Foto: R. Graefe, 1989)

Abb. 184
Šabolovka-Turm, Außenansicht
(Foto: R. Graefe, 1989)

Abb. 185
Dreistöckiger NIGRÉS-Stromleitungsmast an der Oka Höhe 60 m, Vorentwurf, ca. 1927
(Blaupause, 46,5 x 33,5 cm, Archiv Akad. d. Wiss. 1508-1-88 Nr. 21)

Abb. 186
Dreistöckiger NIGRÉS-Stromleitungsmast an der Oka Höhe 60 m, Ausführungsplan, ca. 1927
(Blaupause, 46,5 x 33,5 cm, Archiv Akad. d. Wiss. 1508-1-88 Nr. 22)

Abb. 187
Dreistöckiger NIGRÉS-Stromleitungsmast, Bau des ersten Abschnitts. Historisches Foto 1927/29.
Zwei hölzerne Hilfstürme mit dreieckigem Grundriß sind entlang der Hyperboloid-Innenfläche verschiebbar und dienen als Arbeitsgerüste
(Archiv Akad. d. Wiss. 1508-1-86 Nr. 5)

Abb. 188
Dreistöckiger NIGRÉS-Stromleitungsmast, Bau des zweiten Abschnitts. Historisches Foto 1927/29.
Die Arbeitsbühne zwischen erstem und zweitem Abschnitt wird von einem Gerüstturm mittig unterstützt. Einer der beiden hölzernen Hilfstürme ist auf die Plattform gehievt. Der andere ist im unteren Abschnitt verblieben und dient als Aufstieg
(Archiv Akad. d. Wiss. 1508-1-90 Nr. 5)

Abb. 189
Dreistöckiger NIGRÉS-Stromleitungsmast.
Bau des dritten Abschnitts. Historisches Foto 1927/29.
Der hölzerne Hilfsturm ist auf ein Balkenrost oberhalb des zweiten Abschnitts gehoben. Wegen des geringen Durchmessers des dritten Abschnitts muß er nicht mehr verschoben werden. Seilverspannungen sichern (wie zuvor schon) Turmkonstruktion und Hilfsturm
(Archiv Akad. d. Wiss. 1508-1-90 Nr. 6)

Abb. 190
Dreistöckiger NIGRÉS-Stromleitungsmast mit fertiggestelltem drittem Abschnitt. Historisches Foto 1927/29.
Die Arbeitsbühne ist entfernt
(Archiv Akad. d. Wiss. 1508-1-90 Nr. 15)

Abb. 191
Fertiggestellter dreistöckiger NIGRÉS-Stromleitungsmast. Historisches Foto 1927/29
(Archiv Akad. d. Wiss. 1508-1-90 Nr. 22)

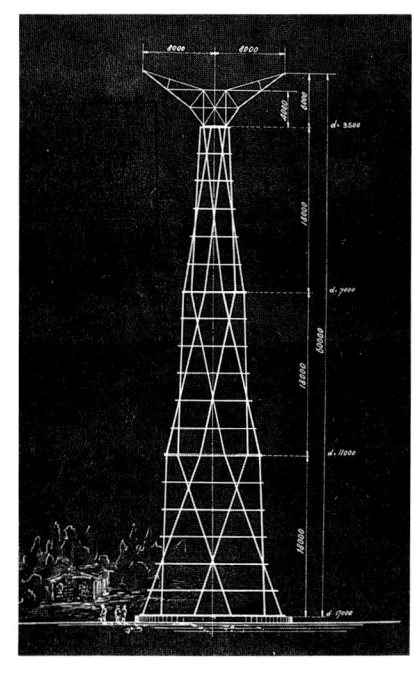

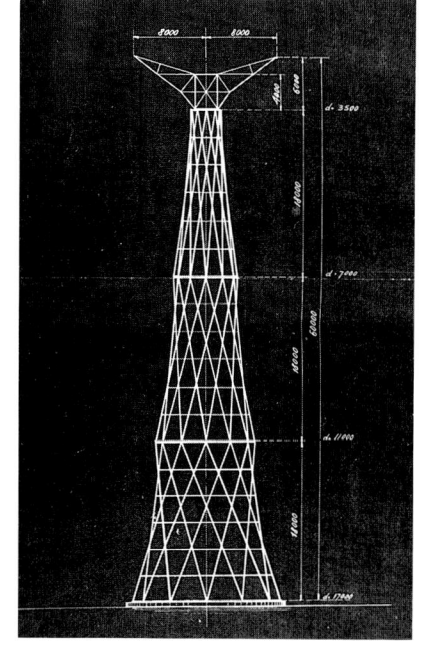

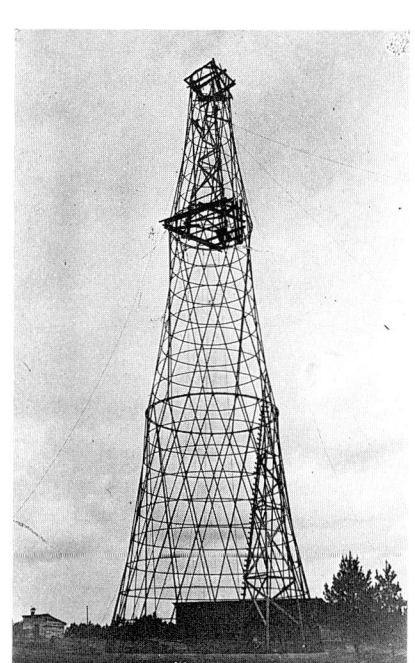

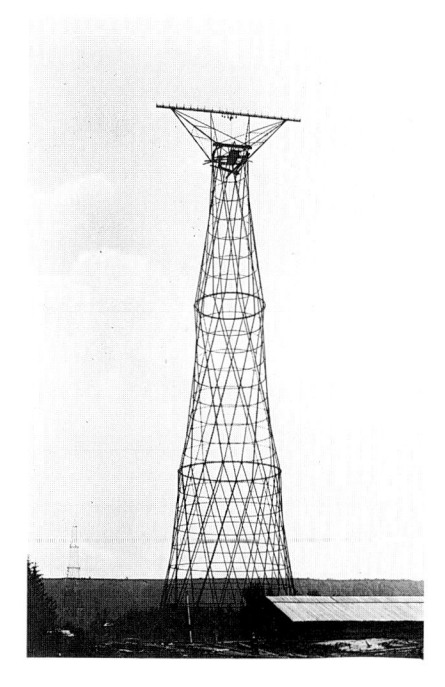

Abb. 192
Fünfstöckiger NIGRÉS-Stromleitungsmast an der Oka. Höhe 120 m, 1927/29.
Historisches Foto
Bau des ersten Abschnitts auf ringförmigem Streifenfundament. Rechts hölzerne Hilfstürme mit Arbeitern
(Archiv Akad. d. Wiss. 1508-1-90 Nr. 1).

Abb. 193
Fünfstöckiger NIGRÉS-Stromleitungsmast.
Historisches Foto 1927/29.
Bau im sogenannten Teleskop-Verfahren (wie schon beim Šabolovka-Sendeturm angewendet). Montage des dritten Abschnitts innerhalb des ersten Abschnitts am Boden
(Archiv Akad. d. Wiss. 1508-1-90 Nr. 8)

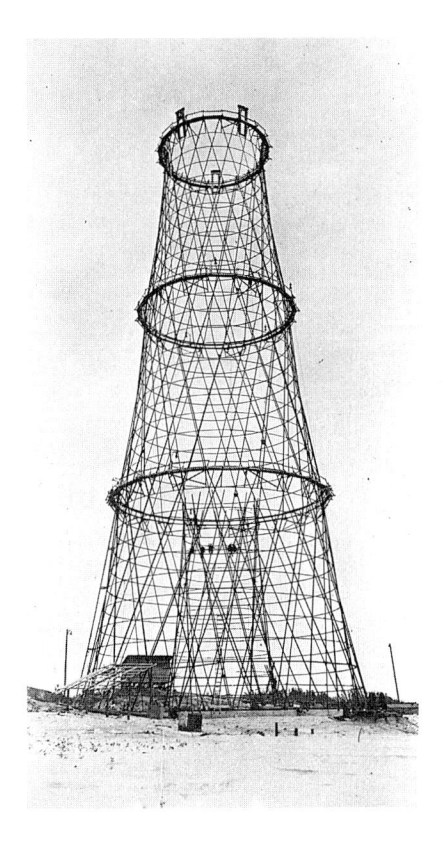

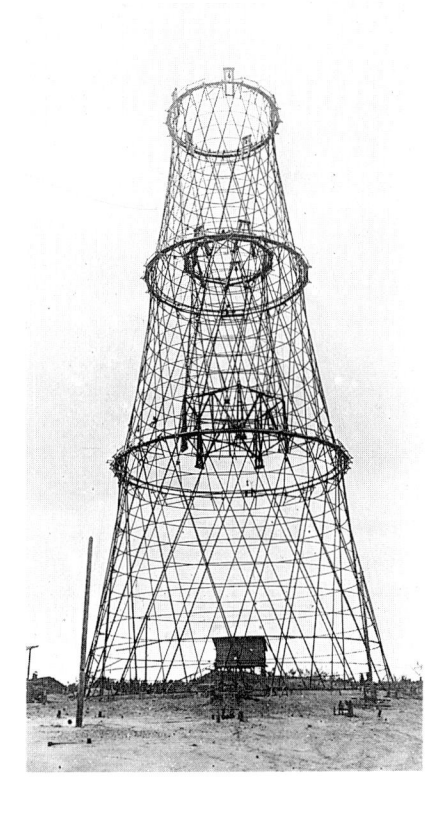

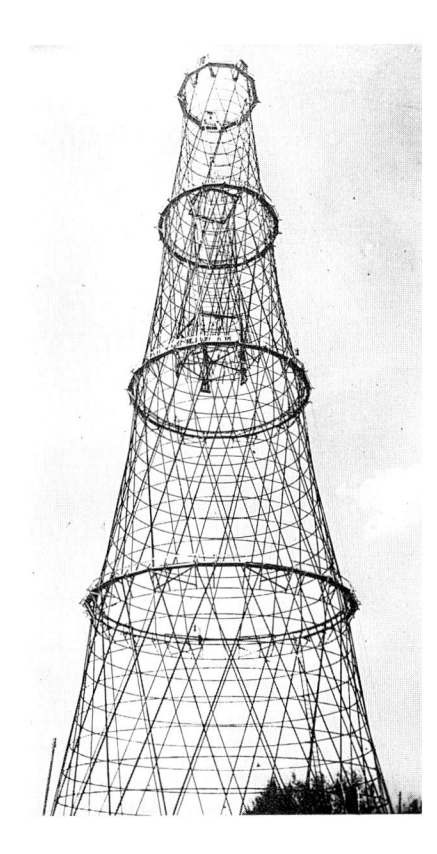

Abb. 194
Fünfstöckiger NIGRÉS-Stromleitungsmast.
Historisches Foto 1927/29.
Montage des vierten Abschnitts
(Archiv Akad. d. Wiss. 1508-1-90 Nr. 11)

Abb. 195
Fünfstöckiger NIGRÉS-Stromleitungsmast.
Historisches Foto 1927/29.
Heben des vierten Abschnitts
(Archiv Akad. d. Wiss. 1508-1-90 Nr. 13)

Abb. 196
Fünfstöckiger NIGRÉS-Stromleitungsmast.
Historisches Foto 1927/29.
Montage des fünften Abschnitts
(Archiv Akad. d. Wiss. 1508-1-90 Nr. 14)

Abb. 197
Fünfstöckiger NIGRÉS-Stromleitungsmast.
Historisches Foto 1927/29.
Heben des fünften Abschnitts
(Sammlung F. V. Šuchov)

Abb. 198
Fünfstöckiger NIGRÉS-Stromleitungsmast. Historisches Foto 1927/29. Montage des dritten Abschnitts im Turminnern
(Archiv Akad. d. Wiss. 1508-1-86 Nr. 6)

Abb. 199
Anheben des vierten Abschnitts. Blick in die hölzerne Hilfskonstruktion mit fünfeckigem Grundriß
(Archiv Akad. d. Wiss. 1508-1-86 Nr. 9)

Abb. 200
Vorbereitung des Hebevorgangs. Der Durchmesser des Turmabschnitts ist unten verkleinert worden, damit er durch den oberen Ring des vorhergehenden Abschnitts paßt. Dazu wurde die Gitterfläche zusammengezogen und gegen die innere Holzkonstruktion gespannt. Nach Abschluß des Hebevorgangs wird die Spannvorrichtung gelöst und damit die Verformung aufgehoben. Die unteren Stabenden des gehobenen Abschnitts werden mit dem Aussteifungsring darunter verbunden
(Archiv Akad. d. Wiss. 1508-1-90 Nr. 2)

Abb. 201
Einer der fünf Füße der hölzernen Hilfskonstruktion mit einem Block des Flaschenzugs
(Archiv Akad. d. Wiss. 1508-1-90 Nr. 19)

Abb. 202
Der fertig montierte zweite Abschnitt innerhalb des ersten. Auf dem oberen Rand des ersten Abschnitts fünf hölzerne Kranböcke zum Heben des zweiten Abschnitts. Auf diesem fünf gleiche Kräne für den später erfolgenden nächsten Hebevorgang
(Archiv Akad. d. Wiss. 1508-1-90 Nr. 4)

Abb. 203
Gleiche Bauphase wie in Abb. 213. Die Lampen auf den äußeren Kränen zeigen, daß auch bei Dunkelheit gearbeitet wurde
(Archiv Akad. d. Wiss. 1508-1-86 Nr. 7)

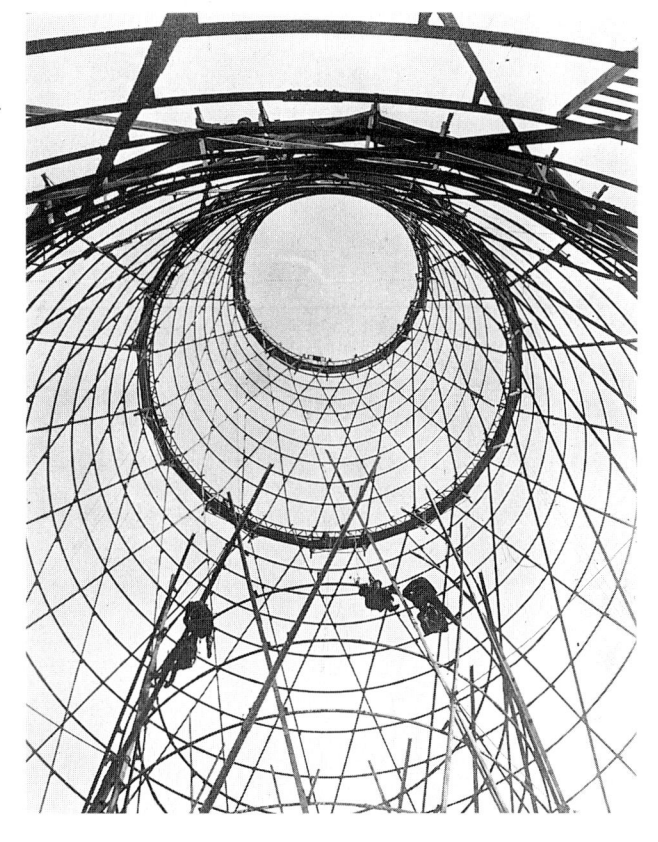

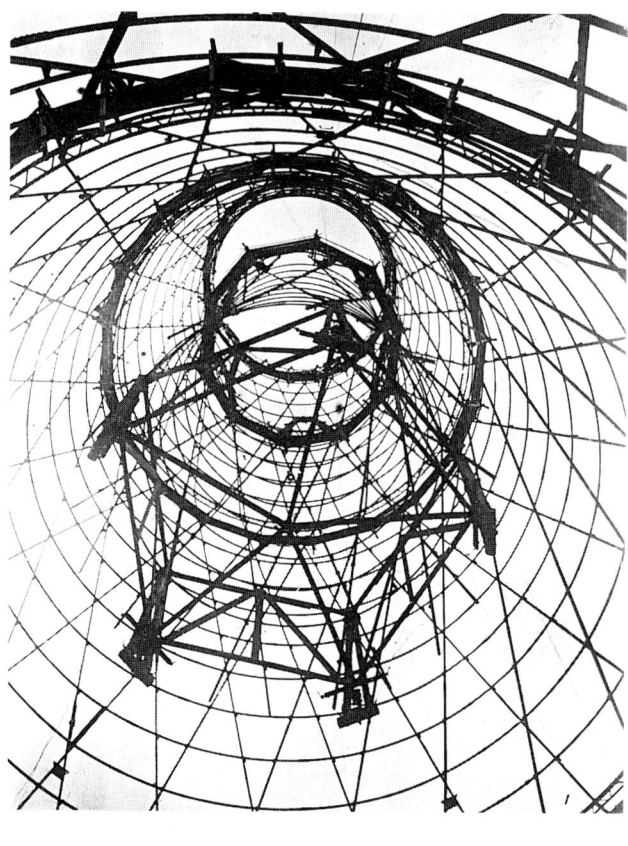

Abb. 204
NIGRÉS-Stromleitungsmasten,
Blick von der Oka
(Foto: Igor' Kazus', 1989)

Abb. 205
NIGRÉS-Stromleitungsmasten,
im Vordergrund die
dreistöckigen, im Hintergrund
die fünfstöckigen Masten
(Foto: Igor' Kazus', 1989)

Abb. 206
Fünfstöckiger NIGRÉS-Stromleitungsmast. Blick ins Innere, links oben neue Steigleiter, darunter ursprünglicher Aufgang: Die Sprossen sind an einem Stabelement des Turmgitters innen befestigt. Frei hängende Metallkörbe dienen als Rastplätze
(Foto: Igor' Kazus', 1989)

Gittermasten russischer und amerikanischer Schlachtschiffe

Klaus Bach

Mit dinosaurierhaften Schlachtschiffen, einer (fast) ausgestorbenen Schiffsgattung, einst Symbole für Bedrohung, Macht und Anmaßung, verbindet man gemeinhin eher schwere, undurchdringliche Panzerungen als leichte, filigrane Konstruktionen. Gleichwohl haben extreme Leichtbauten Teile ihrer Schiffsarchitektur, hauptsächlich in der Marine der USA, für gut drei Jahrzehnte geprägt.

Zwei technische Entwicklungen beeinflußten nachhaltig die Bauweise von Kriegsschiffen zu Anfang des 20. Jahrhunderts: Zunächst war es die Verwendung immer vollkommenerer Torpedos. Diese relativ billige Waffe bedrohte die teuren Großkampfschiffe, zwang zu Maßnahmen konstruktiver (anfangs Torpedonetze,[1] später wirkungsvollere innere Unterteilung des Rumpfes) und taktischer Art (hoher Ausguck, Scheinwerfer, schnellfeuernde leichte Geschütze) (Abb. 208)

Folgenreicher aber hat sich die Einführung des »all big gun ship« (Schiff mit schwerer Artillerie nur eines Kalibers) nach 1905 ausgewirkt. Die britische Royal Navy machte den Anfang. Nach ihrem ersten Schiff dieser Klasse mit dem provozierenden Namen *Dreadnought* bezeichnete man bald alle Nachfolgebauten anderer Marinen. Größer, schneller und teurer als jemals zuvor gebaute Kriegsschiffe, waren ihre Kennzeichen bis zu sieben schwere Doppel- oder Drillingsgeschütztürme. Verglichen mit »Predreadnoughts«, hatten sie, neben gepanzerten Kommandoständen, hohen Schornsteinen und Masten, kaum Deckaufbauten. Dreadnoughts veränderten nicht nur die bisherige Kampftaktik, sondern machten alle Vorgängerbauten wertlos und setzten das Signal zu einem Wettrüsten ohnegleichen.

Die große Reichweite der schwere Artillerie – bald weiter als die Laufstrecke bedrohlicher Torpedos – war nur ausnutzbar, wenn zugleich die Beobachtungsmöglichkeiten verbessert wurden. Wie jeder weiß, ist die Sichtweite auf der Erdkugel eine simple geometrische Abhängigkeit von der Überhöhung des Standorts. Für die Richtfernrohre der Artillerie, knapp 10 m über dem Wasserspiegel, verschwand jedes Schiff nach 13,5 km Entfernung unter der Kimm. Von der »Brücke« reichte die Sicht kaum weiter. Ein Beobachter in 27 m Höhe hat auf See die 1,7fache Sichtweite von rund 23 km[2].

Rund 20 m hoch ragten die Mündungen gewaltiger Schornsteine. Schwarze, heiße und erstickende Rauchwolken (nicht zu vergessen die glühenden Schlackenteile aus den anfangs noch ausnahmslos kohlegefeuerten Kesseln) erschwerten jeden Aufenthalt, machten Beobachtung, ja Messung nahebei unmöglich. Druckwellen und Pulverqualm der schweren Geschütze wirkten sich nicht minder aus. Die Meßplattform (= Mars) mußte also möglichst weitab von den Geschützen und vor den Schornsteinen aufgestellt werden. Eine zweite (= Großmars) war bei achterlichem Wind und Beschädigung der vorderen Plattform (= Vormars) wünschenswert.

Gesucht wurden stabile, dennoch leichte Konstruktionen, um der nötigen Anzahl von Beobachtern Platz zu bieten. (In jener Zeit ohne Computer mußten alle Meß- und Übertragungsfunktionen in zahlreiche Einzelschritte auf viele »Hände« aufgeteilt werden.) Die Plattform sollte optische Geräte (Fernrohre, Richtungsweiser, Zielgeber, später auch Entfernungsmesser) tragen und dabei weder Gewichtsprobleme – auf Schlachtschiffen, durch ständige Anpassung chronisch überladen, wird mit jeder Tonne gegeizt – und, noch gravierender, Stabilitätsprobleme machen.

Im Grunde unvereinbare Forderungen galt es gegeneinander abzuwägen:
– große Höhe bei geringem Gewicht
 (Topplastigkeit),
– Vibrationsfreiheit
 (schnellaufende Dampfmaschinen und später Turbinen samt Getrieben machten Schwingungsprobleme),
– unbeeinträchtigte Sichtmöglichkeit
 (Rauch, Schlieren erhitzter Luft, Pulverqualm),
– Stabilität
 (Seegang, Wind, Druckwellen der Geschütze)
wie auch
– Standfestigkeit unter Beschuß.

Wer einmal versucht, aus dem fahrenden Auto mit einem Fernglas etwas zu beobachten, bekommt schnell Verständnis für eines der angesprochenen Probleme.

Diese Forderungen führten bei den Schiffsarchitekturen der damals führenden Seemächte zu unterschiedlichen Lösungen.

An der Schiffssilhouette klar ablesbar, vollzog sich eine Trennung von Schiffsführung im Kommandostand (wenig erhöht über dem Oberdeck) und Artillerieleitung (Richtungsweisung und Aufschlagsbeobachtung) in den dafür eingerichteten Marsen in luftiger Höhe, die ihre Meßergebnisse einer zentralen Rechenstelle, tief im Innern des Rumpfes, meldete. Es entstand der hohe Gefechtsmast. Mit Entwicklung und Differenzierung der Aufgaben wurde er größer, komplexer (mehretagig), schwerer und schließlich zum Turm mit einer Vielzahl von Ebenen.

Eine Reihe von Konstruktionen wurde in den einzelnen Marinen untersucht, gebaut und probiert. Änderungen und Modifikationen an Masten, Schornsteinen, deren Höhen, Formen und Aufstellungen zueinander, waren wegen gegenseitiger Beeinträchtigungen nicht selten. Die Royal Navy führte zugleich mit *HMS Dreadnought* stabile Dreibeinmasten für Vor- und Großmast ein (Abb. 209). Die kaiserlich deutsche Marine, zunächst von anderen taktischen Vorstellungen geleitet (die meist neblige Nordsee schien keine großen Gefechtsentfernungen zu ermöglichen), blieb beim Pfahlmast, versuchte Fachwerke und ging erst im Ersten Weltkrieg zu Dreibeinmasten (Derfflinger-Klasse) zur Überhöhung des Vormarses über.

In der zaristischen Marine, deren Ingenieure ideenreich eine Reihe schiffsbautechnischer und artilleristischer Innovationen vorschlugen, verschleppte die Staatsbürokratie Neuerungen so lange, bis sie auch von anderen

---

Anmerkungen

1 Bach, K.:
Torpedoschutznetze, Sperrnetze und U-Bootnetze.
In: Mitteilungen d. Instituts für leichte Flächentragwerke Nr. 8 – Netze in Natur und Technik. Stuttgart 1975,
S. 150–161.
2 Friedman, N.:
Battleship. Design and Development 1905–1945, Greenwich 1978, S. 99.
3 Preston, A.:
Battle Ships of World War I, London 1972, S. 204, 213.
4 Breyer, S.:
Schlachtschiffe und Schlachtkreuzer 1905–1970, München 1970, S. 416.
5 Ein Brief vom 5. 5. 1909 des Kriegsministeriums an die Kompaßabteilung erwähnt die schwachmagnetische Eigenschaft der Stahlrohre und ihre Beeinträchtigung der Kompaßfunktion.
Dokument 421–1–1848,
Nr. 58, 58a.
6 Angaben nach
I. Černikov, der mir freundlicherweise seinen unveröffentlichten Aufsatz: »Masten nach Šuchovs System« zur Verfügung stellte,
nach Dokumenten aus:
Staatliches Zentralarchiv für die Kriegsmarine der UdSSR
876 – 5 – 39.
7 Kovel'man, G.M.
(a.a.O. – s. Anm. 5)
S. 163–165.
8 Franz. Flottenhandbuch,
Preston, Breyer.
9 The Naval Annual 1913.
Edited by Viscount Hythe, Portsmouth 1913, Reprint, Newton Abbot 1970, Tafel 60.
10 Breyer (a.a.O.),
S. 417–422.
11 Černikov, J. (a.a.O.),
417 – 1 – 3178 – Blatt 38.
12 Breyer (a.a.O.), S. 416.
13 Preston (a.a.O.), S. 224.
14 Freundlicher Hinweis auf diesen Autor von Prof. J. Rohwer, Leiter der Bibliothek für Zeitgeschichte, Stuttgart.

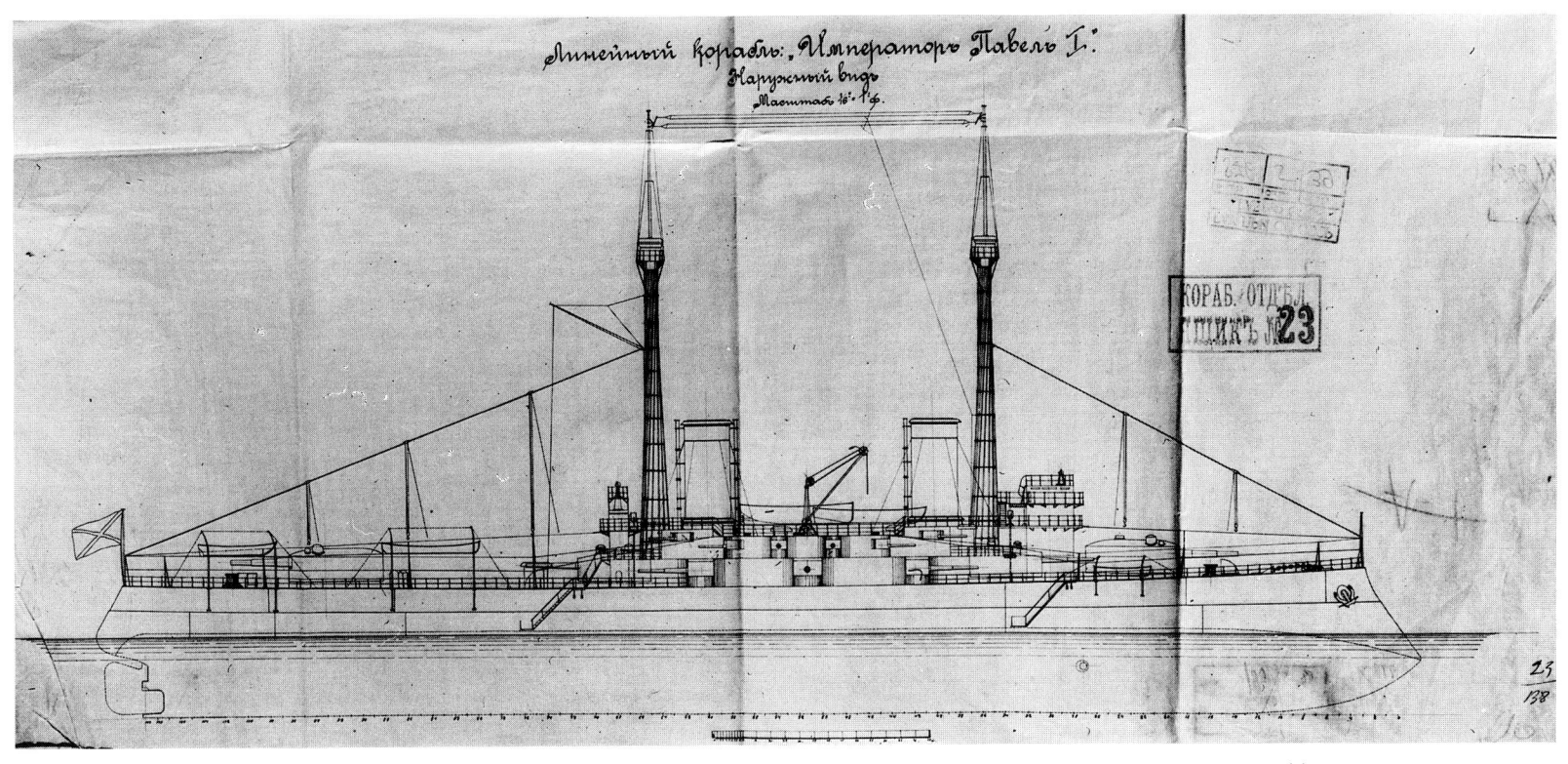

Abb. 207
Schlachtschiff »Imperator Pavel I.«, mit Šuchovschen Gittermasten, 1903. Seitenriß
(Staatl. Zentralarchiv f. d. Kriegsmarine d. UdSSR 876-5-39)

Marinen aufgegriffen wurden.[3] So zeigen die 1903 bewilligten und auf Kiel gelegten, aber erst 1910 fertiggestellten und deshalb bereits bei Indienststellung veralteten Predreadnoughts, *Andrej Pervozvannyi* und *Imperator Pavel I.*, interessante Lösungen.[4] Nachdem die ursprüngliche Planung einfache Pfahlmasten vorgesehen hatte, wurden aus Rohren[5] dreiachsige hyperboloide Gittermasten nach dem System Šuchov von 24 m Höhe und mit elliptischen Querschnitten (Abmessungen von 2,4×1,5 m und 3,7×1,8 m in den Hauptachsen) eingebaut.[6] Teuerung der Rohre und Verbindungselemente sowie der nur langsam mögliche Zusammenbau der Konstruktion erwiesen sich als unvorteilhaft.[7] Die Gittermasten waren sehr schlank, trugen nur kleine gedeckte Marse sowie seilverspannte Stengen für die Antennen der Funktelegraphie (Gesamthöhe vom Kiel 53,4 m). In ihrer Form erinnerten sie an in Gitter aufgelöste traditionelle Gefechtsmasten. Ob die elliptische Formgebung in Hinsicht auf Windbelastung in Hauptfahrrichtung erfolgte, ist nicht bekannt. Wie spätere Erfahrungen (z. B. der *Michigan*-Unfall) zeigten, können die Belastungen aus Schiffsbewegungen und Wind in Querrichtung ein Vielfaches erreichen.

In einem Seitenriß sind lediglich die Gitterstäbe einer Erzeugenden-Schar samt aussteifenden Ringen in den Masten eingezeichnet (Abb. 207). Auffallend ist die sehr steile Anordnung der Rohre (ca. 3 bis 5° gegen die Senkrechte). Das mag der Grund dafür sein, daß sowohl zeitgenössische als auch spätere Darstellungen die Gittermasten lediglich zweiachsig, aus senkrechten und waagerechten Elementen bestehend, abbilden.[8]
Auf Fotos dagegen ist die Rohrneigung an kleinen Überschneidungen wahrzunehmen (Abb. 213).

Die sowohl für die *Gangut*[9] als auch für die *Imperatrica-Marija*-Klasse projektierten Gittermasten kamen gar nicht erst zur Ausführung.[10] Bedenken vor weiter Sichtbarkeit der Gittermasten und somit der Gefahr, vom Gegner frühzeitig eingemessen werden zu können,[11] scheinen bei der Baltischen Flotte die taktischen Vorteile hoher Leitstände überwogen zu haben, so daß auch die vorhandenen Gitter – weil zu stark vibrierend – im Winter 1916/17 bei *Imperator Pavel I.* um die Hälfte und bei *Andrej Pervozvannyi* sogar um ca. 75 % verkürzt und durch hohe Signalstengen ersetzt wurden.[12]
Die lange Bauzeit der *Andrej-Pervozvannyi*-Klasse von 1903 bis 1910 hatte zur Folge, daß Gittermasten von der US-Navy – wenn auch später konzipiert – vor den russischen in großen Stückzahlen auf amerikanischen Schiffen installiert wurden und für diese typisch erscheinen. Dadurch kommt es, daß die russischen Beispiele heute vielerorts als »Imitationen« der amerikanischen Bauweise angesehen werden.
So schreibt Preston,[13] daß die Gitter- oder »Korb«-Masten typisch für die amerikanischen Schiffe waren, »wenn sie auch von den Russen zweimal kopiert wurden«. Er erwähnt, daß sie sich in der Praxis, weil zu leicht, nicht bewährten, da Vibrationen die Feuerleiteinrichtungen beeinträchtigten und die Gefahr bestand, daß sie bei schwerem Wetter zerstört wurden. Die britischen Dreibeinmasten zeigten sich in beiden Fällen als überlegen, waren aber auch dreimal so schwer.
Als überragender Fachmann und bester Kenner des amerikanischen Schiffsbaus berichtet Friedman[14] über die Entwicklung des Gittermasts in der US-Navy:
1905/06 schlug das amerikanische Marinebüro vor, alle bisherigen, niedrigen und massiven Gefechtsma-

Abb. 208
USS Massachusetts, modernisierter Pre-Dreadnought mit veraltetem massivem Gefechtsmast (Vormars) und Gittergroßmast. Seitenriß (Ausschnitt) (Reilly, Sheina [a.a.O], S. 57)

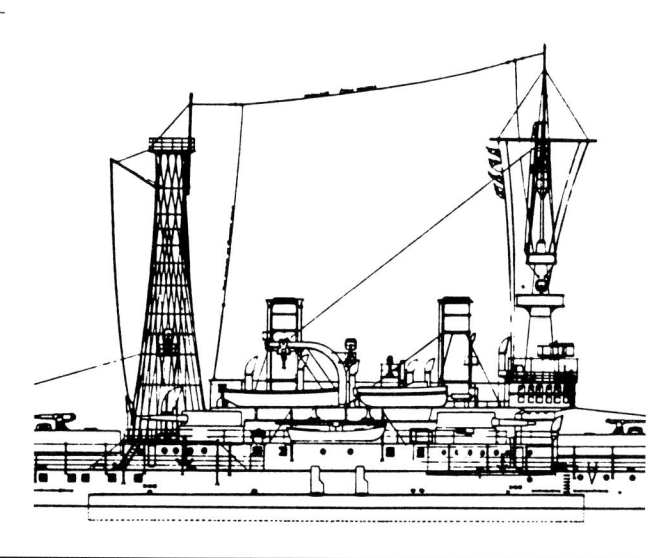

Abb. 209
Dreibeinmast HMS Dreadnought, 1906, Seitenriß (Ausschnitt) (Zeichnung: J. Roberts) (Friedman [a.a.O], S. 139)

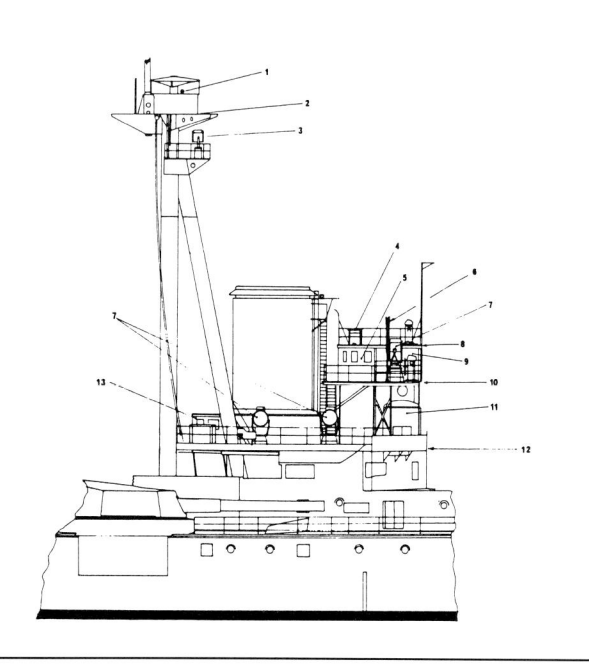

Abb. 210
USS South Carolina, 1918
Seitenriß (Ausschnitt)
(Zeichnung: A. L. Raven)
(Friedman [a.a.O.])

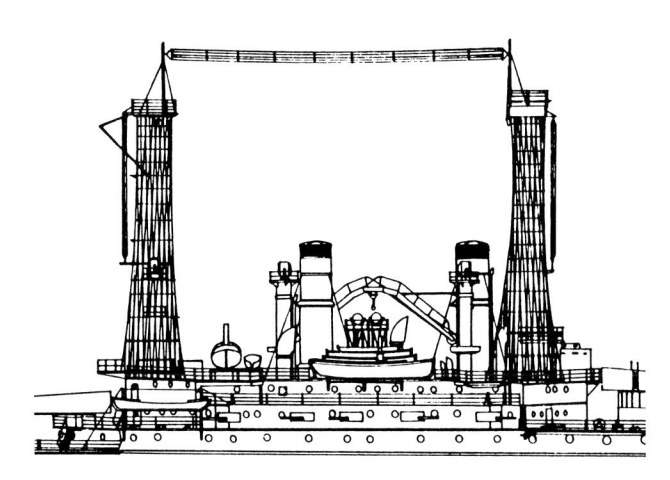

sten samt Brückenkonstruktionen durch ein Paar von Gittermasten zu ersetzen. Das Konstruktionsbüro hingegen hielt aus Kostengründen an den vorhandenen Masten mit einem Basisdurchmesser von rund 1,2 m fest. Gleichwohl erschien die Aufrechterhaltung der Feuerleitung zu wichtig, um sie von einer Konstruktion abhängig zu machen, die gerade wegen ihrer Stabilität Zünder von Granaten auslösen, unter Umständen mit einem einzigen Treffer zerstört werden und die gesamte Schiffsleitung unter sich begraben konnte – eine Sorge übrigens, die unbegründet war: Kein einziger der britischen Dreibeinmasten ging später durch Beschuß verloren.

Das Marinesekretariat entschloß sich für den Gittermast zur Artillerieleitung in Verbindung mit einem schwer gepanzerten Kommandostand für die Schiffsführung. Vorgeschlagen von Commander Hovgaard[15] an der Massachussetts School of Naval Architecture, der die Gittermasten für »ingeniös«, »ideal konstruiert« und »wahrscheinlich sehr widerstandsfähig gegen Geschützfeuer« hielt, entwickelte sie das Konstruktionsbüro unter dem Marineingenieur Robinson. Das erste Modell bestand aus einem Drahtbündel in Form eines Drehyperboloids, das alle paar Fuß von Ringbändern verstärkt wurde. Theoretisch konnten einige Elemente in einem Sektor zwischen zwei Ringen herausgeschnitten werden, ohne daß der Mast einstürzte. Jedes Element konnte an verschiedenen Stellen durchgetrennt werden, solange dieses in verschiedenen Sektoren geschah.

Um die Konstruktion zu prüfen, wurde ein Modell gebaut, belastet und mit Büroklammern »angegriffen«. Als nächstes folgte ein Eins-zu-Eins-Mastmodell in voller Höhe von 125 Fuß (= 38 m). Die Rohre waren mit 10° Neigung eingebaut. Auf dem Monitor Florida aufgestellt, wurde der Mast mit Granaten beschossen. Zusatzgewichte von vier Tonnen am Turm simulierten Belastungen durch Schiffsbewegungen. Im Mai 1908, von vier 10,5 cm- und einer 30,5 cm-Granate beschossen, blieb der Gitterturm stehen, obwohl in einem Sektor fünf Stäbe durchschlagen waren. Im Sommer 1908 bekam USS Idaho als erstes Schiff einen Gittermast.[16]

Breyer[17] berichtet von Schießversuchen gegen die Zielschiffe Kathadin und San Marcos, bei denen der Gittermast seine Standfestigkeit bewies, denn er fiel erst nach dreizehn 30,5 cm Treffern. »Den ungeteilten Beifall der ›Front‹ fand er jedoch nie; weil die Marsplattform des Artillerieleitstands völlig ungeschützt war und Standfestigkeit und Schwingungsverhältnisse des Gittermastes auf Dauer doch nicht recht befriedigten. Zunächst aber bestimmte der Gittermast auf Jahre hinaus das ›Gesicht‹ amerikanischer Schlachtschiffe.«

Die amerikanischen Gittermasten hatten, anders als die russischen, kreisrunde Querschnitte. Wie beim geometrischen Vorbild erzeugten zwei sich kreuzende Rohrscharen die Form. Horizontale Stahlringe innen und außen, in mehreren Ebenen und in Abständen von ungefähr Mannshöhe angebracht, dienten der Aussteifung. Schräg eingestellte Leitern verbanden leichte Zwischenebenen aus eingespannten Maschendrahtnetzen, die manchmal mit Segeltuch überdeckt waren. Zahlreiche kleinere Plattformen (z. B. für Scheinwerfer, Torpedoausguck) waren an das Gitter angehängt,[18] das Kartenhaus in den Mastsockel eingestellt (Abb. 215). Rohre aus nichtmagnetischem Metall (Bronze) kompensierten in diesem Bereich eine Beeinträchtigung des Magnetkompaß. Leider ist in der Literatur keine eingehendere Angabe über Durchmesser und Art der Rohre (nahtlose Kesselrohre?) zu finden. Die offiziellen amerikanischen Archive antworteten auf wiederholte Anfragen nicht.

Einiges läßt sich jedoch aus deutschen Firmenakten[19] erhellen: Die Herstellung nahtloser Stahlrohre nach dem Mannesmann-Verfahren war seit 1885 in Deutschland, seit 1888 in den USA patentiert. Mit dieser Technik konnten qualitativ und konstruktiv hochwertige Rohre aus Stahl industriell hergestellt werden. Mannesmann-Rohre hatten in aller Welt, in den USA ebenso wie in Rußland (Walzwerkpläne von 1897) ihren Markt. Nachdem die Hauptpatente 1900 und 1906 erloschen,[20] war der Weg für nationale Industrien frei.

1909/11 wurden auch ältere Einheiten mit Gittermasten ausgerüstet (Abb. 208), die relativ einfach und leicht ausfielen, so bei den Linienschiffen *Mississippi* (H = 28 m, $\varnothing$ = 6,8 m, $\varnothing$ = 3,25 m[21]) und *Idaho* von 1908, die, 1914 als *Kilkis* und *Lemnos* nach Griechenland verkauft, sich bis 1941 unverändert erhielten.[22] Auch bei den in den USA für Argentinien gebauten Dreadnoughts *Rivadavia* und *Moreno* trugen Gittermasten den Vormars. Die Höhe der Gitter scheint sich zwischen 28 und 31 m, der untere Durchmesser zwischen 4 bis 8 m, der obere zwischen 2,5 und 3,5 m bewegt zu haben.[23] Die maximale Höhenentwicklung aller Konstruktionen beschränkte bis in die späten fünfziger Jahre die Brooklyn Bridge über dem East River in New York. Ähnlich wie der Panama-Kanal Länge und Breite der Schiffe vorgab, mußte die Zufahrt zu einer der wichtigsten Marinewerften der USA für jedes Schiff möglich sein. Mit 125 Fuß (= 38 m) Durchfahrtshöhe und maximal 135 Fuß (= 41 m) Scheitelhöhe über mittlerem Hochwasser war die oberste Grenze der Masthöhe (ohne fierbare Stengen) festgelegt.[24]

Sämtliche bis 1922, dem Jahr des Flottenabkommens von Washington (bis in die 30er Jahre gültiges Abrüstungsprogramm und Baustopp zur See), fertiggestellten amerikanischen Schlachtschiffe, zuletzt die der Colorado-Klasse, sowie viele Kreuzer haben die typische Silhouette mit zwei (Abb. 214), seltener mit einem Gittermast. Wegen der Vielzahl der Neubauten im Ersten Weltkrieg war man aus Rationalisierungsgründen ab der *Tennessee*-Klasse (1915) zu Einheitsgittermasten übergegangen.[25] (Abb. 210)

Der Wert der amerikanischen Gittermasten wurde aus zweierlei Gründen fraglich: Der Mast der *Michigan* schlug 1918 in einem Sturm um, als das Schiff heftig rollte. Vier andere Schiffe hatten schon ihre Toppmasten verloren, als die Michigan schnell hintereinander zuerst nach Backbord, dann nach Steuerbord schlingerte und dabei den Masttopp heftig nach Backbord schleuderte. Der Mast versagte an seiner schmalsten Stelle und knickte ein. Die schwere Feuerleitplattform stürzte an Backbord auf Deck. Dennoch war der Schaden nicht allzu groß, die zwei Mann im Masttopp überlebten.

Abb. 211
USS Colorado, Ende 1941, mit verstärkten und verkürzten Gittermasten. Seitenriß (Ausschnitt)
(Breyer [a.a.O.], S. 249)

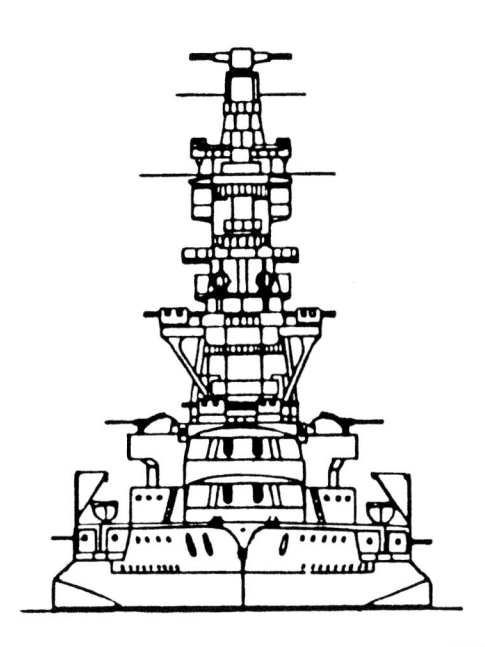

Ab. 212
»Pagodenmast«. Mit Plattformen umbauter Dreibeinmast von ca. 40 m Höhe über CWL auf Yamashiro, 1936, Frontansicht
(Breyer [a.a.O.], S. 367)

15 Hough, R.: Dreadnought. A history of the modern battleship, 5, New York 1975, S. 38.
16 Friedman, N.: U.S. Battleships. An illustrated design history, London 1986, S. 60.
17 Breyer (a.a.O.), S. 216.
18 Die amerikanische Flotte. In: Das Neue Universum. Ein Jahrbuch für Haus und Familie besonders für die reifere Jugend. 40. Jahrgang, Stuttgart um 1919, S. 238–243.
19 Recherche in Akten der Fa. Mannesmann im Archiv des Deutschen Museums München.
20 Meyers Großes Konversations-Lexikon. 6. Aufl., Leipzig, Bd. 13, S. 234.
21 Aus einer Zeichnung von P. Endsleigh Castle herausgemessen. In: Lautenschläger: USS Mississippi (a.a.O.).
22 Lautenschläger, K.: US Warship Profile Nr. 39, Windsor 1973.
23 Aus Rissen A. Ravens von Nebrasca und Nevada herausgemessen. In: Friedman: U.S. Battleships (a.a.O.).
24 Friedman (a.a.O.), S. 60.
25 Breyer (a.a.O.), S. 246.

Ab. 213
Schlachtschiff »Imperator Pavel I.«, 1903, mit Šuchovschen Gittermasten. Historisches Foto, nach 1910 (UdSSR-Kriegsmarinemuseum Leningrad)

Abb. 214
Pre-Dreadnought USS Kansas mit Gittermasten. Historisches Foto, nach 1911 (Sammlung Morison, BfZ)

Abb. 215
Gittermast eines US-amerikanischen Pre-Dreadnoughts, Konstruktion aus Rohren mit Netzplattformen und eingestellten Leitern. Historisches Foto (Friedman [a.a.O.])

Abb. 216
Im Sturm umgeknickter Gittermast auf USS Michigan, 1918. Historisches Foto (Hough [a.a.O.], S. 39)

Dieses Unglück fachte die Diskussion um die Mastkonstruktion an.[26]
Obwohl durch Beschreibungen[27] bekannt ist, daß Rohre verwendet wurden, läßt die Nahaufnahme des zerstörten Michigan-Vormasts zwar verbogene, aber keine abgeknickten Elemente erkennen – ein Umstand, der auf Vollmaterial hinzudeuten scheint (Abb. 216). Allein die *Michigan* war ein Sonderfall.[28]
Auch an Masten anderer Schiffe zeigten sich Beulen. Zudem verursachten Rauchgase Korrosionsschäden, deren Inspektion schwierig war. Das Konstruktionsbüro schlug darum größere Toppdurchmesser und von unten bis oben durchgehende Rohre vor.
Amerikanische Offiziere, die im Ersten Weltkrieg Schiffe der Royal Navy kennenlernten, waren angetan von den Vorzügen und der Belastbarkeit der Dreibeinmasten, von ihrer Möglichkeit, große geschlossene Marse mit Entfernungsmessern zu tragen.
Die Berichte über Vibrationen erscheinen widersprüchlich. Erfahrungen aus der Nachkriegszeit zeigten, daß die Gitter bei Geschützsalven zwar schwangen, dadurch aber die Feuerleitung nicht unmöglich wurde, weil die Schwingungen nur fünf bis zehn Sekunden anhielten, somit deutlich unter den Salvenintervallen von 30 bis 40 Sekunden lagen. Der Bericht eines Offiziers von der *USS Mississippi*, den die Erschütterung des Gitters als Folge einer Geschützsalve zu Boden schleuderte, bleibt vereinzelt. Manche fürchteten generell, daß Mastkörbe aus der Distanz besser sichtbar seien, vor allem ihre Doppelaufstellung dem Gegner die Kurseinschätzung vereinfache. Die Entscheidung, Gittermasten abzuschaffen, war eine Kostenfrage. Man entschied sich statt dessen für stärkere Ausführungen.[29] (Abb. 211)
Seit den dreißiger Jahren waren sowohl Gittermasten als auch Dreibein- oder Pfahlmasten längst veraltet und genügten nicht mehr den Erfordernissen. Eine Zeitlang blieben noch verkürzte oder auf Unterbauten aufgesetzte Gittermasten erhalten (Abb. 211). Umbauten bekamen zunächst komplexe Dreibeinstrukturen, Neubauten konsequent geschlossene, turmartige Gefechtsmasten mit einer Vielzahl von Plattformen und Ständen. »Führend« war hier die japanische Marine mit einer geradezu »haarsträubenden«[30] Stapelung von Ebenen übereinander (Abb. 212).
Auf den dramatischen Fotos der brennenden und sinkenden amerikanischen Schiffe in Pearl Harbor erkennt man ihre aus dem Wasser ragenden Gittermasten. Als nach dem Zweiten Weltkrieg die Veteranen der US-Navy abgewrackt wurden, verschwanden mit ihnen auch die Gittermasten von den Meeren.
Großmaschige Gittermaststrukturen fanden ein letztes Mal zur Verkleidung dünner Rauchrohre bei drei italienischen Fahrgastschiffen, unter ihnen die *Michelangelo* (1965), Verwendung.
Nicht klar herausgestellt ist von allen Marineautoren der Ursprung der Gitterkonstruktion. Šuchovs Gittertürme wurden 1895 patentiert und ab 1896 gebaut. Es erscheint möglich, daß von der US-Navy dieses vielfach verwendbare Konstruktionsprinzip aufgegriffen wurde. Inwieweit es sich bei den amerikanischen Gittermasten um einen Nachbau, vielleicht sogar unter bewußter Umgehung von Patenten und Lizenzen, handelt, konnte nicht geklärt werden.

26 Friedman (a.a.O.), S. 177.
27 Reilly, J.C.; Scheina, R.L.: American Battleships 1886–1923, London 1980, S. 241.
28 Ihr Mast hatte ursprünglich auf dem Kartenhaus gestanden. Nach dessen Entfernung wurde er frei auf Deck aufgestellt und die fehlende Höhe am oberen Ende der Gitterstäbe angesetzt. Der Durchmesser an der Basis wurde von vorher 9 Fuß 6 inches (= 3 m) auf 14 Fuß (= 4,26 m) vergrößert. Dadurch konzentrierten sich Spannungen an der schwächsten Stelle des Mastes. Ein Belastungsnachweis wurde von der Werft nicht durchgeführt. Als der Mast beulte, nahmen keine anderen Elemente die Kräfte auf. Hinzu kam, daß kurz zuvor eines der 30,5 cm Geschützrohre explodiert war, wobei Splitter gerade an der Stelle durch das Gitter flogen, an der es später versagte. Ausbesserungen hatten die Konstruktion als Ganzes nicht berücksichtigt. Aus: Friedmann (a.a.O.), S. 177.
29 Friedman, (a.a.O.), S. 177–178, 195.
30 Bei Hough im Englischen »hair rising«. In: Dreadnought (a.a.O.), S. 191.

Die Einführung einer neuen Konstruktionsform durch Šuchov und Gaudí

Jos Tomlow

Im ausgehenden 19. Jahrhundert tauchte eine neue Bauform auf: Regelflächen mit doppelter, gegensinniger Krümmung, genauer Hyperboloid (Abb. 219) und hyperbolisches Paraboloid (kurz HP-Fläche genannt) (Abb. 220). Diese Regelflächen waren in der Mathematik bereits seit langem bekannt[1] (Abb. 217).

Unabhängig voneinander hatten der russische Ingenieur Šuchov und der katalanische Architekt Antoni Gaudí (1852–1962) die konstruktiven und herstellungstechnischen Vorteile ihrer Anwendung im Bauwesen entdeckt.[2] Šuchov, herausragender Ingenieur mit grundlegend neuen Konzepten für Stahl- und Holzbauten, erstellte 1896 auf der Allrussischen Ausstellung in Nižni Novgorod seinen ersten Turm in der Form eines Hyperboloids. Der Architekt Gaudí, bekannt durch eigenwillig gestaltete Gebäude in Barcelona, war auch ein bedeutender Konstrukteur. Nach ersten Formstudien um 1884[3] verwendete er ab 1909 das hyperbolische Paraboloid, die windschiefe Fläche, als Konstruktionslösung für Wand- und Gewölbeformen seiner Backsteinbauten.

Daß gerade das Hyperboloid und das hyperbolische Paraboloid von Šuchov und Gaudí unter den Regelflächen und anderen Formen für Baukonstruktionen bevorzugt wurden, hat zwei Gründe. Ihre sattelähnliche Form gibt selbst dünnen Flächentragwerken eine relativ hohe Stabilität. Ein anderer, praktischer Grund für ihre Anwendung im Bauwesen war, daß sich diese gekrümmten Flächen problemlos aus geraden Elementen herstellen lassen. Der Definition nach werden ja bei Regelflächen die doppelt gekrümmten Flächen durch Bewegung einer erzeugenden Geraden entlang zweier Leitlinien erzeugt.

Bei Erzeugung dieser Formen im Bauwesen tritt an die Stelle der Fläche ein Gitter oder Rost, dessen lineare Elemente gleichmäßige Abstände aufweisen. Šuchovs statische Analysen hatten ihn immer weiter weg von hierarchischen Konstruktionstypen (beispielsweise aus Stütze, Pfette, Sparren, Dachlatte) und hin zu gekrümmten Gitterflächen geführt, die aus identischen Elementen und mit gleichen Maschengrößen oder mit Maschen ähnlicher Größen gefertigt werden konnten (Abb. 218). Die Gitter der Türme in Hyperboloid-Form gehören in diese Entwicklung. Auf vergleichbarem Weg erzeugte Gaudí seine HP-Gewölbe. Eine Schalung aus geraden Brettern gab bei der Einwölbung die gewünschte Form vor. Ähnlich verfuhr Gaudí beim Dach der Schule bei der Sagrada Familia, deren geschwungene Dachfläche aus Mauerwerk von Balken getragen wurde, die eine Art von verlorener Schalung darstellen (Abb. 225).

Beim Entwerfen nutzten Šuchov und Gaudí die Anpassungsfähigkeit von Regelflächen an sich ändernde Randbedingungen. Die Flächen lassen sich geometrisch verzerren ohne Verlust ihrer formalen Eigenschaften. Sie lassen sich sogar kontinuierlich in andere Regelflächen verwandeln. Als Beispiel kann das Hyperboloid gelten, das sich durch Drehung der Geradenscharen

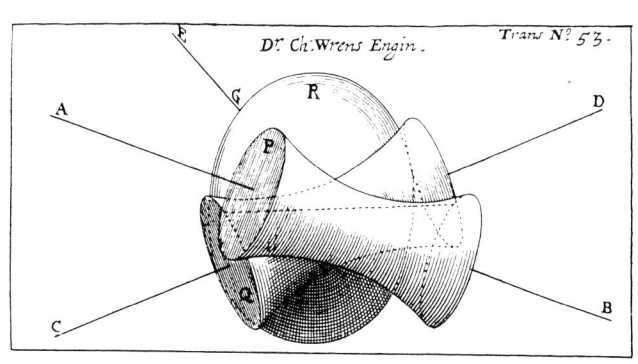

Abb. 217
Vorrichtung zum Schleifen von asphärischen Linsen. Entwurf von Christopher Wren, 1669. Frühe Verwendung des Hyperboloids
(Wren, Ch.: Philosophical Transactions. London 1669)

Abb. 218
Šuchovscher Wasserturm in Polibino (ursprünglich in Nižnij Novgorod, 1896). Erzeugung einer doppelt gekrümmten Fläche durch gerade Stabelemente (Foto: R. Graefe, 1989)

Anmerkungen

1 Fladt, K.:
Geschichte und Theorie der Kegelschnitte und der Flächen zweiten Grades,
Stuttgart 1965.
Bassegoda Nonell, J.:
Geometría reglada y Arquitectura, in:
Memorias de la Real Academia de Ciencias y Artes de Barcelona. Tercera Epoca Núm. 868, Vol XLVIII Núm. 10, Barcelona 1989.

2 Martinell Brunet, C.:
Gaudí – His Life, his theories, his work.
Barcelona 1975.
Molema, J.:
Antoni Gaudí, een weg tot oorspronkelijkheid (Diss.),
Delft 1987.
Tarragó, S.:
Gaudí entre la estructura y la forma,
in: Architecture and Urbanism, Tokyo: December 1977,
S. 13–59.

3 Bassegoda wies auf eine durch ein Foto belegte, sehr frühe Anwendung der HP-Form von Gaudí hin:
1884 baute Gaudí ein Gartenhaus in der Finca Güell, ein Mirador mit Konsolen in HP-Form. Vergl. dazu die Abb. auf S. 462
in: Bassegoda Nonell (a. a. O.).

4 Tomlow, J.:
Neue Interpretation von Gaudís Entwurf der Franziskaner-Mission in Tanger,
in: Zur Geschichte des Konstruierens (Hg. Graefe, R.), Stuttgart 1989.

entlang den begrenzenden Kreisen zum einen in einen Zylinder, zum anderen in einen Doppelkegel verwandeln läßt. Es ist bekannt, daß Šuchov bei seiner Entwurfsarbeit für Gitterürme diesen Effekt der kontinuierlichen Verzerrung mit einem kleinen verdrehbaren Modell studierte.

Die schiefwinkligen Wände und sich verzweigenden Stützen in Gaudís Entwürfen mußten – bedingt durch sein methodisches Vorgehen – während der Überarbeitung des Entwurfs oftmals geändert werden. Ein Gipsmodell (Abb. 223) zeigt das Variationsspektrum der Anwendung der Regelflächen im Innenraum der Sagrada Familia.

Für eine Zeit, in der der Maschinenbau in voller Entwicklung war, drängt sich der Bezug zwischen Maschinenbau (Mechanik) und Ingenieurbau (Statik) auf. Bestimmte Vorgänge aus der Mechanik erlauben tatsächlich eine tiefere Einsicht in die Regelflächengeometrie. Als Beispiele seien genannt: die Rotation (Drehen), die Translation (Verschiebung entlang einer Geraden oder Kurve) und die Schraubbewegung. Von Šuchov und Gaudí wurde diese Art der Formerzeugung vielfach erfolgreich zur Entwicklung neuer Konstruktionsformen angewandt.

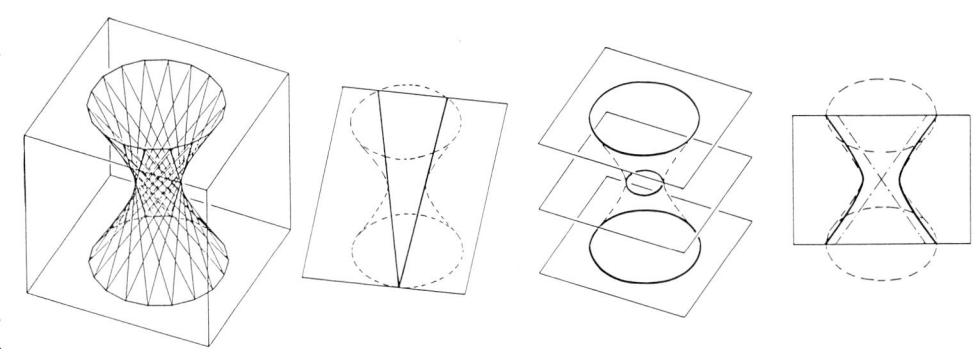

Abb. 219
Das Hyperboloid und seine charakteristischen Schnitte: Gerade, Kreis, Hyperbel
(Zeichnung: J. Tomlow)

Šuchov hat die Form der verglasten Kuppel über der Eingangshalle des Rohrwalzwerks in Samara aus Rotations-Ellipsoiden gebildet (Abb. 86). Gaudí hat des öfteren das Rotations-Paraboloid und den Kegel als günstige Tragform gewählt,[4] die erstgenannte Form z. B. für den oberen Teil der Türme in der Querschiffassade der Sagrada Familia. Sie sind mehr als 100 m hoch und gehören zu den schlanksten Türmen, die je in Stein ausgeführt worden sind.

Die grafische Statik, die zu jener Zeit schon ausgereift war, führte den Ingenieur und den ingenieurmäßig arbeitenden Architekten zu Formen, die nicht aus der Geometrie, sondern aus dem Kraftfluß entstanden. Das sind Formen, die nicht von vornherein in ihren Proportionen festgelegt sind, wie z. B. das Quadrat, der Kreis, oder der Spitzbogen, sondern, von dieser Einschränkung befreit, sich über ein statisches Verfahren, in Einklang mit den auf die Konstruktion wirkenden Kräften, erzeugen lassen.

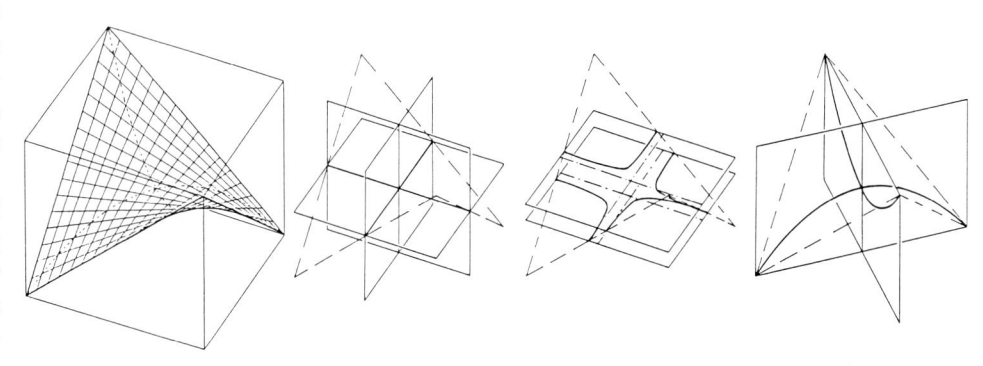

Abb. 220
Das hyperbolische Paraboloid (HP) und seine charakteristischen Schnitte: Gerade, Hyperbel, Parabel
(Zeichnung: J. Tomlow)

Bei der Umsetzung der Ergebnisse der grafischen Statik in die Baupraxis stellte sich heraus, daß die Berechnungsmethoden nur im mathematischen Sinne exakt, nicht aber im Bezug auf alle real angreifenden Kräfte oder das Materialverhalten waren. Man wurde sich bewußt, daß die statische Berechnung eine Vereinfachung darstellte, deren Ergebnis nur mit Sicherheitsreserven realisiert werden konnte. Aus diesen Gründen waren mit Einschränkungen auch Abweichungen in der Konstruktionsform, d. h. alternative, dem Ideal bloß ähnliche Formen, durchaus zulässig.

Šuchov und Gaudí fanden in den Regelflächen derartige alternative Formen, die einerseits die Befreiung von alten Formen zugunsten anpassungsfähigerer und sta-

Abb. 221
Montageplan des Wasserturms in Ivanovo-Voznessensk, Abwicklung mit Angaben der Verbindungsstellen und Montagestöße
(Zeichnung Baubüro Bari).

Da das Hyperboloid eigentlich nicht abwickelbar ist, sind die geraden Stäbe geknickt und gestreckt wiedergegeben (Archiv Akad. d. Wiss. 1508-2-38 Blatt 19)

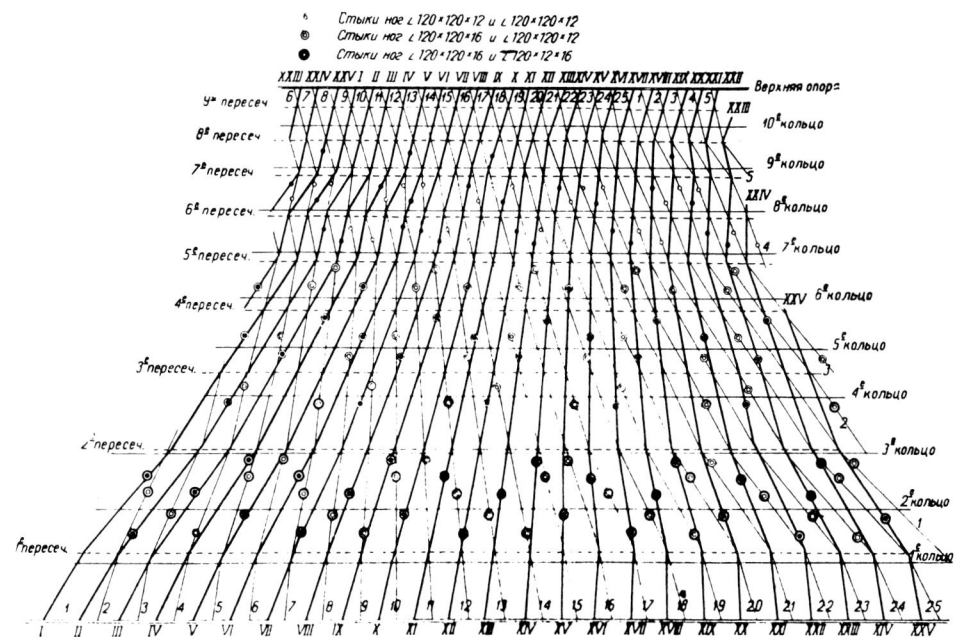

Abb. 222
Verwindung gerader Stabelemente mit eckigem Profil, übertrieben dargestellt. Nicht verwundenes Rohrelement.
(Zeichnung: J. Tomlow)

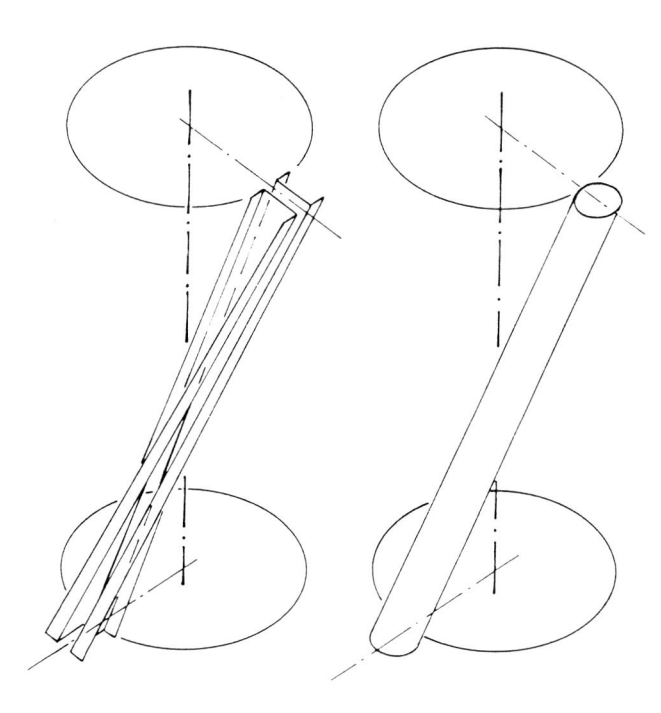

tisch günstigerer Formen bedeuteten und andererseits dennoch leicht erfaßbar und geometrisch klar beschreibbar und somit einfacher herzustellen waren. Dabei sei darauf hingewiesen, daß insbesondere Gaudí, aber auch Šuchov daneben auch Formen entwickelten, die konstruktiv zumindest näherungsweise optimale Lösungen darstellten. Das trifft auf Gaudís Gewölbeentwürfe mit Hilfe von Hängemodellen und auf Šuchovs Hängedächer zu.

In Šuchovs Werk nehmen in Zusammenhang mit der Anwendung von Regelflächen die Türme mit Hyperboloid-Form einen besonderen Platz ein. Das Hyperboloid wird bei Turmkonstruktionen in erstaunlicher Vielfalt und für die unterschiedlichsten Zwecke verwendet. Grundtyp ist ein Hyperboloid, dessen beide Geradenscharen aus Stahlprofilen bestehen, die miteinander vernietet sind. Die eine Schar befindet sich innerhalb, die andere außerhalb der geometrischen Ausgangsfigur. Die geraden Profile sind im Fundament und am oberen Turmrand an einem Ring befestigt. Dieser Ring ist im Normalfall auf Zug belastet, wurde aber, um unregelmäßige Lastverteilungen aufnehmen zu können (z. B. infolge von Windlast), biegesteif ausgeführt.[5] Die geraden Profile sind mit weiteren Ringen, die regelmäßig über die gesamte Turmhöhe verteilt sind, verbunden. Sie sind über die kurzen Strecken zwischen den Verbindungsstellen auf Biegung belastbar und bilden mit den geraden Profilen Dreiecke, die das Gitter erst verformungssteif machen (Abb. 218). Interessant ist, daß die Ringe vorzugsweise zwischen und nicht an den Kreuzungsstellen der beiden Geradenscharen angeordnet worden sind. Weil immer nur zwei Elemente in einem Knotenpunkt verbunden wurden, konnte die Konzentration der Lasten verringert werden. Die sorgfältige Planung der Plazierung von Ringen, Kreuzungsstellen und Stoßverbindungen in den geraden Profilen kann man dem Montageplan (Abb. 221) entnehmen.

Um eine stabile Gesamtform zu erhalten, ist der obere Ring immer kleiner als der untere. Bei den besonders hohen Türmen, die aus einer Addition übereinandergestapelter Hyperboloide bestehen, ergibt das eine kegelähnliche Gesamtform. Im Oberteil kommt es dabei manchmal zu einer Halbierung der Anzahl der geraden Stabelemente.

Die Šuchov-Türme wurden aus Winkeleisen oder doppelten U-Profilen gebaut. Die Lage und Ausrichtung dieser Profile wird von der Hyperboloid-Form bestimmt. Um die Außenflächen der Winkel- oder U-Profile an den Kreuzungsstellen flächig miteinander verbinden zu können, mußten sie über ihre gesamte Länge leicht verwunden werden (Abb. 222). Die große Schlankheit der verwendeten Profile erleichterte die schrittweise Verwindung der Profile während der Montage. Durch die Verwindung wurde eine zusätzliche Aussteifung der Konstruktion bewirkt.

Im Plan der Patentschrift für Hyperboloid-Türme (S. 177) weisen die Stabelemente runde Querschnitte auf. Im

Abb. 223
Sagrada Familia in Barcelona,
Gipsmodell des Projekts,
Antoni Gaudí, um 1925
(Rekonstruktion). Blick in das
Obergeschoß des Seitenschiffs
(Foto: P. Bak, 1981)

Text werden sie u. a. als Rohre bezeichnet. Bei rundem Querschnitt würde sich ein Verwinden der Stabelemente erübrigen, weil sich das Verbindungsdetail um das runde Profil beliebig ausrichten läßt (Abb. 222). Aus Rohren wurden nach diesem Prinzip Gittermasten auf Kriegsschiffen gebaut (Abb. 215).

Es gibt einen anderen Bautyp Šuchovs, der in enger Verwandtschaft zu den Hyperboloid-Türmen steht: das runde Hängedach, das an anderer Stelle schon beschrieben wurde.[6] Die tragenden Teile bestehen aus Stahlbändern, die zwischen zwei Ringen auf Stützen hängen (Abb. 31 und 43). Statt einer aus dem Mittelpunkt ausgehenden radialen Anordnung dieser Bänder entschied sich Šuchov für ein Netzwerk, das wie beim Hyperboloid-Turm aus zwei gegenläufigen Scharen, hier aus durchhängenden Bändern, besteht. Die geometrische Form dieser Hängedächer ist ein Katenoid, die Rotationsform der Kettenlinie.

Die Intensität, mit der Gaudí sich mit den Regelflächen beschäftigte, läßt sich nirgendwo besser studieren als im Innenraum der Sagrada Familia, seines Hauptwerks. Alle Oberflächen muß man sich als vollständig aus Regelflächen gebildet vorstellen (Abb. 223). Konsequent wurde die kleine Schule neben der Sagrada Familia (1909–1910) aus Regelflächen konzipiert. Die gewellte Dachform wird durch Balken erzeugt, die auf einem geraden Längsbalken in der Gebäudemitte aufliegen (Abb. 224 und 225). Die Dachfläche selbst besteht aus wenigen Schichten von Flachziegeln in katalanischer Mauerung. Die Außenwand aus dünnem Mauerwerk ist nach einem ähnlichen Prinzip wie die Dachfläche aus Konoiden geformt und stellt konstruktiv ein Faltwerk dar. Der geschwungene Baukörper ist ableitbar aus den einfachen Proportionen 1:2:4.[7]

Der Entwurf für die Kirche der Colonia Güell (1898–1914) basiert auf einem Hängemodell,[8] einem modellstatischen Optimierungsverfahren für druckbeanspruchte Konstruktionen. Der Entwurf bestand aus schiefwinkligen Gewölbefeldern, sich neigenden Bögen, schiefen Stützen und gefalteten Wandflächen. Gebaut wurde nur das Untergeschoß, das ein seltenes Meisterwerk des Backsteinbaus darstellt. Bei der konstruktiven Detaillierung löste Gaudí die komplizierten Bauformen unter anderem mit Hilfe des hyperbolischen Paraboloids. Die gefaltete Wand der Krypta wurde aus dreieckigen Flächen, aber auch aus windschiefen viereckigen Flächen gebildet, wobei HP-Flächen dadurch erzeugt wurden, daß die Backsteine Schicht für Schicht allmählich verdreht wurden. Die unregelmäßigen Jochfelder in der Säulenhalle vor der Krypta wurden mit HP-Gewölben geschlossen (Abb. 226).

Interessant sind die Unterschiede im Vorgehen Šuchovs und Gaudís beim Entwickeln von Regelflächen. Šuchov analysierte seine Entwürfe mit Hilfe der Mathematik. Er erarbeitete dabei für jede Konstruktion eine spezifische Argumentationskette aus mathematischen Gleichungen. Seine publizierten Berechnungen[9] belegen eine

5   Bei einigen Wassertürmen ist nicht nur der obere Ring biegesteif ausgeführt. Zusätzlich wurden auf verschiedenen Ebenen Aussteifungsverbände mit zwei verdrehten, sich überlagernden Fünfecken angebracht. Bei Reparatur- und Restaurierungsmaßnahmen an Šuchov-Türmen sind später ähnliche Aussteifungen angebracht worden.
6   Dazu N. Smurova, S. 165.
7   Molema (a. a. O.), Abb. 546.
8   Graefe, R., J. Tomlow, A. Walz: Ein verschollenes Modell und seine Rekonstruktion, in: Bauwelt 15/1983, S. 568–573.
Tomlow, J.: Das Modell – Antoni Gaudís Hängemodell und seine Rekonstruktion – Neue Erkenntnisse zum Entwurf für die Kirche der Colonia Güell (Diss.), Mitteilungen des Instituts für leichte Flächentragwerke (IL) Band 34, Stuttgart 1989.
9   Dazu Šuchov, S. 177.

wissenschaftliche Arbeitsweise, die die Basis für konstruktive Erneuerungen war. Keine Entwurfsentscheidung wurde ohne rechnerische Analyse des einzelnen Bauelements im Bezug zur Gesamtkonstruktion getroffen. Der Sorgfalt dieser Arbeitsweise ist es zu verdanken, daß es Šuchov gelang, sichere Konstruktionen mit einem derart geringen Materialaufwand zu bauen. Sie bestechen außerdem durch ihre elegante Formgebung (Abb. 206), die nicht allein das Resultat von Berechnungen ist.

Gaudí hatte im Unterschied zum Analytiker Šuchov eine ausgesprochen synthetische Arbeitsweise, wie er selbst in Äußerungen zu seinen Entwurfstheorien bestätigt hat.[10] Dementsprechend ist die Anwendung einer Bauform niemals nur konstruktiv bedingt, sondern immer auch integriert in die künstlerische Gestaltung des Bauwerks, wobei eine erstaunlich breite Palette von Materialien benutzt wird.

Trotz dieser Unterschiede haben beide, der Ingenieur und der Architekt, die wesentlichen Eigenschaften und Möglichkeiten der Regelflächen lange vor allen anderen erkannt. Bedeutende Architekten wurden von diesen Pionieren beeinflußt: Leonidov begeisterte sich für Šuchovs Hyperboloid, Le Corbusier wies in Zusammenhang mit der Anwendung von Regelflächen in eigenen Entwürfen auf seine Skizze von Gaudís Schule bei der Sagrada Familia hin. Der bekannteste Gestalter von Schalen in Form hyperbolischer Paraboloide, Felix Candela, bezieht sich auf Gaudí, obwohl er dessen vermeintlichen Formalismus ablehnt.

Auffallend ist, daß Regelflächen – abgesehen von vereinzelten Versuchen – erst in den fünfziger und sechziger Jahren als Bauform vorübergehend in Mode gerieten und breitere Anwendung fanden.[11] Damals wurden Beton- und Holzschalen in großen Mengen und in zahlreichen Variationen gebaut.[12] Bei der Gestaltung dieser Bauten vermißt man häufig die sichere Hand der Pioniere Šuchov und Gaudí.

Abb. 224
Schule bei der Sagrada Familia in Barcelona, Antoni Gaudí, 1910. Blick auf die geschwungene Dachfläche
(Foto: P. Bak, 1981)

Abb. 225
Schule bei der Sagrada Familia in Barcelona, Antoni Gaudí, 1910. Erzeugung der geschwungenen Dachfläche durch die Unterkonstruktion aus geraden Balken
(Zeichnung: Gaudí-Gruppe der TH Delft)

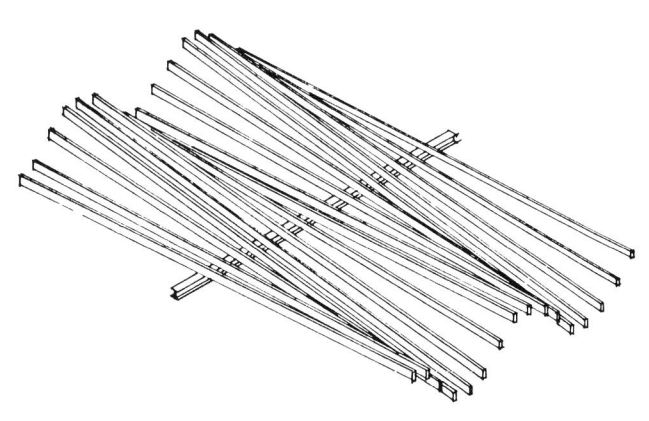

Abb. 226
Kirche der Colonia Güell, bei Barcelona, Antoni Gaudí, 1914. Vorhalle mit Wölbflächen in HP-Form. Die Kreuze auf den Wölbflächen entsprechen zwei der Geraden, welche die Regelflächen erzeugen
(Foto: A. Walz, 1984)

10 Tomlow, Das Modell (a.a.O.), S. 234f.
11 Ein frühes einzelnes Beispiel ist der erste Beton-Kühlturm in Hyperboloidform in Heerlen-Treebeek, Holland (Entwurf von ir. K. van Iterson und Kuyper).
Er wurde schon 1916 gebaut. Vergl. Nic. H. M. Tummers, in: Architektuurkaart van Heerlen, Stichting/ Tijdschrift Oase, Delft 1987.
12 Faber, C.: Candela und seine Schalen, München 1965.
Joedicke, J.: Schalenbau – Konstruktion und Gestaltung, Stuttgart 1962.

Abb. 227
Aufstellung eines Strommasts der Fernleitung Svir' – Leningrad, 1930–1932. Die Masten (maximale Höhen 40 m und 63 m) wurden am Boden liegend montiert und mit Hilfe eines Gittermasts (»fallender Arm«) und Seilzügen aufgerichtet
(Kovel'man, G. M. 1961 [a.a.O.], S. 231–240 und Abb. 19)

Abb. 228
Aufstellung eines Strommasts der Fernleitung Svir' – Leningrad, 1930–1932. Blick auf den Hilfsmast
(Kovel'man, G. M. 1961 [a.a.O.], Abb. 127)

Abb. 229
Erstes Windkraftwerk der Welt, 100 kW Leistung, Standort Krim, gebaut 1937. Turmkonstruktion von Šuchov
(BSE 2. Aufl., Bd. 7, S. 597, Foto: Sammlung F. V. Šuchov)

115

Šuchovs Beitrag zur Entwicklung des Erdölwesens

Natal'ja L. Čičerova

Im Erdölwesen sind viele von Šuchovs Neuerungen bis heute Lösungen von grundlegender Bedeutung geblieben. Seine Vorstellungen werden bei Förderung, Transport, Lagerung und Verarbeitung von Erdöl und Erdölprodukten weiterhin genutzt.[1] Viele Jahre seines Schaffens verbanden Šuchov mit dem Erdölwesen. Bereits 1878 arbeitete er in Baku, der Wiege der russischen Erdölindustrie. Der sich rasch entfaltende neue Industriezweig brachte eine riesige Menge von Aufgaben mit sich, deren Lösung originelle Vorgehensweisen erforderte. Unter derartigen Bedingungen kamen Šuchovs Fähigkeit, sich tief ins Wesen eines Problems hineinzudenken, sowie sein am Moskauer Polytechnikum erworbenes Ingenieurdenken und sein angeborener Erfindergeist in einer Reihe von Techniken voll zur Entfaltung.

Eines der aktuellsten Probleme war der Transport des Erdöls vom Ölfeld zur Raffinerie. Der weitverbreitete Transport mit Pferdewagen war fast zehnmal so teuer wie das Erdöl selbst. Bereits 1863 hatte D.I. Mendeleev bei seinem Aufenthalt in Baku und bei der Besichtigung der Erdölverarbeitungsfabrik in Sucharansk den Bau von Rohrleitungen empfohlen, um das Erdöl direkt von den Erdölfeldern in die Fabrik zu pumpen. Er konnte Notwendigkeit und Nutzen überzeugend nachweisen. Aber erst 1878 entschied man sich in Rußland für den Bau von Erdölleitungen.

Mit der Durchführung dieser komplizierten Aufgabe befaßte sich der damals 25jährige Ingenieur Šuchov. Der junge Berufsanfänger plante und baute in unglaublich kurzer Zeit – in einem Jahr – die erste Erdölleitung des Landes. Von den Erdölfeldern in Balachany gelangte nun das Erdöl durch eine 10 km lange Rohrleitung mit 7,6 cm Durchmesser nach Černyj Gorod (bei Baku). Bereits im folgenden Jahr ging die zweite Rohrleitung Balachany – Černyj Gorod in Betrieb und pumpte das Erdöl in gleichen Rohren über 12 km Entfernung. In gleichem Tempo wurden noch drei weitere Rohrleitungen verlegt: Balachany – Sucharansk, Sucharansk – Zychskaja Kosa, Balachany – Černyj Gorod. Bei Planung und Bau stellten sich Šuchov völlig neue Aufgaben. Die Hydraulik-Lehre jener Jahre ging von der Theorie der idealen Flüssigkeit (nicht kompressibel und nicht viskos) aus. Sie war in der Praxis des Erdöltransports mit Hilfe von Rohrleitungen nicht verwendbar. Die Widerstandswerte von in Rohren bewegten Flüssigkeiten mußten je nach Flüssigkeitseigenschaften und nach Bewegungsart bestimmt werden. Diese grundlegend wissenschaftliche Arbeit leistete Šuchov. Er schlug vor, das Masut, ein noch viskoseres Erdölprodukt als Erdöl selbst, vor dem Umpumpen mit dem beim Pumpen anfallenden Dampf zu erwärmen.

In Amerika wurde in jenen Jahren schwerem Erdöl, das umgepumpt werden sollte, Wasser zur Verringerung der Viskosität beigegeben. Es ist interessant, daß man mit dem Erwärmen von Erdöl und von Erdölprodukten zu diesem Zweck in den USA wesentlich später begann. Hat also Amerika im Bau von Pipelines den Vorrang, so gebührt dieser beim Umpumpen von Erdölprodukten durch Vorwärmen durch Šuchovs Leistungen unstrittig Rußland.

Šuchov machte zahlreiche Versuche an den neu gebauten Erdölleitungen, untersuchte das Verhalten von Erdöl und Erdölprodukten und entwickelte schließlich eine Formel zur Berechnung der Bewegung von Erdöl in Rohren, zur Planung von Masutleitungen u.ä. Er stellte die Abhängigkeit zwischen Flüssigkeitsdurchgang, Flüssigkeitsdruck, Rohrdurchmesser und Länge der Rohrleitung fest. Er bestimmte die günstigste Pumpgeschwindigkeit. Dabei verwendete er erstmals diese von ihm experimentell ermittelten Werte der physikalischen Eigenschaften der zu transportierenden Flüssigkeiten, unter Berücksichtigung der Wirtschaftlichkeitsfaktoren, bei der Wahl der optimalen Geschwindigkeit (1.2; 1.6). Für komplizierte Rohrleitungsabschnitte entwickelte er parallele Rohrschleifen, Loopings, um den Durchlaß der Rohrleitung zu vergrößern (1.23). Später, im Jahre 1924, setzte er seine gesamten Erfahrungen ein, um die Erdölleitungen Baku – Batumi (883 km) und Groznyj – Tuapse (618 km) zu bauen. Seine Planungs- und Berechnungsmethoden werden auch heute noch beim Bau von Pipelines benutzt. Die von ihm entdeckten Gesetzmäßigkeiten und abgeleiteten Formeln, die überall in der Welt Verwendung finden, veranlaßten den berühmten Wissenschaftler L.S. Lejbenzon, Šuchov als den Begründer der internationalen Erdölhydraulik zu bezeichnen.

Šuchovs Lösungen entstanden auf solider wissenschaftlicher Grundlage. Seine Konstruktionen entwarf er nach den Prinzipien der Einfachheit, Wirtschaftlichkeit, technologischen Schlüssigkeit und bequemen Benutzbarkeit. Alles wurde im voraus bedacht. Wenn er einen Plan in die Praxis umsetzte, experimentierte und beobachtete er, sammelte alle möglichen Daten zur Lösung ähnlicher Probleme und machte dabei häufig neue Entdeckungen. Auf diese Weise konnten die ungewöhnlichen Fähigkeiten Šuchovs als Wissenschaftler und Konstrukteur sich rationell verwirklichen und eine organische Einheit von theoretischer und praktischer Denkweise sich ausbilden.

Wenn er an einem großen Problem arbeitete, ließ der Ingenieur unbedeutendere nicht aus dem Auge, z.B. die nach seiner Überzeugung nicht weniger wichtige Frage, wie man die Erdölreste am effektivsten abbrennt. Das Masut, das als Nebenprodukt bei der Erdölgewinnung galt, war für die Fachleute wegen seines hohen Brennwerts interessant (dreimal höher als Holz und anderthalbmal höher als Kohle). Die Suche nach einem Verfahren, es vollständig und gefahrlos zu verbrennen, war jedoch lange Zeit ergebnislos. Bei der bislang besten Lösung, einer von A.I. Spakovskij 1866 entwickelten Zerstäuberdüse, hatte der aus der Düse austretende Dampfstrom teilweise bereits seine Kraft verloren, wenn er auf das Erdöl traf. Auch in den vielen nachfolgenden

Abb. 230
»Düse nach dem System
V. G. Šuchovs«.
Zeichnung des Baubüros Bari,
1881, mit handschriftlicher
Korrektur Šuchovs
(47,8 x 33,4 cm,
Archiv Akad. d. Wiss.
1508-1-42 Nr. 2)

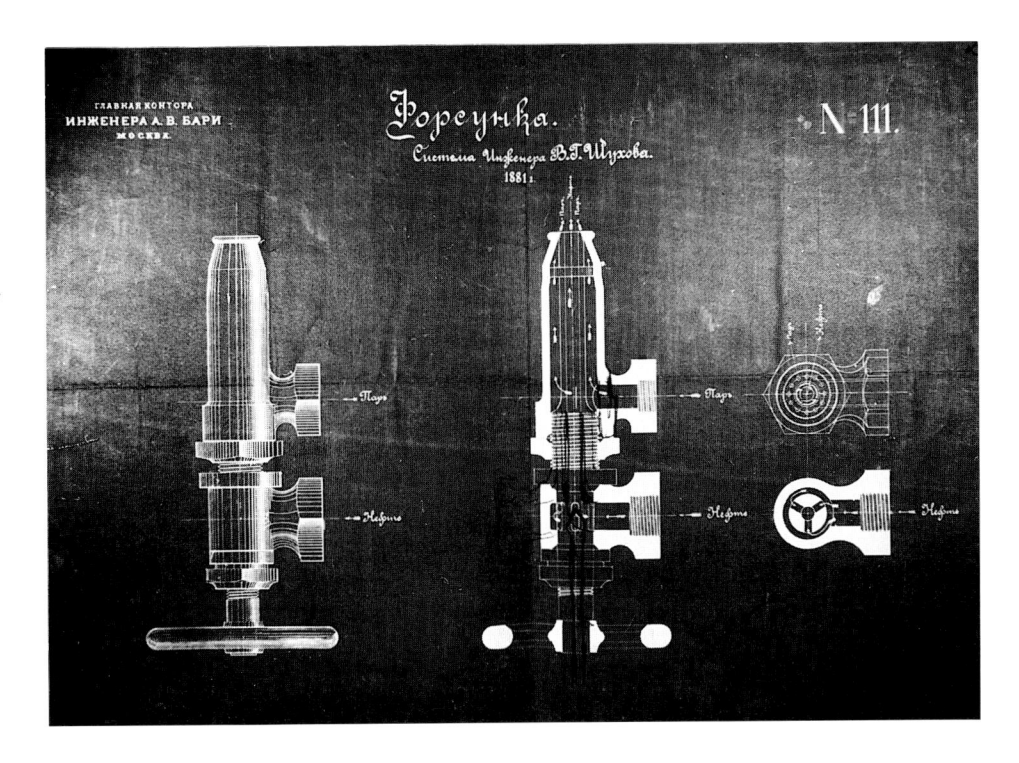

Erfindungen konnte dieser Mangel nicht behoben werden. Šuchov versuchte, eine Lösung zu finden.[2]
Bereits 1876, während des Studiums, hatte er eine Düse zum Verbrennen von Flüssigbrennstoffen ausgedacht und eigenhändig gebaut. Im Moskauer Polytechnikum waren praktische Prüfungen in verschiedenen Handwerksberufen obligatorisch (Dreher, Schlosser, Schmied, Modellbauer, Eisengießer). Wahrscheinlich war diese Düse eine derartige Prüfungsarbeit und die erste eigene Konstruktion des künftigen Ingenieurs. In Baku vervollkommnete Šuchov diese Düse. Der mit großer Geschwindigkeit aus einem engen Spalt austretende Dampfstrom traf auf den Masutstrom und zerstäubte ihn maximal (Abb. 230). Die Düse gewährleistete dadurch eine Verbrennung ohne Ruß und Abfälle. Nach L.S. Lejbenzon nutzte Šuchov lange vor der Erfindung der »Laval-Düse« gleiche Ideen. Die Düse wurde in Tausenden von Exemplaren produziert und nicht nur in Rußland, sondern auch im Ausland häufig verwendet.[3]
1880 ging Šuchov wieder nach Moskau, aber mit den Problemen des Erdölwesens befaßte er sich noch oft in seinem Leben. Nicht nur der horizontale Transport von Flüssigkeiten an der Erdoberfläche interessierte den Ingenieur, sondern mindestens genauso ihre Förderung aus dem Erdinnern. Damals wurde das Erdöl auf den Ölfeldern mit Schöpfbüchsen gefördert. Dieses Transportsystem war nicht geschlossen. Deshalb verflüchtigten sich die wertvollsten leichten Erdölfraktionen. Dies war bei weitem nicht der einzige Mangel dieses Verfahrens (Tartanverfahren). Durch Austausch der Schöpfbüchsen gegen Tiefenpumpen hätte man eine abgeschlossene Ausbeutung der Bohrlöcher erreichen, ihren Durchmesser verringern, die Konstruktion vereinfachen und den Aufwand an Werkstoff, Energie und Arbeitskraft vermindern können. Die Aufgabe, eine Bohrlochpumpe zu entwickeln, reizte viele Fachleute. Auch Šuchov versuchte, sie zu lösen.[4]
Er berechnete die Konstruktion einer Schnürpumpe und baute und erprobte sie 1886 bei Podol'sk an einem Wasserbohrloch. Wichtigstes mechanisches Teil war das schnellaufende Endlosband, das die Flüssigkeit mitnahm. Die Pumpe bewährte sich und förderte Wasser aus 36 m Tiefe. 1890 entwickelte er eine Trägheitskolbenpumpe. Sie besaß ein Ventil und eine flexible Pleuelstange, die beim Senken des Kolbens gespannt blieb. Die Pumpe war relativ einfach, von kleinem Durchmesser, konnte in große Tiefen abgelassen werden und große Mengen fördern. Bei ihrem Entwurf war Šuchov, wie bei vielen anderen Problemen, vollkommen neue Wege gegangen. Während andere Fachleute Jahre vertaten, um die Festigkeit des Pumpengestänges zu erhöhen und seinen Durchmesser zu vergrößern, ersetzte er einfach die starre Konstruktion durch eine flexible. Dadurch hatte er auf wissenschaftliche Weise eine originelle Pumpentheorie begründet.
Noch in Baku kam Šuchov die Idee, durch Druckluft Erdöl aus den Bohrlöchern zu fördern. Šuchov konstruierte eine Airlift-Pumpe – eine geistreiche Lösung, die aber damals noch keine große Verwendung fand. Ein Kompressionsverfahren, das nach demselben Prinzip und mit gleichen technischen Details gebaut wird, das aber mit Druckgas anstelle von Druckluft funktioniert (Gaslift), nimmt heute unter den in der Erdölförderung angewandten Verfahren einen angemessenen Platz ein.[5]

Anmerkungen

1 Kovel'man, G.M. 1961 (a.a.O. – S. 9, Anm. 5).
2 Lisičkin, S.M.: Očerki po istorii razvitija otečestvennoj neftjanoj promyšlennosti. (Abhandlungen zur Entwicklungsgeschichte der russisch-sowjetischen Erdölindustrie; russ.). M.: 1954, S. 247–248.
3 Petropavlovskaja, I.A.: Vladimir Grigor'evič Šuchov (Kratkij biografičeskij očerk). (Vladimir Grigor'evič Šuchov – kurzer biographischer Abriß; dt. – UBS Nr. Ü/310, 19 S.). In: (4.1), S. 10–20.
4 Želtov, Ju.V.: Izobretenija i naučnye raboty V.G. Šuchova v oblasti neftjanoj gidravliki. (V.G. Šuchovs Erfindungen und wissenschaftliche Arbeiten auf dem Gebiet der Erdölförderung; russ.). In: V.G. Šuchov – vydajuščijsja inžener i učenyj. M.: 1984, S. 88–92.
5 K.I.: Pod''em židkostej posredstvom sžatogo vozducha. (Förderung von Flüssigkeiten durch Druckluft; russ.). In: Neftjanoe delo. M.: 1907, Nr. 5, S. 347.

Abb. 231
»Apparat zur kontinuierlichen Feindestillation von Erdöl« nach dem Patent von Šuchov und Inčik.
Patentzeichnung von 1886 (Patent Nr. 13200 vom 31. 12. 1888 [2.1])

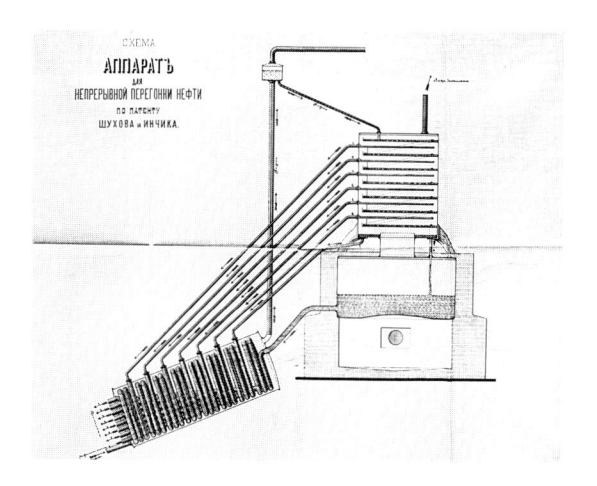

Abb. 232
»Geräte zur kontinuierlichen Feindestillation von Erdöl und ähnlichen Flüssigkeiten sowie zur kontinuierlichen Gewinnung von Gas aus Erdöl und seinen Produkten« nach dem Patent von Šuchov und Gavrilov.
Patenzeichnung von 1890 (Patent Nr. 12926 vom 27. 11. 1891 [2.3])

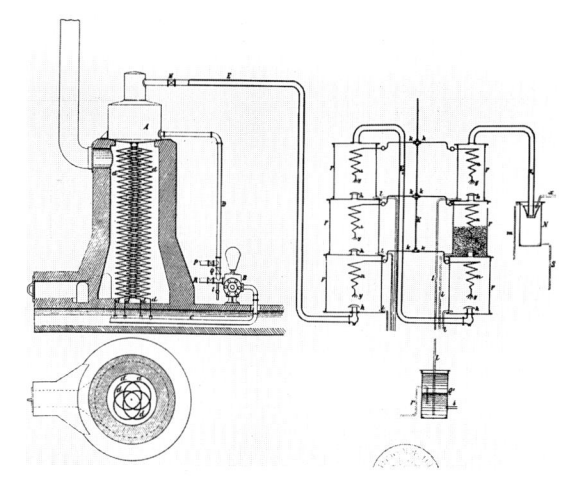

Abb. 233
Erdölraffinerie »Sovetskij kreking« in Baku, 1932.
Historisches Foto (Archiv Akad. d. Wiss. 1508-1-46 Nr. 3)

Šuchovs Beitrag zur Technik und Technologie des Erdölwesens war immens. Der wichtigste Apparat der Erdölverarbeitungsindustrie zur Zeit von Šuchovs Baku-Aufenthalt war der periodisch arbeitende Erdölboiler. Nach 14 bis 16 Stunden Erdölraffinierung wurde der Boiler abgekühlt, gereinigt und neu beschickt, was 12 bis 13 Stunden in Anspruch nahm. Diese Technologie zwang die Fachleute, nach einem neuen Verfahren zu suchen, mit dem Erdöl ununterbrochen raffiniert werden konnte.

Der von diesem komplizierten Problem faszinierte Šuchov entwickelte gemeinsam mit dem Ingenieur O. I. Elin eine Batterie aus einer Reihe miteinander verbundener Boiler, um einen kontinuierlichen Kreislauf zu erhalten, und stellte sie in der Firma der Gebrüder Nobel in Baku auf. Die Šuchov-Elin-Batterie war sozusagen zum Bindeglied zwischen der periodischen und der kontinuierlichen Raffination geworden und tat diesen Dienst bis in die dreißiger Jahre.[6]

Šuchov konnte dieser Apparat mit seinem geringen Fassungsvermögen und der geringen Leistung nicht zufriedenstellen, da er keine gründliche Erdölverarbeitung gewährleistete. So arbeitete er gemeinsam mit dem Ingenieur F. A. Inčik in dieser Richtung weiter und entwickelte 1886 einen neuen Apparat zur kontinuierlichen Feindestillation von Erdöl und ähnlichen Substanzen (Abb. 231). Durch den originellen Aufbau der Anlage konnte die Wärme der Abgase, des Masuts und der Destillatdämpfe bei vergrößerter Wärmetauscherfläche genutzt werden. Der Brennstoffverbrauch wurde auf ein Minimum reduziert. Die Anlage konnte Erdöl in großen Mengen von Leichtbenzin bis Schweröl – je nach Vorgabe der spezifischen Gewichtswerte – raffinieren. Dabei wurde der Raffinationsvorgang wesentlich beschleunigt (2.1). Nach den Plänen von Šuchov und Inčik wurde 1889 eine Erdölraffinerie gebaut, die fast ein halbes Jahrhundert lang in Betrieb war. 1888 entwickelte Šuchov einen Dephlegmator, mit dem die Erdölraffination, auch wegen der Aufspaltung der Fraktionen in leichte und schwere Substanzen, nochmals verbessert werden konnte (2.2).

In der zweiten Hälfte der achtziger Jahre leitete Šuchov im Büro Bari die Montage und das Einrichten von Dampfrohrkesseln ausländischer Firmen. Seine Abneigung gegen plumpe und komplizierte Formen und sein ständiges Bemühen, Konstruktionen noch einfacher, technisch durchdachter und betriebsgünstiger zu gestalten, zeigten sich auch im Kesselbau. Šuchov entwickelte seine eigene Variante eines horizontalen Kessels, in dem die Rohrbündel schachbrettartig und schräg zur Horizontalen angeordnet waren (Abb. 234). Die vielen kleinen Reinigungsöffnungen ersetzte er durch zwei größere Luken. Die Heizfläche konnte variiert werden, indem man die Rohrlänge veränderte oder zusätzliche Trommeln mit gleicher Rohrlänge parallel schaltete. Bereits 1891 konnte die Firma Bari die Montage von ausländischen Kesseln einstellen. 1896 erhielten die Šuchov-Kessel auf der Allrussischen Ausstellung in Nižnij Novgorod eine hohe Auszeichnung, 1900 eine Urkunde und die Große Stand-Medaille in Gold auf der Weltausstellung in Paris. Šuchov konstruierte später weitere Kessel (2.5; 2.9–2.11)

Wahrscheinlich brachte die Beschäftigung mit den Dampfrohrkesseln Šuchov auf die glückliche Idee, für die Erdölraffination einen Rohrofen zu entwickeln. Die Entwicklung einer kontinuierlich arbeitenden Rohranlage zur Verarbeitung beliebiger Erdölrohstoffe war ein logischer Abschluß seiner Beschäftigung mit der Erdölraffination. In dem gemeinsam mit dem Ingenieur und Mechaniker A. Gavrilov entwickelten Apparat wurde die Heizfläche des Destillationsboilers durch Rohre ersetzt, die gerade oder spiralförmig sein konnten. Die Zerlegung erfolgte nicht nur durch Hochtemperatur, sondern auch durch Hochdruck (Abb. 232).

Da auch diese Erfindung ihrer Zeit voraus war, wurde der Šuchov-Gavrilov-Apparat lange Zeit nicht gebaut. Erst in den zwanziger Jahren entstand ein echter Bedarf für solche Anlagen. Es gab zahlreiche Wiederholungen der Erfindung, jedoch nicht auf einem ebenso hohen technischen Niveau. Unter den amerikanischen Firmen brach ein Streit über die Urheberschaft aus. Um diesen zu schlichten, schickten die amerikanischen Firmen 1922 eine Fachkommission nach Moskau. Šuchovs Erklärungen zeigten den amerikanischen Spezialisten, wie unvollkommen die neuesten amerikanischen Patente waren und daß in dieser Frage die Urheberschaft unstritig dem russischen Wissenschaftler zustand.[7]

Von 1929 bis 1934 leitete Šuchov den Bau der von ihm entworfenen Rohr-Raffinerieanlage »Sovetskij Kreking« (Sowjetisches Krackverfahren) und setzte damit seine früheren Erfindungen in die Praxis um (Abb. 233). Die Entwicklung und Verwirklichung des Krackprozesses war der Höhepunkt von Šuchovs Arbeiten auf dem Gebiet des Erdölwesens.

6 Lisičkin, S. M.: Vladimir Grigor'evič Šuchov. (russ.). In: Lisičkin, S. M.: Vydajuščiesja dejateli otečestvennoj neftjanoj nauki i techniki. M.: 1967, S. 159.

7 Chudjakov, P. K.: Po voprosu o povtornom vyvode odnich i tech že formul i o povtornych izobretenijach. (Über erneute Ableitungen ein- und derselben Gleichungen und nochmalige Erfindungen; russ.). In: Vestnik inženerov. M.: 1926, Nr. 4, S. 214–216.

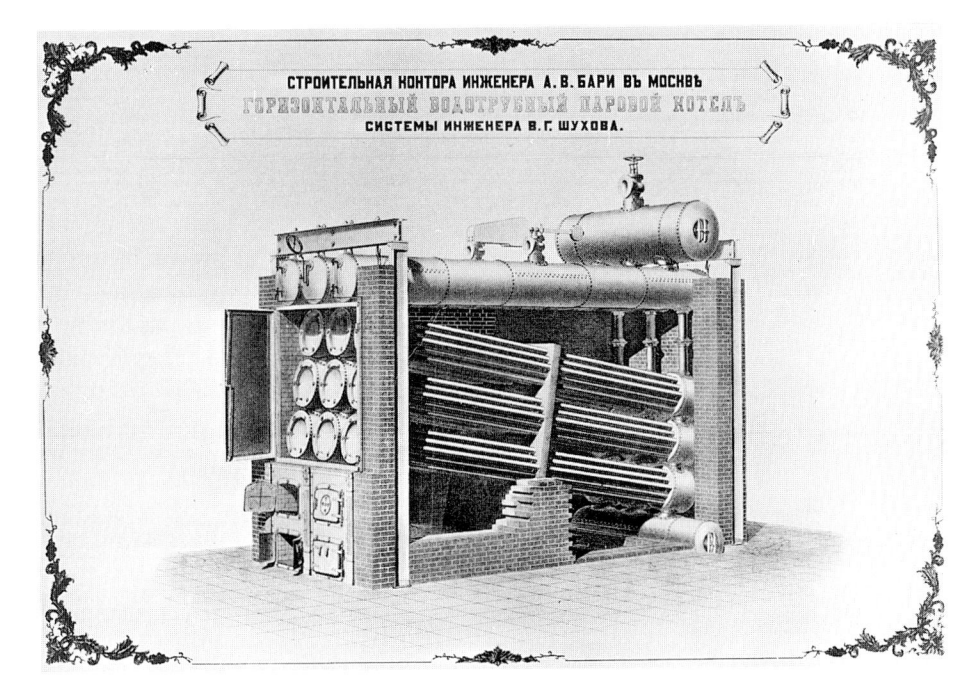

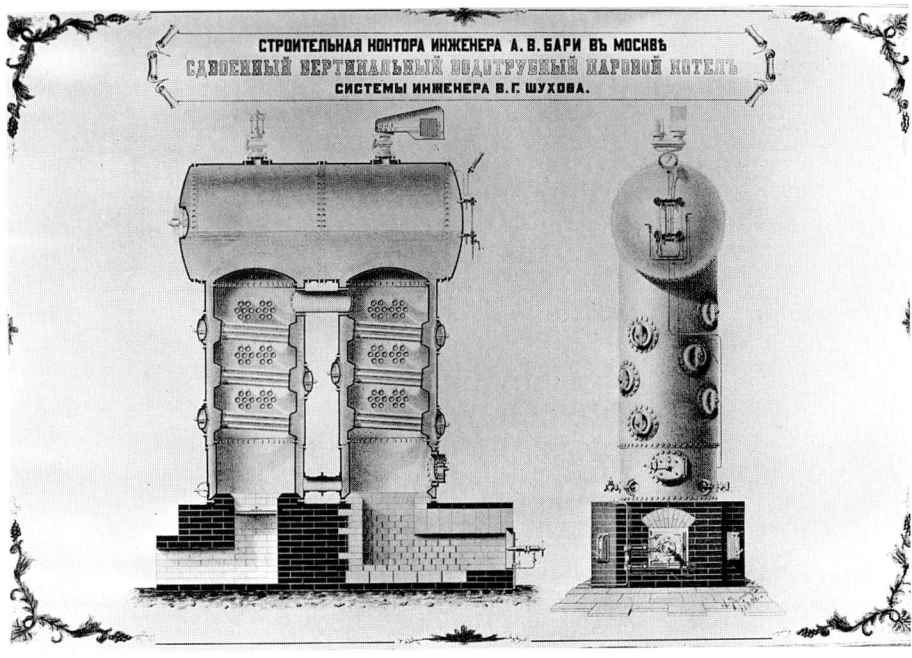

Abb. 234
Horizontaler Dampfrohrkessel des Baubüros Bari nach dem System V. G. Šuchovs. Bildtafel für die Allrussische Ausstellung in Nižnij Novgorod, 1896 (Archiv Akad. d. Wiss. 1508-1-49 Nr. 5)

Abb. 235
Vertikaler verdoppelter Dampfrohrkessel des Baubüros Bari nach dem System V. G. Šuchovs. Bildtafel für die Allrussische Ausstellung in Nižnij Novgorod, 1896 (Archiv Akad. d. Wiss. 1508-1-49 Nr. 4)

Der Behälterbau

Ekkehard Ramm

Entwicklung

1878 wird V.G. Šuchov mit 25 Jahren – er hatte zwei Jahre zuvor sein Studium an der Technischen Hochschule in Moskau abgeschlossen – als erster Ingenieur der Firma Bari in die Erdölstadt Baku geschickt. Die primitiven Verhältnisse bei der dortigen Erdölförderung müssen ihn maßgebend beeinflußt haben.[1] Das Erdöl wurde in mit Lehm abgedichteten Erdgruben und hölzernen Behältern gelagert. Šuchov begann, die ersten zylindrischen Tankbehälter aus Eisen zu bauen. Hinzu kamen die Planung und Ausführung der ersten Rohölleitungen in Rußland.

Nach zwei Jahren kehrt Šuchov in das Konstruktionsbüro der Firma Bari nach Moskau zurück und baut die Abteilung für Planung, Fertigungstechnik und Montage von Metallkonstruktionen auf. Aus dieser Zeit (1883/88) stammt die bemerkenswerte Arbeit (1.1) zur Auslegung von zylindrischen Tankbehältern, auf die noch gesondert eingegangen wird. Die große Nachfrage und die erfolgreiche Technologie führen dazu, daß bis 1917 mehr als 20000 Behälter gebaut werden.[2] Die Arbeiten gehen auch nach der Oktoberrevolution – nach der Verstaatlichung unter dem Firmennamen Parostroj – unter der Leitung von Šuchov weiter.

Zum Verständnis des Wirkens und der Persönlichkeit von Šuchov muß man versuchen, die große Breite seiner Arbeiten zu erfassen. Er war wohl das, was man heute einen Unternehmeringenieur bezeichnet. Šuchov war nicht nur Ingenieur und Techniker mit besonderem Hang zur wissenschaftlichen Begründung seiner Konstruktionen, sondern auch Unternehmer, der sich für wirtschaftliche Ausführung und optimale Arbeitsorganisation einsetzte.[3] Optimierung schien ein wesentliches Kriterium zu sein. Safargan[4] sieht bei Šuchovs Ausführungen von Metallkonstruktionen drei Prinzipien: »Werkstoffersparnis als Planungsprinzip, geringster Arbeitsaufwand als technisches Prinzip, schnelle Montage als ausführendes Prinzip.« So wird berichtet,[5] daß er nicht nur die Materialoptimierung, sondern auch die Fließbandmontage beim Tankbau eingesetzt hat (1881).

Behälterkonstruktionen

Šuchovs Konstruktionsprinzipien für zylindrische Tankbehälter sind im Grundsatz – sieht man von Details und Herstellungsunterschieden ab – bis heute im Einsatz (Abb. 239, 240). Entsprechend den damaligen Möglichkeiten wurden die großen Metallflächen aus einzelnen rechteckigen, sich überlappenden Blechen zusammengesetzt, die vernietet und anschließend wasserdicht verstemmt wurden (Abb. 237). Es ist das Verdienst Šuchovs, daß das Bodenblech direkt auf ein Sandbett aufgelegt werden konnte, welches außen durch ein solides Ringfundament gehalten wurde. Mit Hilfe der Theorie des elastisch gebetteten Balkens und seiner Differentialgleichung

$$EI \frac{d^4 y}{dx^4} = -\alpha y \qquad (1)$$

konnte er nachweisen, daß die Beanspruchung im aufliegenden Balken um so geringer ist, je nachgiebiger dieses System ist[6] (Abb. 236). Das Bodenblech hat aus Montagegründen eine Mindestdicke von 4 bis 6 mm. Das Blech wurde zunächst im gehobenen Zustand mit freiem Zugang zur Unterseite montiert und dann abgelassen.[7]

Der zylindrische Teil wird aus einzelnen sich überlappenden Schüssen (Höhe ca. 142 cm) zusammengesetzt und mit dem Bodenblech über Winkeleisen verbunden. Bei kleinen Behältern wird die Blechdicke nicht durch Festigkeitsüberlegungen aus der Beanspruchung des Innendrucks festgelegt, sondern durch die Mindestanforderungen bei der Montage (4 bis 6 mm) bestimmt. Für große Behälter wird die Blechdicke entsprechend der Beanspruchung über die Höhe abgestuft und nur im oberen Randbereich in der Mindestdicke belassen.

Als Dachkonstruktion wurde zunächst eine kegelförmige Ausführung (Abb. 141, 142) gewählt, deren dünne Dachhaut auf Sparren aus konventionellen Trägern aufliegt. Zur Stabilisierung wurden gegebenenfalls weitere Ringträger und bei großen Behältern auch eine Innenstütze oder eine Ringstützenreihe angeordnet. Eine Schalenwirkung des Daches wurde offenbar nicht angesetzt, auch wurden die Abstützung des Daches auf den Behälter konstruktiv recht filigran ausgeführt und die Dachlasten somit eher konventionell abgetragen. Eine bemerkenswerte Lösung stellte die Flachdachkonstruktion von Šuchov dar (Abb. 245), bei der die Dachfläche auf einem Sprengwerk auflag. Eine dünne Wasserschicht diente als Dichthaut gegen Gasaustritt. Zum Selbstverständnis von Šuchov gehörte es, daß er sich auch mit den Details für die Füll- und Entnahmeeinrichtungen befaßte.[8]

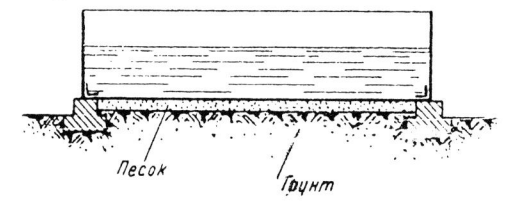

Anmerkungen

1 Safarjan, M.K. 1984 (a.a.O. – S. 9, Anm. 4), S. 72–76.
2 Kovel'man, G.M. 1961 (a.a.O. – S. 9, Anm. 5).
3 Lopatto, A.E.: Neftechranilišča. (Erdölbehälter; russ.). In: Lopatto, A.E.: Početnyj akademik Vladimir Grigor'evič Šuchov – vydajuščijsja russkij inžener. M.: 1951, S. 17–22.
4 Safarjan, M.K. (a.a.O.)
5 Safarjan, M.K. (a.a.O.)
6 Šuchov, V.G.: Die Gleichung EI d⁴y/dx⁴ = −αy in Aufgaben der Baumechanik. Moskau 1903. (1.11). Nach Lopatto (a.a.O.) ist der Nachweis 1883 erfolgt. Inwieweit Šuchov die grundlegende Arbeit über den elastisch gebetteten Balken von E. Winkler, Die Lehre von der Elastizität und Festigkeit, Prag 1867, kannte, bleibt offen.
7 Kovel'man, G.M. 1961 (a.a.O.), S. 64–88.
8 Kovel'man, G.M. 1961 (a.a.O.).

Abb. 236
Schematische Darstellung von Sandbettung und Ringfundament unter einem Behälterboden
(Lopatto 1951 [a.a.O], Abb. 2)

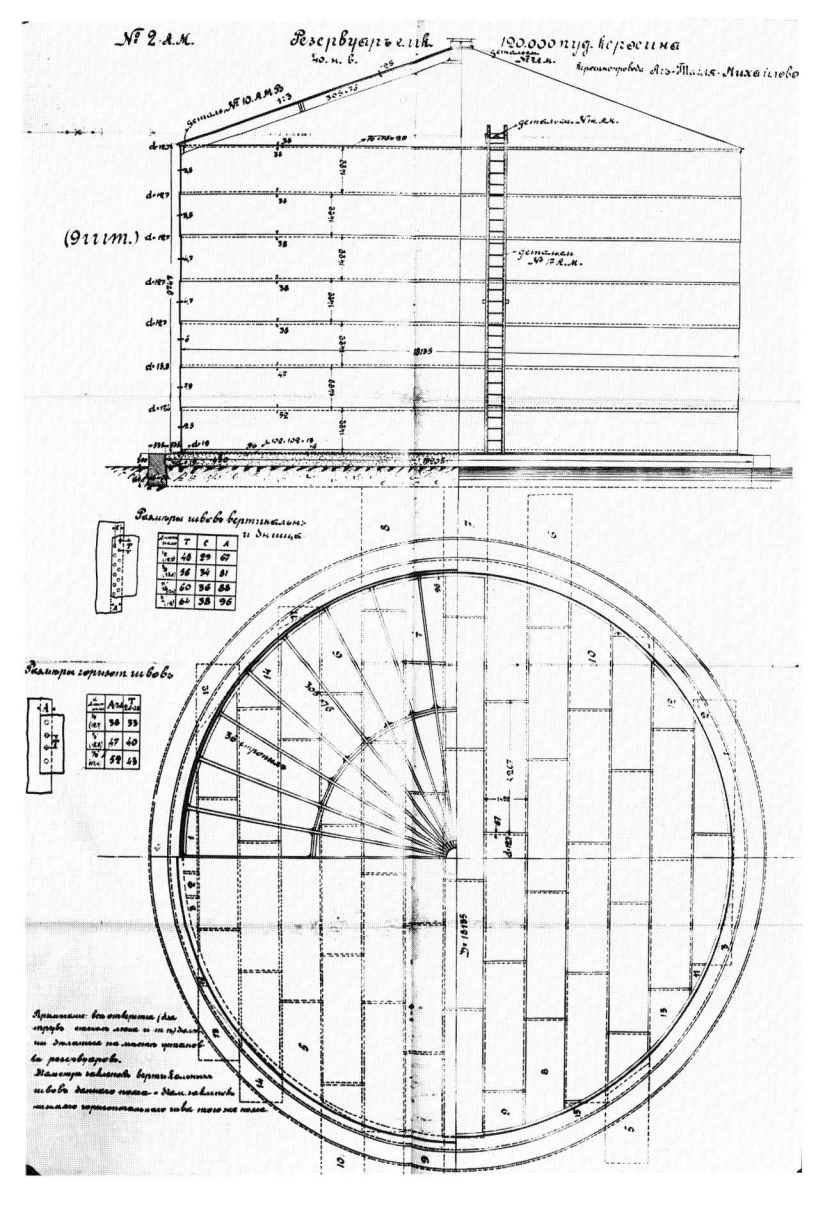

Abb. 237
Behälter für 1 956 000 Liter Kerosin, Erdölleitung Al'-Taglja – Michajlovo. Werkplan (92,5 x 65 cm, Histor. Stadtarchiv 1209-1-46 Nr. 8)

Abb. 238
Tanks eines Erdöllagers in Nižnij Novgorod, 1886/87 (100 x 53 cm, Historisches Stadtarchiv 1209-1-53 Nr. 11)

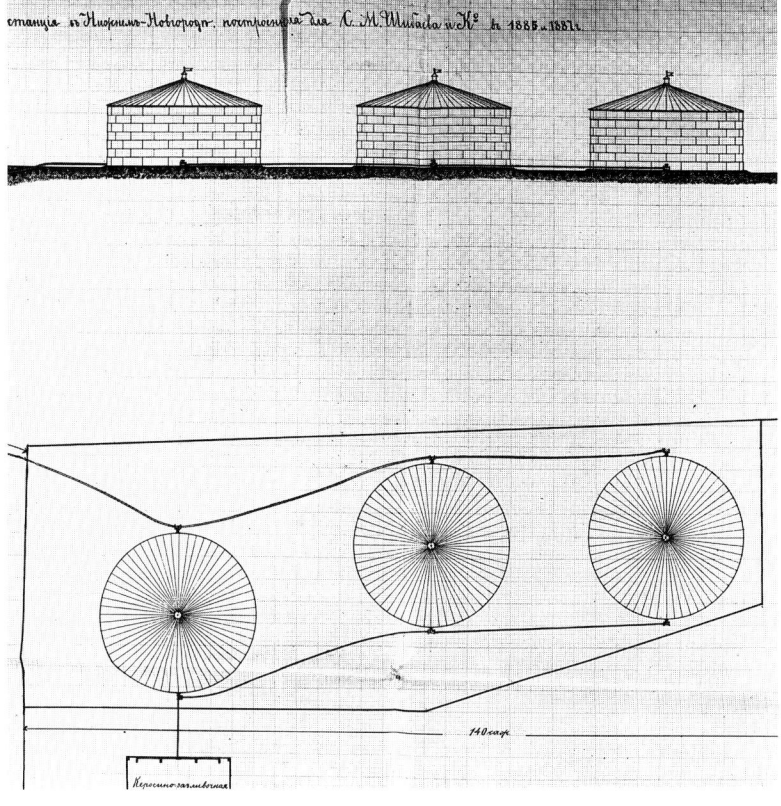

Abb. 239
Erdöllager der Gesellschaft »Neft'« in Caricyn an der Wolga (heute Volgograd). Abbildung aus einem Album des Baubüros Bari, Behälter aus den Jahren 1883–1888 mit Angaben des Fassungsvermögens (Archiv Akad. d. Wiss. 1508-1-51 Nr. 11)

Abb. 240
Zweiunddreißig Erdölbehälter mit einem Fassungsvermögen von insgesamt 163 800 000 l. Historisches Foto (Archiv Akad. d. Wiss. 1508-2-36 Nr. 23)

121

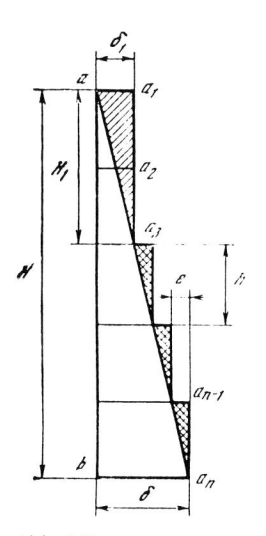

Abb. 241
Behälterwand
(Šuchov 1883, [1.1], S. 503)

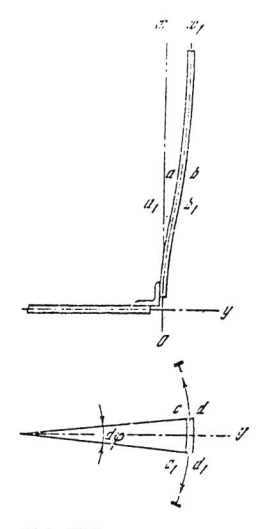

Abb. 242
Verformung der zylindrischen
Wandfläche durch Innendruck
(Šuchov 1883 [1.1], S. 526)

Materialoptimierung

1883 schreibt Šuchov einen Artikel über den minimalen Materialeinsatz bei zylindrischen Behältern (1.1), den man für die damalige Zeit sicher als eine Meisterleistung genialer Ingenieurkunst bezeichnen kann. Heute würde man die Ausführungen unter den Stichworten »Gewichtsoptimierung« und »Fully Stressed Design« ablegen.

Es wird die vereinfachende Annahme getroffen, daß das Gewicht der Dachkonstruktion sich in ein ebenes Flachdach mit entsprechender Dicke umrechnen läßt. Das Gesamtgewicht setzt sich somit aus den Boden-, Dach- und Mantelblechen zusammen. Zu unterscheiden sind Behälter mit kleinem und großem Fassungsvermögen. Die kleinen Tanks haben konstante Wanddicke, die sich nach den Montagebedingungen richtet. Die Auslegung der großen richtet sich nach der Beanspruchung aus Flüssigkeitsdruck und wird nach der bekannten Kessel- oder Ringformel vorgenommen:[9]

$$T = \frac{\gamma \cdot (H - x) R}{\delta} \quad (2)$$

mit der zulässigen Spannung T, dem spezifischen Gewicht γ der Flüssigkeit, der Behälterhöhe H, dem Radius R und der Wanddicke δ; x ist die Längskoordinate, von unten gemessen. Die einzelnen Schüsse werden abgestuft und haben im oberen, wenig beanspruchten Teil die Mindestdicke (Abb. 241).

Bei vorgegebenem Fassungsvermögen P wird das Gesamtgewicht Q in Abhängigkeit der Behälterhöhe H definiert, die als Optimierungsvariable eingesetzt wird. Die Minimalbedingung $dQ/dH = 0$ führt zu den verblüffend einfachen Aussagen:

Für den Behälter mit abgestufter Wanddicke:
– optimale Behälterhöhe: $H = \sqrt{\lambda \cdot \alpha}$ (3)

worin $\lambda = \delta_n + \delta_m$ die Summe der Dicken des Boden- und Dachbleches und $\alpha = T/\gamma$ die auf den Flüssigkeitswert γ bezogene zulässige Spannung darstellt.

– minimales Gewicht:

$$Q_{min} = \left(2\sqrt{\frac{\lambda}{\alpha}} + \frac{a}{\alpha}\right) P + \pi \cdot \delta_1^2 \cdot \alpha \quad (4)$$

mit der Schußhöhe a und der Wanddicke der oberen Schüsse δ_1. Das Ergebnis besagt, daß die optimale Behälterhöhe H nur vom Werkstoff und der Dicke der Boden- und Dachbleche abhängt, d.h. bei demselben Werkstoff und gleicher Blechdicke für alle Behälter, unabhängig vom Fassungsvermögen, gleich ist, z.B. H = 11,4 m mit 8 Schüssen für die damaligen Werte. Ferner führt die optimale Lösung, Gl. (3) zu:[10]

$$\frac{H}{\alpha} \cdot P = \frac{\lambda}{H} \cdot P \quad (5)$$

Der linke Term stellt die Materialmenge, die zur Aufnahme der Kräfte bis zur zulässigen Spannung im Zylindermantel mindestens notwendig ist (in Wirklichkeit ist die Eisenmenge wegen der Abstufung im Mantel größer). Das Materialvolumen ist gleich der Werkstoffmenge in Dach und Boden, dem rechten Term der Gleichung.

Für Behälter mit konstanter Wanddicke δ_1:
– optimale/r Behälterhöhe/radius:

$$H = \sqrt[3]{\frac{P \lambda^2}{\pi \delta_1^2 a}} \quad \text{bzw.} \quad R = \sqrt[3]{\frac{P \delta_1}{\pi \lambda}} \quad (6)$$

– minimales Gewicht

$$Q_{min.} = 3\sqrt[3]{P^2 \pi \lambda \delta_1^2} \quad (7)$$

Diesmal ist die optimale Höhe sehr wohl vom gewählten Fassungsvermögen P sowie der Mindestwanddicke δ_1 abhängig.

Die zu (5) entsprechende Gleichung lautet nunmehr

$$\delta_1 \sqrt{\pi P \cdot H} = \frac{\lambda}{H} \cdot P \quad (8)$$

Diesmal ist die halbe Eisenmenge im Zylinder gleich dem Materialvolumen in Dach- und Bodenblech.

Bemerkenswerterweise macht Šuchov im zweiten Teil seines Aufsatzes (1.1)[11] darauf aufmerksam, daß die seinen Berechnungen zugrundeliegende Annahme eines reinen Ringspannungszustands (Membranverhalten) an der Einspannstelle wegen des geometrischen Zwanges nicht gültig ist und hier Biegung auftritt, die aber sehr schnell abklingt (Abb. 242). Er leitet in korrekter Form (ohne Querdehneffekt) die zugehörige Differentialgleichung und ihre Lösung als abklingende Schwingung her:[12]

$$\frac{d^4 y}{d x^4} = -\frac{12}{\delta^2 R^2}\left\{(H - x)\frac{\gamma R^2}{E \delta} - y\right\} \quad (9)$$

$$y = (H - x)\frac{\gamma R^2}{E \delta} - e^{fx}(C \cdot \cos fx + C_I \cdot \sin fx)$$
$$- e^{-fx}(C_{II} \cdot \cos fx + C_{III} \cdot \sin fx) \quad (10)$$

wobei y die radiale Verschiebung, f der Schalenparameter $f = \sqrt[4]{3}/\sqrt{\delta R}$ und C, C_I, C_{II}, C_{III} vier Integrationskonstanten darstellen. Die Lösung wird an die Einspannung in den Boden angepaßt, ihr abklingender Charakter festgestellt und mit Recht als für die Optimierung unbedeutend eingestuft. Auf die Ähnlichkeit der Gleichungen (1) und (9) sei hingewiesen, s.a. (1.11).

Allerdings erwähnt Šuchov mit keinem Wort die aus den Momenten auftretenden Längsspannungen, die eigentlich in die Bemessung eingehen müßten. Sie sind bei den gewählten Abmessungen gering und haben den Charakter von Spannungen aus geometrischem Zwang, d.h. sie sind hier nicht von großer Bedeutung.

Viele Jahre später, 1934 (1.25), präzisiert Šuchov seine Ausführungen und fügt hier noch eine Sensibilitätsstudie an. Er beantwortet die Frage, wie sich das Behältergewicht verändert, wenn man aus konstruktiven Gründen von der optimalen Höhe abweichen muß. Er stellt fest, daß sich bei 10 % Abweichung von der Sollhöhe nach oben oder unten das Behältergewicht nur um Bruchteile von Prozenten ändert.

9   Originalbezeichnungen nach Šuchov (1.1).
10 Nach Šuchov, V.G. (1.25).
11 Šuchovs Aufsatz erscheint im Jahr 1888, in dem A. E. H. Love die erste vollständige und heute noch gültige technische Schalentheorie veröffentlicht.
12 Nach S. Timoshenko, Strength of Materials Part II, 3. Aufl. 1956, von Norstrand, Princeton/New York: »It appears that this method of analysis of the local bending in cylindrical shells was introduced by H. Scheffler, see Organ für Eisenbahnwesen 1859«. Es bleibt offen, inwieweit Šuchov hiervon Kenntnis hatte. Er selbst gibt in seinen Aufsätzen keine Referenzen an.

Abb. 243 und 244
Erdöllager in Konstantinov an der Wolga mit Fassungsvermögen von 20 208 000 l. Album mit Fotodokumentation der Bauphasen, Baubüro Bari (oben: 27. Juli 1881, unten: 5. September 1881) (Archiv Akad. d. Wiss. 1508-1-1 Nr. 3 und 4)

Abb. 245
Erdölbehälter mit Flachdach, Sprengwerk aus zentralem Blechzylinder und zwölf radialen Zugstäben. Fassungsvermögen 50 490 l. Werkplan 1895,
(Archiv Akad. d. Wiss. 1508-2-40 Nr. 109)

Abb. 246
Bau eines Erdölbehälters, Dachkonstruktion aus radialen Eisenprofilen, mit achteckiger Stützkonstruktion und zentraler Stütze. Montage aus zwei historischen Fotos
(Sammlung F. V. Šuchov)

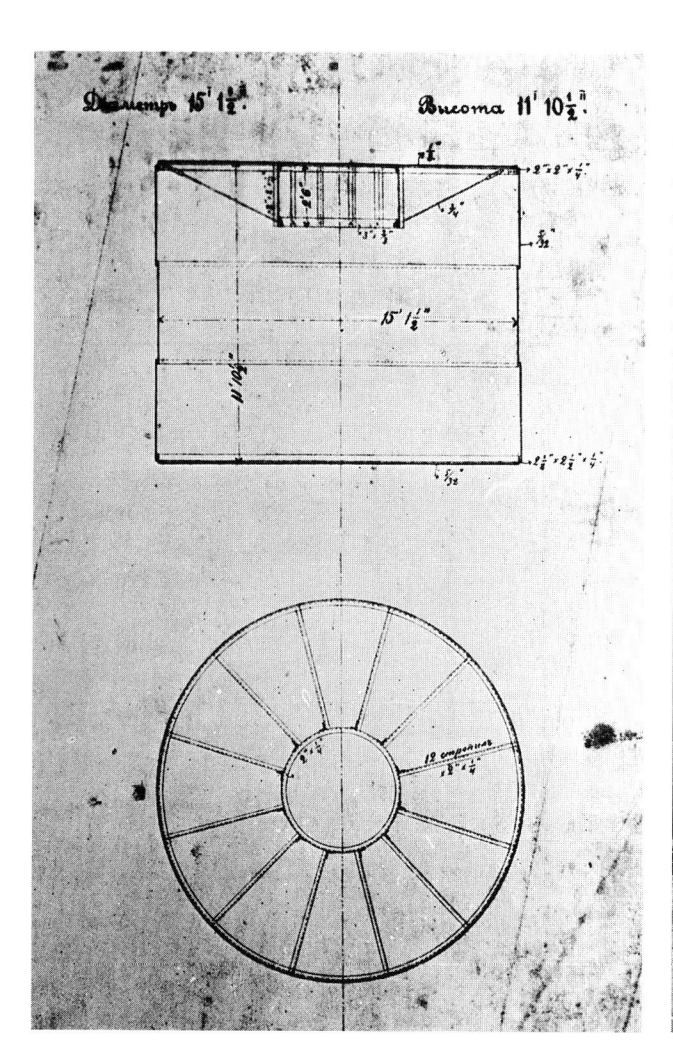

Abb. 247
Erdöltank der Kesselfabrik Bari in Moskau
(jetzt Firma »Dinamo«), wohl von 1879, heute als Lagerraum benutzt
(Foto: R. Graefe, 1989)

Abb. 248
Erdöltank der Kesselfabrik Bari in Moskau
(jetzt Firma »Dinamo«), wohl 1879, Unterseite der Dachkonstruktion
(Foto: R. Graefe, 1989)

Abb. 249
Erdöllager Batumi,
Behälter aus den Jahren
1891–1896, außer Betrieb.
Blick auf Dach mit
fehlender Blecheindeckung
(Foto: R. Graefe, 1989)

Abb. 250
Erdöllager Batumi,
Behälter aus den Jahren
1891–1896, außer Betrieb.
Innenraum, Dachkonstruktion
mit Resten der Blecheindeckung
(Foto: R. Graefe, 1989)

Abb. 251
Bau eines Gasbehälters
(Sammlung F. V. Šuchov)

Abb. 252
Erdöllager Batumi,
Behälter aus den Jahren
1891–1896, außer Betrieb
(Foto: R. Graefe, 1989)

Abb. 253
Erdöllager Batumi,
Behälter aus den Jahren
1891–1896, außer Betrieb.
Tankrand mit Metallschuhen für
die Holzbalken des Daches
(Foto: R. Graefe, 1989)

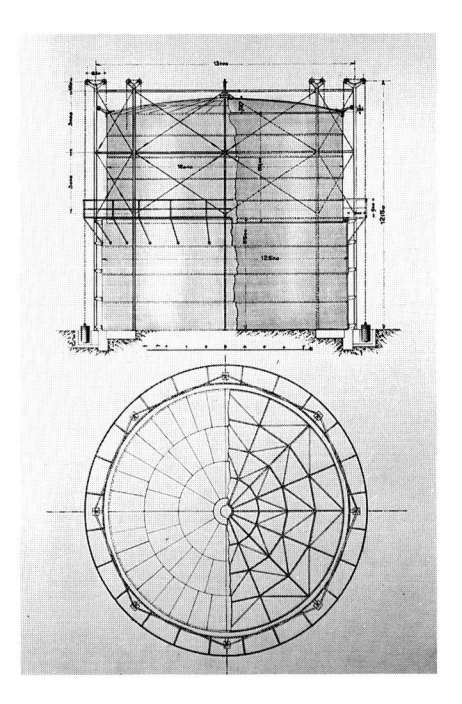

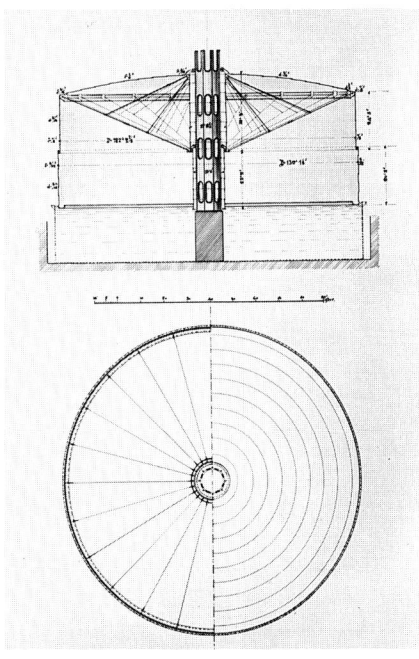

Abb. 254
Zylindrischer Gasbehälter,
Oberteil bewegt sich bei
Veränderung des Gasvolumens
in äußerem Führungsgerüst
an Rollen auf und ab
(27 x 23 cm,
Archiv Akad. d. Wiss.
1508-1-8 Nr. 4)

Abb. 255
Zylindrischer Gasbehälter in
Petersburg mit 2 127 880 Liter
Fassungsvermögen. Zwei
bewegliche Oberteile mit
innerer, schirmartiger
Stützkonstruktion
(27 x 23 cm,
Archiv Akad. d. Wiss.
1508-1-8 Nr. 2)

Schlußbetrachtung

In Zusammenhang mit der Materialoptimierung sind noch zwei Begebenheiten zu erwähnen.

1925 veröffentlicht Šuchov eine Zahlenstudie zur Berechnung ausgewählter Behälter (1.22). In der Einleitung erwähnt er die 45jährige Erfahrung bei der Bemessung und dem Bau von Erdölbehältern in Rußland und schreibt: »In dieser Hinsicht kann uns die Praxis in den Vereinigten Staaten überhaupt nichts Neues bieten«. Der Aufsatz befaßt sich mit Vergleichen von ausgeführten Bauten in den USA und der UdSSR. Er stellt fest, daß die amerikanischen Behälter nicht optimal ausgelegt sind, also in den einzelnen Schüssen keinen gleichmäßigen Spannungszustand aufweisen, und einer Sicherheit von 2 gegenüber 3 der russischen Behälter entsprechen. 1925 erscheint in der Zeitschrift des Vereins deutscher Ingenieure der Aufsatz des Ingenieurs Stieglitz: »Flüssigkeitsbehälter von geringstem Baustoffaufwand«, ohne Referenzliste.[13] Stieglitz beschreibt im wesentlichen dieselbe Optimierungsaufgabe und kommt zu den gleichen Schlußfolgerungen. Die Veröffentlichung ruft offenbar bei den russischen Spezialisten Empörung hervor,[14] so daß man der Zeitschrift eine Übersetzung der Šuchovschen Arbeit zuschickt. Die Zeitschrift reagiert nur mit einem unbefriedigenden formalen Schreiben, worauf Prof. P. K. Chudjakov 1926 ausführt: »Das Recht des Diebstahls gab es in der Wissenschaft bisher noch nicht; erst jetzt gibt es anscheinend die Möglichkeit, daß Wildheit und die Verrohung der Sitten, die durch den jüngsten Krieg eingetreten sind, in den Bereich der Wissenschaft übertragen werden. Dieser Vorfall gereicht der Vereinigung deutscher Ingenieure nicht zur Ehre.«[15] Interessanterweise war es nicht Šuchov selber, der die Antwort gegeben hat. Dies zeigt aber auch, daß er unter den sowjetischen Ingenieuren und Wissenschaftlern entsprechende Anerkennung hatte.

Šuchov hatte die außergewöhnliche Begabung, die einen erfolgreichen Ingenieur auszeichnet: die Fähigkeit, Theorie und Praxis zur Deckung zu bringen. Aufgrund seines breiten Betätigungsfeldes liegt es nahe, ihn als Generalisten zu bezeichnen. Er muß aber auch beachtliche Spezialkenntnisse gehabt haben. Als roter Faden durch seine Bauten zieht sich das Bemühen, die Konstruktionen auf ein Minimum an Materialaufwand auszulegen. Dies ist an den Behältern wie an den filigranen Netztürmen und Gitterkuppeln zu erkennen. Hierzu hat er auch die wissenschaftliche Analyse eingesetzt. Was hätte ein solcher Ingenieur im Zeitalter der Computersimulation noch für weitere aufregende Konstruktionen zustande gebracht?

13 Stieglitz:
Flüssigkeitsbehälter von
geringstem Baustoffaufwand.
In: VDI-Z. (Zeitschrift des
Vereins Deutscher Ingenieure).
Düsseldorf, 69 (1925), Nr. 3,
S. 71–73.
14 Kovel'man, G. M. 1961
(a. a. O.).
15 Chudjakov, P. K.:
Po voprosu o povtornom vyvode odnich i tech že formul i o
povtornych izobretenijach.
(Über erneute Ableitungen ein
und derselben Gleichungen
und nochmalige Erfindungen;
russ.). In: Vestnik inženerov.
M.: 1926, Nr. 4, S. 214–216.

Konstruktionen von Erdölkähnen

Ivan I. Černikov

Die natürlichen Wasserwege Rußlands für den Handel mit Erdölprodukten aus Baku sind das Kaspische Meer und die Wolga. Anfänglich wurden die Erdölprodukte in Fässern an Deck oder im Inneren von Schiffen transportiert. Anfang der achtziger Jahre baute Šuchov zahlreiche Kerosinbehälter für Lastschiffe. Diese Schiffe waren normalerweise aus Holz. Nachdem er bereits die wirtschaftlichsten Behälterformen entwickelt und alle Möglichkeiten einer optimalen Aufstellung auf Schiffen untersucht hatte, kam ihm der Gedanke, die Konstruktion der Schiffe selbst auf ihre Zweckmäßigkeit zu überprüfen.

Šuchov befaßte sich mit dem Transport von flüssigen Erdölprodukten auf dem Wasserwege aus technisch-ökonomischer Sicht und bewies, daß ihr Transport in eisernen Schiffen am günstigsten sei. Er setzte sich zum Ziel, perfekte Schleppschiffe zu bauen, und begann seine Untersuchung bei den Mängeln der bisherigen Konstruktionen. Als die ersten Dampfer der Gesellschaft »Po Volge« (Auf der Wolga) bereits günstig geformte Rumpfkonstruktionen ohne Kiel besaßen, die das Wasser unter sich »verdrängten«, wurden die Konstruktionen der Schleppkähne von den Ingenieuren der Gesellschaft noch den Hochseeschiffen entlehnt. Sie hatten gerade Steven, stumpfe Linien, einen spitzen Bug und das Heck von »wasserzerschneidenden« Schiffen. Die für die Hochseeschiffahrt durchaus geeigneten Schiffe waren auf Flüssen untauglich. Die Flußströmungen wiesen viele Strudel und im gesamten Fahrwasser unterschiedliche Strömungsgeschwindigkeiten auf. Kam ein Kahn mit seiner spitz zugeschnittenen Bugnase in eine solche Strömung und wurde an verschiedenen Stellen unterschiedlichen Drücken ausgesetzt, konnte er nicht mehr gleichmäßig hinter dem Schlepper schwimmen, schlingerte und kam von der Spur ab oder fuhr im Zickzack. Dies erschwerte die Steuerung stark, auch beim Schleppschiff selbst, und führte häufig zu schweren Unfällen.

Das Schlingern wirkte sich besonders stark aus beim Vorbeifahren an Sandbänken und Furten. Dies läßt sich dadurch erklären, daß das wasserzerteilende Schiff immer eine Welle an der Sohle des Flußbetts nachschleppt, die sich beim Auftreffen auf eine schräg geneigte Untiefe wie eine Feder abstößt, gegen das Schiff prallt und so das Schiff von seiner Spur abbringt. Deshalb verringerten die Kapitäne von Schleppern, wenn sie mit Last fuhren, lange vor den Untiefen ihre Geschwindigkeit, um den Kahn leichter über die Sandbank zu bringen.

Šuchov griff wieder auf die alten Konstruktionsformen der Wolga-Schiffe zurück, überarbeitete sie unter Berücksichtigung der neuen Bautechnik und konstruierte einen Kahntyp, der bis heute in seinen Betriebseigenschaften unübertroffen ist (Abb. 256–262). Der Bugteil des Schiffes erhielt eine Löffelform. Der Heckteil wurde wesentlich angehoben. Infolgedessen konnte das Wasser leicht und frei am Bug vorbeiströmen, glitt unter den Schiffsrumpf und erzeugte wegen des angehobenen Hecks hinten keine Strudel, die das Spurhalten und Steuern erschwerten, sondern gelangte leicht zum Ruderblatt. All dies machte den Kahn gut manövrierbar und brachte ihn im Unterschied zu den wasserzerteilenden Schiffen wesentlich weniger ins Schlingern.

Die größte Leistung an der neuen Konstruktion war jedoch, daß die Schiffsabmessungen erheblich gesteigert werden konnten, besonders wenn mit Eisen und Stahl gebaut wurde. Zählt man die Abmessungen der ersten zehn Schiffe auf, die Šuchov baute, so ist darin sein Bemühen erkennbar, die optimale Kahngeometrie zu finden. So betrugen die Abmessungen eines Kahns mit 656 Tonnen Fassungsvermögen: 72,5×9,7×1,5 m, bei 820 Tonnen Fassungsvermögen: 72,7×8,5×2,7 und 70,1×12,2×2,4 m. Das größere Fassungsvermögen wurde im einen Fall durch eine größere Kahnlänge, im anderen Fall durch eine größere Breite des Kahns erreicht.

Unter den Zeichnungen von 1885 befindet sich der Plan für einen Kahn mit einem Fassungsvermögen von 918 Tonnen und den Abmessungen 76,8×10,4 m. Bereits 1886 wurde ein Kahn konstruiert mit wesentlich geringeren Abmessungen: 70,1×10,7 m für 935 Tonnen und ein Kahn mit 71,9×10,9 m für 820 Tonnen Kerosin. Es gab einen Kahn mit 984 Tonnen Fassungsvermögen und den Maßen 61,0×12,2×2,4 m, einen weiteren mit demselben Fassungsvermögen, aber wesentlich größerer Länge: 89,9×9,1×3,4 m. Ein Kahn mit praktisch demselben Volumen von 1017 Tonnen war noch länger, aber flacher.[1]

Bei seiner Suche nach Kähnen mit den besten Fahreigenschaften, den günstigsten Grundabmessungen und der rationellsten Rumpflinie, die ausschlaggebend ist für eine strömungsgünstige Form und eine maximale Tragfähigkeit bei geringstem Tiefgang, ermittelte Šuchov gleichzeitig die einfachste Bauweise. Der Querschnitt eines Kahns, der 1894 auf Bestellung der Gesellschaft »Gebrüder Merkulev« gebaut wurde, stellt ein fast regelmäßiges Rechteck dar. Zwei Längsschottwände aus Eisenblechen teilen das Schiff in drei Abschnitte, die ihrerseits durch Querschotts aufgeteilt sind. Die Schotts fungieren als tragende Scheiben. Um ihnen die nötige Steifigkeit zu verleihen, wurden Stützen und Kreuzstreben angenietet. Auf diese Weise kam Šuchov zu einem System aus sich kreuzenden hohen Längs- und Querelementen mit geschlossenen Wänden. Innen auf den Boden, zwischen die zwei Längsschotts, legte Šuchov einen steifen Rost aus Längs- und Querspanten.[2] Jedes raumteilende Schott, jede Trennwand und auch die Verkleidung des Rumpfs hatten tragende Funktion, die Šuchov mit Hilfe genauer Berechnungen nutzte, um Metall einzusparen.

Keiner, der damals mit Šuchov zusammenarbeitete, hatte je zuvor Flußschiffe von solchen Dimensionen gesehen, geschweige denn aus Eisen gebaut. Es schien damals fast unmöglich, aus vielen kleinen Teilen solche riesigen Bauten exakt zu montieren. Man hatte nämlich noch keine Vorstellung von der genauen Herstellung der erforderlichen Schablonen – Šuchov lehrte dies die russischen Techniker. Durch Zeichnungen, die in Moskau gefertigt wurden, brachte er ihnen bei, wie man in Windeseile und ohne Komplikationen riesige vernietete Konstruktionen aus Blechplatten fertigte.[3] Erst viele Jahre später würdigten die Akademiemitglieder Lazarev und Krylov – letzterer ist in der ganzen Welt durch seine bedeutenden Leistungen im Schiffsbau bekannt – die Bedeutung von Šuchovs Arbeiten für den Flußschiffsbau.

Das von Šuchov entwickelte Prinzip der Arbeitsorganisation war – wie ohne Übertreibung behauptet werden darf – seiner Zeit einige Jahrzehnte voraus. Es bestand darin, mehrere Schiffe nacheinander, in immer gleichen Arbeitsschritten, herzustellen.

1883 veröffentlichte Šuchov seine berühmte Arbeit »Mechanische Anlagen der Erdölindustrie« (1.1), in der zum ersten Mal die Verwendung der Gleichung vierter Ordnung $EI (d^4y/dx^4) = -\alpha y$ bei der Berechnung von Behältern aufgezeigt wurde (in der Mathematik ist sie seit Euler bekannt). Theoretische Untersuchungen von elastisch gelagerten Systemen, die Šuchov bereits früher durchgeführt hatte, führten ihn zu neuartigen, optimal geformten Erdölkähnen. Um dieses Problem zu lösen, untersuchte er die Theorie eines im Wasser schwimmenden Balkens, der mit Punktlasten belastet wird. Er erforschte die Verformungen eines solchen Balkens und kam zu der Schlußfolgerung, daß das Biegemoment im Angriffspunkt der Last immer konstant sei und nicht von der Balkenlänge abhänge. Nachdem er eine Reihe von Einzelproblemen bei Belastung des schwimmenden Balkens erforscht hatte, entwickelte er eine wissenschaftliche Methode zur Berechnung von Erdölkähnen.

Ausgehend von seiner eigenen Analyse der bekannten Differentialabhängigkeit zwischen der Belastung eines elastisch gelagerten Balkens und seiner Elastizitätskurve, verwarf Šuchov die bislang im Flußschiffbau geltenden empirischen Regeln und machte die Kähne annähernd doppelt so lang (bis zu 150–170 m), ohne die Querschnitte der wichtigsten tragenden Elemente wesentlich zu verändern (1.11). Gegen Ende des 19. Jahrhunderts waren mindestens drei Viertel aller Erdölkähne auf der Wolga und im Kaspischen Meer nach Šuchovschen Plänen gebaut. Zu Anfang des 20. Jahrhunderts wurden die Erdölkähne in der russischen Flußschiffahrt nur noch nach Šuchovs System gebaut.

1901/02 baute das Büro Bari neunzehn große Wolga-Kähne mit einer Tragfähigkeit von insgesamt mehr als 49 200 Tonnen, das war ebensoviel, wie in den vergangenen 17 Jahren zuvor gebaut worden war. 1910 tauchten Giganten mit einem Fassungsvermögen von 10 300 Tonnen und 160 m Länge auf.[4] Von Šuchov wurden auch Schwimmbagger, Anlegestellen für Fluß- und Seehäfen, Hochseeprahme und Lastdampfer entworfen.

Als sich Šuchov entschloß, die Tragfähigkeit der Kähne zu vergrößern, machte er in seinen Berechnungen keinen Fehler: Die Kosten für 1 t/km betrugen beim Transport in einem Eisenkahn mit 5000–8000 Tonnen Tragfähigkeit nur 32 % der Transportkosten in einem hölzernen Erdölkahn mit 2000–2500 Tonnen Tragfähigkeit.[5] Dieses wirtschaftliche Transportverfahren für Erdölprodukte war dem stürmischen Anstieg der Erdölförderung in Rußland zuträglich. 1900 erreichte die Erdölförderung 10,3 Millionen Tonnen und machte damit 51,2% der gesamten Weltproduktion aus.[6]

Die ersten Schleppkähne und Öltankschiffe, die Šuchov in den letzten Jahrzehnten des 19. Jahrhunderts geplant hat, wurden zu Vorläufern der heutigen Tanker einschließlich der allergrößten der Welt.

Abb. 256
Tankkähne auf der Wolga. Stereofoto von Šuchov (Sammlung F. V. Šuchov)

Anmerkungen

1 Kovel'man, G.M. 1953 (a.a.O. – S. 16, Anm. 28), Bd 6: Schiffbau, Bl. 43.
2 Kovel'man, G.M. 1953 (a.a.O. – S. 16, Anm. 28), Bd. 6, Bl. 56.
3 Nesterčuk, F.: Otec russkogo neftenalivnogo flota V. G. Šuchov. (V. G. Šuchov, der Vater der russischen Erdölflotte; russ.). In: Rečnoj transport. M.: 1964, Nr. 1, S. 47.
4 Kovel'man, G.M. 1961 (a.a.O. – S. 9, Anm. 5).
5 Rečnoe sudochodstvo v Rossii. (Flußschiffahrt in Rußland; russ.). M.: 1985, S. 239–244.
6 Morozov, N.P.: Voprosy istorii razvitija nefteperevozok na Volge. (Zur Entwicklungsgeschichte des Erdöltransports auf der Wolga; russ.). Gor'kij: 1963, S. 7, 13.

Abb. 257
Tanker mit Doppelschraubenantrieb der Gesellschaft »Merkulev«, in die Rumpfkonstruktion integrierte Öltanks, Fassungsvermögen 652 000 l, Länge 85 m, Breite 11 m, Höhe 1,5 m. Planzeichnung der Firma Bari, um 1890
(117,5 x 52 cm,
Histor. Stadtarchiv
1209-1-36 Nr. 3)

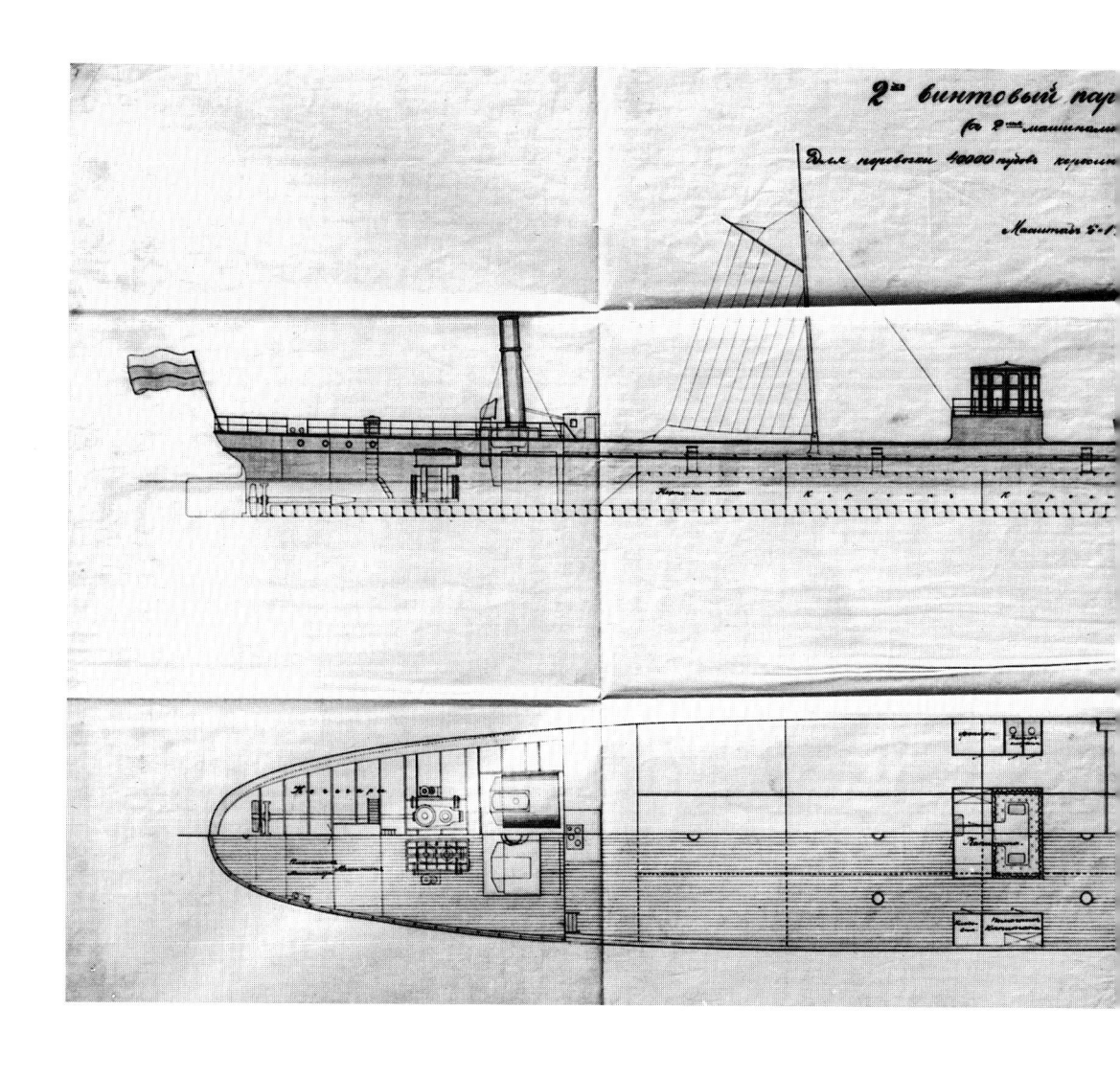

Abb. 258
Schleppkahn mit Erdölbehältern, nach 1880.
Länge 81 m, Breite 11,6 m, Höhe 3,40 m.
Planzeichnung der Firma Bari
(67 x 30 cm,
Histor. Stadtarchiv
1209-1-38 Nr. 4)

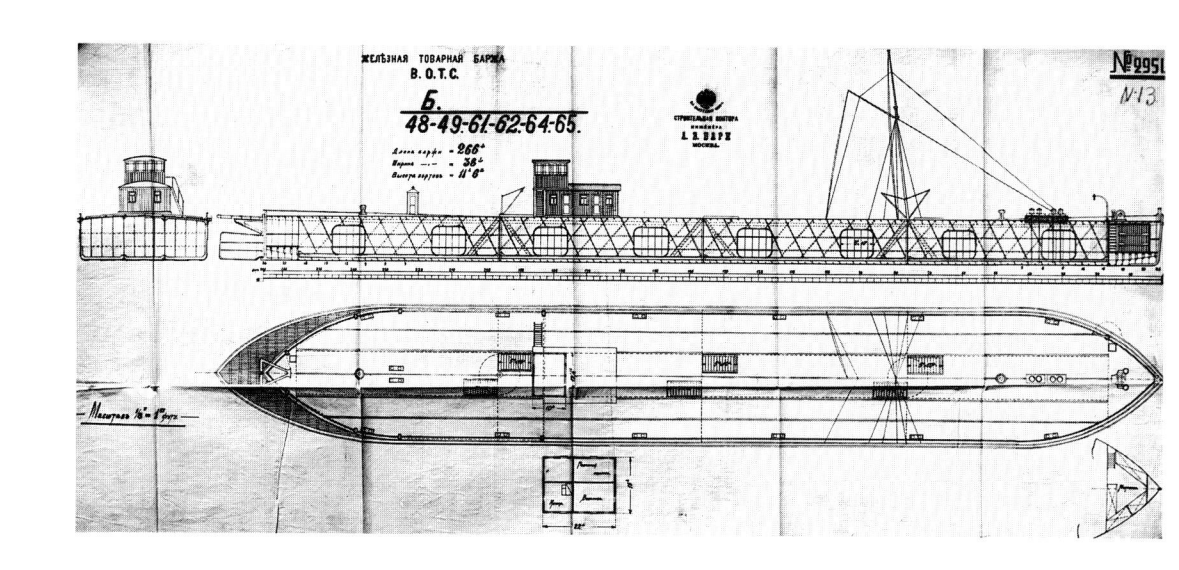

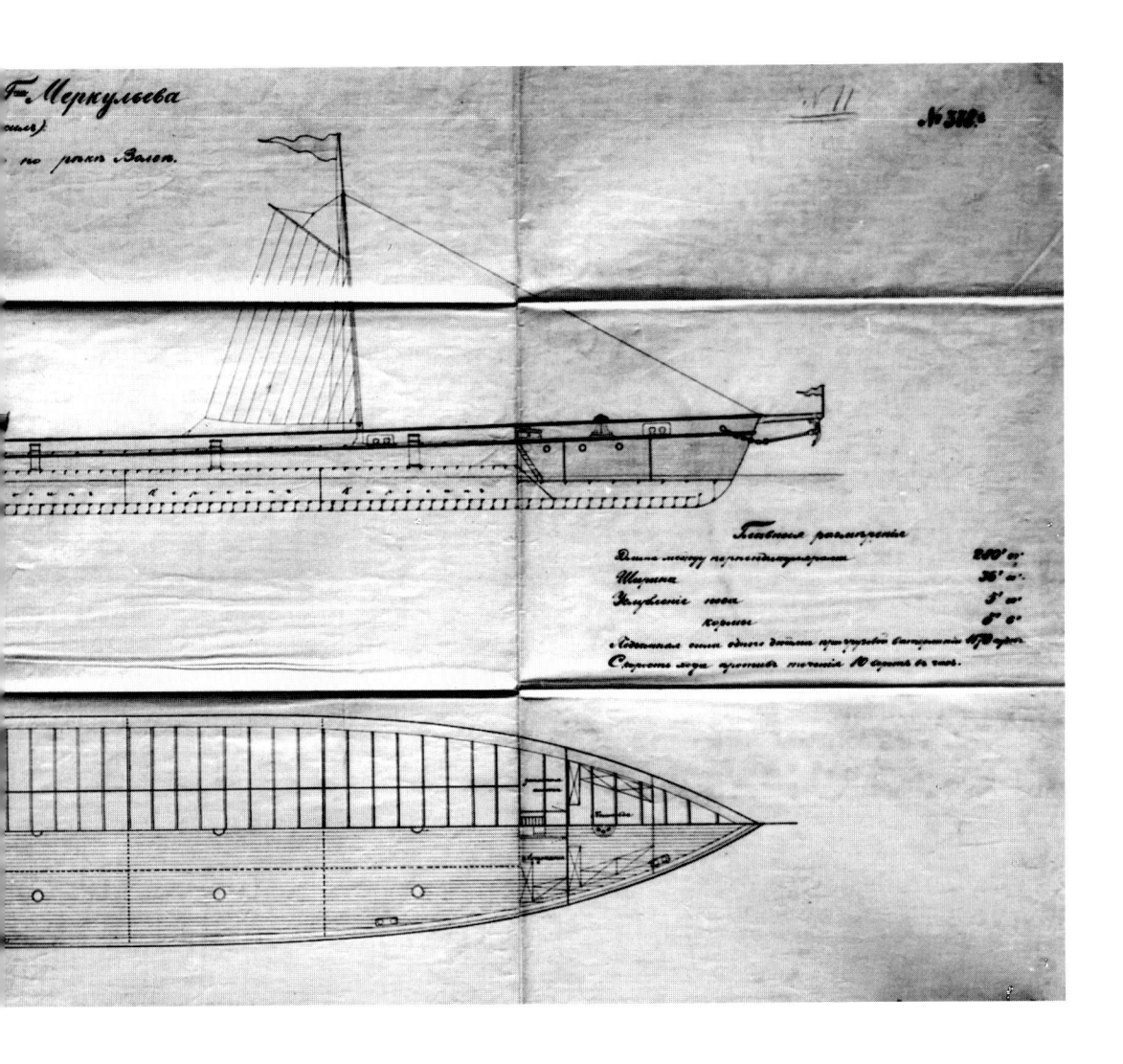

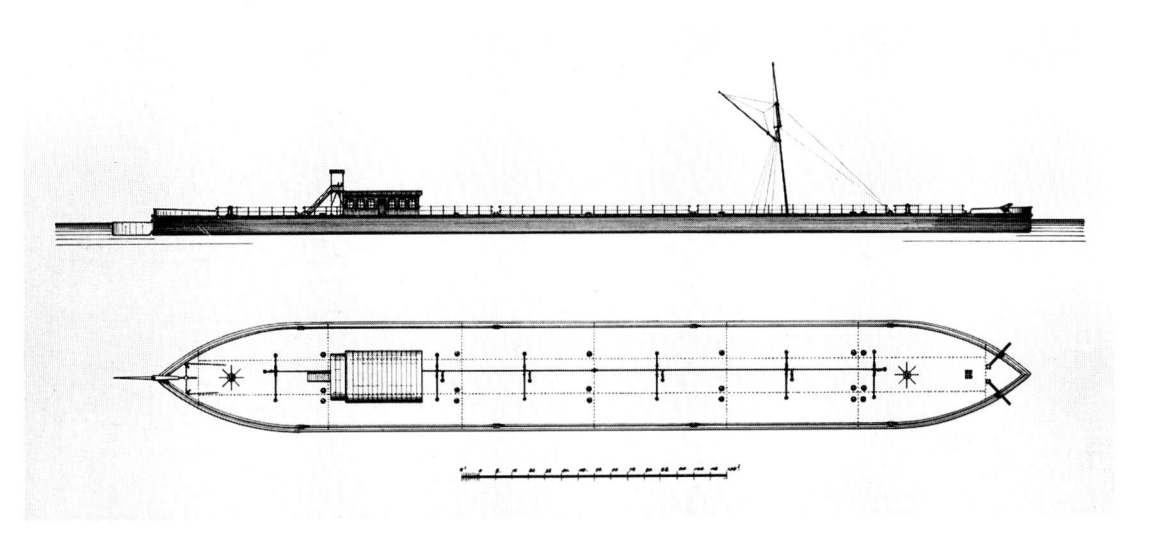

Abb. 259
Tank-Schleppkahn,
Länge 130 m, Breite 15,50 m,
Höhe 2,75 m.
Zeichnung der Firma Bari
(37,2 x 23,2 cm,
Archiv Akad. d. Wiss.
1508-1-101 Nr. 2)

Abb. 260
Tankkähne am Ufer der Wolga.
Historisches Foto
(Sammlung F. V. Šuchov)

Abb. 261
Eisernes Tankschiff »Katja«
der Firma P. N. Ušakov,
gebaut 1888 in Caricyn an
der Wolga, Fassungs-
vermögen 1 630 000 Liter,
Länge 122 m,
Breite 12,2 m, Höhe 1,80 m.
Werbemappe der Firma Bari
mit Bildtafeln von Schiffen
und Tanks
(Archiv Akad. d. Wiss.
1508-1-51 Nr. 12)

Abb. 262
Heckansicht eines Tank-
Schleppkahns, Stereofoto
von Šuchov
(Sammlung F. V. Šuchov)

Abb. 263
Verschlußponton (Schwimmtor) eines Trockendocks in Sevastopol', Bau 1914/15. Historisches Foto
(Archiv Akad. d. Wiss. 1508-1-99 Nr. 5)

Abb. 264
Verschlußponton eines Trockendocks in Sevastopol', Bau 1914/15. Historisches Foto
(Archiv Akad. d. Wiss. 1508-1-99 Nr. 12)

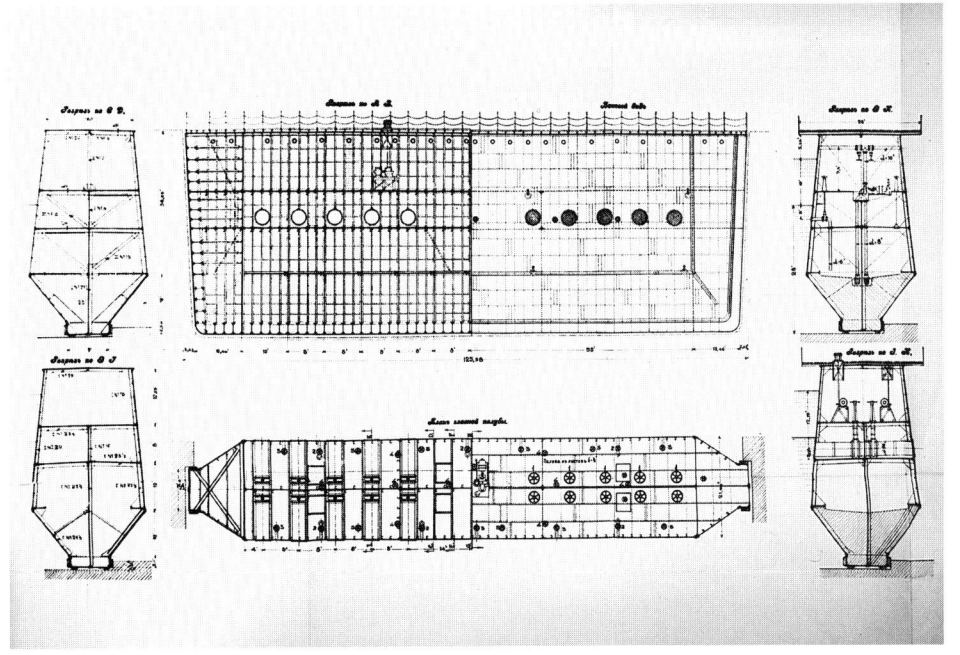

Abb. 265
Verschlußponton eines Trockendocks in Sevastopol', 1914/15.
Plan mit Querschnitten, Längsschnitt und Horizontalschnitt
(Archiv Akad. d. Wiss. 1508-1-98 Nr. 6)

Beitrag zur Wasserversorgung Moskaus

Nina A. Smurova

Die zunehmende Industrie der Stadt Moskau hatte einen starken Zuwachs der Bevölkerung zur Folge. Von 1830 bis 1897 wuchs die Bevölkerung der Stadt von 305631 auf 1035000, und 1907 hatte Moskau bereits 1346000 Einwohner. Es kam zu einem bedrohlichen Wassermangel in der Stadt.

Bis zur zweiten Hälfte des 18. Jahrhunderts gab es in Moskau keine Wasserleitung. Erst als sich Katharina II. der Nöte der Bürger annahm, wurde der Moskauer Ingenieur Bauer beauftragt, für die Stadt einen Wasserversorgungsplan zu erstellen. Nach diesem Plan wurde Moskau aus der Quelle Gromovoj beim Dorf Bol'šie Mytišči mit Wasser versorgt. Bauer und nach seinem Tod im Jahre 1783 der Ingenieur Gerard bauten an den 18 Quellen von Mytišči insgesamt 43 Wasserbehälter, die mit Ziegelwänden eingefaßt und mit Holz abgedeckt waren. Das darin angesammelte Wasser floß von selbst über eine gemauerte Galerie mit 0,92 m lichter Breite und 17,1 km Länge über Alekseevskoe, Sokol'niki und Kalančevskoe Uročišče unter großem Wasserverlust in den Samoteker Teich. Um die Galerie über Flüsse, Bäche und Schluchten zu führen, wurden Aquädukte aus Stein gebaut. Bis heute ist der große Aquädukt von Rostokino über die Jauza erhalten geblieben. Er ist 445,6 m lang und hat 21 Bögen mit einer 8,6 m großen Öffnung. Die Höhe dieses Aquädukts, der Millionen- oder Katharinen-Aquädukt genannt wird, reicht bis zu 30 m. 1805 war die Wasserleitung fertig. Das Ergebnis jedoch nicht zufriedenstellend, weil die Stadt anstelle der erwarteten 4059000 Liter Wasser nur etwa 492000 Liter erhielt.

Bis Anfang der siebziger Jahre, als die Moskauer Wasserversorgung in städtische Verwaltung überging, hatten viele Ingenieure mit wechselndem Erfolg versucht, sie zu verbessern. In dieser Zeit, von 1870 bis 1885, wurden von bekannten Wissenschaftlern auf dem Gebiet des Wasserwesens – Genoch, Zimin – und von den Geologen Tautschuld, Saalbach u.a. zahlreiche wissenschaftliche Untersuchungen an den Quellen von Mytišči vorgenommen. Es wurde vermutet, man könne aus diesen Quellen bis zu 123000000 Liter Wasser pro Tag gewinnen.

Seit der Übernahme durch die Stadtverwaltung wurden praktische Maßnahmen getroffen, die Wasserversorgung Moskaus zu verbessern: 1871 wurden die Chodynskij-, 1882 die Peobraženskij-, 1883 die Andreevskij-Wasserleitung für insgesamt 2952000 Liter Wasser pro Tag gebaut. Doch damit war das Problem nicht gelöst.

1888 beauftragte die Stadtverwaltung die Ingenieure V.G. Šuchov, E.K. Knorre und K.E. Lembke des technischen Büros A.V. Bari, aufgrund der von ihnen in den Jahren 1887/88 durchgeführten Untersuchungen einen Plan zu erstellen. Im selben Jahr beschloß der Stadtrat ein Projekt zur Kanalisation des Zentrums von Moskau, das von den Ingenieuren N.P. Zimin, A.P. Zabaev u.a. stammte. Die Verfasser des Wasserversorgungsprojekts kamen zu dem Schluß, daß die Wassermenge, die in die Jauza floß (13776000 Liter), und die aus den vorhandenen alten Wassersammelstellen (5535000 Liter) ohne Zweifel in Mytišči gesammelt werden könnten, was insgesamt etwa 18,5 Millionen Liter Wasser pro Tag ausmachen würde.

Dem Erweiterungsplan der Mytišči-Wasserleitung lag die Brooklyn-Theorie der Grundwasser zugrunde, die erstmals in Amerika angewandt worden war. Der Vorteil dieses Systems lag auf der Hand, weil man keine Senkkästen, kein Abpumpen oder sonstige Maßnahmen gegen den Zufluß lokaler Versickerungen brauchte. Die einzige Schwierigkeit bestand darin, dieses System den Moskauer Verhältnissen anzupassen und festzulegen, wie groß die Anlage sein mußte. Auf der Grundlage praktischer Versuche sollten theoretische Berechnungen über den Druck, die Strömungsrichtung und die Menge des Grundwassers angestellt werden. Es sollte eine umfassende Theorie zur Berechnung des Wasserleitungsnetzes, der nach Moskau führenden Wasserrohre und über ihre Verzweigungen aufgestellt werden, einschließlich eines Systems der Wassersammelstellen (1.4).

Nachdem die notwendigen theoretischen Berechnungen erfolgreich abgeschlossen worden waren, wurde ein erster Entwurf erstellt, der beinhaltete: Mit horizontalen Dampfmaschinen wird das Wasser aus fünfzig 4-Zoll-Bohrlöchern mit ca. 32 m Tiefe (auf einer zur Jauza parallelen Strecke von 648 m Länge) gefördert und in einer Menge von 18,5 Millionen Liter Wasser pro Tag über eine 24-Zoll-Wasserleitung in den gemauerten unterirdischen Vorratsbehälter der Zwischenstation Alekseevo gespeist, der 3690000 Litern faßt. Aus diesem Behälter gelangt es mit Hilfe weiterer Pumpen und einer 24-Zoll-Wasserleitung in zwei Behälter der Krestovskij-Wassertürme. Jeder Behälter besitzt ein Fassungsvermögen von 3690000 Litern. Beide sind in 81 m Höhe über Moskau, oberhalb des Moskva-Wasserspiegels, gemessen beim Danilovo-Kloster, untergebracht. Aus den Krestovskij-Türmen wird das Wasser dann direkt ins städtische Wassernetz eingespeist. Die Mytišči-Wasserleitung sollte ein Gebiet Moskaus mit Wasser versorgen, das vom Sadovoe kol'co zum Moskva-Ufer und der Jauza reichte. Sie hätte nicht nur den Moskauer Einwohnern, sondern auch der sich zügig entwickelnden Industrie – besonders während des Booms in den neunziger Jahren – genügend Wasser gebracht.

Für die Erweiterung der Mytišči-Wasserleitung wurden 1889 2250000 Rubel freigegeben. Gebaut wurde die Wasserleitung nach den Plänen des Büros von A.V. Bari von den Ingenieuren N.P. Zimin, K.G. Dunker und A.P. Zabaev. Während des Baus erfuhr der Entwurf unter Beibehaltung der Grundidee einige Veränderungen. Die Anlage erhielt die für die damalige Zeit modernste Ausstattung mit Pumpstationen und elektrischer Beleuchtung. Das Fassungsvermögen des Reservebehälters Alekseevo wurde vergrößert, Wohnhäuser für die

Arbeiter und Beamten in Mytišči und Alekseevskoe mit elektrischer Beleuchtung wurden gebaut. Bis zur Erschließung der Moskoreckij-Wasserleitung im Jahre 1903 stieg der Bedarf an Wasser aus Mytišči auf 49 200 000 Liter täglich.

Šuchov lieferte den Entwurf der Behälter für die zwei Krestovskij-Wassertürme, von denen das Wasser in die Stadt gelangte (beide sind nicht erhalten). Die unweit des Rigaer Bahnhofs am Krestovskij-Stadttor stehenden Türme waren für ihre Zeit (1892) gewaltige Ingenieurbauten, in Größe und Bauweise identisch: im Grundriß rund, 40 m hoch, Durchmesser am Sockel 25 m und oben 23,5 m. Das massive Turmfundament reichte bis 4 m Tiefe und hatte einen Durchmesser von 30 m. Seine Sohle bestand aus 60 cm starkem Beton, der übrige Teil aus mit Portland-Zement vermauerten Ziegeln. Jeder Turm hatte sechs Stockwerke, fünf davon enthielten Wohnungen und Büros, das sechste einen zylindrischen Eisenbehälter mit flachem Boden (6,1 m hoch, 19,8 m Durchmesser) und mit 1 845 000 Liter Fassungsvermögen. Die Behälter ruhten auf vernieteten Doppel-T-Trägern, die auf den Innen- und Außenwänden der Türme auflagen.

Das Gewicht jedes Behälters betrug 4800 Pud, das der Träger 6400 Pud, das Gesamtgewicht eines mit Wasser gefüllten Behälters 124 000 Pud (1 Pud = 16,38 kg). Um diese Last tragen zu können, waren im Turminnern ein Mauerring mit 8 m Durchmesser und acht radiale Wände zwischen Mauerring und Außenwand eingezogen. Sie trugen die parallel liegenden Träger unter den Behältern.[1]

Die Konstruktion der Krestovskij-Türme war selbstverständlich unvollkommen, weil sie den traditionellen Baumethoden des 19. Jahrhunderts für derartige Gebäude verhaftet blieb. Wir müssen heute davon ausgehen, daß der Bau dieser Türme Šuchov dazu inspirierte, nach grundsätzlich neuen Formen für Wassertürme und Behälter zu suchen. Bereits im darauffolgenden Jahr (1893) entstand auf dem Gelände der Kesselfabrik A. V. Bari ein hyperbolischer Wasserturm.

Der Beitrag Šuchovs und seiner Kollegen zur Wasserversorgung Moskaus steht außer Zweifel. Ihr Projekt zur Erweiterung der Mytišči-Wasserleitung zeigte bereits 1888 eine neue wissenschaftliche Vorgehensweise. Sie entwickelten eine universell anwendbare Berechnungsmethode und sicherten damit nicht nur den Wasserleitungsbau in Moskau, sondern auch in anderen Städten: Tambov, Kiev, Char'kov, Voronež usw. Die russischen Ingenieure entwarfen und bauten am Ende des 19. Jahrhunderts nicht nur Einzelobjekte, sondern sie planten auch die Versorgung der Städte und legten Kanalisationen und Wasserleitungen an. In vielen Fällen bestimmten die Ergebnisse gerade ihrer Tätigkeit gegen Ende des letzten und zu Anfang dieses Jahrhunderts nicht nur die architektonische Gestalt der russischen Städte, sondern beeinflußten auch die Strukturen des Städtebaus.

Abb. 266
Karte der Wasserversorgung Moskaus (Projekt Moskovskogo vodosnabženija (1,4), Anhang)

Anmerkung

1 Maškov, I. P.: Putevoditel' po Moskve. (Führer durch Moskau; russ.). M.: 1913, S. 99–100.

Der Brückenbau

Rosemarie Wagner

Unter den vielschichtigen Aufgaben für den im Bauwesen tätigen Ingenieur kommt dem Brückenbau eine besondere Bedeutung zu. Die Führung eines Verkehrsweges über ein Hindernis, z.B. einen Taleinschnitt, ergibt eine strenge Zweckgebundenheit, die jeder Brücke zugrunde liegt. Gleichzeitig prägt die Brücke aufgrund ihrer Funktion, Spannweite und Größe das Bild der sie umgebenden Stadt oder Landschaft. In Erfüllung dieser Aufgaben hat der Ingenieur mit der Wahl der lastabtragenden Struktur und des verwendeten Werkstoffs sowie der Ausbildung von Querschnitten und Anschlüssen der einzelnen Elemente unter Berücksichtigung funktionaler und wirtschaftlicher Abhängigkeiten eine der Bauaufgabe angemessene Brückenkonstruktion zu entwickeln und zu errichten. Ausreichende Standsicherheit und gute Gebrauchseigenschaften des Bauwerks müssen gewährleistet sein. Mit der Brücke als sogenanntem Ingenieurbauwerk sind auch die Umgebung, die Maßstäblichkeit und die Form des Bauwerks als Ausdrucksmittel zu bewältigen – eine Leistung, die das Können des Ingenieurs über das rein Handwerkliche hinaus in hohem Maße fordert. Das »Handwerkszeug« bei der Planung und der Ausführung von Brücken sind die jeweils anwendbaren Gesetzmäßigkeiten der Mechanik, die Werkstoffverhaltensweisen und die numerisch darstellbaren geometrischen Zusammenhänge. Über dieses Wissen hinaus spielen Erfahrung und Intuition der Ingenieurpersönlichkeit eine wesentliche Rolle beim Entwerfen und Konstruieren. Auch an den Brücken, die Šuchov entworfen und gebaut hat, ist ein Zusammenspiel von Intellekt und Logik mit Empfindung und Intuition deutlich zu erkennen.

Rußland hatte im letzten Jahrzehnt des 19. Jahrhunderts auf dem Wege politischer Entscheidungen die Industrialisierung planmäßig vorangetrieben. Die notwendige Verteilung der in großen Mengen industriell produzierten Waren verlangte nach einem schnell und gut funktionierenden Verkehrssystem: Bedingungen, welche zu jener Zeit nur die Eisenbahn erfüllte. Folglich wurden der Ausbau des Eisenbahnnetzes beschleunigt und Verbindungslinien zwischen den einzelnen neu entstandenen Industriezentren geschaffen. Maßgebend beteiligt am Entstehen der Eisenbahnlinien mit allen erforderlichen Bauwerken (z.B. Werkstätten, Lokomotivdepots, Montagehallen, Fabriken zum Lokomotiven- und Wagenbau, Pumpstationen, Wassertürmen, Brücken) war seit 1892 das Ingenieurbüro A.V. Bari, Moskau,[1] das viele Aufträge erhielt, weil Šuchov als leitender Ingenieur in der Lage war, wirtschaftliche Konstruktionen und rationelle Bauverfahren zu entwickeln. Von Šuchov selbst und unter seiner Leitung sollen in den 15 Jahren, die er bei Bari arbeitete, 417 Brücken geplant und gebaut worden sein.[2]

Neben seiner Arbeit an den Eisenbahnlinien war Šuchov während seiner Zeit bei Bari noch für eine Reihe von Fußgänger-, Straßen- und Rohrleitungsbrücken verantwortlich, wie z.B. die Brücke der Prochorovskij-Manu-

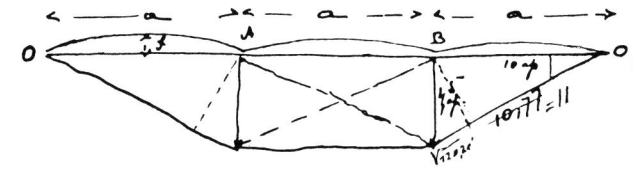

Abb. 267
Unterspannte Brücke für Nižnij Novgorod.
Skizze aus Šuchovs handschriftlicher Berechnung, 1895
(Archiv Akad. d. Wiss. 1508-1-47 Nr. 35)

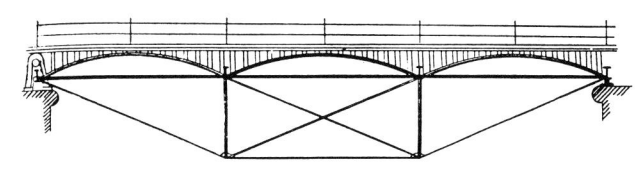

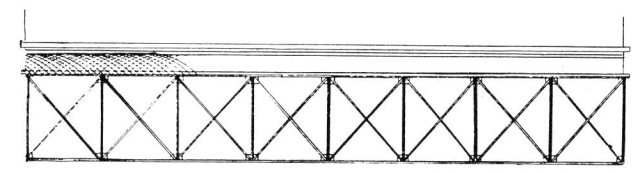

Abb. 268
Unterspannte Brücke für Nižnij Novgorod, Brückenträger mit liegenden Gittertonnen (nicht ausgeführt).
Zeichnung: Baubüro Bari, mit Längs- und Querschnitt
(Archiv Akad. d. Wiss. 1508-2-37 Nr. 125)

Abb. 269
Transportbrücke der Konovalov-Textilfabrik in Vičuga. Plan des Baubüros Bari (Ausschnitt) (95×70 cm, Historisches Stadtarchiv 1209-1-15 Nr. 5)

Abb. 270
Transportbrücke der Konovalov-Textilfabrik in Vičuga. Foto aus einer Festschrift der Firma, um 1900
(Werksarchiv der Textilfabrik Vičuga)

Abb. 271
Leichte Behelfsbrücke mit Druckbogen und Unterspannung, Foto von Šuchov
(Privat-Sammlung F. V. Šuchov)

faktur (1892), die Fußgängerbrücke in Kislovodsk (1895), die Brücken der Allrussischen Ausstellung in Nižnij Novgorod (1896), für die Zementfabrik in Podol'sk (1899), der Landverwaltung in Tarus (1899), auf dem Gut von Zinaida Morosova (1902), im Hüttenwerk in Tula (1901).[3]

Die geplante, aber vermutlich nicht ausgeführte Fußgängerbrücke für die Allrussische Ausstellung in Nižnij Novgorod (1896) mit 21 m Spannweite hatte ein aufgelöstes Tragwerk mit sehr dünnen, schlanken Elementen (Stäben), deren lastabtragende Funktion am Elementquerschnitt erkennbar ist (Zug = dünn und massiv, Druck = breit und aufgelöst). Da die von Šuchov entworfenen und gebauten Ausstellungsbauten als Dachkonstruktionen Kuppeln oder Hängenetze aus sich kreuzenden Scharen von Bandeisen hatten, versuchte er, dieses Konstruktionsprinzip auch bei den Fußgängerbrücken einzusetzen. Die neun Hauptbinder sind nebeneinander angeordnete, unterspannte Träger; jeder Träger ist mittels zweier Druckstützen in drei gleiche Felder unterteilt (Abb. 240 und Abb. 241 oben). Die Auskreuzung des Trägers im mittleren Feld ist unter dem Eigengewicht der Konstruktion nicht erforderlich. Sie beschränkt nur die Verformungen infolge ungleichmäßig verteilter Nutzlast. Damit die Nutzlasten auf mehrere Träger verteilt werden, sind senkrecht zur Trägerlängsachse die benachbarten Druckstützen mittels Auskreuzungen verbunden (Querverbände).

Um die Biegebeanspruchung und damit große Trägerquerschnitte im Obergurt zu vermeiden, wählte Šuchov für den Aufbau des Brückenbelags drei Tonnenschalen mit diagonaler Gitteranordnung, die in Brückenquerrichtung angeordnet und an den Knotenpunkten der unterspannten Träger aufgelagert wurden. Die Querverbände (Abb. 241 unten) ergeben eine dem Tragverhalten der Tonnenschale angepaßte kontinuierliche Auflagerung. Die horizontalen Kräfte aus dem Bogenschub der Tonnenschalen und die Druckkraft im Obergurt der unterspannten Träger sind etwa gleich groß, so daß der Druck des Obergurts durch die Tonnenschale geführt wird und der horizontale Stabzug größere Kräfte nur während der Montage aufnehmen muß. Der horizontale Gehbelag ist auf den Tonnenschalen aufgeständert.

Eine andere, filigran wirkende Brücke baute Šuchov auf dem Gelände einer Textilfabrik im Jahr 1905. Die Brücke diente zum Transport von Stoffballen aus der Fertigung in die Lagerhallen. Das Tragwerk bestand aus zwei Einfeldträgern mit je ungefähr 17 m Spannweite. Die Schlankheit der Brücke erreichte Šuchov, indem das gesamte Eigengewicht über das parabelförmig verlaufende Zugband abgetragen wurde, auf welchem der Träger aufgeständert war (Abb. 269, 270). Die Diagonalen gewährleisten eine ausreichende Steifigkeit unter örtlicher Belastung.

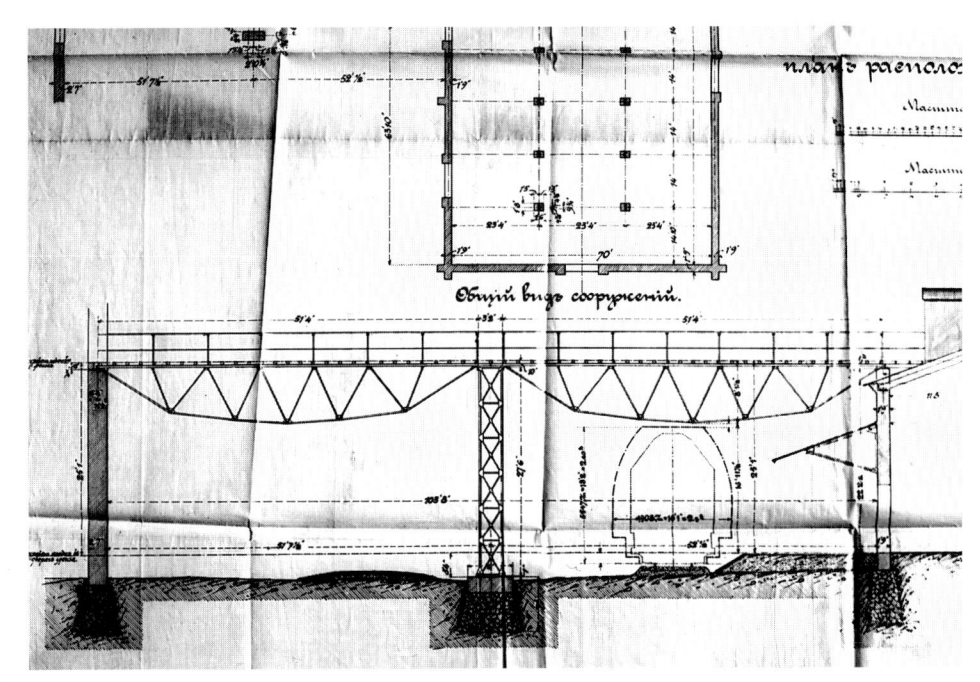

Über eine andere unterspannte Brücke mit parabelförmig verlaufendem Zugband ist außer dem von Šuchov selbst fotografierten Bild nichts bekannt (Abb. 271). Die Versteifung über zugbeanspruchte Auskreuzungen zwischen vertikalen Druckpfosten bewirkt die Leichtigkeit dieser Brücke. Der Druckbogen deutet darauf hin, daß die Unterspannung allein die Konstruktion nicht genügend ausgesteift hätte.

Für eine Eisenbahnlinie ergibt sich die erforderliche Anzahl von Brückenbauwerken aus der Streckenführung, die eine sinnvolle Fahrgeschwindigkeit zulassen muß. Bestimmte Steigungen dürfen nicht überschritten und Kurvenradien nicht unterschritten werden. Diese Kriterien bestimmen weitgehend in Abhängigkeit von der Topologie den Standort, die Gesamtlänge und die Spannweite der Brücken.

Wegen der großen Anzahl von Brücken, die beim Bau der russischen Eisenbahnlinien erforderlich waren, und der begrenzten russischen Eisenproduktion ist ein wesentliches Entwurfskriterium ein geringer Verbrauch des verwendeten Werkstoffs Stahl gewesen. Um mit dem daraus folgenden geringen Eigengewicht der Brücken bei Spannweiten bis zu 100 m unter den großen rollenden Verkehrslasten nur geringe Verformungen zu erhalten, mußte den Systemen eine ausreichend hohe Steifigkeit gegeben werden, was zu großen Trägerhöhen führte.

Die kurzfristige Bewältigung der Bauaufgaben für die einzelnen Linien erreichte Šuchov mit Hilfe einer spannweitenabhängigen Standardisierung der Brückentragwerke. In den Archivunterlagen finden sich Tabellen, die Zusammenstellungen von Brückensystemen beinhalten, z. B. eine Tabelle, die für den Bau der Eisenbahnlinie Orenburg – Taškent 1901/02 ausgearbeitet wurde.[4]

Aus den uns zugänglichen Unterlagen (Tabellen) geht hervor, daß Šuchov bei Eisenbahnbrücken mit Spannweiten über 15 m Fachwerkträger verwendete und für diese, abhängig von der Spannweite, unterschiedliche Gurtgeometrien und Ausfachungen wählte, welche verschiedenartige Erscheinungsformen hatten. Als Šuchov 1892 mit dem Bau von Eisenbahnbrücken begann, waren die theoretischen Grundlagen zur Ermittlung der inneren Beanspruchung in den einzelnen Stäben und die Verformungsberechnung der Träger unter Last fast vollständig entwickelt. Grundlegende Arbeiten zur Ermittlung der Stabkräfte in Fachwerken stammen von den deutschen Ingenieuren Culmann (1821–1881) und Schwedler (1823–1896) und wurden in den Jahren 1851 bis 1863 veröffentlicht.[5] Bemerkenswert an Schwedlers 1851 erschienenem Aufsatz ist das mit Hilfe seiner analytischen Berechnungsmethoden ermittelte Stabsystem für Eisenbahnbrücken mit größtmöglicher Werkstoffersparnis und Vermeidung einer Wechselbeanspruchung in einzelnen Stäben beim Befahren des Trägers mit Zügen. Der nach ihm benannte Träger (Abb. 272) hat einen gekrümmten Obergurt, um die Druckkraft über die Gurtlänge konstant zu halten. Der Knick in der Trägermitte und die hyperbolisch verlaufende Krümmung des Obergurts vermeiden die Entstehung von Druckkräften in den Diagonalen unter einer über

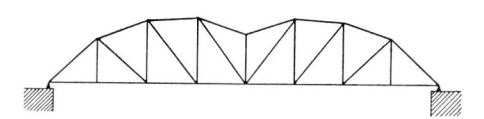

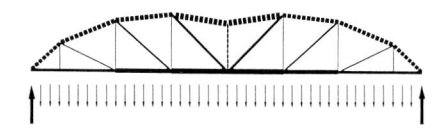

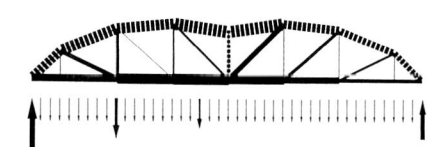

Abb. 272
Tragsystem Schwedler-Träger. Normalkräfte infolge Eigengewicht der Brückenkonstruktion (Zug ———, Druck -----). Normalkräfte infolge Eigengewicht mit zwei Einzellasten, als idealisierte Verkehrslast (Lokomotive mit Tender)

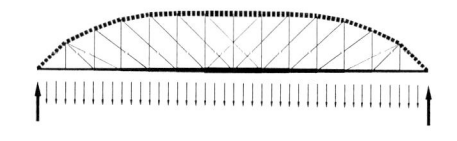

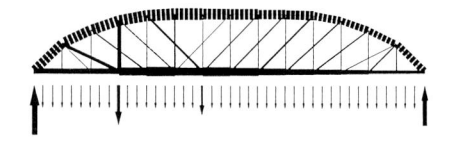

Abb. 273
Tragsystem Schwedler-Träger. Normalkräfte infolge Eigengewicht der Brückenkonstruktion (Zug ———, Druck -----). Normalkräfte infolge Eigengewicht mit zwei Einzellasten, als idealisierte Verkehrslast (Lokomotive mit Tender)

die Brücke rollenden Einzellast. Unter der rollenden Last wird eine Druckbeanspruchung der Diagonalen ebenfalls vermieden, wenn der Obergurt über die Feldmitte geradlinig verläuft und sich die Diagonalen in diesem Bereich überschneiden (Abb. 273). Dieses System wurde bei Eisenbahnbrücken in Deutschland seit 1865 verwendet, nachdem sich die Nachteile der Gitterträgerbrücken bemerkbar gemacht hatten.[6]

Die analytischen Berechnungsmethoden von August Ritter (1826–1908), Christian Mohr (1835–1918), Emil Winkler (1835–1888) und August Föppl (1854–1924) lieferten die Grundlagen zur Ermittlung der Stabkräfte in Fachwerken, wie sie heute noch ihre Gültigkeit haben. Diese Arbeiten sind in den Jahren zwischen 1863 und 1880 entstanden.[7] Der frühe Einsatz von Fachwerkträgern bei Eisenbahnbrücken, zunächst aus Holz, ab ungefähr 1840 aus Guß- und Schmiedeeisen und später aus Stahl in Europa und in den Vereinigten Staaten von Nordamerika, hatte zur Entwicklung von Trägersystemen geführt, die vorwiegend dem intuitiven Verständnis für die Lastabtragung und einer vereinfachten Vorstellung von den Beanspruchungen entsprachen. Ingenieure entwickelten immer neue Trägertypen, die ihren Namen erhielten, weil jede Änderung der Geometrie eines Fachwerkträgers in der Umrißform, der Anordnung und der Anzahl der ausfachenden Stäbe ein anderes Tragverhalten zur Folge hatte. Das Ausmaß dieser Änderungen konnte ohne allgemeingültige Theorie zu jener Zeit noch nicht erfaßt werden, weshalb jede Änderung der Form als neuer Typ verstanden wurde.

Im Vordergrund der Trägerentwicklung standen, wie bei dem Schwedler-Träger bereits angesprochen, eine optimale Ausnutzung der Tragelemente, d.h. Werkstoffersparnis und eine ausreichende Steifigkeit beim Überfahren der Träger mit den vergleichsweise schweren Lokomotiven. Zwei Beispiele aus der Vielzahl dieser Entwicklungen sind der Pauli- oder Fischbauchträger und der Halbparabelträger. Der Pauli-Träger, nach dem Ingenieur Friedrich August Pauli (1802–1883) benannt, mit parabelförmig gekrümmten Ober- und Untergurten, auskreuzenden Diagonalen und aufgeständerter Fahrbahn (Abb. 274), ist 1857 in seiner Idealform bei der Brücke über die Isar in Großhesselohe eingesetzt worden (52 m Spannweite). Die Krümmung der Gurte hat eine gleichmäßige Ausnutzung der Querschnitte über die gesamte Spannweite unter Gleichlast zur Folge. Die sich kreuzenden Diagonalen, nur auf Zug beanspruchbar, dienten der Versteifung und Verformungsbegrenzung unter Verkehrslasten.

Für Brücken mit Spannweiten von 100 m und mehr wurde eine Trägerform entwickelt, die einen parabelförmigen Obergurt aufweist, der an den Auflagern nicht kraftschlüssig mit dem Untergurt verbunden ist, sondern in vertikalen Druckstäben endet – daher der Name Halbparabelträger (Abb. 275). Die »mehrteilige« Ausfachung – die Vertikalstäbe werden von den Diagonalen überkreuzt – begrenzt die Vertikalverformungen des Untergurts (Abb. 276), indem die Abstände der Fachwerkknoten kleiner werden.

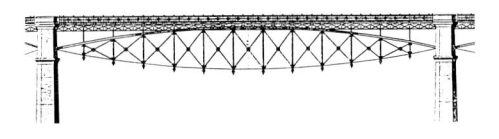

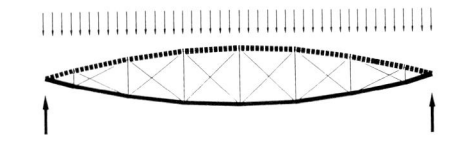

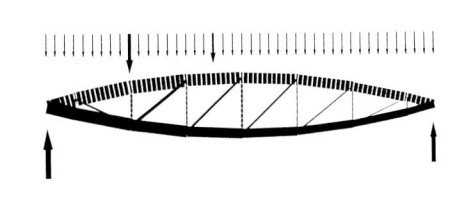

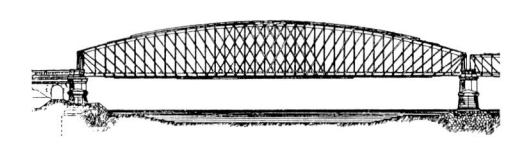

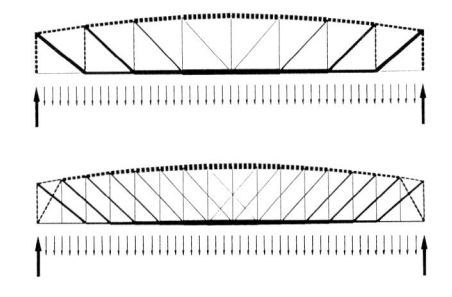

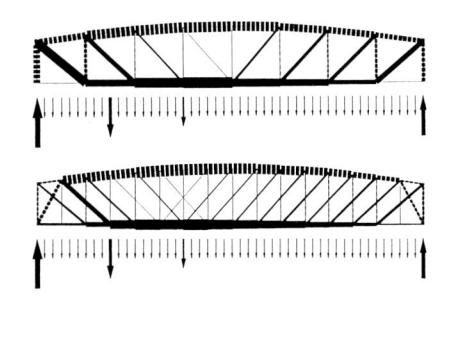

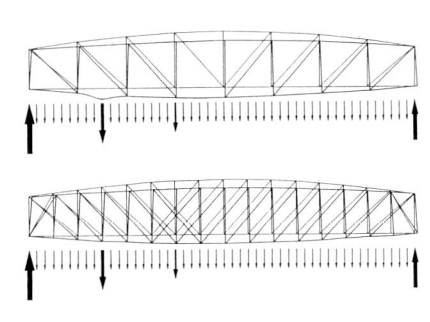

Abb. 274
Tragsystem Pauli-Träger. Normalkräfte infolge Eigengewicht der Brückenkonstruktion (Zug ———, Druck -----).
Normalkräfte infolge Eigengewicht mit zwei Einzellasten, als idealisierte Verkehrslast (Lokomotive mit Tender)

Abb. 275
Tragsystem Halbparabelträger. Normalkräfte infolge Eigengewicht der Brückenkonstruktion (Zug ———, Druck -----)

Abb. 276
Normalkräfte infolge Eigengewicht mit zwei Einzellasten, als idealisierte Verkehrslast (Lokomotive mit Tender)
Verformungsfigur infolge Eigengewicht mit Verkehrslast

Bei sinnvoller Neigung der Diagonalen und bei großer Bauwerkshöhe wird die Biegebeanspruchung des Untergurts bei Überfahren der Brücken infolge der geringen Knotenabstände begrenzt. Die Diagonalen, biegeweiche Stahlbänder, sind unter Gleichlast nur zugbeansprucht und können bei bestimmten Stellungen der Lokomotive ausfallen, weil sie nicht oder nur gering auf Druck beanspruchbar sind. Die Überkreuzung der Zugdiagonalen in Feldmitte ist für die Standsicherheit erforderlich und verhindert zu große Verformungen unter Verkehrslasten. Eine der ersten und bekanntesten Brücken mit Halbparabelträger ist die 1864 bis 1868 gebaute Brücke über den Lek bei Culenborg (Holland) mit 154,4 m Spannweite.[8]

Šuchov war fähig, mit den vorhandenen Grundlagen und Mitteln Brückentragwerke zu entwickeln, die über die Funktionalität und Rationalität hinaus auch beim heutigen Betrachter Bewunderung hervorrufen. Für Spannweiten zwischen 25 m und 30 m nahm Šuchov ein Tragsystem, das vom Pauli-Träger abgeleitet zu sein scheint. Er verzichtete auf den parabelförmigen Druckgurt und ständerte den druckbeanspruchten Fahrbahnträger unmittelbar auf dem Zugband auf (Abb. 294). Das Eigengewicht und die gleichmäßig über die gesamte Spannweite verteilte Verkehrslast werden vom Zugband aufgenommen und abgetragen, das an den Auflagern die horizontale Komponente der Zugkraft als Druckkraft in den geraden Obergurt leitet. Die Versteifung dieses Trägers für Verkehrslasten erfolgt über die in zwei Richtungen geneigten, auf Zug und Druck beanspruchbaren Diagonalen. Ein Grund für diese wechselbeanspruchten Diagonalen unter Lokomotivlast kann die geringe Spannweite sein, die ungefähr die zweifache Länge einer Lokomotive aufweist und zu einem ungünstigen Verhältnis von Eigengewicht zu Lokomotivlast führt. Die zwei Längsträger sind über Auskreuzungen in Querrichtung gegen seitliches Ausweichen gehalten.

Weil sie unter ständigen Lasten an der Lastabtragung nicht beteiligt sind, haben diese Auskreuzungen einschließlich der Vertikalstäbe, zwischen denen die Auskreuzungen angeordnet sind, deutlich erkennbar geringere Querschnittsabmessungen.

Aufgrund der notwendigen Konstruktionshöhe sind Träger mit obenliegender Fahrbahn, wie der beschriebene Träger, in ihrer Anwendung beschränkt. Mit zunehmender Spannweite nimmt die Trägerhöhe zu, und bei flachen Brückenzügen wird die lichte Höhe (Durchfahrtshöhe) unter den Trägern immer geringer, wenn nicht ein tiefer Taleinschnitt vorhanden ist. Ein weiterer Grund, warum Šuchov für Spannweiten über 35 m den Brückenuntergurt als Schienenträger nutzte, liegt in der erreichten Konstruktionshöhe der aufgelösten Fachwerkträger. Die gewählten Verhältnisse von Trägerhöhe zu Spannweite zwischen 1:8 und 1:10 ermöglichen die Anordnung eines Verbandes zwischen den Trägerobergurten, ohne die Durchfahrtshöhe für die Lokomotiven zu beeinträchtigen. Der horizontal liegende Verband dient zur Stabilisierung gegen Ausknicken der auf Druck beanspruchten Obergurte und zur Aufnahme der Windlasten.

Das Beispiel einer Brücke mit Trägerspannweite von 55 m (Abb. 277) zeigt deutlich, wie die Kenntnisse der Lastabtragung und die Ausbildung der Beanspruchung entsprechend der Querschnitte zu den transparenten und leichten Brücken führen, die für Šuchov charakteristisch sind.

In dem Fachwerkträger mit fallenden und steigenden Diagonalen sind die Vertikalstäbe zur Lastabtragung nicht erforderlich. Jedoch mindern die auf Zug beanspruchten Vertikalstäbe die Biegebeanspruchung des Untergurts, indem sie die Spannweite zwischen den Knotenpunkten halbieren. Die Vertikalstäbe, die zwischen den Fachwerkknoten am Obergurt angeordnet sind, bilden über Querträger Rahmen in Querrichtung und stabilisieren zusätzlich den Obergurt gegen Ausweichen aus der Tragebene (Abb. 296). Die genieteten Tragelemente, aufgebaut aus Bändern und Winkelstäben, ermöglichen ein Anpassen der Querschnittsform an die Beanspruchung. Die druckbeanspruchten Diagonalen haben zu den Auflagern hin größer werdende Querschnitte. Zur Feldmitte hin nehmen die Querschnitte der Diagonalen ab, während sich die Anzahl der Bleche in Ober- und Untergurt erhöht. Dieses Prinzip, die Ausbildung der einzelnen Tragelemente differenziert auf die jeweiligen Beanspruchungen und Funktionen abzustimmen, wird in der auffallenden Leichtigkeit der Gesamtansichten erkennbar (Abb. 295). Diesen Aufwand zur Begrenzung des Materialverbrauchs der unterschiedlichen Querschnittsformen zu betreiben war sinnvoll, weil zu Šuchovs Zeiten das Material Stahl teuer und die Arbeitskraft vergleichsweise billig war.

Die parallelgurtigen Fachwerkträger wurden bis zu Trägerlängen von ungefähr 64 m eingesetzt. Für größere Spannweiten verwendete Šuchov Halbparabelträger, wie das Beispiel einer zweifeldrigen Brücke mit 77 m Spannweite (Abb. 278) zeigt. Auch hier war die Minimierung des Werkstoffaufwands maßgebend, denn trotz der Zunahme der Spannweite für diesen Träger um das 1,5fache des parallelgurtigen Fachwerkträgers erhöht sich das Eigengewicht nach den Angaben von Šuchov nur um ungefähr 10 %. Das Eigengewicht der Brücken wird mit zunehmender Spannweite größer, während die Verkehrslast gleich bleibt. Für große Spannweiten machen sich die Abtragung des Eigengewichts über den gekrümmten Obergurt und die nur in Feldmitte vorhandene größere Konstruktionshöhe im Vergleich zum parallelgurtigen Fachwerk beim Werkstoffaufwand positiv bemerkbar. Das noch vorhandene Bildmaterial von diesem Brückentyp macht das rationelle Bauverfahren deutlich, welches dem heutigen Taktschiebeverfahren sehr ähnlich ist. Einzelne Brückenträger wurden auf einem bereits vorhandenen Damm, der später die Auffahrtsrampe zur Brücke bildet, vollständig zusammengenietet. Als Hebegerät für die Stahlteile diente ein hölzerner Portalkran, der entlang der Träger verschieblich war (vgl. Abb. 281–283). Die Herstellung der Träger konnte gleichzeitig mit dem Bau der Gründungen, Pfeiler und Widerlager während der Sommerzeit erfolgen. Hatte sich im Winter eine tragfähige Eisdecke auf dem Fluß gebildet, wurde zwischen den Pfeilern ein hölzernes Gerüst errichtet, über

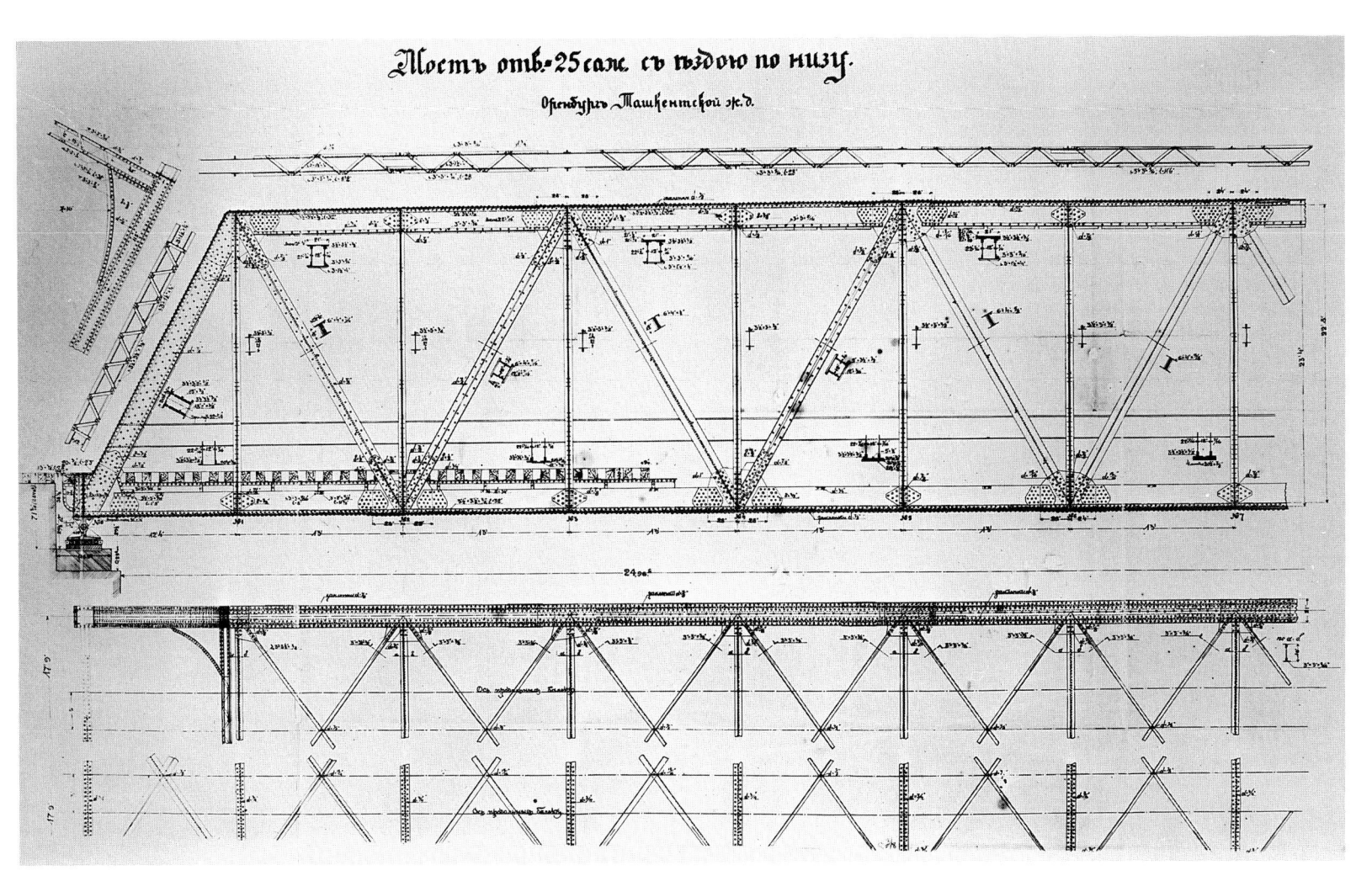

Abb. 277
Brücke der Eisenbahnstrecke
Orenburg–Taškent, 50 m
Spannweite. Werkplan
(Archiv Akad. d. Wiss.
1508-2-36 Nr. 48)

Abb. 278
Eisenbahnbrücke über die Žizdra bei Kozel'sk, Spannweite
der Träger je 70 m
(36,4 × 22,7 cm, Archiv Akad.
d. Wiss. 1508-1-65 Nr. 23)

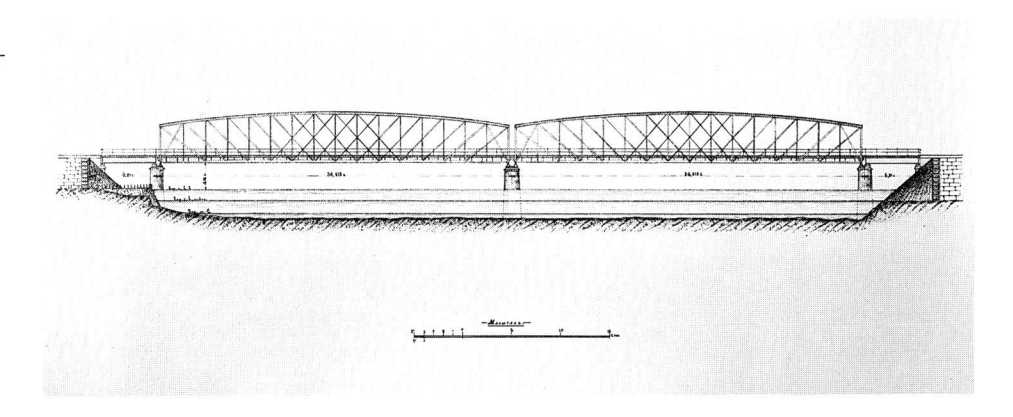

Abb. 279
Eisenbahnbrücke über die Oka
bei Belev, Spannweite der
Träger je 90 m. (Vgl. Abb. 299)
(36,6 × 23 cm, Archiv Akad.
d. Wiss. 1508-1-65 Nr. 3)

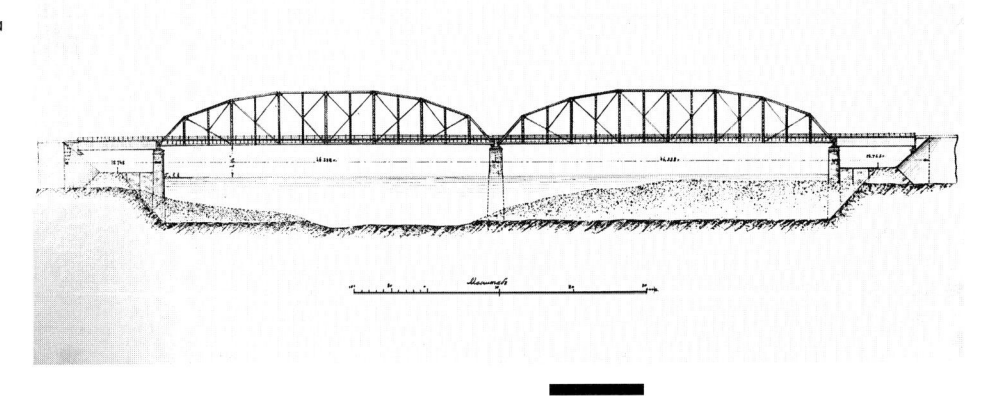

Abb. 280
Brücke über den Enisej-Fluß,
Gesamtansicht der Baustelle.
Bau der Pfeiler,
21. Februar 1897.
Historisches Foto
(Werbemappe der Firma Bari
für die Pariser Weltausstellung
1900)
(Archiv Akad. d. Wiss.
1508-1-50 Nr. 15)

Abb. 281
Brücke über den Enisej-Fluß,
gleiche Bauphase wie Abb. 282,
Frontalansicht. Historisches Foto
(Werbemappe der Firma Bari
für die Pariser Weltausstellung
1900)
(Archiv Akad. d. Wiss.
1508-1-50 Nr. 32)

Abb. 282
Brücke über den Enisej-Fluß,
gleichzeitiger Bau dreier
Brückenträger mit Hilfe eines
verschiebbaren hölzernen
Portalkrans am Ufer,
19. Juni 1898. Historisches Foto
(Werbemappe der Firma Bari
für die Pariser Weltausstellung
1900)
(Archiv Akad. d. Wiss.
1508-1-50 Nr. 33)

Abb. 283
Brücke übr den Enisej-Fluß,
gleichzeitiger Bau dreier
Brückenträger mit Hilfe eines
verschiebbaren hölzernen
Portalkrans, 6. Juli 1898.
Historisches Foto
(Werbemappe der Firma Bari
für die Pariser Weltausstellung
1900)
(Archiv Akad. d. Wiss.
1508-1-50 Nr. 31)

Abb. 284
Brücke über den Enisej-Fluß, Gesamtansicht der Baustelle mit Brückenpfeilern und an beiden Ufern je drei fertiggestellten Trägern,
3. August 1898,
historisches Foto
(Werbemappe der Firma Bari für die Pariser Weltausstellung 1900)
(Archiv Akad. d. Wiss. 1508-1-50 Nr. 4)

Abb. 285 und 286
Brücke über den Enisej-Fluß, Gesamtansicht der Baustelle. Die Träger werden nacheinander in Postion gezogen, Januar 1899, historisches Foto
(Werbemappe der Firma Bari für die Pariser Weltausstellung 1900)
(Archiv Akad. d. Wiss. 1508-1-50 Nr. 28)

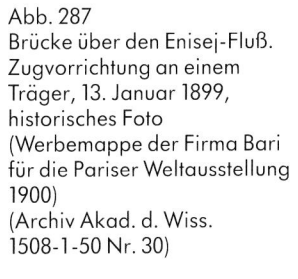

Abb. 287
Brücke über den Enisej-Fluß. Zugvorrichtung an einem Träger, 13. Januar 1899, historisches Foto
(Werbemappe der Firma Bari für die Pariser Weltausstellung 1900)
(Archiv Akad. d. Wiss. 1508-1-50 Nr. 30)

143

Abb. 288
Brücke über den Enisej-Fluß.
Vorbereitung des Absenkens
des auf dem Eis stehenden
Holzgerüsts (»Schnellabbau«),
14. Februar 1899,
historisches Foto
(Werbemappe der Firma Bari
für die Pariser Weltausstellung
1900)
(Archiv Akad. d. Wiss.
1508-1-50 Nr. 21)

Abb. 289
Brücke über den Enisej-Fluß.
Abgesenktes Holzgerüst,
14. Februar 1899,
historisches Foto
(Werbemappe der Firma Bari
für die Pariser Weltausstellung
1900)
(Archiv Akad. d. Wiss.
1508-1-50 Nr. 20)

das die einzelnen Träger vom Ufer aus in ihre endgültige Lage gezogen werden konnten (Abb. 284–287, 291). Das Einschieben und der Abbau des Holzgerüsts mußten vor der Eisschmelze und vor dem ersten Frühjahrshochwasser erfolgen und legten den Zeitplan für den gesamten Brückenbau fest.

Die vertikalen Druckstäbe des Fachwerks waren aus Winkeln und Bändern zusammengebaut, aufgelöste Stäbe und die Zugstäbe waren einfache Stahlbänder. Die durchgängige Trennung von druck- und zugbeanspruchten Bauteilen hinsichtlich ihrer Querschnittsform und der Ausbildung der Knotenpunkte, wobei die Winkelquerschnitte der vertikalen Druckstäbe über die Höhe von Ober- und Untergurt durchlaufen, lassen selbst bei einer Schrägansicht der Brücken eine Ordnung erkennen. Die Tragwände besitzen trotz der Vielzahl an Überschneidungen und Stabaneinanderreihungen noch Transparenz (Abb. 215). Die notwendige Aufnahme der größten Querkraft aus der Längstragwirkung und der Kräfte aus dem im Obergurt liegenden Windverband führen zu den vollwandig ausgebildeten Rahmen über den Auflagern. Aus statischer Funktion ergibt sich ein Gestaltungsmerkmal, denn die Brücken erhalten dadurch ein Portal. Die Ausgewogenheit der Form dieser Brücken ist in der Seitenansicht ablesbar (Abb. 292).

Šuchovs längste Brückenträger haben eine Spannweite von fast 100 m. Auch hier bewirkt der Systemwechsel vom Halbparabelträger zu einer an dem Schwedler-Träger orientierten Trägerform eine geringere Zunahme des Eigengewichts im Vergleich zum Zuwachs an Spannweite. Nach Patton[9] ist diese Trägerform (Abb. 279) für Spannweiten bis zu 130 m eingesetzt worden.

Für eine sechsfeldrige Brücke mit derartigen Trägern verkürzte Šuchov die Bauzeit nochmals, indem auf jeder Uferseite drei Träger nebeneinander gleichzeitig zusammengenietet wurden (Abb. 282–284). Der fahrbare Portalkran aus Holz (Abb. 281) überspannte alle drei Träger. Das Einschieben der Träger erfolgte dann von beiden Seiten über Holzgerüste, die auf dem Eis aufgebaut waren (Abb. 284–286). Vom ursprünglichen Schwedler-Träger weichen die Vertikalstäbe ab, welche die vom Ober- zum Untergurt durchlaufenden Diagonalen mittig kreuzen, und die von diesen Kreuzungspunkten ausgehenden und in Gegenrichtung geneigten Diagonalen, die an den Obergurt angeschlossen sind. Dadurch erhalten die nicht von Diagonalen gekreuzten Vertikalstäbe unter ständiger Last Druck und haben aufgelöste Querschnitte. Die dazwischenliegenden Vertikalstäbe verkürzen wieder die Länge des zwischen den Knotenpunkten auf Biegung beanspruchten Untergurts, erhalten nur unter Verkehrslasten geringe Druckkräfte und sind von den Diagonalen gegen Ausknicken gehalten. Das Charakteristische des Schwedler-Trägers bleibt erhalten: Zugbeanspruchung der durchgehenden Diagonalen (Stahlbänder) bei jeder möglichen Anordnung der Verkehrslast. Die Auskreuzungen, die zur Windaussteifung, zur Stabilisierung des auf Druck beanspruchten Obergurts und zur Knickstabilisierung der vom Ober- zum Untergurt durchgehenden vertikalen Druckstäbe dienen, sind deutlich in ihrer Funktion erkennbar.

Abb. 290
Brücke über Tom-Fluß, Transsibirische Eisenbahn, 1898/99.
Historisches Foto
(Werbemappe der Firma Bari für die Pariser Weltausstellung 1900)
(Archiv Akad. d. Wiss. 1508-1-50 Nr. 60)

Abb. 291
Brücke über die Oka, Transsibirische Eisenbahn. Der letzte Träger wird in Position gezogen, 21. November 1898, historisches Foto
(Werbemappe der Firma Bari für die Pariser Weltausstellung 1900)
(Archiv Akad. d. Wiss. 1508-1-50 Nr. 6)

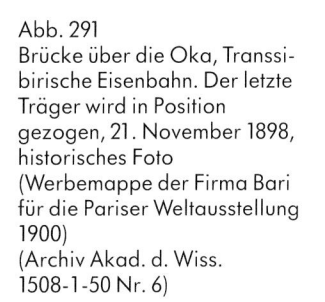

Abb. 292
Brücke über den Čulym-Fluß bei Ačinsk, Transsibirische Eisenbahn, 1898/99, historisches Foto
(Werbemappe der Firma Bari für die Pariser Weltausstellung 1900)
(Archiv Akad. d. Wiss. 1508-1-50 Nr. 59)

Abb. 293
Brücke über den Kitoj-Fluß,
Transsibirische Eisenbahn,
19. August 1898.
Historisches Foto
(Werbemappe der Firma Bari
für die Pariser Weltausstellung
1900)
(Archiv Akad. d. Wiss.
1508-1-50 Nr. 10)

Abb. 294
Brücke über die Ušajka bei
Tomsk, Transsibirische
Eisenbahn, 1898/99.
Historisches Foto
(Werbemappe der Firma Bari
für die Pariser Weltausstellung
1900)
(Archiv Akad. d. Wiss.
1508-1-50 Nr. 61)

Zum Abschluß noch ein für die Planung und Ausführung von Eisenbahnlinien wichtiger Aspekt. Mit der Standardisierung der einzelnen Trägerformen konnte Šuchov, abhängig von der Spannweite, auf die unterschiedlichen topographischen Gegebenheiten, die bei den Eisenbahnlinien vorhanden sind, eingehen. Damit ergab sich quasi eine Berücksichtigung der Landschaft bei der Wahl der Träger. Der Wechsel der Tragsysteme, in einem Brückenzug oder in der Abfolge mehrerer Brückenzüge hintereinander, ermöglichte eine Vielfalt, die zur Gestaltung der Umwelt beitrug (Abb. 293).

Der Ausbau des russischen Eisenbahnnetzes erfolgte bis in das erste Jahrzehnt dieses Jahrhunderts, wobei die von Šuchov entwickelten Träger vielfältige Anwendung fanden.[10]

Während des Ersten Weltkriegs sind viele Brücken in Rußland zerstört worden (Abb. 297). Bereits im Bürgerkrieg (1918–1921) wurde mit den Wiederaufbauarbeiten der zerstörten Brücken begonnen. Šuchov war von Anfang an maßgebend auch an diesen Arbeiten beteiligt, denn die Firma Bari, deren Leitung Šuchov erhielt, wurde verstaatlicht, in die Firma Parostroj umbenannt und mit dem Wiederaufbau beauftragt. Zu den Eisenbahnlinien mit zerstörten Brücken gehörten die Verbindungslinien Syzran' – Vjazemsk, Orenburg – Taškent und einige Weststrecken.[11] Bereits 1919 konnte unter Mitwirkung anderer Büros der Eisenbahnverkehr zwischen Moskau und dem Ural wiederaufgenommen werden.[12]

Die Wiederaufbauarbeiten wurden durch einen als Folge der Kriege vergrößerten Mangel an Stahl und anderen Werkstoffen sehr erschwert. Die Anzahl der qualifizierten und ausgebildeten Arbeiter war begrenzt, und die erforderlichen Hebegerüste und Montagewerkzeuge waren nur eingeschränkt vorhanden. Die zerstörten Brücken sind daher nicht vollständig abgebrochen und durch neue Konstruktionen ersetzt worden, sondern sie wurden gehoben, nur an den beschädigten Stellen ausgebessert und mit originalen Teilen wieder funktionsfähig gemacht.

Der Wiederaufbau z.B. einer einfeldrigen Brücke mit 64 m Spannweite um die Zeit von 1919/20, die an beiden Auflagern zerstört war, erfolgte nach einer auch bei anderen Brücken durchgeführten Methode. Die Brücke wurde mit Holzkränen und Winden aus dem Flußbett gehoben und auf ein Holzgerüst abgesetzt. Die kritischen Teile wurden abgetrennt, auf ihre Verwendbarkeit hin untersucht und in diesem Fall zu 90% wieder eingebaut. Nach Beendigung der Reparaturarbeiten wurde mittels Belastungsprobe die Standsicherheit nachgewiesen.

Zur gleichen Zeit leitete Šuchov den Wiederaufbau einer dreifeldrigen Brücke mit je 75 m Spannweite. Zwei der drei Träger lagen im Fluß. Der mittlere Teil konnte auf ein Holzgerüst gehoben und seine beschädigten Teile ersetzt werden. Der Seitenfeldträger war so zerstört, daß er durch einen neuen ersetzt werden mußte. Nach Beendigung der Reparaturarbeiten am mittleren Träger wurde dieser in das Seitenfeld verschoben und im Mittelfeld auf dem vorhandenen Holzgerüst ein neuer Träger gebaut. Im Erscheinungsbild der Brücke

Abb. 295
Brücke über die Belaja, Transsibirische Eisenbahn, 20. August 1889.
Historisches Foto
(Werbemappe der Firma Bari für die Pariser Weltausstellung 1900)
(Archiv Akad. d. Wiss. 1508-1-50 Nr. 63)

Abb. 296
Brücke über die Kija bei Marbinsk, Transsibirische Eisenbahn, 1898/99.
Historisches Foto
(Werbemappe der Firma Bari für die Pariser Weltausstellung 1900)
(Archiv Akad. d. Wiss. 1508-1-50 Nr. 57)

Abb. 297
Im Bürgerkrieg zerstörte
Brücken mit Halbparabel-
trägern. Wiederaufbau 1922
in 175 Tagen
(Kovel'man, G. M. 1961
[a.a.O.], S. 224, Abb. 114)

Abb. 298
Brücke über den Aše-Fluß bei
Lazarevskoe am Schwarzen
Meer, Eisenbahnlinie
Batumi-Tuapse.
Vereinfachtes Šuchovsches
Trägersystem aus der Zeit
nach der Revolution
(Foto: R. Graefe, 1989)

Abb. 299
Eisenbahnbrücke über die Oka
bei Belev, rechter Träger nach
Zerstörung im 2. Weltkrieg
ersetzt (vgl. Abb. 279)
(Foto: R. Graefe, 1989)

fällt der ersetzte Träger durch das andere Fachwerksystem auf. Die gewahrte Gesamtsymmetrie und die Fachwerk- und Umrißform des neuen Trägers geben dem Brückenzug eine neue Einheitlichkeit. Ganz anders bei einer anderen Brücke mit zwei Feldern: alter und neuer (nicht von Šuchov gebauter) Träger werden zu Gegensätzen, da beide Träger – asymmetrisch angeordnet – sich in Ausfachung und Umrißform deutlich unterscheiden (Abb. 299). Beim Vergleich der ursprünglichen Träger und der an ihrer Stelle neu gebauten Träger wird erkennbar, daß auch unter Šuchovs Leitung das Fehlen qualifizierter Arbeitskräfte und der Druck einer kurzen Bauzeit zu einer Vereinfachung und Vereinheitlichung der Tragsysteme in Umrißform und Ausfachung führten (Abb. 298 rechts). Die Verwendung einheitlicher Elementquerschnitte als Folge der standardisierten Fertigung trug dazu bei, daß Leichtigkeit und Ausdrucksstärke der frühen Brücken verlorengingen. Nach Abschluß der Wiederaufbauarbeiten nahmen ab etwa 1928 die Brückenneubauten wieder zu. Sie sind seit 1930 von der staatlichen Organisation Stal'most geplant und ausgeführt worden, deren Hauptabteilungen aus den von Šuchov gegründeten Montagewerkstätten für die Herstellung von Metallkonstruktionen und dem dazugehörenden Planungsbüro bestanden.[13]

Šuchov verwendete bei den von ihm gebauten Eisenbahnbrücken einfeldrige Fachwerkträger, deren Systemaufbau in Mitteleuropa in den sechziger Jahren des vorigen Jahrhunderts entwickelt worden war. Obwohl schon im ausgehenden 19. Jahrhundert die Grundlagen zur Erfassung des Tragverhaltens von Bogen- und Hängebrücken und die erforderlichen Maßnahmen zur Versteifung für den Einsatz bei Eisenbahnbrücken bekannt waren und obwohl diese Tragsysteme für Eisenbahnbrücken seit Beginn des 20. Jahrhunderts in Mitteleuropa bevorzugt eingesetzt wurden,[14] hat Šuchov sie nicht verwendet.

Im Brückenbau und insbesondere bei den Eisenbahnbrücken entwickelte Šuchov nicht Konstruktionen von gleicher Neuartigkeit wie bei seinen Entwürfen und Ausführungen von eisernen Hängedächer oder Gewölben aus Bandeisen. Hier lag in der perfekten organisatorischen Ausführung der Bauaufgaben und in der subtilen konstruktiven Durchbildung die Stärke seiner Lösungen. Das Einschieben der einzelnen Träger bei mehrfeldrigen Brücken als rationelles Bauverfahren und die Verwendung standardisierter Brückensysteme waren die zwei wichtigsten Maßnahmen, um den Bau der Eisenbahnlinien im vorgegebenen Umfang und zeitlichen Rahmen bewältigen zu können.

Das Verständnis für die Lastabtragung zeigt sich bei Šuchovs frühen Brücken in der Wahl der Tragsysteme und der Ausbildung der Tragelemente, indem er mehrfach gegliederte Fachwerke verwendete und die Tragelemente entsprechend ihrer Funktion bei der Lastabtragung formte. Die differenziert ausgebildeten Tragelemente bestimmen das Erscheinungsbild dieser Brücken maßgebend. Deutlich fehlt diese Wirkung bei den nach den Kriegen gebauten Brücken.

Anmerkungen

1 Lopatto, A. E. 1951 (a.a.O. – S. 9, Anm. 7), S. 99.
2 Lopatto, A. E. ebendort.
3 Kovel'man G. M. 1961 (a.a.O. – S. 9, Anm. 5), S. 121.
4 Kovel'man, G. M. ebendort, S. 129.
5 Culmann, Karl: Der Bau der hölzernen Brücken in den Vereinigten Staaten von Nordamerika. Allgemeine Bauzeitung, 1851. Der Bau der eisernen Brücken in England und Amerika. Allgemeine Bauzeitung, 1852.
Schwedler, Johann Wilhelm: Theorie der Brückbalkensysteme. Zeitschrift für Bauwesen, 1851.
Über Brückenbalkensysteme von 200 bis 400 Fuß Spannweite. Zeitschrift für Bauwesen, 1863.
6 Mehrtens, G. Christoph: Vorlesungen über Ingenieurwissenschaften, 2. Teil, 1. Band. Der Eisenbahnbrückenbau, Leipzig 1908.
7 Föppl, August: Die Theorie des Fachwerks. Leipzig 1880.
Mohr, Christian: Beitrag zur Theorie des Fachwerks. Zeitschrift des Architekten- und Ingenieur-Vereins in Hannover, 1870, 1874, 1875, 1877.
Ritter, August: Elementare Theorie und Berechnung eiserner Dach- und Brückenkonstruktionen, 1863.
Winkler, Emil: Vorträge über Brückenbau. Theorie der Brücken, 1873–1884.
8 Mehrtens, G. Ch. (a.a.O.).
9 Patton, E. O.: Neuere bemerkenswerte Brückenbauten in Rußland. Das Zentralblatt der Bauverwaltung, 1908.
10 Patton, E. O. (a.a.O.).
11 Kovel'man, G. M. 1961 (a.a.O. – S. 9, Anm. 5), S. 216.
12 Kovel'man, G. M. ebendort, S. 217.
13 Kovel'man, G. M. ebendort, S. 225.
14 Mehrtens, G. Ch. (a.a.O.).

Wiederaufrichtung eines Minaretts in Samarkand

Boris Gusev

Großes Wissen eröffnet große Möglichkeiten. Eine mit Wissen ausgerüstete Begabung ist eine ständige Quelle von Ideen. Eine solche unerschöpfliche Quelle von Ingenieurideen war Vladimir Grigor'evic Šuchov zeit seines Lebens.

Heute kann man kaum jemanden für den wissenschaftlich-technischen Einsatz begeistern, den die Erhaltung und Wiederherstellung von Baudenkmälern erfordern. Vor fünfzig Jahren jedoch setzten die größten Ingenieure ihre Erfahrung und ihr Talent ein, um alte Bauwerke zu restaurieren. Damals konzentrierten sich in der UdSSR die Kräfte und technischen Mittel auf Neubauten. Um so höher ist die Aufmerksamkeit zu werten, die Šuchov Denkmälern der alten Baukunst widmete.

Es gibt nicht wenige Beispiele für »fallende«, aber noch nicht eingestürzte Hochbauten. Jedem ist der Turm von Pisa bekannt, aber er ist bei weitem nicht der einzige dieser Art. In der alten usbekischen Hauptstadt Samarkand gibt es eine alte Gebetsschule, die Medresse des Ulugbek – eine Sehenswürdigkeit, die jeder Tourist gesehen haben muß. Als dominierende Elemente dieses Bauwerks, eines der schönsten Usbekistans, ragen seine Minarette wie Wachttürme auf. Sie wurden – wie der gesamte architektonische Komplex der Medresse – im 15. Jahrhundert nach dem Plan und im Auftrag des berühmten Astronomen Mirza Ulugbek erbaut.

Während eines Erdbebens kam eines der Minarette in Schieflage. Die Historiker und Architekten waren seither in ständiger Sorge um das Schicksal des wertvollen Architekturdenkmals. Sie befürchteten, daß es eines Tages einfallen und damit die Schönheit des gesamten Ensembles zerstören könne. So wurden 1932 Restaurierungsarbeiten beschlossen, bei denen das Minarett wiederaufgerichtet werden sollte. Mehrere Entwürfe traten den Wettbewerb an. Ebenso wie bei den meisten heutigen Plänen zur Rettung des Turms von Pisa gingen die Entwürfe der dreißiger Jahre davon aus, daß die abgesunkene Seite des Minaretts wieder auf die ursprüngliche Höhe gehoben werden solle. Auch Šuchov nahm sich der Aufgabe an.[1] Sein Vorschlag war, wie immer, nicht konventionell: Er verzichtete darauf, den Minarettturm heben zu wollen. Vielmehr entschied er: warum sich mit den kolossalen Gewichtskräften herumschlagen, die unweigerlich beim Heben auftreten? Vernünftiger sei es, die Schwerkraft dafür einzusetzen, das Minarett wieder in senkrechte Stellung zu bringen. Bei nur geringer Bodensenkung wäre es sicher besser, nicht die abgesunkene Seite zu heben, sondern auch die gegenüberliegende Seite abzusenken. Die Gefahr bestand, daß bei jeder Verlagerung des hohen Steingebäudes, welches für dynamische Belastungen nicht konstruiert war, lokale Spannungen im Mauerwerk auftraten, die zu Verformungen und Beschädigungen, ja sogar zum Einsturz des Architekturdenkmals führten. Folglich mußte noch ein weiteres technisches Problem gelöst werden: Wenn das Minarett bewegt würde, mußte sichergestellt sein, daß seine Masse nur minimal verschoben wurde. Diese Problemstellung enthält einen offensichtlichen Widerspruch. Aber Šuchov fand eine Lösung, die auch diese Forderung erfüllte: Befestigt man ein Scharnier, um das die Drehung vollzogen wird, unbeweglich am Hochpunkt des Turmfußes, dann wird der Schwerpunkt des Minaretts bei seiner Wiederaufrichtung hochgehoben. Befestigt man das Scharnier am Tiefpunkt, wird sich der Schwerpunkt senken. Nur bei einem verschieblichen Scharnier, das immer in der Vertikalen des Schwerpunkts bleibt, wird es weder eine Hebung noch eine Senkung geben.

Šuchov beschloß, das Minarett auf eine massive Wippe mit zylindrischer unterer Fläche zu stellen. Die Krümmung dieser Fläche bildete ein Kreissegment, dessen Mittelpunkt mit dem Schwerpunkt des Gebäudes zusammenfiel. Danach wurde die Wippe genauestens berechnet, die linearen Maße wurden bis auf Zehntel Millimeter und die Winkel mit einer Genauigkeit von einer Sekunde festgelegt. Unter Šuchovs Aufsicht erfolgte der Bau der Drehvorrichtung. Ebenfalls unter seiner Aufsicht wurden alle Vorbereitungen für das Anbringen der Wippe getroffen. Er unterfing das Mauerwerk mit kreuzweise gelegten Stahlbalken, die in Fundamenthöhe unter das Minarett geschoben wurden. Die für die Drehung des Minaretts benötigte Kraft wurde mit Seilen übertragen, die am Turm befestigt waren. Die Gesamtspannung erreichte 24 t. Die provisorische Fixierung der sich ändernden Stellungen des Wippbalkens während der Drehung erfolgte mit Keilen.

Abb. 300
Der Riese Šuchov richtet das Minarett der Ulug-Bek-Medresse in Samarkand auf. Karikatur von unbekannter Hand, April 1933
(22,3 x 15,1 cm,
Archiv Akad. d. Wiss.
1508-2-56 Nr. 1)

Anmerkungen

Kovel'man, G.M., 1961, S. 245–256 (a.a.O. – S. 9, Anm. 5)
2   Vypravlenie krena zavodskich dymovych trub (Korrektur der Schieflage von Fabrikschornsteinen; russ.). In: Novaja technika i peredovoj opyt v stroitel'stve. (Ministerstvo stroitel'stva SSR). M.: 1956, Nr. 12.
Gusev, B.P., Ostorožno padaet (»Vorsicht, es fällt«; russ.). In: Technika-molodeži M.: [o.J.], Nr. 10, S. 25

Durch Herausnehmen der Keile unter der anfänglich höheren Seite des Wippbalkens wurde die Neigung des Minaretts Schritt für Schritt wieder aufgehoben. Der Vorgang, das Minarett zu drehen, dauerte insgesamt drei Tage (die Vorarbeiten nicht einbezogen).

Ohne Zweifel ist diese Aufrichtung des Minaretts der Ulugbek-Medresse einmalig im Hinblick auf den historischen Wert des Bauwerks und – wegen des geringeren Risikofaktors gegenüber anderen Wiederherstellungsverfahren – auch hinsichtlich der angewandten Technik. Um so interessanter ist die Frage, warum das von Šuchov entwickelte Verfahren nicht die wünschenswerte Verbreitung gefunden hat, vor allem in Situationen mit gleichen Ausgangsbedingungen. Allerdings ist zu vermuten, daß es nur wenige Fälle gibt, bei denen Šuchovs Methode für praktische Restaurierungs- und Montagearbeiten eingesetzt werden kann. Ein weiterer, ganz einfacher Grund dürfte darin liegen, daß den Fachleuten die notwendigen Informationen fehlen. Ein möglicher Anwendungsbereich des Verfahrens zur Aufrichtung »fallender« Bauten nach Šuchovs Methode könnte heute bei Fabrikschornsteinen liegen.

In einer Fabrik in Saratov wurden 1956 zwei 50 m hohe Schornsteine in gleicher Weise wiederaufgerichtet.[2] Sie standen auf gefährdetem weichem Grund, der besonders bei Nässe stark an Tragfähigkeit verlor. Die Nässe hatte dazu geführt, daß sich der Boden und die Fundamente setzten und sich schließlich die zwei Schornsteine neigten. Die Neigung beim einen Schornstein betrug 152 cm, beim anderen 125 cm.

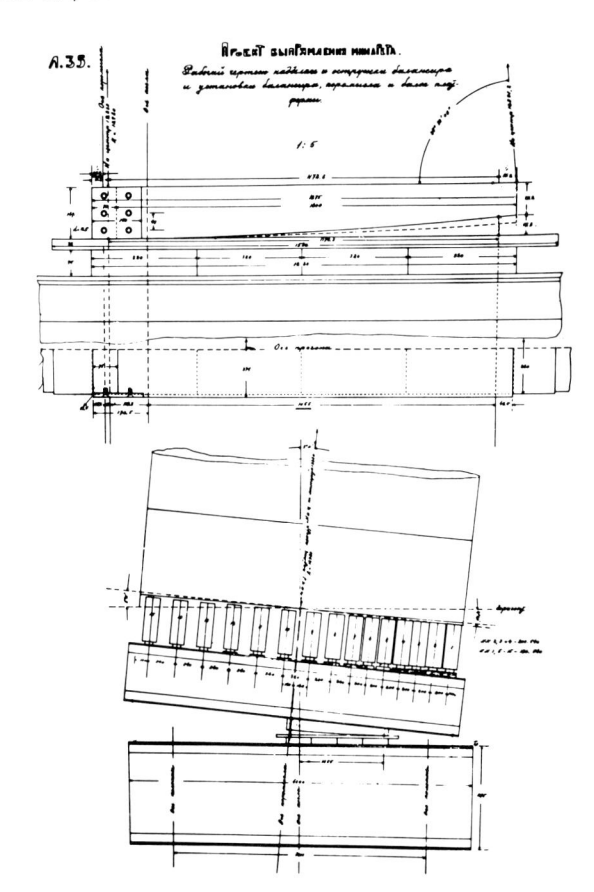

Abb. 301
Plan der eisernen Wippe zur Aufrichtung des Minaretts der Ulug-Bek-Medresse in Samarkand, 1932
(Archiv Akad. d. Wiss. 1508-1-72 Nr. 1)

Abb. 302
Aufrichtung des Minaretts der Ulug-Bek-Medresse in Samarkand, 1932. Historisches Foto
(Archiv Akad. d. Wiss. 1508-1-72 Nr. 3)

Über die Erhaltung der Šuchov-Bauten

Igor' A. Kazus'

Das Werk Šuchovs, eines Giganten in der russischen und der internationalen Ingenieurkunst an der Jahrhundertwende, ist ein Erbe für die gesamte Menschheit. Šuchovs Universalgenie offenbarte sich in der Planung und im Bau von zahlreichen und nach Typ und Zweck sehr vielfältigen Bauwerken. Mit seinem Namen verbinden sich nicht nur Architektur und Bauwesen des vorrevolutionären Rußland, sondern auch die kompliziertesten Bauten für die sowjetische Industrie in den ersten Jahrzehnten ihres Bestehens: Hochöfen, Siemens-Martin- und Bessemer-Stahlwerke sowie Walzwerke in Magnitogorsk, Novokuzneck, Čeljabinsk, Nižnij Tagil und in anderen Industriezentren der UdSSR. Weil im Betriebsalltag mit diesen technischen Meisterwerken wie mit reinen Nutzbauten umgegangen wurde – die Schönheit ihrer Konstruktion offenbarte sich bei weitem nicht allen Zeitgenossen –, sind viele wahrhafte Ingenieurbau- und Architekturdenkmäler heute bereits verlorengegangen. Die Erhaltung der wenigen noch vorhandenen Bauwerke ist eine nationale Aufgabe.

Bis jetzt besitzen wir kein vollständiges Verzeichnis der von Šuchov ausgeführten Bauten. Nicht einmal die Liste seiner erhaltenen Bauwerke, derjenigen in Moskau nicht ausgenommen, ist vollständig. Vorrangig ist deshalb, daß die Bauten inventarisiert und unter Denkmalschutz gestellt werden.

Relativ einfach ist das bei denjenigen Šuchov-Konstruktionen, die Teil von Architekturbauten sind, welche von den großen Baumeistern seiner Zeit errichtet wurden: von A.V. Ščusev, V.F. Val'kott, A.I. Erichson, S.U. Solov'ev, R.I. Klejn, A.N. Pomerancev, I.I. Rerberg, K.S. Mel'nikov und vielen anderen. Die meisten Bauten dieser Architekten stehen in Moskau als Baudenkmäler unter staatlichem Schutz: die Oberen Handelsreihen (heute: GUM), das Hotel »Metropol'«, die Petrovskij-Passage, der Brjansker (heute: Kiever) Bahnhof. Sie werden laufend restauriert und repariert und sind in einem technisch befriedigenden Zustand. Ihre Zweckbestimmung gewährleistet, daß sie auch künftig als bemerkenswerte Bauobjekte erhalten bleiben. Doch sind auch sie gefährdet: In den siebziger Jahren wurde die Golofteev-Passage an der Petrovka-Straße, bei der die Konstruktion des Glasdachs von Šuchov stammte, wegen der Rekonstruktion und Erweiterung des CUM demontiert. Auch das GUM sollte in den Jahren 1920 bis 1940 dasselbe Schicksal erfahren: Im Jahre 1934 sah das Programm eines berühmten Architektenwettbewerbs (für das Gebäude des Ministeriums für Schwerindustrie) am Roten Platz den Abriß des GUM und vieler angrenzender Gebäude vor. In der Nachkriegszeit kam erneut der Gedanke auf, das GUM abzureißen, weil an seiner Stelle ein riesiges Denkmal erbaut werden sollte. Besonders schwierig ist die Erhaltung von Šuchov-Bauten für Industriezwecke. Die Bewahrung von Denkmälern der Industriearchitektur stellt in der ganzen Welt ein Problem dar: Meist können derartige Gebäude nicht erhalten werden, ohne daß ihre ursprüngliche Zweckbestimmung verändert wird. Oft nutzt man sie für kulturelle Zwecke, häufig als Museen. Auch die Šuchov-Bauten passen nicht in die heutige Produktionskette und in die technische Landschaft. Aber eine Neubestimmung als Objekte mit sozialer oder gesellschaftlicher Funktion gelingt unter den bestehenden Produktionsbedingungen bislang ebenfalls nicht. So tritt häufig die Frage auf: Sollte man diese Bauten nicht besser abreißen? Überdies reagieren Metallkonstruktionen – sie sind das Grundelement der Šuchovschen Bauten – im Unterschied zu den Baudenkmälern aus Stein wesentlich empfindlicher auf äußere Einflüsse, sie sind der Korrosion ausgesetzt. In technischer Hinsicht ist ihre Wartung erheblich komplizierter, sie müssen dauernd unterhalten und kontrolliert werden. Viele Bauteile, die durch häufige Reparaturen beschädigt wurden (z.B. durch Absägen und Anschweißen) müßten wiederhergestellt werden, wobei die Techniken aus Šuchovs Zeit und die entsprechenden Stähle anzuwenden wären. Ohne ein Sonderprogramm zu ihrer Erhaltung dürften die Ingenieurbauten Šuchovs auf »natürliche« Weise verschwinden. Mögen sie auch schon lange ausgedient haben, die Qualität der Šuchovschen Konstruktionen läßt viele von ihnen weit über die geplante Zeit hinaus bestehen.

Dies trifft beispielsweise auf ein erhaltenes Gebäude Šuchovs in der früheren Moskauer Fabrik der Firma A.V. Bari (heute Fabrik »Dinamo«) zu. Ein anderes, von der Konstruktion her grundsätzlich neues Gebäude Šuchovs ist in der Stadt Vyksa (Gebiet Gor'kij) erhalten geblieben: das Blechwalzwerk der ehemaligen Fabrik Nižne-Vyksa (heute: Metallverarbeitungsfabrik Vyksa) (1897–1898). Erstmals in der Welt hat Šuchov hier ein im Grundriß rechteckiges Dach mit doppelter räumlicher Krümmung aus einer netzförmigen Metallkonstruktion aus gleichen Stabelementen geschaffen. Er erhielt somit ein qualitativ neues Fabrikationsgebäude, dessen Räumlichkeit durch die Segelform der Gewölbe noch hervorgehoben wird. Der Raum war früher von Tageslicht durchflutet, weil die Wände in ihrer gesamten Höhe verglast waren.

Das Blechwalzwerk in Vyksa wurde ursprünglich direkt an die Nordseite der bereits vorhandenen Werkstätten gebaut. Im Verlauf der Produktionserweiterung wurde das Werk umgebaut. Das Šuchov-Gebäude verlor fast vollständig seine ursprünglichen Wände und damit auch die natürliche Belichtung. Dieses wegen seiner Konstruktion und der architektonischen Qualität einmalige Gebäude wurde 1974 unter Denkmalschutz gestellt. Bei seiner Untersuchung, die von Fachleuten der Čeljabinsker Abteilung des Instituts »Proektstal'konstrukcija« (1979) und vom Moskauer V.V. Kujbyšev-Institut für Bauingenieure (MISI) (1982) durchgeführt wurde, stellte man fest, daß die Gebäudekonstruktion eine hohe Festigkeits- und Stabilitätsreserve besitzt. Einzelne Verbindungsstellen der Konstruktion wurden anhand einer aufgestellten Mängelliste in den siebziger Jahren und Anfang der achtziger Jahre repariert. Heute

Abb. 303
Hotel Metropol', 1899–1903,
Architekt V. F. Val'kot.
Blick in die Glaskuppel
über dem zentralen Oberlicht
(Foto: R. Graefe, 1989)

Abb. 304
Hotel Metropol,
Außenansicht der Glaskuppel
(Foto R. Graefe, 1989)

ist die gesamte Konstruktion gestrichen und zeigt keine stärkeren Spuren von Beschädigungen oder Verformungen. Sie kann nach Auskunft von Fachleuten noch lange Zeit ihren Dienst tun. Die heutige Produktionstechnik der Fabrik verlangt jedoch anstelle der »Šuchov-Halle«, wie man das Gebäude Vyksa nennt, eine neue Fertigungshalle. Deshalb wäre es sinnvoll, die alte Halle nach Abbau an einem neuen Ort aufzustellen, um diese einmaligen Konstruktionen Šuchovs zu erhalten.
Zu den Gebäuden kommen die hyperbolischen Konstruktionssysteme der zahlreichen Šuchovschen Turmvarianten. Zu ihnen gehört der Gigant des Šabolovka-Turms in Moskau (1920–1922). Sein Bau war zu dem Zeitpunkt abgeschlossen worden, als der berühmte Wettbewerb für ein wichtiges Gebäude des Landes lief: den Palast der Arbeit in Moskau. Seine nackte Konstruktionsstruktur, seine netzförmige Plastik haben ohne Zweifel Einfluß auf die neu entstandene Richtung in der sowjetischen Architektur, auf die architektonische Avantgarde der ersten Jahre nach der Oktoberrevolution gehabt. Der Šuchov-Turm überragte alles im Weichbild Moskaus jener Jahre. Er führte die architektonische Parade der Gebäude von I. V. Žoltovskij, A. V. Ščusev, K. S. Mel'nikov, I. A. Golosov, V. A. Ščuko und vieler anderer auf der Allrussischen Landwirtschafts- und Industrie-Ausstellung 1923 an, überragte die zu seinen Füßen liegenden Gebäude und wurde zum Symbol der Anfangszeit der Sowjetmacht.
Der heutige Zustand des Šabolovka-Turms gibt zu Befürchtungen Anlaß. Ursprünglich stand der Turm auf einem Fundament, auf dem er mit Ankerschrauben befestigt war. Die durchgeführten Reparaturarbeiten entsprachen nicht immer der Šuchovschen Konstruktionsidee. So beeinflußte die Anbringung von zusätzlichen Metallringen das Tragverhalten der Stäbe beträchtlich. Außerdem veränderte das Einbetonieren des unteren Turmteils völlig das Konstruktions- und Berechnungsschema des Hyperboloids. Diese Veränderungen gefährden die Erhaltung dieses einmaligen Baudenkmals.
Ein Programm zur Erhaltung der Šuchov-Bauten und damit zur Erhaltung von Šuchovs Erbe könnte mit der Gründung eines großen V. G. Šuchov-Museums in Moskau auf dem neben dem Šabolovka-Turm liegenden Gelände beginnen. Damit könnte Šuchovs Name wirklich verewigt werden. Dieses Zentrum könnte auch zu einem wissenschaftlichen Forschungszentrum werden, in dem ein Archiv über das Werk des Meisters, seine Handschriften, Dokumente, Pläne, Zeichnungen und Modelle von Bauten untergebracht sind. Es könnte ein Museums-Komplex der Umbruchzeit werden, in der V. G. Šuchov arbeitete: ein Museum für die Geschichte der Architektur und des Bauwesens gegen Ende des 19. und zu Anfang des 20. Jahrhunderts – ein Museum für die Rundfunktechnik – ein Museum des Konstruktivismus – und, als krönender Abschluß des Ganzen, ein V. G. Šuchov-Museum. Dieses Museum wäre ein Theater und zugleich ein Museum echter Dokumente, Maschinen, Konstruktionen und Erfindungen Šuchovs. Es würde ermöglichen, die Größe V. G. Šuchovs, der durch sein Werk so eng mit den technischen Ideen Anfang des 20. Jahrhunderts und der damaligen Architektur verbunden war, neu zu entdecken. Das Gebäude des Šuchovschen Blechwalzwerkes in Vyksa würde nach Abbau und Wiederaufbau am Fuße des Šuchov-Turms und nach seiner Restaurierung das bestgeeignete Haus für das neue Museum sein.

Šuchov und die Architektur Moskaus

Nina A. Smurova

Es ist keine leichte Aufgabe, die Zusammenhänge zwischen Šuchovs Werk und der Moskauer Architektur aufzuzeigen. Dafür gibt es mehrere Gründe. In den letzten Jahrzehnten hat man hauptsächlich über Šuchov als den bedeutenden Ingenieur und Techniker geschrieben und nur wenig Aufmerksamkeit den Beziehungen zwischen den Šuchovschen Ingenieur- und Konstruktionssystemen und den künstlerischen Bauformen von zeitgenössischen Architekten gewidmet.[1] Inzwischen hat diese Frage an Interesse gewonnen.

Bis heute ist seine Beteiligung am Bau der großen öffentlichen Gebäude in Moskau kaum untersucht worden. So läßt sich seine Bedeutung für die architektonisch-künstlerische Gestalt Moskaus noch nicht umfassend beurteilen.

Bekannt ist nur, daß kaum ein Großbau in der Hauptstadt ohne die Beteiligung des Ingenieurs Šuchov zustande kam. Die erste »wissenschaftliche« Wasserleitung, die Krestovskij-Wassertürme, das erste zentrale E-Werk der städtischen Straßenbahn, die Gasdruckbehälter des ersten Gaswerks, die Überdachungen der Straßenbahndepots, des Kühlhauses – kurz an allem, was mit dem Wohlstand der Moskauer gegen Ende des 19. und zu Anfang des 20. Jahrhunderts zusammenhing, war Vladimir Grigor'evič Šuchov beteiligt.

Derartige Aussagen sind einleuchtend, war Šuchov doch ein großer und bedeutender Ingenieur. Bei der Architektur Moskaus bleibt normalerweise die Frage nach seiner Beteiligung unbeantwortet. Die Namen der Architekten sind jedem bekannt, die der Ingenieure jedoch kaum. Dieser Frage muß also nachgegangen werden, und sei es auch nur in einer ersten Annäherung. Die Entwicklung genauer technischer Kenntnisse und der Übergang zur industriellen Fertigung von Baustoffen und neuen Metallkonstruktionen untergruben die Autorität der Baumeister der alten Schule. Die künstlerische Hochschulausbildung der künftigen Architekten orientierte sich an der Planung von Palästen, Monumenten, Theatern und Villen. Im realen Leben gewann jedoch der Bau von Eisenbahnen, Brücken, Fabriken, Mietshäusern, Bahnhöfen und Passagen immer mehr an Gewicht. Die Gegensätze in den Tätigkeiten von Architekten und Ingenieuren wurden in der Architektur Rußlands gegen Ende des 19. Jahrhunderts besonders deutlich.

Ein gutes Beispiel dafür ist eines der bedeutendsten Bauwerke Moskaus vom Ende des vergangenen Jahrhunderts, die Oberen Handelsreihen (1889–1893), heute GUM genannt, vom Architekten A.N. Pomerancev und den Ingenieuren V.G. Šuchov und A.F. Lolejt.

Der starke Kontrast zwischen der kompakten Masse der Außenwände aus Granit, Marmor aus Tarusa und Sandstein von Rodom und den geräumigen und hellen Innenräumen mit dem transparenten Dach aus Metall und Glas und mit den leichten Eisenbetonbrücken (des Ingenieurs A. F. Lolejt) ergibt das Bild einer unvermuteten Begegnung von Vergangenheit und Zukunft.

Das GUM kann man als ein Beispiel für die Zeit ansehen, in der die Architekten zu den nackten Metallkonstruktionen eine ästhetische Beziehung zu entwickeln begannen. In der russischen Baukunst war dieser Prozeß langwierig und kompliziert. Die zeitgenössischen Architekten, mit denen Šuchov zusammenarbeiten mußte – V. Kossov, A. Pomerancev, V. Val'kot, A. Erichson, S. Solov'ev, R. Klejn, I. Rerberg, A. Ščusev u.a. – verwendeten lange Zeit Metallkonstruktionen nur im Innern und selten außen an den Gebäuden, und das nicht, weil sie keinen ästhetischen Bezug dazu hatten, sondern wegen der ökonomischen und funktionalen Anforderungen. Ein Hauptanliegen der Architekten jener Zeit war es, die Konstruktion zu verbergen oder zu dekorieren.

Planung, Konstruktion und Ausstattung des GUM, das damals eine der größten Kaufhallen in Europa war, verlangten höchste Ingenieurkultur und große technische Kenntnisse. Die Gesamtfläche der von den Läden eingenommenen Räume ist riesig: etwa 25200 m^2. Die Spannweite der Passagendächer (drei Längs- und drei Querpassagen) beträgt 15 m. Im Gebäude sind 1200 Läden untergebracht, die Zwischengeschosse nicht mitgerechnet. Um Platz durch Reduzierung der Dicke der Innenwände zu gewinnen, wurde eine Eisenbetonkonstruktion nach Monier verwendet. Die scheinbar leichten, filigranen Eisenkonstruktionen der Dächer wiegen in Wirklichkeit über 800 t.[2] Zur Eindeckung einer jeden Passage wurden 20000 Glasscheiben benötigt.

Den drei Längs- und Querpassagen im Erdgeschoß entsprechen drei unterirdische Passagen und ein großer Ladehof. Unter diesen riesigen Kellerräumen liegt noch ein weiteres Kellergeschoß für die Stromversorgung und die Zentralheizung.[3]

Wahrscheinlich haben die Erfahrungen beim Bau dieses Gebäudes und das schöne Ergebnis Šuchov in seiner Überzeugung gestärkt, daß »Metallkonstruktionen in der Architektur starke Verwendung finden werden, weil sie die Eigenschaft der Lichtdurchlässigkeit besitzen, was bei Innenräumen sehr wichtig ist«.[4]

Um die Jahrhundertwende zeichnete sich in der russischen Architektur eine Wende zur strukturellen künstlerischen Verwendung der im vorhergehenden Jahrhundert geschaffenen technischen Errungenschaften ab. Es war ein Bedürfnis, zwischen der Architektur, als Kunstform und der rationalistischen Basis der Architektur zwischen Technik und Kunst eine organische Einheit zu bilden. Das Aufkommen des Jugendstils war ein gesetzmäßiges Ergebnis der Entwicklung neuer Tendenzen in der Architektur des 19. Jahrhunderts.

Das erste Gebäude in Moskau, an dem sich die Möglichkeiten des neuen Stils zeigten, war das Hotel »Metropol'«. Es wurde vom Architekten V. F. Val'kot 1898 bis 1903 geplant und gebaut. Die Konstruktionsgrundlagen für das Gebäude und das Glas-Eisendach über dem Hauptsaal – das sich damit dem Blick der Moskauer darbot – waren das Werk Vladimir Grigor'evič Šuchovs. Das wie Kristall in der Sonne glänzende Dach krönt das

Gebäude, in der Gesamtkomposition dominieren aber die stilisierten Wellenformen der hohen, flachen Fronten, die poetischen Majolika-Bilder von M.A. Vrubel' und A.J. Golovin, das unruhige Leben der Reliefs und die stark vortretenden Glaserker der Fassaden. Die Zusammenarbeit von Architekt und Ingenieur war beim »Metropol'« jedoch schon offener und organischer als bei den Oberen Handelsreihen.

Anfang des 20. Jahrhunderts bezogen die Architekten des Jugendstils und die Vertreter von Stilrichtungen wie des Eklektizismus aller Spielarten, des »national-romantischen« und des utilitaristischen »Stein-Keramik«-Stils, gerne die neuesten Errungenschaften der Bauingenieure in die Architektur Moskaus ein. Es wäre richtiger, diese aus verschiedenen Stilen bestehende Richtung, welche die Stilprobleme mit Hilfe und im Bündnis mit der Technik zu lösen suchte, eine »rationale Richtung« zu nennen im Unterschied zu jener anderen, fast gleichzeitig auftretenden »retrospektiven Richtung«, die ihre Inspirationen aus den verblichenen Idealen der Vergangenheit schöpfte. Metall- und Eisenbetonskelette, Glas-Eisen-Dächer, Mischkonstruktionen aus Metall und Ziegel wurden aktive Mittel bei der architektonischen Formgebung.

In diesen Jahren war Šuchov am Bau vieler Gebäude in Moskau beteiligt und hatte großen Einfluß auf die räumlich-voluminösen und konstruktiv-tektonischen Lösungen der Architekten. Dazu zählen: die Petrovskij-Passage der Architekten S.M. Kulagin und V.V. Frejdenberg, 1902; I.D. Sytins Verlagsgebäude »Russkoe slovo« vom Architekten A.E. Erichson, 1905–1907; das Handelshaus »Mjur und Mjurelis« vom Architekten R.I. Klejn, 1908–1910 (heute das Kaufhaus CUM); das Azov-Don-Bankgebäude; das Dach über dem Geschäftssaal der Soldatenkov-Bank; das Dach des Hauptpostamts an der Mjasnickaja-Straße vom Architekten O.R. Munc (zusammen mit D.I. Novikov, unter Beteiligung von L.V. und A.V. Vesnin), 1912, u.a. Zu erwähnen ist noch, daß die Anhänger der »rationalen Richtung« das Eindringen von Errungenschaften der Bautechnik in die Architektur nur teilweise in stil- und formbildender Funktion gelten ließen. (Für sie lagen die ästhetischen Möglichkeiten bei den Skelettkonstruktionen im Gebäudeäußeren und bei den unverkleideten Metallsystemen im Innern.)

Die beginnende Anerkennung der Zweckmäßigkeit von Skelettkonstruktionen verband sich in den frühen Jahren des 20. Jahrhunderts zunächst mit der Verwendung eines reichen Dekors, der für den Jugendstil so charakteristisch ist: gekurvte Formen von Fensteröffnungen und Balkonen, fließende Linien der Gesimse, Masken, Basreliefs in Frauengestalt (Hotel »Metropol'«, Sytins Druckerei »Russkoe slovo«, Petrovskij-Passage u.a.).

Die Möglichkeiten, vielfältige Formen von Tür- und Fensteröffnungen, von Simsen und Balkonen auszubilden, ergab sich auch durch die Verwendung von Skelettsystemen und Eisen. Šuchov hat das sehr wohl verstanden. In seiner Beurteilung der formbildenden Möglichkeiten der Metallkonstruktionen heißt es: »Nur Metallkonstruktionen geben den Architekten die Möglichkeit, fließende, kurvige Formen vielfältig zu benutzen. Das ist noch nicht vollständig begriffen worden... Metallkonstruktionen ermöglichen leichte auskragende Vorsprünge...«

Aus dem Bau von Brücken und Ausstellungsgebäuden ging zu jener Zeit die Idee hervor, die Bahnsteige von Bahnhöfen zu überdachen. Ebenso wie die nackten Metallkonstruktionen, die häufig von den Architekten kaschiert wurden, lagen nun die Bahnsteighallen hinter den traditionellen Formen der Bahnhofsfassaden. Ein Beispiel dafür ist die riesige Bahnsteighalle des Brjansker (heute: Kiever) Bahnhofs. Sie wurde von V.G. Šuchov in den Jahren 1912 bis 1917 mit eisernen Dreigelenksbögen geplant und gebaut und stellt heute ein Denkmal der Ingenieurkunst dar. Die klassizistischen Formen des Bahnhofsgebäudes wurden vom Ingenieur I.I. Rerberg zusammen mit dem Architekten V.K. Oltarževskij entworfen und ausgeführt.

Šuchovs Urteil über die Meinung von Zeitgenossen zu Ingenieurbauten lautete: »Über Ingenieurbauten urteilen viele mehr nach dem Nutzen als nach der Eleganz des Ingenieurgedankens. Die meisten Benutzer des Kiever Bahnhofs schätzen die Bahnsteighalle deshalb, weil sie vor Regen und Wind schützt, und nicht, weil ihre Bögen ohne jede Verwendung von Kränen aufgestellt wurden...«

Interessant ist das unvollendet gebliebene Projekt für die dreischiffige Überdachung des Kazaner Bahnhofs vom Architekten A.V. Ščusev, 1911–1940. Das Mittelschiff der Bahnsteighalle (55 m) sollte mit einem Bogensystem von Dreigelenk-Fachwerkbindern überdeckt werden (Scheitelhöhe 24 m). Die durchsichtige Stirnwand mit eisernen Fachwerkstützen steift den Bau in Längsrichtung aus, in Querrichtung erfolgt dies durch die massiven Betonportale zwischen den Bögen (Ingenieur A.F. Loleit). Sie bilden zugleich die Verbindung zwischen den Schiffen. Als Konstruktionssystem gehört dieses Projekt zu den besten Überdachungen jener Zeit. Die gelungenen Proportionen von Mittel- und Seitenbögen, die Vielfalt der Struktur- und Farbkombinationen (Beton, Metall, Glas), die gute Komposition und räumlich-voluminöse Lösung dieser Arbeit Šuchovs stellen eine großartige technische und architektonische Leistung dar.

Auch die Entwicklung und Planung von um die Jahrhundertwende wichtigen Gebäudetypen wie Lehranstalten hat Šuchov auf ein wissenschaftliches Niveau gehoben. Hierzu gehören: das Komissarov-Technikum vom Architekten M.K. Geppener, 1891–1892; der Umbau der Moskauer Lehranstalt für Malerei, Bildhauerei und Baukunst vom Architekten N.S. Kurdjakov; die Höheren Lehrkurse für Frauen vom Architekten S.U. Solov'ev, 1910–1913. Šuchov schuf geräumige Lehrsäle und Gemäldegalerien mit Oberlicht sowie leichte, allmählich ansteigende Treppen und bezog die Metallkonstruktionen und Glas ins Gebäudeinnere ein. Er beteiligte sich am Bau der Bühnenkonstruktionen und des Dachs des Moskauer Künstlertheaters und des Universitätsobservatoriums, ein Anziehungspunkt des geistigen Lebens Moskaus in jener Zeit.

Mit seinen Arbeiten hatte Vladimir Grigor'evič Šuchov ohne jeden Zweifel Einfluß auf das wechselseitige Verhältnis von Ingenieur- und Konstruktionssystemen auf der einen und architektonisch-künstlerischen Formen auf der anderen Seite: Kein Zweifel, daß er dieses Hauptproblem in Theorie und Praxis der russischen Baukunst gegen Ende des 19. und zu Anfang des 20. Jahrhunderts zu lösen half. Er trug zur Weiterentwicklung des Gedankens bei, daß die Logik der konstruktiven Struktur in der äußeren Gestalt eines Bauwerks offen gezeigt werden müsse, daß das Sichtbarmachen der Tektonik von Konstruktionen die Grundlage ihrer künstlerischen Ausdruckskraft sei. Entwicklung und Verwirklichung dieser ästhetischen Konzeption hatten große Bedeutung für die weitere Evolution der Architektur. Bereits 1922 »zerrissen« die leichten, durchsichtigen Formen des Šabolovka-Turms das stilistische Gewand der traditionellen Architektur, lösten sich aus den Moskauer Bauten und bestätigten damit die Schönheit der reinen mathematischen Form. Zahlreiche sowjetische Künstler und Architekten bewunderten Šuchovs Werk: V. E. Tatlin, I. E. Leonidov, K. S. Mel'nikov und die Brüder Vesnin. Viele arbeiteten mit ihm zusammen. Das architektonische und künstlerische Antlitz Moskaus und Šuchovs Werk sind untrennbar miteinander verbunden.

Abb. 305
Miussker Straßenbahndepot,
Moskau, 1908
(Foto: R. Graefe, 1989)

Abb. 306
Miussker Straßenbahndepot,
Moskau, 1908
(Foto: R. Graefe, 1989)

Anmerkungen

1   Nur eine einzige Untersuchung befaßt sich in der sowjetischen Architekturwissenschaft mit dieser Frage und untersucht sie anhand von sowjetischem Material:
Volčok, Ju. P.; Kiričenko, E. I.; Kozlovskaja, M. A.; Smurova, N. A.:
Konstrukcii i architekturnaja forma v russkom zodčestve 19 – načala 20 vv.
(Konstruktionen und architektonische Form in der russischen Baukunst des 19. – Anfang des 20. Jhdts.; russ.).
M.: 1977.
2   Kiričenko, E. I.:
A. N. Pomerancev. (1848–1918). (russ.). In: Zodčie Moskvy.
M.: 1981, S. 260–266.
3   Maškov, I. P.:
(a.a.O. – S. 135 Anm. 1).
4   Dieses und weitere Zitate Šuchovs sind dem Manuskript von Ju. V. Šuchov und F. V. Šuchov entnommen (Privatsammlung F. V. Šuchov).

Abb. 307
Karte des westlichen Rußland mit ausgeführten Objekten und Bauten (1880–1910) der Firma Bari, 1914
(63,5 × 46,5 cm, Sammlung F. V. Suchov)

КАРТА
РАБОТЪ И УСТАНОВОКЪ ИЗДѢЛІЙ
ИНЖЕНЕРА А. В. БАРИ МОСКВА.
1880—1910.
1896 г.
ПАРИЖЪ
1900 г.
КОТЕЛЬНЫЙ ЗАВОДЪ
инж. А. В. БАРИ.
Москва-Симоново.
ФИРМА СУЩЕСТВУЕТЪ СЪ 1880 года.
ПОЯСНИТЕЛЬНАЯ ТАБЛИЦА
Резервуары для храненія нефти керосина и спирта 3,240 штукъ вмѣстимостью 178.000.000 пуд.
Желѣзныя наливныя баржи для перевозки керосина 65 штукъ вмѣстимостью 6.802.500 пуд.
Элеваторы для зерна 21 штука вмѣстимостью 5.800.000 пудовъ
Нефтепроводы изъ желѣзныхъ трубъ діам. отъ 2" до 8" общая длина 350 верстъ
Водопроводы въ 6 городахъ
Доменныя печи 8 штукъ общій вѣсъ металлическихъ конструкцій 488.400 пудовъ
Паровые водотрубные котлы сист. инж. В. Г. Шухова. Установлено за 18 лѣтъ 4.210 шт. общей поверхн. нагрѣва 2.020.000 кв. футъ
Желѣзные мосты 417 шт. общій вѣсъ 610.000 пудовъ
Желѣзныя стропила и зданія общая площ. покрытій 93.000 кв. саж. общій вѣсъ 1.400.000 пудовъ
Общее количество обработаннаго желѣза 9.210.000 пудовъ
Общая стоимость произведенныхъ работъ 58.500.000 рублей
Худож. фототипія и фотолитографія К. Фишеръ, Москва

Moskauer Bauten Šuchovs – Vorläufige Übersicht

Erika Richter

Die außerordentlich vielseitige Planungs- und Bautätigkeit Šuchovs als Hauptingenieur der Firma Bari und als Direktor der Nachfolgefirma Parostroj erstreckte sich auf große Teile des zaristischen Rußland und später der Sowjetunion. Die Projekte in Moskau waren besonders zahlreich. Ein Inventar der ausgeführten oder erhaltenen Šuchov-Bauten gibt es noch nicht.

Alle bisher erfaßbaren Moskauer Bauten sind nachfolgend mit kurzen Erläuterungen aufgeführt. Dazu gehören Bauten, die von Šuchov vollständig geplant wurden und Gebäude, an deren Planung er als Bauingenieur beteiligt war. Aufgenommen sind neben den erhaltenen und den nachweislich verschwundenen Objekten auch diejenigen, bei denen bisher Standort und/oder Erhaltung nicht geklärt werden konnten, um weitere Nachforschungen zu ermöglichen.

Die Aufstellung basiert vor allem auf Angaben, die von unserem Arbeitskreis aus weit verstreuten Hinweisen in der Literatur zusammengetragen wurden. Ich habe außerdem vier Arbeitskladden Šuchovs aus den Jahren 1888–1906 ausgewertet, in denen er ausgeführte Bauten chronologisch aufgelistet hat. Jedes Projekt wurde dort mit den wichtigsten technischen Angaben und mit einer Systemzeichnung der verwendeten Konstruktion versehen.

Die Angaben auf dem Moskauer Stadtplan (Abb. 312) sollen dem interessierten Besucher helfen, die noch vorhandenen Bauten zu finden. Nicht mehr vorhandene und noch nicht überprüfte Bauten sind, soweit möglich, eingetragen, um einen Eindruck von der früheren Verbreitung der Šuchov-Bauten zu vermitteln. Der Vergleich mit der 1914 veröffentlichten Karte der Firma Bari (Abb. 311) macht deutlich, wie unvollständig bisher die gesamte Bautätigkeit Šuchovs im Moskauer Bereich dokumentiert ist. (Das gilt ebenso für die Bautätigkeit nach 1914.) Über viele der dort angegebenen Bauten (z.B. sämtliche Brücken Moskaus) ist noch gar nichts bekannt.

Abb. 308
Bachmet'evskij-Busdepot, Moskau, 1928. Architekt: K. Mel'nikov, Dachkonstruktion: Šuchov. Fassade
(Foto: R. Graefe, 1989)

Abb. 309
Bachmet'evskij-Busdepot, Moskau, 1928. Rückseite
(Foto: R. Graete, 1989)

Abb. 310
Bachmet'evskij-Busdepot, Moskau, 1928. Innenraum
(Foto: R. Graefe, 1989)

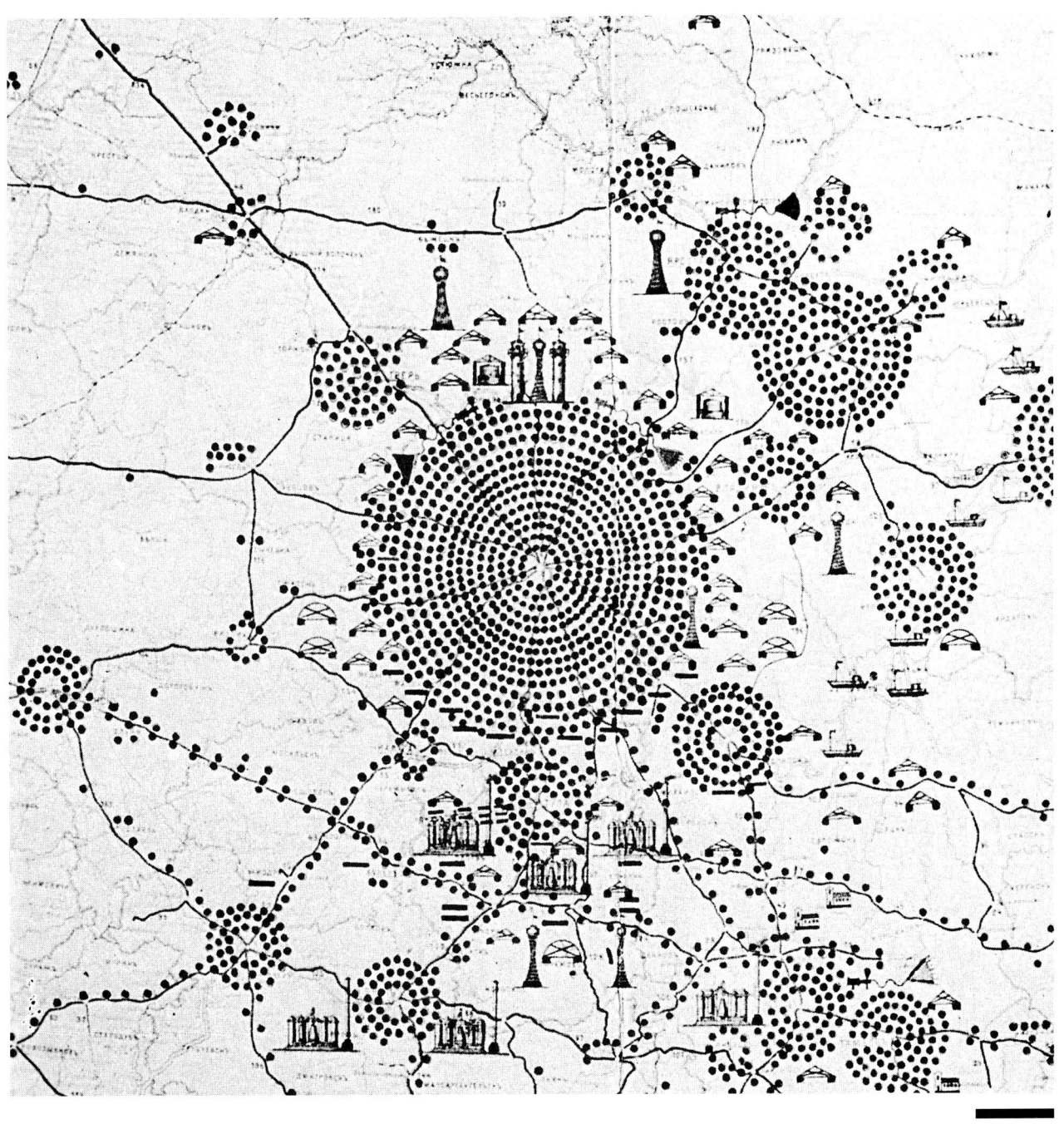

Abb. 311
Karte des westlichen Rußland
mit ausgeführten Bauten
der Firma Bari,
Ausschnitt: Moskau und
Umgebung (vgl. Abb. 307)

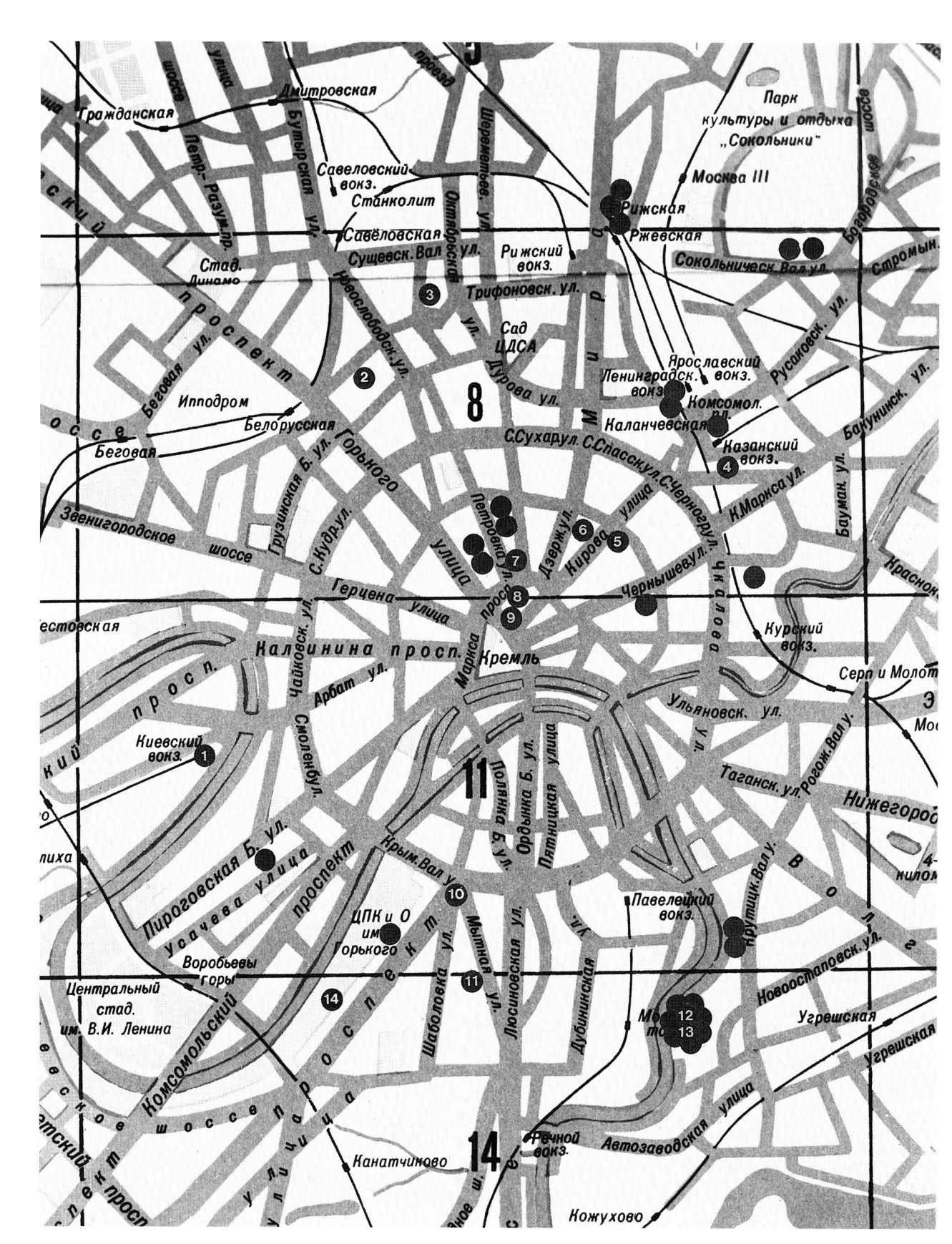

Abb. 312
Zentrum von Moskau, Karte mit Angaben der Standorte von Šuchov-Konstruktionen. Markierungen mit Zahlen bezeichnen erhaltene Bauten (vgl. nebenstehendes Verzeichnis)

Erhaltene Bauten

1 Kiever Bahnhof. Überdachung der Bahnsteighalle
(1912–17; Spannweite 48 m).
Arch. I.I. Rerberg, V.K. Oltarževskij;
St.O. pl. Kievskogo vokzala.
(s. Abb. 121–131)

2 Miusker Straßenbahndepot.
Hallenkonstruktion
(1908; überdachte Fläche 69×28,25 m);
St.O. Nähe Metrostation Novoslobodskaja.
(Nicht ohne weiteres zugänglich.)
(s. Abb. 305, 306)

3 Bachmet'evskij Busdepot.
Fachwerk-Dachkonstruktion (1928);
Arch. K.S. Mel'nikov;
St.O. ul. Obrazcova 19 a.
(Nicht ohne weiteres zugänglich.)
(s. Abb. 137–140, 308–310)

4 Lastwagengarage.
Fachwerk-Dachkonstruktion (1927–29);
Arch. K.S. Mel'nikov;
St.O. Novorjazanskaja ul. 27.
(Nicht ohne weiteres zugänglich.)
(s. Abb. 133–136)

5 Hauptpostamt an der Mjasnickaja.
Glas-Eisen-Überdachung der Schalterhalle (1912);
Arch. O.R. Munc zusammen mit D.I. Novikov
unter Beteiligung der Brüder Vesnin;
St.O. ul. Kirova 26.
(Schalterhalle nicht in Betrieb.)
(s. Abb. 115–118)

6 Lehranstalt für Malerei, Bildhauerei
und Baukunst an der Mjasnickaja.
Anbau der Gemäldegalerie: Glas-Eisenkonstruktion,
eiserne Wendeltreppe n. erh. (nach 1900);
Arch. d. Lehranst. N.S. Kurdjukov;
St.O. ul. Kirova 21.
(Nicht ohne weiteres zugänglich, derzeit nicht genutzt.)
(s. Abb. 112–114)

7 Petrovskij-Passage.
Glas-Eisen-Überdachung (1902);
Arch. S.M. Kulagin, L.V. Frejdenberg;
St.O. ul. Petrovka 2.
(Wegen Restaurierung derzeit nicht zugänglich.)

8 Hotel Metropol'.
Zentrale Glaskuppel (1899–1903);
Arch. V.F. Val'kot u.a.;
St.O. pr. Marksa 1.
(Wegen Restaurierung derzeit nicht zugänglich.)

9 Obere Handelsreihen (Heute Kaufhaus GUM).
Tonnenförmige Glas-Eisen-Dächer über drei Passagen
(1889–93; überd. Fläche je 250×15 m);
Arch. A.N. Pomerancev;
St.O. Krasnaja pl. 3.
(s. Abb. 101–105)

10 Straßenbahndepot.
Hallenkonstruktion;
St.O. Ecke ul. Šabolovka/Donskaja ul.
(s. Abb. 119, 120)

11 Sendeturm auf Šabolovka.
Sechsstufiger stählerner Turm aus Hyperboloiden
(1919–22; Höhe 152 m);
St.O. Ecke ul. Šabolovka/ul. Šuchova.

Bauten der Firma Bari (heute Dinamo);
St.O. Nähe Simonovo-Kloster.
(Nicht ohne weiteres zugänglich.)

12 Schmiede.
Kegelförmiges Dach, eiserne Fachwerkkonstruktion
(1902; Spannweite 43 m).
(s. Abb. 109–111)

13 Erdölbehälter.
Zylindrischer Stahlbehälter mit
hölzerner Dachkonstruktion (vor 1890);
wohl eines der ältesten Beispiele,
dient als Lagerraum.
(s. Abb. 247, 248)

14 Akademie der Wissenschaften.
Dachkonstruktion des Sitzungssaals;
St.O. Leninskij pr. 14.
(Nicht zugänglich.)

Nicht erhaltene Bauten

Bauten der Firma Bari (heute Dinamo).
St. O. Nähe Simonovo-Kloster.

Werkstattgebäude mit kreisrundem Grundriß.
Kombination von äußerem Hängedach und konventioneller innerer Dachkonstruktion
(1894; ges. Spannweite 43 m;
Spannweite des Hängedachs ca. 12 m).
(s. Abb. 33–35)

Werkstattgebäude mit rechteckigem Grundriß.
Halle mit Überdachung aus 5 quergestellten Gittertonnen (1896; überd. Fläche 70,39x24,80 m).
(s. Abb. 35, 76, 77)

Wasserturm.
Vermutlich eine Fachwerkkonstruktion
(1895; Fassungsvermögen des Behälters 1500 l).
(s. Abb. 35)

Schmiedegebäude mit rechteckigem Grundriß.
Halle mit Überdachung aus einer tonnenförmigen Gitterschale (1897; überd. Fläche 51,2x25 m).
(s. Abb. 35, 75)

Montagehalle für horizontale Kessel.
Hölzerne Hallenkonstruktion
(wohl 1907; überdachte Fläche 27,43x13,71 m).

Modelltischlerei.
Hölzerne Hallenkonstruktion
(wohl 1907; überdachte Fläche 20,12x11,28 m).

Kesselgebäude.
Dachkonstruktion
(1897; überdachte Fläche 16x12,80 m).

Golovteev-Passage.
(bei Erweiterung d. Kaufhaus CUM abgerissen);
St. O. ul. Petrovka.

Handelshaus Mjur u. Mjurelis (heute Kaufhaus CUM).
Dachkonstruktion (1908–10);
Arch. R. J. Klejn;
St. O. ul. Petrovka 2
(bei Umbau abgerissen).

Krestovskij-Wassertürme.
2 Stahlblech-Behälter
(1892; Fassungsvermögen je 184 000 l).
St. O. am ehem. Krestovskij-Stadttor
(heute Metrostation Rižskaja.)

Moskauer Künstlertheater.
(heute Gorkij-Theater, altes Gebäude).
Arch. F. O. Šechtel';
St. O. Chudožestvennij teatr per. 3.

Dachkonstruktion des Bühnenhauses.
(1902; überdachte Fläche 24x18 m.)

Drehbühne (1907).

Schrotgießerei.
Abgespannte Turmkonstruktion (Höhe 46 m).
St. O. ehem. Krestovskij-Stadttor
(heute Metrostation Rižskaja.)

Wasserturm des Komissarov-Technikums
(heute landwirtschaftliche Akademie).
Eiserner Gitterturm in Form eines Hyperboloids
(1914; Höhe 34,2 m);
St. O. Timirjazevskaja ul./Petrovsko-Razumovskoje.
(In den 60er Jahren abgerissen.)
(s. Abb. 148 c)

Weitere, nicht überprüfte Bauten

Armenhaus Morozov
(heute ein Gebäude der Universitäts-Klinik).
Dachkonstruktion (1915);
Arch. S. Ju. Solov'ev;
St. O. Leninskij pr. 27.

Azov-Don-Bank.
Dachkonstruktion.

Chemische Fabrik »Farbverke«.
Stützen für die Zwischendecken
(1906; überdachte Fläche 20,43x16,60 m).

Druckerei »Russkoe Slovo« von I. D. Sytin.
Dachkonstruktion (1905–07);
Arch. A. E. Érichson;
St. O. ul. Gorkogo 22.

Fabrik Ljubimov Sol've u. Co.
Dachkonstruktion des Fabrikgebäudes
(1899; überdachte Fläche 118,55x28,58 m).

Wasserturm.
Gitterhyperboloid
(1899; Hyperboloid-Höhe 25 m).

Fabrikgebäude Dangauer und Kajser'.
Dachkonstruktion
(1907; überdachte Fläche 73,5x30,1 m).

Fabrikgebäude Handelsgesellschaft Alexiev u. Co.
Dachkonstruktion
(1910; überdachte Fläche 21,8×5,65 m).

Gasbehälter der Moskauer Gasfabrik.
(1911–12).

Höhere Frauenkurse
(heute staatl. Lenin Pädagogik-Institut).
Dachkonstruktion; (1910–13);
Arch. S. Ju. Solov'ev;
St. O. Mala Pirogovskaja ul. 1.

Kesselhaus des Komissarov-Technikums
(heute landwirtschaftliche Akademie).
Dachkonstruktion
(1900; überdachte Fläche 12,18×9,6 m).

Kohlespeicher bei der staatl. Weinkellerei No. 1.
(1900; überdachte Fläche 27,73×8,53 m).

Kuchmisterov-Klub (heute N. V. Gogol-Theater);
St. O. ul. Kazakova 8a.

Lagerhalle(n) beim Simonovo-Kloster.
Überdachung.

Moskauer KPdSU-Stadtrat.
Dachkonstruktion des Sitzungssaales;
St. O. pl. Nogina.

Moskauer Kühlhaus.
Dachkonstruktion (nach 1900);
St. O. an der Eisenbahnlinie Moskau-Paveleck.

Moskauer Pferdebahn.

Waggondepot.
(1898; überdachte Fläche 52×25,6 m).

Waggondepot.
(1901; überdachte Fläche 95,7×21,37 m).

Moskauer Universität.
Dachkonstruktion
(1903; überdachte Fläche 9,2×3,9 m).

Nikolaever Eisenbahnlinie: Station »Moskau«
(heute Leningrader Bahnhof).

Packhaus.
(1905; überd. Fläche 140×18,2 m).

Brücke.

Schalterhalle der Soldatenkov-Bank.
Dachkonstruktion.

Straßenbahndepots.

Novosokol'ničeskij. Hallenkonstruktion
(1908; überdachte Fläche 45×36,5 m);
St. O. Nähe Park Sokol'niki.

Prysmenskij. Dachkonstruktion des Kesselhauses
(1909; überdachte Fläche 17×8,5 m).

Rjazanskij. Hallenkonstruktion
(1908; überdachte Fläche 38,6×36,5 m);
St. O. Nähe Metrostation Komsomol'skaja.

Zamoskvoreckij. Hallenkonstruktion
(1908; überd. Fläche 28,2×22,5 m);
St. O. Nähe Simonovo-Kloster.

Sokol'ničeskij. Hallenkonstruktion unregelm. Rechteck
Waggonwerkstatt mit mechanischer Werkstatt
(1906; überdachte Fläche 71,3×43,6 m);
St. O. Nähe Park Sokol'niki.

Uvarovskij. Hallenkonstruktion
(1908; überdachte Fläche 37,2×32,2 m).

Wasserturm des Konzerns »Technotkan'«.
Gitterhyperboloid
(1928; Hyperboloidhöhe 25 m);
St. O. Station Domodedovo (südöstl. v. Moskau).

Wasserturm des Architekturbüros Érichson.
Gitterhyperboloid
(1912; Hyperboloidhöhe 21,34 m);
St. O. Station Chimki (nordw. v. Moskau).

Weinherstellungs- und Hefefabrik.
Aktionärsgesellschaft V. A. Givartovskij

Fabrikgebäude. Dachkonstruktion
(1910; überdachte Fläche 21,33×17,5 m).

Wasserturm. Gitterhyperboloid
(1910; Hyperboloidhöhe 17,07 m).

Zentrale Elektrogesellschaft.

Wasserturm. Gitterhyperboloid
(1899; Hyperboloidhöhe 25 m).
St. O. Nähe Simonovo-Kloster.
(s. Abb. 147j)

Werkstatthalle. Dachkonstruktion
(1899; überdachte Fläche 90×51,2 m).

Gießerei. Dachkonstruktion
(1899; überdachte Fläche 42×38,4 m).

Šuchovs Rolle bei der Ausbildung einer neuen Ästhetik in der russischen Architektur

Nina Smurova

Den Einfluß der Technik auf die Ausbildung der ästhetischen Konzeptionen in der Architektur und dadurch auf die Ideen der Formgebung kann man bei allen Entwicklungsschritten der Architekturstile verfolgen. Umfangreiches und interessantes Untersuchungsmaterial zu diesem Fragenkomplex bietet die Periode vom Ende des 19. bis zum Anfang des 20. Jahrhunderts, weil uns von dieser Zeit nur wenige Jahrzehnte trennen und weil der Einfluß der technischen Produktion auf die Architektur damals besonders groß war. Ebenso wie in den sozialen, künstlerischen und sonstigen Bereichen wurden auch in Ingenieurwesen und Technik Werte geschaffen, die bereits in den zwanziger Jahren unseres Jahrhunderts zu einer radikalen Veränderung der ästhetischen Ideale führten.

Die Untersuchung der Frage, wie die technischen Formen in die Architektur Rußlands eingingen, ist für Architekturtheoretiker und -historiker interessant. Auf welche Weise wurden die Konstruktionsformen der Ingenieure zum wichtigsten Ausdrucksmittel der sowjetischen Architektur-Avantgarde, obwohl doch die Technik des vorrevolutionären Rußland relativ schwach entwickelt war? Eine der Antworten auf diese komplizierte Frage kann in Šuchovs Tätigkeit gefunden werden. Er hat Konstruktionsformen entwickelt, die eine wichtige Rolle bei der Entstehung neuer ästhetischer Bewertungskriterien und neuer Gestaltungstendenzen in der Architektur spielten.

Zu Beginn der Oktoberrevolution besaß die russische Ingenieurwissenschaft bereits ihre eigenen Traditionen, die am deutlichsten beim Brückenbau ausgeprägt waren. Einer schnellen Entwicklung auf diesem Gebiet des Bauwesens waren die russischen Arbeiten zur Vervollkommnung der Berechnungsmethoden von Brückenträgern förderlich (D.I. Žuravskij, N.A. Beleljubskij, F.S. Družinin, N.A. Žitkevič u. a.), außerdem die Untersuchungen der Eigenschaften von Baumaterialien und die Existenz von Schulen des Brückenbaus (N.A. Beleljubskij, E.O. Paton, L.O. Proskurjakov, G.P. Perederij u. a.). Dem Brückenbau kam seine Spitzenstellung innerhalb der kapitalistischen Wirtschaft Rußlands zugute: Sie war an einer schnellen Entwicklung des Eisenbahnbaus interessiert. Durch die gewaltige Bautätigkeit bei Eisenbahnbrücken konnten große Erfahrungen in der Planung von Ingenieurbauten gesammelt und angewendet werden.

Unterschiedlichste Konstruktionen mit großen Spannweiten wurden getestet: Balken, Fachwerkträger, Bögen mit Zugelementen und Hängesysteme, d. h. diejenigen Elemente, die später in der Architektur von Ausstellungsbauten, Industriebauten, Passagen, Versammlungssälen u. ä. Verwendung und Verbreitung fanden.

Es ist sicher kein Zufall, daß die englische Zeitschrift »The Engineer« angesichts der Leistungen der russischen Ingenieurschule, wie sie sich auf der Allrussischen Ausstellung 1896 in Nižnij Novgorod darstellten, und der Originalität der Konstruktionssysteme der größten Eisenbahnbrücken Rußlands schrieb, die russischen Ingenieure hätten ihren Platz unter den besten Ingenieuren Europas eingenommen.[1] Ähnlich äußerten sich auch die Zeitungen »Volgar'«, »Odesskie novosti«, »Nižegorodskij listok« und natürlich auch die Ingenieur-Fachzeitschriften.[2] Zu diesen exklusiven Leistungen zählte die Presse die ungewöhnlichen Ausstellungspavillons von V.G. Šuchov (Architekt V. Kossov, Ausführung Firma A.V. Bari), die mit neuartigen, in der Luft schwebenden Konstruktionen, den sogenannten »Netzdächern«, überdeckt waren.

Aus künstlerischer Sicht wurde zu Recht bemerkt, Šuchovs Ausstellungspavillons gehörten »zu denjenigen Ausstellungsbauten, in denen die äußere Architektur, der Stil in den Hintergrund treten. Hier konzentriert sich das Interesse auf die Technik des Bauens«,[3] da die Konstruktion der Pavillons ihre Form bestimmte.

Den Äußerungen insgesamt ist zu entnehmen, daß die damaligen Ausstellungsbesucher die technische Leistung der Šuchovschen Systeme schätzten: Sie hielten die Konstruktion für ein »originelle Neuigkeit«, betonten ihr »allgemeines Interesse«, nahmen aber die ästhetischen Qualitäten nicht wahr. Die architektonischen Möglichkeiten der neuen Strukturen blieben ihnen verborgen. In fast jeder Bemerkung über die Ausstellungspavillons wird hervorgehoben, sie hätten keinen Bezug zur Architektur. Völlig ungewohnt war der Eindruck, daß »gleichsam das gesamte Dach hing«. Verwunderung erzeugte das Innere der Bauten mehr als ihr Äußeres. Man wußte nicht einmal, wie man sie näher beschreiben sollte. Die einen nannten sie »Zelte«, die anderen »Gehäuse«, »Depots« oder »Kutschenhallen«. Sich an die Ausstellung erinnernd, hat Šuchov sehr genau den Grund für ein derartiges Verhalten seinen Ausstellungsbauten in Nižnij Novgorod gegenüber, die ja der Entwicklung mindestens ein Vierteljahrhundert voraus waren, erklärt: »Die Konstruktionen wurden mit großem Interesse, aber unter Vorbehalt aufgenommen, weil man erst von der gewohnten Ansicht Abschied nehmen mußte: je mächtiger, desto fester. Wahrscheinlich hätte man die Konstruktionen etwas dekorieren müssen, dann wären sie dem nichtprofessionellen Betrachter eher zugänglich gewesen. Aber so sahen sie zu primitiv aus, wie Skelette«.[4]

In diesen Worten drücken sich Probleme und Widersprüche der Architektur des gesamten 19. Jahrhunderts aus. Eines der Hauptprobleme entstand, als in der Architektur, die mit den traditionellen Werkstoffen Stein und Holz künstlerische Stile zu schaffen suchte, neue Werkstoffe wie Metall, Glas und Eisenbeton Verwendung fanden. Der erste Präzedenzfall waren die Brücken aus Gußeisen, später aus Stahl. Vergleicht man die Metallbrücken mit den Steinbrücken früherer Epochen, so stellt man fest, daß bei der Steinstruktur die gesamte Konstruktion dem massiven Werkstoffmonolith des Steins verhaftet bleibt. Der Stein vermittelt das Gefühl von Festem, Stabilem und Gewichtigem. In den Fachwerkbrücken aus Holz und Metall verschwindet die Masse. Ihre Stabelemente stellen eigentümliche »Kraftlinien« dar, machen die Kräfte sichtbar, denen das Material ausgesetzt ist. Die Konstruktion bestimmt die äußere Form. Es entsteht eine neue Plastik. Sogar dem nichtprofessionellen Betrachter, dem nicht klar war, wie diese oder jene Konstruktion »funktionierte«, mußte das Verschwinden der Masse, des Gewichtigen auffallen. Die Menschen sahen nun nackte Metallstäbe, die in komplizierter oder einfacher Verflechtung »in der Luft hingen«.

Einen solchen Präzedenzfall schuf Šuchov in der Architektur. Die russische Baukunst war am Ende des 19. Jahrhunderts noch nicht bereit, die stil- und formbildenden Möglichkeiten der Šuchov-Konstruktionen zu bemerken und zu verstehen. Um ihnen das gewohnte Aussehen zu verleihen, dekorierten die Architekten sie lieber, wie sie die Pfeiler von Eisenbahnbrücken dekoriert hatten. Oder sie verbargen sie hinter den traditionellen Formen ihrer in verschiedenen Stilen gehaltenen Bauten und führten die Baukunst auf verlogene und kompromißlerische Wege, die unter den neuen Umständen unakzeptabel geworden waren.

Tatsächlich waren die Ingenieure Rußlands mit ihrer hervorragenden Ausbildung an damals in Europa berühmten Schulen wie dem Petersburger Ingenieurinstitut für Verkehrswege, dem Petersburger Institut für Zivilbauingenieure, dem Moskauer Polytechnikum und vielen anderen nicht nur an der Herausbildung neuer gegenständlich-räumlicher Stadtbilder, neuer Formen architektonischer Aufgaben und neuer Typen von Zweckbauten wesentlich beteiligt, sondern auch an einer neuen Ästhetik der mathematischen Form. Letzteres ist sehr wichtig: Als die russische Architektur ein ästhetisches Verhältnis zu den neuen Ingenieurformen teilweise noch verweigerte, teilweise aber schon zu finden begann, entwickelte sich die Ingenieurkunst bereits in den Bahnen eines vernünftigen Formverständnisses und dementsprechender Herstellungsweisen. Im Bestreben des Ingenieurs, »utilitaristisch bis zum Abschluß zu sein«, die funktionalen Bedürfnisse, statischen Gesetze und konstruktiven Möglichkeiten der Werkstoffe miteinander in Einklang zu bringen, liegen die Ursprünge für Objekte von großer Harmonie und Schönheit, für Bauten der Ingenieurkunst.[5] Ein Beispiel dafür ist die Evolution der hyperbolischen Rotationsform in Šuchovs Werk.

Der für die Ausstellung 1896 in Nižnij Novgorod gebaute Wasserturm (Höhe des Hyperboloids 25,6 m) war der Prototyp einer ganzen Reihe derartiger hyperbolischer Bauten.[6] Šuchov war der Meinung, »eine optimale technische Lösung muß man nach ihrer Überprüfung vielfach bei analogen Aufgaben anwenden, indem man sie analog abwandelt. Das senkt die Kosten.« In dieser Weise haben Wassertürme, Leuchttürme und Barken einen festen Platz in seiner täglichen Arbeit erhalten.

Die leichte und schlanke Gestalt des Turms in Nižnij Novgorod wußten bereits die Ausstellungsbesucher zu würdigen. Die Proportionen der Šuchov-Türme waren nicht zufällig und hingen nicht nur von ökonomischen und technischen Überlegungen ab, weil der Ingenieur auch den ästhetischen Qualitäten seiner Bauten große Aufmerksamkeit widmete. Er war der Meinung, es gäbe eine bestimmte Gesetzmäßigkeit zwischen der Anzahl der die Fläche des Hyperboloids bildenden Stäbe und der »Schönheit« der gitterförmigen Turmfläche. Die Auswertung der von Šuchov zwischen 1896 und 1911 gebauten Hyperboloidschalen bestätigt diese Gesetzmäßigkeit.

Zahlreiche Stäbe (60 oder 80), welche die Oberfläche des Hyperboloids bilden, erzeugen ein dichteres graphisches Muster des Gitters. Dabei verändert sich die Dichte des Gitters vom Fundament bis zum oberen Turmring und erzeugt malerische Reflexe von Licht und Schatten. Von der Stabmenge hängt es außerdem ab, wie gleichmäßig die Krümmung der Turmsilhouette verläuft. Die Proportionen des Hyperboloids hängen auch vom Verhältnis des unteren zum oberen Ringdurchmesser und der Neigung der Stäbe ab. Šuchov hielt es für wichtig, wie die Proportionen des Hyperboloids auf den Betrachter wirkten. Nach V. I. Kandeevs Erinnerungen war die Lieblingsbeschäftigung seines Chefs das »Verdrehen eines Modells« (eines Zylinders aus geraden Stäben).[7] So erhielt er die Hyperboloid-Form des künftigen Turms, wobei es wichtig war, mit dem Auge die optimale Stelle zu erfassen, an der der obere Turmteil abgeschnitten werden sollte, um harmonische Proportionen zu erhalten. Verändert man die Parameter der Hyperboloide, hält aber die technischen Forderungen ein, so kann man nach Šuchovs Meinung ihre Gestalt und Proportionen verändern.

In seinen Proportionen ist der Turm von Nižnij Novgorod wohl einer der vollkommensten. Er hat die größte Anzahl von Stäben (80 Stück), eine sehr große Hyperboloidhöhe (25,6 m) und eine besonders große Differenz zwischen unterem und oberem Durchmesser (2,6 m). Die ausgezeichnete Stabilität dieses Gitterturms, »die der Betrachter deutlich empfindet«, wurde von den Zeitgenossen bereits auf der Ausstellung gelobt.[8] Šuchov bemerkte einmal: »Was schön aussieht, ist auch stabil. Der menschliche Blick ist an die natürlichen Proportionen gewöhnt, und in der Natur überlebt, so Darwin, nur das Stabile und Zweckmäßige.«

Ein wichtiger Schritt in Šuchovs Arbeit auf dem Weg zum Šabolovka-Rundfunkturm (1918–1922) war die Konstruktion eines so hohen Bauwerks wie des Adžiogol-Leuchtturms bei Cherson (1910), des ersten Hyperboloid-Turms, der nicht als Wasserturm diente. Hier plante er nicht die Tragkonstruktion für einen schweren Behälter, sondern einen Hochstand mit einer Signalanlage und weiter Reichweite. In funktioneller Hinsicht kommt dies einem Funkturm bereits nahe. Die Höhe des Adžiogol-Leuchtturms betrug 68 m. Seine Oberfläche wurde

Anmerkungen

1 The Nijni Novgorod exhibition. In: The Engineer. London, 83 (1897), 22.1, S. 80.

2 A. O.: Reportaž s vystavki. (Bericht von der Ausstellung; russ.). In: Volgar'. Nižnij Novgorod, 1896, Nr. 243 und Nr. 95, S. 9. Chudjakov, P. 1896 (a.a.O. – S. 12, Anm. 16), S. 172.

3 Obščij vid Vserossijskoj 16-j vystaviki v Nižnem Novgorode 1896 goda. (Gesamtansicht der 16. Allrussischen Ausstellung 1896 in Nižnij Novgorod; russ.). Odessa: o.D.

4 Dies und die nachfolgenden Zitate stammen aus Handschriften Šuchovs, die sich in der Privatsammlung von Fedor V. Šuchov befinden. Sie sind entweder eigene Niederschriften oder Abschriften aus den Manuskripten, die von den Enkeln Ju. V. Šuchov und F. V. Šuchov angefertigt wurden.

5 Lunačarskij, A. V.: Stat'i ob iskusstve. (Essays über die Kunst; russ.). M./L.: 1941, S. 540.

6 Nach Abschluß der Ausstellung wurde der Turm an den Gutsbesitzer Nečaev-Mal'cev verkauft.

7 Wertvolle Materialien hierfür liefern die Erinnerungen von V. I. Kandeev, einem Mitarbeiter in dem von Šuchov geleiteten Konstruktionsbüro der Firma A. V. Bari. Die Aufzeichnungen über das Gespräch mit V. I. Kandeev befinden sich bei der Verfasserin.

8 Peškov, A.: Vodonapòrnaja bašnja. (Der Wasserturm; russ.). In: Odesskie novosti. Odessa: 1896, Nr. 3686 vom 11.7.

aus 60 Stäben gebildet. Zahlreiche, im Durchmesser nach oben abnehmende Versteifungsringe (27 Stück) betonen seine Höhe und verstärken die Dynamik der Form. Die harmonische Gestalt des Turmschafts in Verbindung mit den gut getroffenen Proportionen der krönenden Turmspitze erlauben es, von einer gelungenen architektonischen Komposition zu sprechen. Beim Blick auf den Leuchtturm fallen einem die Worte Šuchovs ein: »Diejenige Konstruktion ist schön, bei der man sieht, wie zweckmäßig und einfach die Kräfte fließen.«

Um mehr Kreuzungsstellen bei gleicher Stabzahl und damit eine größere Stabilität bei gleichem Materialaufwand zu erhalten (»wodurch dem ganzen Bau ein noch schöneres Aussehen verliehen wird«[9]), entwickelte Šuchov einen Turm aus zwei aufeinandergestellten Hyperboloiden. 1911 benutzte er diese Idee beim Bau eines Wasserturms mit 39,5 m Gesamthöhe für einen Bahnhof der Nord-Eisenbahnlinie in Jaroslavl'. Wie der Leuchtturm von Adžiogol gehört der Wasserturm in Jaroslavl' zu den besten Arbeiten Šuchovs.

Im Herbst 1918 wurde auf dem Brachland Šabolovka in Moskau mit dem Bau eines eisernen Sendeturms nach Šuchovs Plänen begonnen. »Der Turm wuchs wie ein eigenartiges Gespenst – hoch, körperlos, durchsichtig und geheimnisvoll«, schreibt der Funktechniker Ernst Krenkel in seinen Erinnerungen an jene Jahre.[10] Auf die Frage, warum der Šabolovka-Turm so leicht aussehe, antwortete Šuchov: »Der Turm ist in Sektionen zerlegt. Jede Sektion besitzt die dem Auge gewohnten Proportionen.« Der Šabolovka-Funkturm war eine natürliche Entwicklung aus den Ideen und Bemühungen der zeitgenössischen Ingenieurkunst, die sich in den besten vorrevolutionären Ingenieurbauten andeuteten und die das Ergebnis eines schöpferischen ästhetischen Glaubensbekenntnisses waren.

Das Interesse an Hochbauten war im Rußland um die Jahrhundertwende nicht rein zufällig. Die stark wachsende Industrie, der Bau von Eisenbahnlinien, der Wohlstand der Städte verlangten nach neuen Formen von Wassertürmen, Erdöltanks, Gasbehältern und Kühltürmen. Die Entwicklung der Schiffahrt und der Bau von Hafenanlagen zogen die Aufstellung moderner Leuchttürme nach sich, das Aufkommen von elektrischem Strom und Rundfunk den Bau von Sendetürmen. Das veränderte Gefühl für Geschwindigkeit, der neue Lebensrhythmus verstärkten, zusammen mit den neuen Transportmitteln, das bislang derart nicht vorhandene Interesse der Menschen an vertikalen Formen: Die heutige Wissenschaft hält diese Formen für die dynamischsten. Die neuen Ingenieurformen erzeugten in der Architektur eine neue Ästhetik, die sich von der Ästhetik der Baukunst der vorhergehenden Jahrhunderte wesentlich unterschied.

In der russischen Architektur des 19. Jahrhunderts fand die ästhetische Aneignung neuer technischer Formen und Werkstoffe ihren Ausdruck in den Stilformen des Eklektizismus, des Jugendstils und der rationalen Architektur. Letztere schuf die Voraussetzung für den neuen, mit der Technik verbundenen Architekturstil. Obwohl die objektiven Voraussetzungen von der Architektur bereits zu Anfang des 20. Jahrhunderts geschaffen worden waren, kam ein neuer Stil nicht zustande. Dazu wäre ein echter Bruch mit den alten Kunstprinzipien und ästhetischen Stereotypen erforderlich gewesen, die noch immer Geltung besaßen. Es ist kein Zufall, daß zahlreiche vom Jugendstil enttäuschte Architekten im vorrevolutionären Rußland zum alten Gleis der traditionellen Formen zurückkehrten (Neuklassizismus und Neurenaissance). Daß sogar Vertreter des »Technischen« unter den künstlerischen Architekten die reichen Formbildungsmöglichkeiten der Konstruktionssysteme Šuchovs nicht begriffen und nicht nutzen konnten, war normal. Der im Geist der traditionellen Schulen erzogene Architekt in einem künstlerischen Berufsmilieu, bei dem alles vom Kapital und vom Geschmack des Auftraggebers abhing, war kaum geneigt, sein traditionelles Verhältnis zur Architektur aufzugeben. Als Eindringling in die künstlerische Kultur stieß die neue Technik gerade bei den Architekten auf erbitterten Widerstand. Technizistische Ideale kamen in jenen künstlerischen Kulturformen Rußlands auf, in denen die Grundpfeiler des traditionellen Akademismus durch die geschichtliche Entwicklung untergraben worden waren: in Schriftstellerei, Poesie, moderner Malerei, im Bereich des Druck- und Pressewesens (Reklame, Postkarten, Photographien). Gerade in diesen Kunstgattungen fanden die neuen ästhetischen Ideale der Zukunft eine gemäße Ausdrucksform, wurden die Leistungen der westlichen und einheimischen Ingenieure gefeiert.

Im Frühstadium der Entstehung der sowjetischen Baukunst spielte die Ingenieurkunst dann eine große Rolle. Sie schuf in jener Zeit in den russischen Städten eine neue Gegenstands- und Raumwelt und neue, bisher unbekannte technische Formen. Sie formulierte in der künstlerischen Kultur des frühen 20. Jahrhunderts die ästhetischen Ideale der Zukunft, die sich mit einem romantischen Verständnis von Technik verbanden. Der Beitrag der großartigen Ingenieurleistung Šuchovs zur Herausbildung der ästhetischen Ideale der sowjetischen Architektur in den zwanziger und dreißiger Jahren ist nicht zu übersehen.

In der Person Šuchovs fanden die russische und die sowjetische Kultur den relativ seltenen Typ eines Ingenieurs, der konstruktives Können mit dem künstlerischen Denken des Baumeisters vereinte. Neben Eiffel, R. Maillart und Freyssinet war Šuchov einer jener ersten auf dem Weg, den heute Nervi, Sarger, Frei Otto, Nikitin und andere in der Architektur gehen.

---

9   Obščij ukazatel' Vserossijskoj promyšlennoj i chudožestvennoj vystavki 1896 goda v Nižnem Novgorode. (Allgemeiner Führer durch die Allrussische Industrie- und Handwerksausstellung 1896 in Nižnij Novgorod; russ.). M.: 1896.

10   Krenkel', E.: Moi pozyvnye – RAEM. (Mein Rufzeichen – RAEM; russ.). In: Novyj mir. M., 46 (1970), Nr. 9, S. 140.

Abb. 313
Sabolovka-Radioturm
in Moskau.
Gitterwerk des zweiten
Abschnitts
(Foto: R. Graefe, 1989)

Vladimir Šuchov, die Konstruktivisten und die Stilbildung der sowjetischen Architektur-Avantgarde

Selim O. Chan-Magomedov

Mit Vladimir Grivorlevic Šuchov hat es in der Entstehungs- und Entwicklungsgeschichte der sowjetischen Architektur-Avantgarde eine seltsame und rätselhafte Bewandtnis: Im gesamten ersten Drittel des 20. Jahrhunderts wurde er von den Architekten nicht bemerkt. Selbstverständlich war den Architekten sein Werk bekannt, aber gegenüber den Form- und Stilbildungsmöglichkeiten der von ihm erfundenen Konstruktionen blieben sie vollkommen gleichgültig.

Dabei arbeiteten die auf der Seite der Avantgarde stehenden Architekten, allen voran die Konstruktivisten, sehr gerne mit bedeutenden Ingenieuren wie A. Lolejt, G. Krasin, S. Prochorov u.a. zusammen. Die Formbildungsprinzipien der Architektur-Avantgarde waren von den ihr nahestehenden Ingenieuren, welche die neuesten technischen Errungenschaften in die Praxis umsetzen wollten, im Prinzip verstanden worden.

Untersucht man, wie die Konstruktivisten die neuesten Ingenieurkonstruktionen benutzten, erhält man unerwartete Ergebnisse: Es zeigt sich, daß die Architekten es hartnäckig ablehnten, die zukunftsträchtigsten Konstruktionen, mit denen man doppelt gekrümmte Oberflächen oder ungewöhnliche Raumkompositionen schaffen konnte, anzuwenden. So ergab sich eine paradoxe Situation: In ihren Deklarationen verkündeten die Konstruktivisten die konstruktive Zweckmäßigkeit der architektonischen Form und forderten dazu auf, die neueste Technik maximal zu nutzen. Aber gleichzeitig waren sie blind gegenüber der sehr vielversprechenden doppelt gekrümmten Konstruktionsform.

Die Gründe für eine derartige Einstellung zu den modernsten Konstruktionen muß man in erster Linie in den besonderen Beziehungen zwischen den Ingenieuren und Architekten zu Beginn des 20. Jahrhunderts suchen und zum zweiten in den Stil-Stereotypen, die sich bereits in den zwanziger Jahren herausgebildet hatten.

Die erste Frage hängt mit der besonderen Situation der Architektur Rußlands zu Beginn des 20. Jahrhunderts zusammen. Damals wandten sich viele Architekten gegen die »Ästhetisierung« der Konstruktionen, d.h. gegen den Formbildungsprozeß in der Architektur, der im ersten Drittel des Jahrhunderts praktisch in allen Ländern, in denen eine neue Architektur entstand, eine wichtige Rolle spielte.

Was hinderte damals die russischen Architekten, die Formbildungsmöglichkeiten der neuen Technik mit Erfolg zu nutzen? Die Architektur Rußlands stand in der zweiten Hälfte des 19. Jahrhunderts, wie in vielen anderen Ländern, unter dem Zeichen des Eklektizismus und der Stilisierung. Neben Einbeziehung der verschiedenen »historischen« Stile in Rußland und ausgehend von der altrussischen Architektur wurde dabei mehrmals der Versuch unternommen, einen »nationalen« Stil zu finden.

An der Schwelle des Jahrhunderts wurde die stilistische Situation in der russischen Architektur noch komplizierter: Der aus dem Westen entlehnte sogenannte Modernismus (Jugendstil) war in Mode gekommen. Die Jugend nahm den »neuen Stil« mit Begeisterung auf, sah sie darin doch die langersehnte Befreiung vom stilistischen Mischmasch des Eklektizismus und von den archaischen »russischen Stilen«. Vom Dezember 1902 bis zum Januar 1903 fand in Moskau eine Architektur- und Kunstausstellung des »neuen Stils« statt. Fast gleichzeitig wurde in Petersburg die Ausstellung »Freie Kunst« eröffnet, auf der ebenfalls Werke des Jugendstils gezeigt wurden. In der Kunst kam es zu einem Wechsel der ästhetischen Ideale, zu einem radikalen Stilbruch.

Der gesamte Jugendstil brachte um die Jahrhundertwende eine neue Richtung in die Architektur Rußlands. Die damit verbundenen Erwartungen wurden jedoch nicht erfüllt. In seiner reinsten Stilform konnte der Jugendstil in der russischen Kunst keine Wurzeln schlagen, wie dies etwa im 18. und 19. Jahrhundert beim russischen Klassizismus und beim Empirestil der Fall gewesen war. Gleichzeitig zeichnete sich in der russischen Architektur immer deutlicher das Bestreben nach einer stilistischen Einheit und, darauf aufbauend, nach mehr Gemeinsamkeiten im Kunstschaffen ab. Der stilistische Eklektizismus hatte sich bereits überlebt, die »russischen Stile« hatten keinen allgemeinen Anklang gefunden, und das stilistisch Neue des Jugendstils hatte keinen langen Atem. Zu einem bestimmten Zeitpunkt begann man den Jugendstil als grundsätzlich unannehmbare stilistische Richtung abzulehnen. Viele, die den Jugendstil enthusiastisch begrüßt hatten, bewerteten bereits am Ende des ersten Jahrzehnts des 20. Jahrhunderts alles, war nur den geringsten Bezug zu diesem Stil hatte, äußerst negativ und gaben dem Neuklassizismus den Vorzug. In der zweiten Hälfte des ersten Jahrzehnts hatte sich der Neuklassizismus in der russischen Architektur noch nicht vollständig vom stilistischen Einfluß des Jugendstils befreit. Das zweite Jahrzehnt brachte der neuklassizistischen Ästhetik jedoch den vollständigen Sieg.

Alle diese Umstände in der Entwicklung der Architektur Rußlands zu Beginn des 20. Jahrhunderts sind für das Verständnis der Bedingungen und Prozesse wichtig, die der avantgardistischen Architektur vorausgingen. Diese Besonderheit der Stilbildung bestimmte den späteren spezifischen Entstehungsprozeß der sowjetischen Avantgarde-Architektur voraus. Sie verlieh insbesondere dem frühen Konstruktivismus eine stilistische Reinheit und Unabhängigkeit vom Jugendstil, wie sie beim frühen Funktionalismus in anderen Ländern nicht vorhanden gewesen waren. Doch zeigten sich die positiven Ergebnisse der Absage an den Jugendstil erst in den zwanziger Jahren. Um 1910 hatte die starke Ablehnung des Jugendstils ein entsprechend negatives Verhältnis zu den Stilbildungsmöglichkeiten von Ingenieurkunst und Technik zur Folge, was wiederum die Position des Neuklassizismus stärkte.

Aufgrund ihrer formalästhetischen Neuheit hatte die Richtung des Jugendstils leichteren Zugang zu Technik und Ingenieurwesen als die traditionellen Stilrichtungen. Die künstlerischen Formen des Jugendstils wurden bei Ingenieurbauten und Industrieprodukten angewendet (einschließlich der Apparate, Transportmittel, technischen Gebrauchsgegenstände usw.). Diese Annäherung der Form- und Stilbildungsprozesse des Jugendstils an Technik und Ingenieurwesen wurde in einigen Ländern zu einem der wichtigsten Schritte des Übergangs vom sogenannten Protektionalismus zum frühen Funktionalismus. In Rußland lief dieser Prozeß in vielem anders ab. Die Ablehnung der Ästhetik des Jugendstils hatte auch Einfluß auf die Beziehung zu den Formbildungsmöglichkeiten von Technik und Ingenieurwesen. Diese Möglichkeiten wurden von den Architekten angezweifelt und somit im Neuklassizismus praktisch nicht genutzt.

Eine Besonderheit der künstlerischen Situation im zweiten Jahrzehnt bestand außerdem darin, daß man in Architektenkreisen unmöglich bei Formbildungsfragen mit Vorstellungen argumentieren konnte, die mit den Erfahrungen des Jugendstils und des Ingenieurwesens zusammenhingen. Eine solche Argumentation wurde von den Vertretern des Neuklassizismus von vornherein als unzulässig abgelehnt. Sie erklärten nicht nur, der Jugendstil gehöre zum Bereich des schlechten Geschmacks, sondern sie brachten seine »Mängel« auch mit dem Bestreben in Verbindung, neue Konstruktionen zu ästhetisieren. Somit war in Rußland (in anderen Ländern galten andere Bedingungen) sozusagen der normale Zugang zu den potentiellen künstlerischen Formbildungsmöglichkeiten der neuen Konstruktionen und neuen Werkstoffe verschlossen.

Die Ablehnung des Jugendstils als Schlupfwinkel des schlechten Geschmacks wurde in den Jahren des Ersten Weltkriegs durch nationalistische Tendenzen noch erbitterter. Damals schrieb man ganz ernsthaft über den baldigen »Untergang unserer heimischen Architektur« unter dem Einfluß des Jugendstils, des »deutschen Stils«, der »aus dem benachbarten Österreich und Deutschland« gekommen sei und »beinahe... die urtümliche Physiognomie unserer Städte zugrunde gerichtet« hätte. »Doch da kam ein frischer Wind auf. Der schreckliche Traum zerstob. Die russische Kunst hat wieder auf einen gesunden Weg zurückgefunden... Fast alle, so scheint es, hatten die Gefahr erkannt und gnadenlos die deutsche Invasion zu vertreiben begonnen. Der ›Stil‹, die sogenannte ›Moderne‹, ist nicht zugelassen. – Dieser Satz steht in fast jedem ausgeschriebenen Wettbewerb der Architekturgesellschaften. Und dies geschieht ohne Absprache und ohne Absicht, ganz einfach aus dem alle vereinenden gesunden Gefühl für das Schöne.«[1]

Die Kritik am Jugendstil, er pflege einen schlechten Geschmack, weil er ästhetisierte neue Konstruktionen auf den Schild hebe, erschwerte nicht nur die Suche nach neuen Kunstformen. Sie verhinderte bei der Suche nach neuen Formen auch, sich auf diejenigen neuen Konstruktionen zu stützen, bei deren theoretischer Entwicklung und Anwendung Rußland zu Beginn des 20. Jahrhunderts eine führende Position eingenommen hatte. Die meisten Architekten hörten sozusagen auf, die ästhetische Ausdruckskraft in den Formen der neuen Baukonstruktionen zu »sehen«, obwohl schon damals an Ingenieurbauten (Brücken, Hangars, Wassertürmen u.ä.) ein großes Interesse bestand.

Die kritische Einstellung der Architekten zum Eindringen ästhetisierter ingenieurtechnischer Formen in die architektonischen Ausdrucksmittel hing auch mit der zu Beginn des 20. Jahrhunderts weit verbreiteten Baupraxis zusammen. Gebäude wurden nach den Plänen von Ingenieuren der unterschiedlichsten Fachrichtungen errichtet, die durch ein Gesetz von 1904 neben den Architekten berechtigt waren, auch diese Bauaufgaben durchzuführen. Bis dahin war Bauingenieuren und Bautechnikern unter großen Beschränkungen ein Recht auf Bautätigkeit nur in jenem Zweig des Bauwesens eingeräumt worden, in dem nach der Bauordnung Vorschriften für Fassaden existierten: Sie durften nur Fabrik- und Werksbauten errichten. Im Jahre 1904 änderte sich die Lage: »Das Recht, Pläne für beliebige Gebäude und Bauwerke anzufertigen und die verschiedenartigsten Bauarbeiten auszuführen«, wurde auch Personen erteilt mit Titeln wie »Bergbau-Ingenieur«, »Metallurgie-Ingenieur«, »Mechanik-Ingenieur«, »Elektro-Ingenieur«, »Mechaniker« und »technischer Agronom«. Dieselben Rechte wurden 1905 auch Personen mit dem Titel »Hochsee-Ingenieur« verliehen.[2]

Anmerkungen

1 Ginc, G.:
Vojna i architektura.
(Krieg und Architektur; russ.).
In Architekturno-
chudožestvennyj eženedel'nik.
M.: 1914, Nr. 18, S. 261–262.
2 Architekturno-
chudožestvennyj eženedel'nik.
M.: 1916, Nr. 11, S. 140.

In vielen Städten entfaltete sich eine lebhafte Bautätigkeit bei Wohnhäusern und öffentlichen Gebäuden, die nach den Plänen von Ingenieuren entstanden. Natürlich führte dies zu einem Absinken des architektonisch-künstlerischen Niveaus, wobei sich gleichzeitig deutlich die Tendenz verstärkte, die Errungenschaften der Bautechnik in die Architektur einzubeziehen. Bei Verbreitung des Neuklassizismus und der »russischen nationalen Richtung« hatte dies dazu geführt, daß die Berufsarchitekten Kritik an den Bauprodukten der Ingenieure übten. Sie qualifzierten dabei architektonische Neuerungen von Bauingenieuren als unangemessene Expansion in die Baukunst ab, als Dilettantismus in architektonisch-künstlerischen Fragen. Es kam zu einer Polarisierung der Positionen. Aus dem Gefühl beruflicher Solidarität schlugen sich die Diplom-Architekten auf die Seite des Neuklassizismus (im äußersten Fall auf die Seite der »nationalen Richtung«), weil sie fürchteten, bei den Ingenieuren in eine gefährliche außerprofessionelle Zone zu geraten. Die formalästhetischen Experimente der Ingenieure wurden von den Architekten nicht ernstgenommen, im günstigsten Fall als naiver Dilettantismus angesehen. So verließen die künstlerisch begabten Planer jenen Bereich, in dem mit neuen funktional-konstruktiven Strukturen experimentiert wurde.

Die Experimente auf dem Gebiet der Formgebung teilten sich demzufolge in zwei Hauptströmungen: An der einen, der Sphäre der eigentlichen Architektur, beteiligten sich die Architekten (z. B. Experimente im Geiste der Neoklassik, die sogenannte »lebendige Klassik«), und an der anderen, der »Baukunst«, die Ingenieure.

Die Architekten betrachteten die Forschungen der Ingenieure äußerst skeptisch und konzentrierten ihre Aufmerksamkeit meist nicht auf die Ergebnisse, sondern allein auf die Tatsache, daß das künstlerische Stadtbild durch dilettantische Bauten verschandelt wurde. Mit besonderer Verachtung sahen die Berufsarchitekten auf Ingenieurbauten in Petersburg, dem Hort des Neuklassizismus, herab. Mit äußerster Schärfe kritisierten sie auch die vermehrte Bautätigkeit von Ingenieuren in Moskau. So wurde 1916 im »Architekturno-chudožestvennyj eženedel'nik« (Wochenblatt für Architektur und Kunst) in einem Aufsatz mit dem bezeichnenden Titel »Falsifikation der Architektur in Moskau« aufs heftigste das neue Bauwesen in Moskau kritisiert. Dabei wurden alle Neuentwicklungen, die sich auf neue Werkstoffe und Konstruktionen stützten, mit billigen Fälschungen verglichen, die Naturprodukte nur ersetzen, um noch höhere Gewinne zu erzielen.

Im Berufsleben der Architekten wurde um 1910 somit jeder Versuch, neue Formen aus dem Bauingenieurwesen zu nutzen, als Dilettantismus abgetan, als elementares Unvermögen, die konstruktiv-funktionale Struktur auf Architektur-Niveau zu bringen. So stand letztlich die neue Ingenieur- und Bautechnik in der Architektur außerhalb der Stilentwicklung, zumindest in den angesehensten Zweigen architektonischen Schaffens.

An der Wende vom 19. zum 20. Jahrhundert und zu Beginn unseres Jahrhunderts standen unter derartigen Bedingungen Šuchovs Konstruktionen mit doppelter Krümmung in der Architektur isoliert da. Als sie 1896 auf der Ausstellung in Nižnij Novgorod erstmals gezeigt wurden, beeindruckten sie die Fachleute aus Ingenieurwesen und Technik stark, die Architekten nahmen sie jedoch nicht zur Kenntnis. Šuchovs Ausstellungspavillons mit Hängedächern hatten eklektizistische, von Architekten geplante Fassaden. Vollkommen verständlich ist deshalb, daß ihr äußerer Anblick keine besondere Aufmerksamkeit erregte. Die Innenräume dieser Pavillons mit den sichtbaren Hängedachkonstruktionen, die für jene Zeit einfach phantastische Raumkompositionen darstellten, waren je nach Konfiguration des Gebäudegrundrisses (rund, oval, rechteckig) sehr unterschiedlich. Sie hätten von der Anordnung der Innenstützen her eigentlich bei den Architekten eine elementare Neugier an den neuen Konstruktionen auslösen müssen, mit denen man so ungewöhnliche Raumeffekte im Innern schaffen konnte. Aber Šuchovs Konstruktionen ließen die Architekten kalt und erregten bei ihnen weder 1896 noch zu Anfang des 20. Jahrhunderts die mindeste Neugier. Die Immunität gegenüber den Formgebungsmöglichkeiten erwies sich als äußerst standhaft. Und sie verstärkte sich noch in den Jahren um 1910 durch die Wiederbelebung des Neuklassizismus.

Ein solches Erbe, ein solches Verhältnis zwischen den Formbildungstendenzen in der Architektur (vor allem im Neuklassizismus) und im Ingenieurwesen übernahm die sowjetische Architektur-Avantgarde der zwanziger Jahre. Man darf nicht vergessen, daß die Vertreter der Avantgarde zwar sehr heftig gegen die Anhänger des Neuklassizismus polemisierten, von ihnen aber die negative Einstellung gegenüber dem Jugendstil übernahmen. Auch dies ist eine Besonderheit der sowjetischen Architektur-Avantgarde. Und obwohl allein die Tatsache der heftigen Ablehnung des Jugendstils und seiner Methode, sich die neue Technik anzueignen, in der Architektur des zweiten Jahrzehnts die Formbildungsprozesse ohne Zweifel erschwerte, war dies gleichzeitig doch auch der Formenreinheit der neuen Architekturströmungen der zwanziger Jahre förderlich (vor allem beim Konstruktivismus): Sie waren vom Jugendstil klar durch den Neuklassizismus getrennt.

Das Paradoxe an der Situation bestand darin, daß in der frühen Entstehungszeit des Architektur-Konstruktivismus seine Vertreter das Rationale der neuen Form sehr häufig betonten und Argumente außerhalb des architektonischen Bereichs, in der Regel in Industrieproduktion und Technik, suchten. Besonders hatten es ihnen die Transportmittel angetan, deren Formen die Architektur sich sowohl in ihrem äußeren Erscheinungsbild als auch im Interieur annäherte: Flugzeuge, Eisenbahnzüge und -wagen, Autos, Dampfer, Luftschiffe usw. Zur Propagierung der verschiedenartigsten Zweckformen wurden Bau- und Hebemaschinen (Bagger, Kräne) eingesetzt mit ihrer nach außen klar ausgeprägten Struktur, auch Dynamomaschinen usw. Dies ist sehr anschaulich an Illustrationen zu erkennen, z.B. in der Zeitschrift »Vešč'« (Das Ding) (1922), in M. Ginzburgs Buch »Stil' i épocha« (Stil und Zeit) (1924), in der Zeitschrift »Sovremennaja architektura« (Zeitgenössische Architektur) (ab 1926) usw.

Die Architektur auch der zwanziger Jahre gab nicht den Ingenieur-Konstruktionen im Bauwesen den Vorzug, sondern den Elementen außerhalb der Bautechnik, weil die Diskrepanz z.B. zwischen den zu Anfang des 20. Jahrhunderts gebauten Šuchovschen Wasser- und Leuchttürmen auf der einen und der neuklassischen Tarasov-Villa in Moskau von I. Žoltovskij auf der anderen Seite damals überhaupt nicht chronologisch verstanden (Gegenwart und Renaissance), sondern in den Stadien der künstlerischen Aneignung dieser funktional-konstruktiven Basis begriffen wurde.

Nachdem die Konstruktivisten zunächst nur den Formbildungsvorgängen bei technischen Objekten außerhalb des Bauwesens ihre Aufmerksamkeit geschenkt hatten, rüsteten sie sich doch noch mit den formalen Möglichkeiten der Baukonstruktionen aus. Dies ist ganz bezeichnend für die Vesnin-Projekte von 1924/25, welche die Grundlage bildeten für den Architekturstil des Konstruktivismus. Wie die nähere Betrachtung allerdings zeigt, gingen die Architekten gezielt bei Auswahl und Übernahme von Formen der Ingenieurkonstruktionen vor. Konstruktionen mit doppelter Krümmung, insbesondere Šuchovs Konstruktionen, gelangten dabei nicht in ihren Gesichtskreis. Die Realität war, daß sich die sowjetischen Architektur-Erneuerer in der zweiten Hälfte der zwanziger Jahre, also auf dem Höhepunkt der Entwicklung der Architektur-Avantgarde, geradezu hartnäckig weigerten, die Form- und Stilbildungsmöglichkeiten der neuesten zukunftsweisenden Baukonstruktionen zu sehen, zu denen ja das gesamte Spektrum der Šuchovschen Konstruktionen mit doppelter Krümmung gehörte.

Was war der Grund für diese Betriebsblindheit? Die neuklassizistische »Augenklappe«, welche die Architekten daran gehindert hatte, in Ingenieurkonstruktionen ästhetische Potenzen zu sehen, war tatsächlich doch gefallen, und die Architekten hatten mit Erstaunen die darin enthaltenen gewaltigen Formgebungsmöglichkeiten erkannt. Es kam aber, was die Konstruktivisten am meisten fürchteten und was doch kommen mußte: Unvermeidlich begannen sich neue stilistische Stereotypen zu bilden. Und wenn ein architektonischer Formgebungsprozeß anhand von Ingenieurskonstruktionen auch keine Rückkoppelung haben kann, so ist ein Prozeß der Stilbildung ohne eine derartige Rückkoppelung undenkbar. Kurz gesagt: Der zustande gekommene konstruktivistische Stil begann, den Architekten die Auswahl bei der Aneignung konstruktiver Formen vorzuschreiben. Ungeachtet all der wortreichen Proteste von seiten seiner Hauptvertreter dagegen, daß eine »Methode« zu einem »Stil« werde, hatte der Konstruktivismus eine starke, klar ausgeprägte innere Tendenz zur Bildung eines stilistisch bestimmten Systems von Mitteln und Vorgehensweisen bei Ausbildung seiner Kunstformen. In einem bestimmten Abschnitt seiner Entwicklung war der Konstruktivismus zum Gefangenen seines von ihm aufgestellten »konstruktiven Stils« geworden. Die Konstruktivisten, die sich einmal einen bestimmten Typ von Ingenieurkonstruktionen zu eigen gemacht hatten, hörten auf, mit der gleichen Schärfe die Formgebungsmöglichkeiten anderer Konstruktionsweisen zu sehen. Das trifft besonders auf die neuesten vielversprechenden Konstruktionen zu, darunter auch die hyperbolischen Konstruktionen, die Vladimir Grigor'evič Šuchov entwickelt hatte.

Die Formgebungsmöglichkeiten der hyperbolischen Konstruktionen wurden in den zwanziger Jahren auch von den Vertretern anderer Strömungen der Architektur-Avantgarde nicht erkannt. Aber zumindest von den Konstruktivisten hätte man diese Erkenntnis erwarten müssen, da sie ja lautstark die Verwendung der neuesten Konstruktion als wichtigstes Prinzip ihrer Werkkonzeption propagierten.

In der Praxis sah es so aus, daß die Konstruktivisten nach Annahme der ästhetischen Möglichkeiten der im allgemeinen nicht mehr ganz neuen Metallgitter- und Stahlbetonkonstruktionen und nach Ausarbeitung darauf basierender künstlerischer Ausdrucksmittel und Stereotypen räumlich-voluminöser Komposition bei der Wahl der Konstruktionen sehr wählerisch geworden waren.

Welche Ingenieurbauten waren aber für die Konstruktivisten interessant? Unmittelbar nach Beendigung der Bauarbeiten am Šatura-Wasserkraftwerk (1926) wurde in der Konstruktivisten-Zeitschrift »Sovremennaja architektura« eine Photographie der Straßenüberführung von Ing. G. Krasin abgedruckt: eine eiserne Fachwerkkonstruktion auf zigarrenförmigen Gittermasten. Danach wurde ein von Krasin geplantes Viadukt für einen Vorortbahnhof der Nordeisenbahn in Moskau veröffentlicht: Ein System von Fachwerkbindern stützt eine Fußgängerüberführung über die Eisenbahngleise. Ausführlicher wurden in »Sovremennaja architektura« die Pläne der Bogenbinder-Brücken über den Dnepr im Zusammenhang mit dem Bau des Dnepr-Wasserkraftwerks besprochen. Aus der Sicht des Ingenieurs war in jenen Jahren all das keine Entdeckung mehr, wenn die konstruktiven Lösungen an sich auch originell waren. Die Metallgitterkonstruktionen faszinierten die Konstruktivisten jedoch als Strukturen, bei denen man anschaulich und überzeugend die Wechselwirkung von Konstruktion und Form ablesen konnte.

Im Unterschied zu diesen Gitterkonstruktionen wurden Formen mit doppelter Krümmung, wie hyperbolische Konstruktionen, nicht als rationell-technisch empfunden, obwohl ihre Struktur doch offen zugänglich war. Der Spannungsverlauf war mit dem Auge allein nicht einmal für Fachleute erfaßbar. Diese Ingenieurkonstruktionen, die aus geraden Stäben Oberflächen mit doppelter Krümmung bildeten, lagen außerhalb der gewohnten bildhaft-konstruktiven Tektonik, welche von Systemen aus Stützen und Balken, Bögen und Kuppeln ausging. Sie konnten nur schwer ihre konstruktive Zweckmäßigkeit vermitteln.

So ist es kein Zufall, daß auf den Blättern der »Sovremennaja architektura« (wie übrigens auch in M. Ginzburgs Buch »Stil' i épocha«) keine Veröffentlichungen zu Šuchovs Ingenieurbauten enthalten sind. Dabei waren diese Turmkonstruktionen aus Hyperboloiden im ersten Drittel des 20. Jahrhunderts das Fortschrittlichste – wegen des sparsamen Materialverbrauchs, wegen des Montageverfahrens für mehrstöckige Türme ohne Hilfsgerüste. In den Publikationen der Konstruktivisten blieben auch die anderen Erfindungen Šuchovs unerwähnt (Hängedächer, Bogen- und Kuppeldächer). Das Anliegen der Konstruktivisten, konstruktive Zweckformen zu verwenden, hätten die Hauptvertreter zwangsläufig zu den Šuchovschen Erfindungen führen müssen. Aber sie gingen an dieser russisch-sowjetischen Erfahrung vorbei und benutzten statt dessen als Beispiele rationeller Formgebung Flugzeuge ausländischer Firmen und Montageverfahren beim Bau amerikanischer Wolkenkratzer.

Es läßt sich schwer erklären, warum den konstruktivistischen Architekten der Šuchovsche Funkturm nicht auffiel. Sein Bau (Fertigstellung 1922) fiel in den Zeitraum der stürmischen Anfänge des Konstruktivismus. Und dennoch entging der Turm in Moskau der Aufmerksamkeit der Architekten, während konstruktivistische Maler dieses Bauwerk zur Kenntnis nahmen. (A. Rodčenko z. B. studierte es mit Interesse und machte zahlreiche Photographien.) Tatlins Turm fand eine gewaltige Resonanz bei den Architekten. Šuchovs fast gleichzeitig entstandener Turm wurde als Ingenieurbau außerhalb der Architektur begriffen.

Vieles hängt von einer Besonderheit der Wahrnehmungspsychologie des Neuen in der Kunst, vom »Verdrängungseffekt«, ab. Damit das grundlegend Neue als künstlerisches Element verstanden wird, muß es als Schöpfungsakt begriffen werden. Die bereits im 19. Jahrhundert weit verbreiteten Metallkonstruktionen wurden häufig in Ingenieurbauten genutzt und auch in Gebäudekomplexe eingegliedert, die im gleichen oder in einem anderen »Stil« gebaut waren, aber sie wurden mit wenigen Ausnahmen von den Zeitgenossen dennoch als reine Zweckbauten gesehen und nicht als architektonisch-künstlerische Elemente. Damit eine neue Form (auch eine höchst zweckgebundene) eine künstlerische Note bekommt, muß sie als eine in die künstlerische Struktur eingeschlossene Form empfunden werden, d. h. die Stelle eines Elements einnehmen, das traditionell die Rolle einer künstlichen Form spielte.

Durch diesen »Verdrängungseffekt« läßt sich die Tatsache erklären, daß eine abrupt in die künstlerische Struktur eingeführte Ingenieur- oder Zweckform eine starke künstlerische Wirkungskraft gewinnt. Anschauliches Beispiel für den Verdrängungseffekt ist der Unterschied in der künstlerischen Rolle der beiden Türme von Tatlin und von Šuchov. Als eindeutiger Ingenieurbau wurde Šuchovs Turm ästhetisch kaum wahrgenommen. Durch seine Zweckbestimmung (Denkmal der 3. Internationale) zählte hingegen Tatlins Turm zu den Architektur-Monumenten, was ihm eine gewaltige künstlerische Wirkungskraft verlieh. Seine Gestalt wurde (im Unterschied zur Gestalt des Šuchov-Turms) nicht als diejenige eines gewöhnlichen Ingenieurbaus gesehen, sondern als völlig neues, ungewohntes Bild eines monumentalen Architekturbauwerks.

Wichtigstes Hindernis für die Einbeziehung der Šuchovschen Konstruktionen in die Stilbildungsprozesse war jedoch ihre räumlich-voluminöse Neuartigkeit. Sie stand in Gegensatz zu den bildhaften Wahrnehmungsstereotypen von Ingenieurkonstruktionen bei den Architekten. Hyperbolische Konstruktionen gingen somit nicht ins System der Mittel und Verfahren architektonischen Ausdrucks des Konstruktivismus ein. Erst 1934 verwendete ein Hauptvertreter dieser Strömung, L. Leonidov, Hyperboloide in seinem Wettbewerbsentwurf für das Gebäude des Ministeriums für die Schwerindustrie in Moskau.

Abb. 314
Vladimir G. Šuchov,
um 1900

Beschreibung von Netzdächern für Gebäude

Vladimir G. Šuchov

Zum Patent Nr. 1894 vom 12. März 1899
Moskau, eingereicht am 27. März 1895

Die vorgestellte Anlage von netzförmigen Dächern für verschiedenartige Gebäude besteht aus einem netzförmigen System, das aus Band- und Winkeleisen hergestellt und an ringförmige und gerade Balken gehängt wird, wobei die Balken von Wänden und Pfosten gestützt und die Bänder und Winkeleisen an den Stellen, wo sie sich überschneiden, miteinander vernietet werden. Die mit diesen Bändern gebildeten Vierecke unterschiedlicher Form werden mit Bedachungsmaterial gedeckt, wobei bei Warmdächern beide Seiten des Netzdaches, d.h. die Innen- und Außenseite, mit Holz und irgendeinem schlecht wärmeleitenden Werkstoff bekleidet werden. Die Fig. 1 und 2 zeigen die Anlage, in der zwischen den Wänden und Innenpfosten die Bänder 1,1 und 2,2 gezogen sind, die das Netz bilden, welches den üblichen Dachverband ersetzt. Der innere Teil über den Säulen wird mit einer kuppelförmigen Fläche gedeckt, die aus steifen Winkeleisen 3,3 besteht. Die Lage dieser Winkeleisen sollte rechtwinklig zueinander sein, wie in Fig. 2a dargestellt, wobei die Linien 5, 6, 7 und 8 der sich kreuzenden Kurven der kuppelförmigen Oberfläche auf einer vertikalen Ebene wie gezeigt verlaufen würden. Das auf diese Weise gewonnene netzförmige Dach stellt gegenüber gewöhnlichen Dachverbandsformen eine beträchtliche Gewichtseinsparung dar. Die Elemente des Netzes sind immer nur einer einzigen Kraft ausgesetzt, d.h. entweder Zug oder Druck, ob vernietet oder verschraubt an den Kreuzungspunkten, und sie bilden eine Fläche, die starken konzentrierten Lasten Widerstand leisten kann. Außerdem hat die Gleichheit der Formen des Eisens für das gesamte Dach zwangsläufig eine wesentliche Vereinfachung bei Herstellung und Montage von Dächern zur Folge. Hängenetze, die sich wie bei Rundbauten auf einen ringförmigen Balken stützen, der auf Wänden oder Säulen ruht, erzeugen Druckkräfte auf diesem Balken. Um dieser Kraft entgegenzuwirken, wird ein kreisförmiger Balken verwendet, wie in Fig. 3 dargestellt. Er besteht aus dem Eisenkasten abcd. In seinem Inneren befindet sich die Masse n (in der Zeichnung gestrichelt) aus Ziegeln oder Beton, die den Druck aufnimmt. Die Ziegel- oder Betonfüllung wird durch die Öffnung a eingefüllt, die im oberen Teil des Balkens angebracht ist. Bei Hängenetzen, d.h. bei Netzen, deren Elemente Zugkräften ausgesetzt sind, werden die Bänder so angeordnet, daß ihre Breitseite horizontal liegt, wie in Fig. 1 dargestellt, wobei die Bänder miteinander an den Kreuzungsstellen vernietet werden. Ist das Netz aber Druckkräften ausgesetzt, dann werden die Bänder so angeordnet, daß ihre Breitseite senkrecht steht, wie durch f, g und i in Fig. 5 dargestellt. Eine detaillierte Darstellung des steifen Netzes aus Winkeleisen ergibt sich aus k_1 und k_2 von Abb. 6.

Fig. 4 zeigt den Aufbau eines Netzdaches aus den Bändern oder Winkeleisen 14,12 für ein rechteckiges Gebäude, wobei eine Neigung der Wände, die durch die Dachlast hervorgerufen wird, durch die Stützen 14,16 und Züge 14,15 verhindert wird.

Gegenstand des Patents
(Art. 20. Abs. 4 und Art. 22 der Verordnung über Patente zu Erfindungen und Verbesserungen)

Netzdächer für Gebäude, die sich dadurch auszeichnen, daß ihr Tragwerk aus einem Netz besteht, das durch sich überschneidende und an den Kreuzungspunkten vernietete Eisenbänder und Winkeleisen gebildet wird, die, wie in Fig. 1, 2 und 2a gezeigt ist, angeordnet werden. Dabei belasten die Zugkräfte des Netzes bei einem Rundbau einen steifen Ring n (Fig. 3), der aus einem mit Beton oder Ziegeln gefüllten Eisenkasten besteht. Bei einem rechteckigen Gebäude werden sie durch die Metallstützen 16 und die Züge 15 (Fig. 4) aufgenommen.

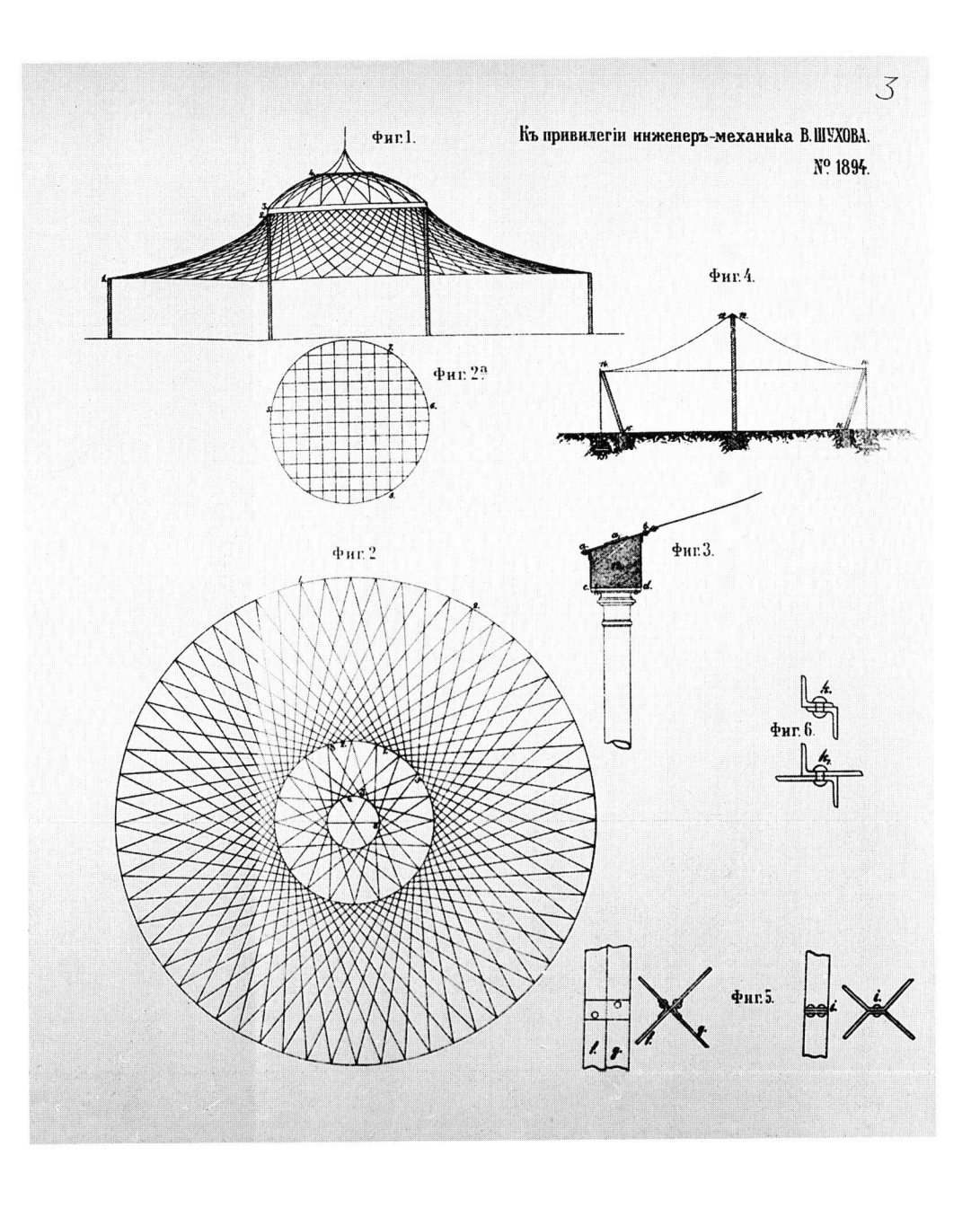

Фиг. 1.   Къ привилегіи инженеръ-механика В. ШУХОВА.
№ 1894.

Фиг. 2ª

Фиг. 4.

Фиг. 2

Фиг. 3.

Фиг. 6.

Фиг. 5.

Beschreibung netzförmiger Gewölbedächer

Vladimir G. Šuchov

Zum Patent Nr. 1895 vom 12. März 1899
Moskau, eingereicht am 27. März 1895

Die Fig. 1 und 2 der Zeichnung stellen ein gewölbtes netzförmiges Dach des geplanten Gebäudes dar. Das Dach wird durch zickzackförmig gebogene Bandeisen gebildet (Fig. 2). Die Einzelheiten der Verbindung zeigt Fig. 3.

Gegenstand des Patents
(Art. 20 Abs. 4 und Art. 22 der Verordnung über Patente und Erfindungen)

Netzförmige Gewölbedächer, die sich dadurch auszeichnen, daß ihr Tragwerk aus einem Netz besteht, das aus gebogenen und rippenartig vernieteten Bandeisen gebildet wird (Fig. 1 und 2, im einzelnen in Fig. 3).

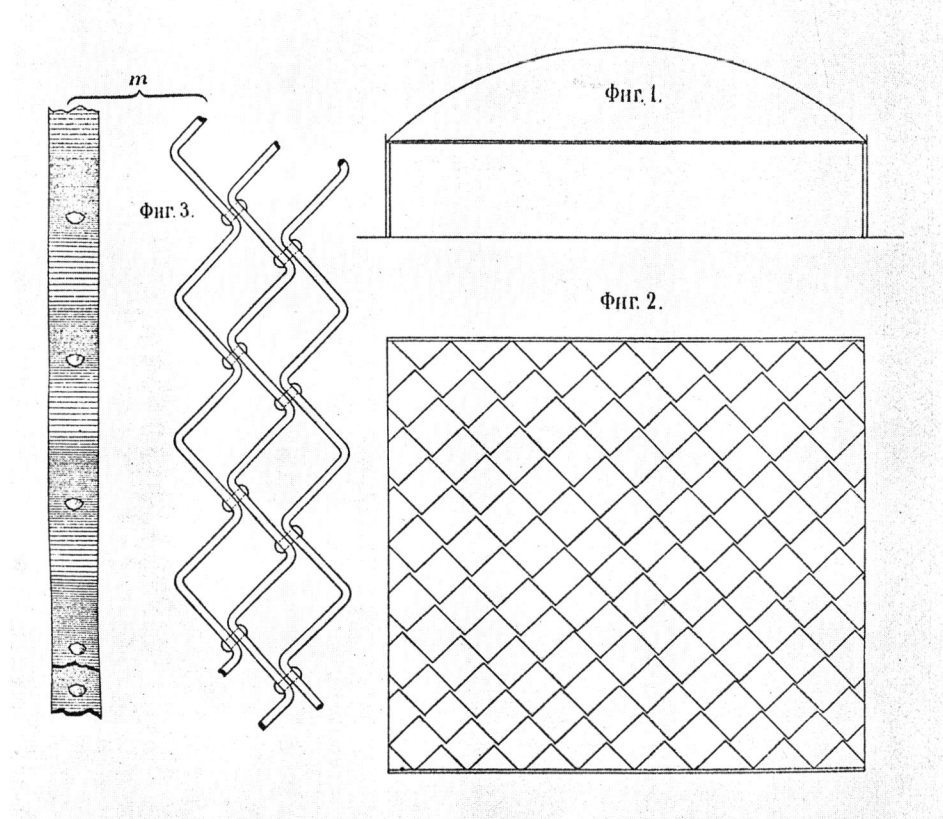

Beschreibung eines gitterförmigen Turmes

Vladimir G. Šuchov

Zum Patent Nr. 1896 vom 12. März 1899
Moskau, eingereicht am 11. Januar 1896

Die netzförmige Fläche, welche den Turm des geplanten Gebäudes bildet, besteht aus geraden Holzbalken, eisernen Rohren oder Winkeleisen, die sich auf zwei Ringe oben und unten am Turm stützen. An den Kreuzungsstellen werden Balken, Rohre und Winkeleisen miteinander verbunden. Das so zustandegekommene Netz bildet die Rotationsfigur eines Hyperboloids (Fig. 1 und 2), auf deren Oberfläche einige horizontale Ringe verlaufen. Der auf diese Weise gebaute Turm stellt eine stabile Konstruktion dar, die bei äußerst geringem Materialaufwand äußeren Kräften widersteht. Hauptverwendung könnte diese Konstruktion als Wasserturm oder Leuchtturm finden.

Gegenstand des Patents
(Art. 20 Abs. 4 und Art. 22 der Verordnung über Patente für Erfindungen und Verbesserungen)

Ein gitterförmiger Turm, der sich dadurch auszeichnet, daß sein Tragwerk aus sich überkreuzenden geradlinigen Holzbalken, Eisenrohren oder Winkeleisen besteht, die auf den Leitlinien des Rotationskörpers verlaufen, dessen Gestalt der Turm hat. Sie sind miteinander an den Kreuzungsstellen vernietet und außerdem durch waagerechte Ringe verbunden (Fig. 1 und 2).

Berechnung der Gebäude der Ingenieurabteilung auf der Ausstellung in Nižnij Novgorod[1]

Vladimir G. Šuchov

1. Das Rundgebäude

Wie aus der beigefügten Zeichnung hervorgeht, besteht das Dach des Rundgebäudes aus zwei Hängedächern, die an konzentrischen Ringen aufgehängt sind: einem inneren Ring mit 84' Durchmesser und einem äußeren mit 214' (müßte heißen: 224') Durchmesser.

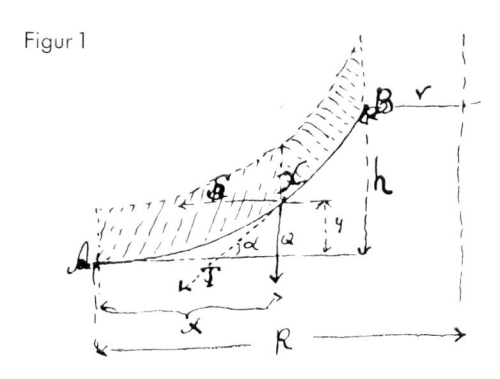

Figur 1

Das äußere Dach

In Fig. 1 soll AB den Meridianquerschnitt des äußeren Daches darstellen, r den Radius des inneren Ringes, R den des äußeren Ringes und h den Höhenunterschied der beiden Ringe. Die Last pro Quadrateinheit der Dachfläche bezeichnen wir mit q. Stellt die Linie AB eine Gleichgewichtslinie dar, die eine bestimmte Last trägt, so tendiert ein Teil der Fläche AX unter Einwirkung der gleichmäßig von Punkt A bis Punkt X verteilten Last Q dazu, von deren Teil XB abzureißen mit der Kraft T, die zur Linie AB im Punkt X tangential ausgerichtet ist, wobei $T = Q/\sin \alpha$. Für das Gleichgewicht der Kurve AB ist notwendig und ausreichend, daß die horizontale Resultierende S der Last Q und der Kraft T konstant ist, was $S = Q/\mathrm{tg}\, \alpha$ ergibt. Diese Bedingung bestimmt die Form der Kurve, d.h. diese Bedingung, bei der im Werkstoff des Daches die Spannungen aufgrund der Bruchmomente aufgehoben werden. Die Last Q auf dem Ring mit den Radien R und R – x, beträgt

$$Q = q\pi R^2 - q\pi (R-x)^2 = q\pi (2Rx - x^2).$$

$\mathrm{tg}\, \alpha = dy/dx$ und folglich ist

$$\frac{dy}{dx} = \frac{q\pi}{S}(2Rx - x^2), \qquad (1)$$

woraus folgt:

$$y = \frac{q\pi}{S}\left(Rx^2 - \frac{x^3}{3}\right). \qquad (2)$$

Dies ist die Gleichung einer Kubik-Parabel, deren Drehung das äußere Dach des Gebäudes bildet.
In unserem Fall ist R = 112', r = 42', R – r = 70', h = 28'. Für die Last q gilt 30 Pud[2] auf 1 Quadrat-Sažen[2] oder 30/50 auf 1 Quadratfuß. In Punkt A erhalten wir $dy/dx = 0$, S = T, für den Punkt B $y = h$, $x = R - r$. Wir wenden Gleichung (2) in Punkt B an und erhalten

$$\frac{q\pi}{S}\left(\tfrac{2}{3} R^3 - rR^2 + \tfrac{1}{3} r^3\right),$$

woraus $S = \frac{q\pi}{h}\left(\tfrac{2}{3} R^3 - rR^2 + \tfrac{1}{3} r^3\right)$ folgt.

Wir tragen diesen Wert von S in Gleichung (1) ein und erhalten für den Punkt B $dy/dx = \mathrm{tg}\, \alpha_0 = h(R^2 - r^2)/(\tfrac{2}{3} R^3 - rR^2 + \tfrac{1}{3} r^3)$. Wir setzen die Zahlenwerte ein und erhalten $\mathrm{tg}\, \alpha_0 = 0{,}6947$; $\alpha_0 = 34°48'$ und $\sin \alpha_0 = 0{,}571$. Die Gesamtlast des äußeren Daches beträgt bei einer Dachfläche von 690 Quadrat-Sažen 20700 Pud. Folglich ist $S = Q/\mathrm{tg}\, \alpha \cong 30000$ Pud. Der größte Wert von T in Punkt B ist $T = Q/\sin \alpha \cong 36300$ Pud, der geringste im Punkt A beträgt $T = S = 30000$ Pud. Das Dach besteht aus 640 Bandeisen, die größte Zugbeanspruchung eines jeden beträgt $T/640 = 56{,}7$ Pud. Der Querschnitt der $2 \times 3/16"$-Bandeisen unter Abzug von $3/8"$ ergibt 0,304 Quadratzoll, was einer Beanspruchung von 193 Pud entspricht. Die tatsächliche Spannung in den Bandeisen ist geringer als oben berechnet.

Das Dach stellt nämlich als Ganzes ein Verbundsystem dar, da die Bandeisen an den gemeinsamen Kreuzungsstellen miteinander vernietet sind und damit sozusagen eine durchgehende Fläche bilden, die den Belastungskräften ausgesetzt ist. Bei der Berechnung derartiger Flächen muß beachtet werden, daß die Lasteinwirkung in 2 Komponenten zerfällt, von denen nur eine die Zugkraft auf den Meridianquerschnitt überträgt, die andere hingegen Druck- und Zugkräfte auf die durchgehende Fläche in Richtung ihrer Parallelen (bzw. in Richtung der Horizontalquerschnitte) überträgt. Wir gehen auf diesen Fall hier nicht ein, bemerkt sei lediglich, daß er offensichtlich zu einer Verminderung der Bruchkräfte in den Bandeisen führt.

Das innere Dach

Um das Eindringen von Regenwasser bei einer etwaigen Verstopfung der Dachrinne des inneren Daches zu vermeiden, ist dieses aus vernietetem Eisen hergestellt. Das Dach besitzt eine kugelförmige Oberfläche mit 2000" Radius. Für die Last gilt 50 Pud auf 1 Quadrat-Sažen oder 1 Pud auf 1 Quadratfuß oder 1/140 Pud auf 1 Quadratzoll. Die Werkstoffspannung in der Kugel, deren Oberfläche dem Druck p ausgesetzt ist, wird nach der Formel $T = pR/2$ bestimmt. In unserem Fall ist $T = 2000/280 \cong 7{,}15$ Pud. Das Eisen ist 1/16" dick, die Schwächung des Eisens durch die Vernietungen beträgt 0,30 und die Spannung des Eisens in 1 Quadratzoll $(7{,}15/0{,}7) \times 16 = 165$ Pud.

Der äußere und der innere Ring

Unter dem Einfluß der Kraft S wird der äußere Ring mit der Kraft $S/2\pi = 4780$ Pud zusammengepreßt. (Auf die Kreisflächeneinheit bezogen beträgt die Kraft $S/2\pi R$, der Druck im Ring ist $(S/2\pi R)R = S/\pi$).

Anmerkungen

1 Archiv der Akademie der Wissenschaften der UdSSR, Bestand 1508 – opus 1 – Div. 47 – Blätter 20–23, mit den Skizzen aus Šuchovs Handschrift.
2 1 Pud (ehemaliges russisches Gewicht) = 16,38 kg; 1 Sažen (ehemaliges russisches Längenmaß) = 2,133 m

Der Ring besteht aus: 2 Bleche 2×5/16", Querschnittsfläche 15 Quadratzoll; 2 Winkeleisen 4×4×3/18" mit 6 Quadratzoll Querschnitt, also insgesamt 21 Quadratzoll.

Die Druckspannung des Werkstoffs beträgt 4780/21π 230 Pud. Der Ring ist an den äußeren Säulen befestigt, die ihm eine feste Stütze geben. Dabei wird der obere Gurt, welcher die Säulen verbindet und am Widerstand gegen den Druck beteiligt ist, bei der Berechnung nicht berücksichtigt.

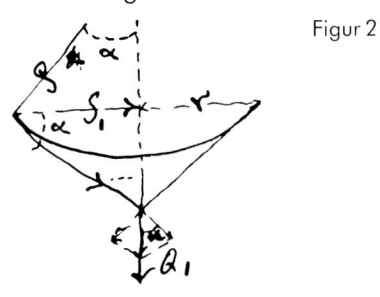

Figur 2

Der innere Ring ist unter dem Einfluß der Last des äußeren Daches Zugkräften und unter dem Einfluß der Last des inneren Daches Druckkräften ausgesetzt. Obwohl sich diese Kräfte nicht gegenseitig aufheben, geben sie dem Ring eine Steifigkeit, die für den Widerstand im einzelnen ausreichend ist. Durch die Last des inneren Daches beträgt der Druck in diesem Ring (Fig. 2): Gesamtlast des inneren Ringes $Q_1 = 113 \times 50 = 5650$ Pud; Kraft $S_1 = Q_1/\mathrm{tg}\,\alpha = R/r = 5650 \times 2000/504 \cong 22400$ Pud. Die Druckkraft im Ring beträgt $S_1/2\pi = 3600$ Pud. Der Ring besteht aus 2 Winkeleisen 4×4×3/8" mit einer Fläche von 6 Quadratzoll; einem Eisenblech 18×3/8" mit 6,75 Quadratzoll Querschnitt und einem zweiten Eisenblech 12×1/4" und 3 Quadratzoll; insgesamt also 15,75 Quadratzoll.

Die Säulen

Die insgesamt 16 Innensäulen tragen das gesamte Gewicht des Daches von 26 380 Pud bei einer Belastung von 30 Pud je 1 Quadrat-Sažen. Dies ergibt für jede Säule 1660 Pud.

Die Säule besteht aus 4 Winkeleisen, die an die Ecken eines Quadrats mit 24" Seitenlänge gestellt sind. Die Querschnittsfläche der 4 Winkeleisen mit den Maßen 4×4×3/8" ergibt 12 Quadratzoll, und die Druckspannung beträgt je 1 Quadratzoll 140 Pud. Die Säulenhöhe vom Fuß bis zur ersten Verbindung ist 35 Fuß. Die Säulen ruhen auf gemauerten Sockeln, deren Oberseiten mit einem Ziegelbelag versehen sind. Der untere Teil der Mauerung hat die Abmessung 4×4'. Bei solchen Abmessungen liegt die Bodenbelastung unter 120 Pud je 1 Quadrat-Zoll.

Die Dachlast wird vom oberen Ring über Stützen aus doppelten Eisen (4×4×3/8") übertragen. Der größte Abstand zwischen den Stützen beträgt 5'6". Bei einem solchen Abstand sind die Abschnitte des oberen Ringes einem Bruchmoment ausgesetzt, dessen Größe $5,5 \times 12 \times 550/12 = 3025$ Pud/Zoll beträgt. Ein 3/8"-Blech von 15" Höhe ergibt ein Widerstandsmoment von $W = bh^2/6 = 14$ Kubikzoll, was 216 Pud Spannung auf 1 Quadratzoll ausmacht.

Die Außensäulen

Die das Skelett der Wände des Gebäudes bildenden Außensäulen tragen wie die Stützen das vernachlässigbare Gewicht des äußeren Ringes, dessen Last nicht berücksichtigt werden muß. Diese Säulen sind Doppel-T-Eisen mit den Abmessungen 230×102 mm (9 1/16×4"). Ihr Widerstandsmoment ist annähernd 20 Kubikzoll. Die 48 Säulen stehen in einem Abstand von jeweils 14,66 Fuß. An der Spitze sind die Säulen durch einen 2"-Eisenträger verbunden, unten durch Bleche mit 3 Fuß Breite. Zwischen den Balken und den Säulen verläuft eine Verbindung aus 3×1/4"-Gurten. Die durch das Wellblech und die Fenster auf die Säule übertragene Windkraft beträgt ungefähr 180 Pud, gleichmäßig verteilt. Betrachtet man die Säule als einen Balken mit zwei Enden, beträgt das Moment dieser Last 3780 Pud/Zoll und die Werkstoffspannung ca. 190 Pud je Quadratzoll. Der gesamte Winddruck von ungefähr 3000 Pud auf die gesamte Gebäudefläche erzeugt in allen 48 Säulen ein Kippmoment, dessen Hebelarm die Hälfte der Säulenhöhe ausmacht, wonach die Größe des Kippmoments 31 500 Pud/Fuß beträgt.

Jedes Feld, das durch zwei Säulen gebildet wird, welche durch Gurte von 2 und 3 Fuß und zugleich durch Verbindungen von 3×1/4" verbunden werden, ergibt einen Kippmomentwiderstand in der Feldebene von ca. 400 Pud/Fuß bei einer Eisenspannung von 250 Pud.

Rechtwinklig zum Feld leistet jede Säule einen Widerstand von etwa 500 Pud/Fuß.

Da ein Teil der Säulen in der Feldebene und ein Teil rechtwinklig zur Ebene kippen will, beträgt somit der mittlere Widerstand $(4000 + 1000)/4 = 1250$ Pud/Fuß. Folglich sind 28 Säulen für die Stabilität des Gebäudes ausreichend.

2. Rechteckige Gebäude

Die Dächer dieser Gebäude sind Zeltdächer. Der First ist an einem Längsbalken aufgehängt, der auf den Mittelsäulen ruht. Die unteren Enden sind an Balken befestigt, die auf den Stützen der Gebäudewände verlaufen. Die Länge der Gebäude beträgt 32 Sažen, die Breite 14 Sažen. Die Dachbreite oder Spannweite ist 7 Sažen, die lichte Höhe des Daches 2,5 Sažen.

AB (Fig. 3) soll den Dachquerschnitt darstellen, der rechtwinklig zur Gebäudeachse steht, l die Spannweite

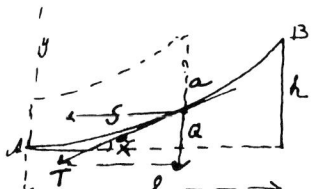

Figur 3

und h die lichte Höhe. Die durch die Last Q in einem beliebigen Punkt a erzeugte Spannung beträgt $T = Q/\sin \alpha$ und $Q/S = tg\,\alpha$; q, die Belastung pro Flächeneinheit ist gleich 30 Pud je 1 Quadratsažen. Folglich ist $dy/dx = qx/S$, und hieraus ist die Gleichung der Kurve AB $y = qx^2/2S$. Beim Punkt B ist $tg\,\alpha = 0,72$; $\alpha = 35°47'$; $\sin \alpha = 0,5845$; $Q = gl = 210$ Pud. Demnach ist T am größten im Punkt B. $T = Q/\sin \alpha = 210/09,585 = 359 \cong 360$ Pud auf 1 laufenden Sažen. Im Punkt A ist $T = S = 1,4 \times 210 = 294 \cong 300$ Pud.

Auf jeden Sažen entfallen 9 sich gegenseitig unter einem Winkel von $\sim 34°$ kreuzende Bandeisen. Auf jedes Bandeisen kommt eine Last von höchstens $360/9 \cos 17° = 42$ Pud. Die Bandeisen haben Querschnittsmaße von $2 \times 3/16''$, die Vernietungen von $3/8''$, die Spannung des Eisens beträgt ungefähr 160 Pud je 1 Quadratzoll.

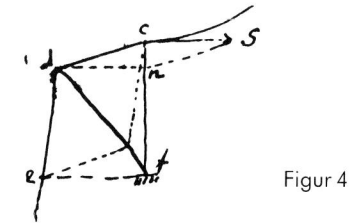

Figur 4

Die Kraft $T = S$ im Punkt A wird durch Stützen und Züge nach folgendem Diagramm übertragen (Fig. 4): Höhe der Stütze $f = 2,5$ Sažen; der Stütze $df = 2,624$ Sažen; Abstand $ef = 2$ Sažen: Abstand $dn = 1,7$ Sažen; Länge des Zuges $de = 2,022$ Sažen; Züge $cd = 1,77$ Sažen. Der Abstand zwischen den Stützen beträgt 1,6 Sažen; folglich ist die von ihnen übertragene Kraft $1,6 \times 300 = 4800$ Pud. Dazu kommt noch der Druck des Windes auf die Wände, der auf 1,6 Sažen Länge 128 Pud beträgt. Bezogen auf den Punkt C beträgt die Größe dieser Kraft $128/2,5 = 51$ Pud. Folglich ist die Größe S 530 Pud.

Entsprechend den in Fig. 4 dargestellten Abmessungen und Richtungen der Stützen und Züge sind die Kraftkomponenten von S: Druck der Stütze $cf = 0,3 S = 159$ Pud, T-Eisen Nr. 8/8, Querschnitt 2,1 Quadratzoll; Druck der Stütze $df = 1,5 S = 795$ Pud, 2 Doppel-T-Eisen Nr. 10, Querschnitt 4,2 Quadratzoll; Spannung des Zuges $cd = 1,04 S = 552$ Pud; Bandeisen $6 \times 3/8''$ (abzüglich der Vernietungen), Querschnitt 2 Quadratzoll; Spannung des Zuges $de = 1,2 S = 636$ Pud, Rundeisen mit $1\,3/4''$ Durchmesser (Ende mit 2''-Gewinde), Querschnitt 2,4 Quadratzoll.

Bei den Stützen ist das Dachnetz an einem Balken befestigt, der auf den Stützen ruht. Dieser Balken leistet dem Bruchmoment der gleichmäßig verteilten Kraft S Widerstand. Er ist als an zwei Enden eingespannt anzusehen. Das Bruchmoment beträgt $(520 \times 11,2 \times 12)/12 = 5936 \cong 6000$ Pud/Zoll.

Der Balken besteht aus zwei Winkeleisen $3 \times 3 \times 1/4''$ und aus einem Blech – $15 \times 1/4''$, $W > 24$ Kubikzoll.

Die Mittelsäulen.

Diese Säulen tragen das volle Gewicht des gesamten Daches. Von neun jeweils im Abstand von 2 Sažen stehenden Säulen trägt jede ein Gewicht von $14 \times 2 \times 30 = 840$ Pud. Die Säulen bestehen aus Winkeleisen $3 \times 3 \times 3/8''$, die in 15'' quadratisch angeordnet sind und durch $2 \times 2 \times 1/4''$ Gurte und $1\,1/2 \times 1 \times 1/4''$ Winkeleisen verbunden sind. Die Querschnittsfläche der 4 Winkeleisen beträgt 9 Quadratzoll. Über den Säulen verläuft ein Balken aus $12 \times 3/8''$ Blechstreifen und zwei $3 \times 3 \times 1/4''$ Winkeleisen.

Die äußeren Säulen tragen eine Last von $14 \times 7 \times 30 = 2940 = \cong 3000$ Pud. Die Säulen bestehen aus 4 Winkeleisen $5 \times 5 \times 1/2''$, die in 24'' quadratisch angeordnet und durch $2 \times 1 \times 1/4''$ Winkeleisen und $3 \times 1/4''$ Bandeisen verbunden sind. Von den äußeren Säulen gehen 4 Blechstreifen, die zur Befestigung des Netzes dienen. Die Gesamtlast verteilt sich auch auf diese 4 Säulen nach folgenden Diagramm: auf das Bandeisen Ao kommt die Last der Fläche boc, deren Größe $1/2(3 \times 7 + 2,33 \times 6) \times 30 = 525$ Pud beträgt. Man kann annehmen, daß das Zentrum der oben genannten, gleichmäßig einwirkenden Last in einem Abstand von 4 Sažen vom Punkt o liegt. Folglich ist die Horizontalkraft S im Punkt A $(4 \times 525)/2,5 = 840$ Pud. Demnach sind 2 Stützen mit Zügen in den vorher genannten Abmessungen ausreichend, um dieser Kraft Widerstand zu leisten. Das Bandeisen Ao (Fig. 5) besteht aus zwei $8 \times 1/4''$-Bandeisen.

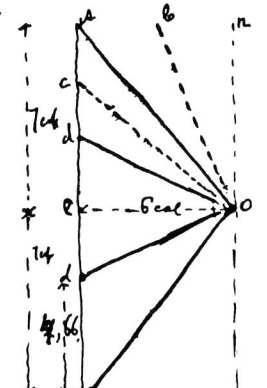

Figur 5

Die Stützen und Bandeisen od werden auf dieselbe Weise berechnet. Sie haben die Abmessungen von $12 \times 1/4''$-Bandeisen. Die Stützen und Züge haben die gleichen Abmessungen wie in den übrigen Gebäudeteilen.

Berechnung der Gebäude der Fabrik- und Handwerks-Abteilung mit Dächern von 2200 Qu.Sažen und der Maschinenabteilung mit Dächern von 1000 Qu.Sažen auf der Ausstellung in Nižnij Novgorod[1]

Vladimir G. Šuchov

Details der Gebäude
Die Bogendächer beider Gebäude stellen durchgehende Netzflächen dar, die aus entsprechend gebogenen Winkeleisen gebildet werden. Die Schenkel der Winkeleisen sind ungleich breit, die breiteren Schenkel stehen senkrecht, die schmaleren liegen in Netzebene. An den Schnittstellen der Winkeleisen sind ihre Flansche miteinander vernietet. Somit bilden zwei Reihen von Winkeleisen, von denen eine unter der anderen liegt, ein steifes System, das gegenüber konzentrierten Lasten einen festen Widerstand leistet. Die Bogenkämpfer des Daches stützen sich auf Balken, die auf Säulen liegen. Der Bogenschub wird durch horizontale Züge aufgehoben. Neben den horizontalen Zügen haben die Bögen auch schräge Zugglieder, die mit den ¾ Punkten des Dachbogens verbunden sind.

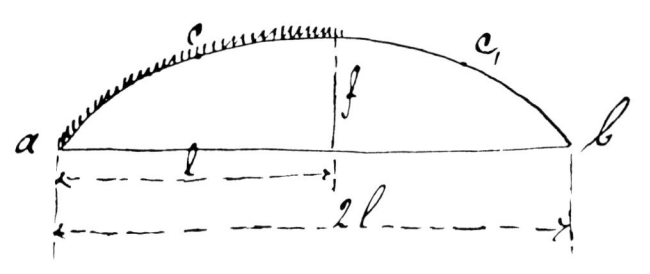

Figur 1

In Bögen mit nur einer horizontalen Saite treten die größten Bruchmomente bei einseitiger Belastung auf, wenn eine Last auf einer Hälfte der Spannweite liegt, wie Fig. 1 zeigt. Die gefährdeten Querschnitte liegen dabei in den Punkten C_1 und C, die im Abstand von ¼ der Spannweite von den Stützen entfernt sind. Der große Druck tritt bei vollständiger Belastung des Bogens auf. Die Größe des größten Moments ist $M = 1/16\, pl^2$, wobei p eine einseitige Belastung auf die Fläche und l die halbe Spannweite bezeichnen. Die Spannung der Saite ab und der Druck im Scheitel ist bei vollständiger Belastung des Bogens $\delta = ql^2/2f$, wobei q die Last je Flächeneinheit bezeichnet.

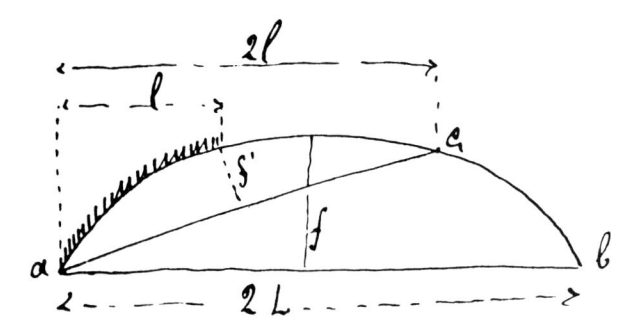

Figur 2

Bei Bögen mit schrägen Zügen treten die größten Momente bei Belastung der Hälfte des zugverspannten Bogenteils auf, wie Fig. 2 zeigt. Bezeichnet man also die Spannweite, die mit einem schrägen Zugglied abgespannt wird, mit 2 l, so werden somit die Bruchmomente mit derselben Formel bestimmt wie bei Bogen ohne schräge Saiten, und die Spannung der Saite ab wird bestimmt nach der Formel $\delta = qL^2/2f$.
Die Spannung der schrägen Saiten ac_1, die bei einseitiger Belastung möglich ist, wird bestimmt durch die Gleichlast p, die auf der abgespannten Spannweite liegt, und ist $\delta = pl^2/2f'$.
Alle Bogendächer bestehen aus Winkeleisen, die in zwei Reihen angeordnet sind, wobei die Winkeleisen einer jeden Reihe 2' Abstand voneinander haben, so daß auf einen laufenden Längssažen des Daches 7 Winkeleisen kommen und folglich jedes Winkeleisen eine Last der Bogenprojektion in einer Breite von einem Fuß aufnimmt.
Bei der Berechnung der Bögen wurde eine Gleichlast angenommen: einseitig auf die halbe Spannweite p = 0,3 Pud je 1 Qu.Fuß (15 Pud je 1 Qu.Sažen), auf die gesamte Spannweite q = 0,6 Pud je 1 Qu.Fuß (30 Pud je 1 Qu.Sažen). Die Festigkeit der Werkstoffe wurde mit 275 Pud je 1 Qu.Zoll angenommen. Bei diesen Angaben hat die Formel für das Moment $M = 1/16\, pl^2$ die Gestalt $M = 1/16 \times 0,3 \times 12 \times l^2 = 0,225\, l^2$ Pud.Zoll, das gesuchte Widerstandsmoment $W = 0,225/275\, l^2 = 0,000818$ Kub.Zoll. Dies ergibt: bei einer Spannweite mit l = 21" ist das gesuchte W = 0,361 Kub.Zoll, das Winkeleisen ∟ 80×40×4½", das tatsächliche W = 0,403 Kub.Zoll; Spannweite 7 Sažen, l = 24,5', das gesuchte W = 0,491 Kub.Zoll, Winkeleisen ∟ 80×40×6", tatsächliches W = 0,53 Kub.Zoll; Spannweite 11 Sažen (schräge Züge), l = 28,9', gesuchtes W = 0,683 Kub.Zoll, Winkeleisen ∟ 80×40×8", tatsächliches W = 0,702 Kub.Zoll; Spannweite 13 Sažen (schräge Züge), l = 35', gesuchtes W = 0,951 Kub.Zoll, Winkeleisen ∟ 100×50×7½", tatsächliches W = 1,020 Kub.Zoll.

Anmerkungen

1 Archiv der Akademie der Wissenschaften der UdSSR, Fundus 1508 – Teil 1 – Mappe 47 – Blätter 66–68, mit den Zeichnungen aus der Reinschrift des Baubüros Bari.

Zugkraft in den Zügen
Die Züge sind in 6 Fuß Abstand voneinander angeordnet, und deshalb erhalten wir für die horizontalen Züge

$$\delta = \frac{ql^2}{2f} = \left(\frac{0,6}{2} \times 6\right) \times l \times \frac{l}{f} = 1,81\frac{l}{f}$$

und einen Querschnitt des Zugelements von

$$\Omega = \frac{1,8}{275} l \frac{l}{f} = 0,00655 \, l\frac{l}{f}$$

In Anwendung dieser Formel erhalten wir die Größenwerte, wie sie in Tab. 1 angegeben sind.

Tabelle 1

Für eine Spannweite von	Bogenhöhe	Ges. Ω, Qu. Zoll	Bolzeneisen (d)	Tatsächliche Ω, Qu. Zoll
13 Sažen	¼ Spannw.	0,60	⅞	0,601
11 Sažen	¼ u. ⅜ Spannw.	0,51	⅞	0,601
7 Sažen	¼ u. ⅜ Spannw.	0,32	¾	0,442
6 Sažen	⅙ u. ⅜ Spannw.	0,41	¾	0,442

Auf dieselbe Weise, jedoch indem wir q durch die Last p = 0,3 Pud je 1 Qu.Fuß ersetzen, wurden die Abmessungen der schrägen Züge bestimmt, wobei für die Spannweiten von 13 Sažen und von 11 Sažen die Bemessung der Züge gleich war und ¾" betrug. Die Enden der Züge haben Verdickungen zum Einschneiden der erforderlichen Gewinde, damit die Einkerbungen die Querschnitte nicht schwächen. Zur Verringerung des Bruchmoments der Stützbalken, das durch den Bogenschub hervorgerufen wird, gabeln sich die Züge an den Gebäudewänden. In Wirklichkeit ist der Widerstand des oben beschriebenen Bogendaches wesentlich größer als errechnet, weil die durch die vernieteten Winkeleisen gebildete Gitterfläche ein Widerstandsmoment besitzt, das größer ist als bei einem System, das aus frei liegenden Winkeleisen besteht (30% größer).

Säulen und Balken
Im zusätzlichen Maschinengebäude (1000 Qu.Sažen Dach) wurden die Innen- und Außensäulen im Abstand von 2 Sažen aufgestellt. Bei einer Belastung von 30 Pud

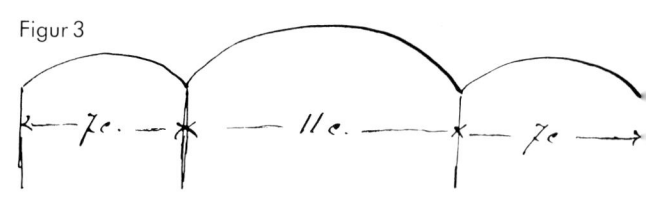

Figur 3

je Qu.Sažen der Dachprojektion trägt jede Innensäule eine Last (Fig. 3) von $[(7 + 11)/2] \times 30 \times 2 = 540$ Pud. Die Säule besteht aus 2 Winkeleisen 3 ½×3 ½×⁵⁄₁₆" und einem 7×⁵⁄₁₆"-Bandeisen. Die Säulenhöhe ist 22', ihre Querschnittsfläche 6,56 Qu.Zoll.
Die Materialspannung ist 540/6,5 = 83 Pud je 1 Qu.Zoll. Das Verhältnis l/d = (22×12)/7 = 38 (nach Love), $\varphi = 44$ und die Festigkeit 84/0,044 < 200 Pud. je Qu.Zoll.

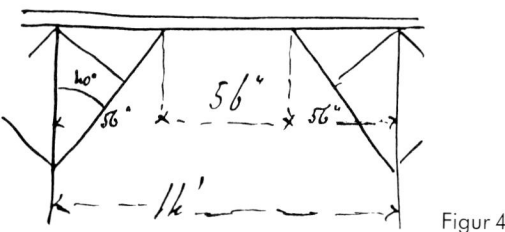

Figur 4

Auf den Säulen verlaufen Balken, die die Dachlast nach dem angegebenen Schema auf die Säulen verteilen (Fig. 4). Folglich wird das rechnerische Biegemoment des Balkens nach folgender Gleichung bestimmt: $M = (180 \times 56)/12 = 840$ Pud.Zoll und das Widerstandsmoment $W = 840/270 = 3,06$ Kub.Zoll = 50 cm³.
Im Projekt wurden die Balken aus U-Eisenträgern Nr. 10 mit h = 100 mm, b = 50 mm angefertigt, deren Widerstandsmoment 82,8 cm³ betrug (zwei U-Träger).
Auf dieselbe Weise wurden die Säulen und Balken für das Gebäude mit 2200 Qu.Sažen berechnet, und zwar: In den drei Teilen dieses Gebäudes wurden die Säulen im Abstand 2 ⅓ Sažen voneinander aufgestellt, wobei jede Säule im Mittelteil die Last aus den Spannweiten mit 13 und 7 Sažen trägt, d.h. $[(13 + 7)/2] \times 2,33 \times 30 \cong 700$ Pud. Eine Säule besteht aus 2 Winkeleisen 3½×3½×⅜" und einem 7×⅜"-Bandeisen. In den Seitenflügeln trägt jede Säule eine Last aus den Spannweiten mit 6 und 7 Sažen, d.h. $[(6 + 7)/2] \times 2,33 \times 30 = 450$ Pud. Eine Säule besteht aus 2 Winkeleisen 3×3×¼" und einem 6×¼"-Bandeisen.
Die über den Säulen verlaufenden Balken sind aus demselben U-Eisen hergestellt, wobei sein Profil beim Mittelteil nach der Nr. 10 und bei den Seitenflügeln nach der Nr. 8 mit h = 80 mm und b = 45 mm ist (ebenfalls jeweils 2 Träger). Die äußeren Wandträger sind bei beiden Gebäuden aus Doppel-T-Eisen Nr. 18, bei dem W = 162 cm² ist.

Wandstützen

Der Winddruck auf die Wandfläche wird mit 35 Pud je 1 Qu.Sažen angenommen (125 kg je m²). Die Wandhöhe beträgt 10 Aršin[2] und der Abstand zwischen den Stützen im Gebäude mit 1000 Qu.Sažen 6 Aršin, weshalb die volle Last auf jede Stütze 2×3,33×35 = 233 Pud ist. Diese Kraft verteilt sich in der Stütze ungefähr nach der beigefügten Skizze (Fig. 5).

Eine Stütze besteht aus vier Winkeleisen, die miteinander durch ein Gitterwerk ebenfalls aus 2×2×¼″-Winkeleisen verbunden sind. Die Abmessungen der Hauptwinkeleisen und ihre Spannungen sind in Tab. 2 angegeben. Die Abmessungen der beiden unteren vertikalen Eisenbleche f sind 3′6″×2′6″×¼″, die der beiden unteren Winkeleisen 3×3×¼″.

Auf genau dieselbe Weise wurden die Wandstützen des Gebäudes mit 2200 Qu.Sažen berechnet, deren Abstand voneinander 7 Aršin beträgt. Die Winkeleisen ab und bc sind darin aus zwei Winkeleisen 2×2×¼″, cd aus zwei Winkeleisen 3×3×⅜″, de aus zwei Winkeleisen 3×3×⅜″ und einem 8×⅜″-Blechstreifen gemacht.

Figur 5

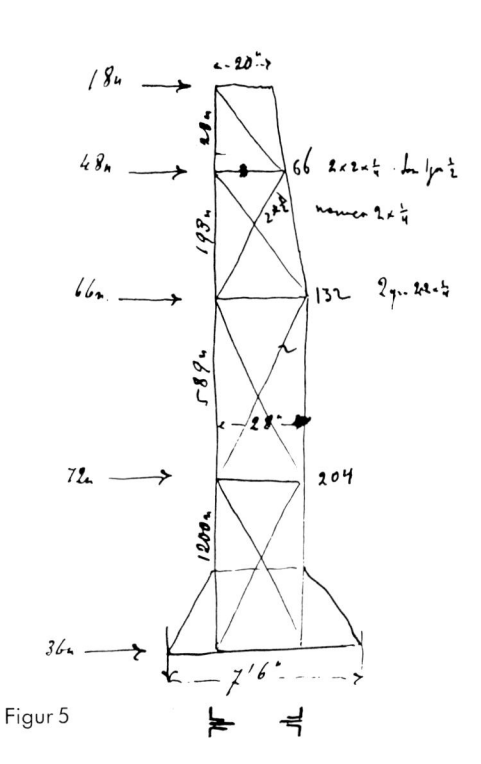

Tabelle 2

Bezeichnung	Zusammensetzung	Last Q, Pud	Fläche f, Qu.Zoll	Spann. k = Q/f, Pud/Qu.Zoll	l/d	φ	K′ = k/φ, Pud/Qu.Zoll
ab	2 Winkel 2×2×¼″	40	1,88	2,2	42/4 = 10,5	0,79	3
bc	2 Winkel 2×2×¼″	195	1,88	104	70/4 = 17,5	0,64	163
cd	2 Winkel 3×3×⁵⁄₁₆″	590	3,57	165	84/6 = 14	0,71	232
de	2 Winkel 3×3×⁵⁄₁₆″ + Blech 8×⅜″	1200	6,57	182	84/6 = 14	0,71	256

Jede Stütze ist am Fundamentmauerwerk mit zwei Bolzen befestigt, die voneinander einen Abstand von 8′2″ = 3,5 Aršin haben. Die Kraft der Spannung im Bolzen wird aus der Bedingung P×3,5 = 235×5 bestimmt, d.h. P = 235×5/3,5 = 337 Pud. Für den Bolzendurchmesser wurden 1½″ gewählt und die Zugspannung im Bolzenmaterial beträgt 337/π · 0,75² < 200 Pud. Das Fundament besteht aus zwei getrennten Pfeilern, dem inneren mit 2×2′ und 7′ Tiefe und dem äußeren mit 3′6″×3′6″ und ebenfalls 7′ Tiefe.

---

2 1 Aršin (altes russ. Längenmaß) = 0,71 m.

Šuchov-Materialien in sowjetischen Archiven

Nadežda M. Carykova
Valentina A. Memelova
Ottmar Pertschi

Šuchov-Materialien werden hautpsächlich an drei Stellen in Moskau aufbewahrt: im Archiv der Akademie der Wissenschaften der UdSSR, in der Privatsammlung des Enkels Fedor Vladimirovič Šuchov und im Zentralen Historischen Staatsarchiv der Stadt Moskau.

Im Archiv der Akademie der wissenschaften der UdSSR (Archiv AN SSSR) befindet sich das von Šuchovs Tochter Ksen'ja Vladimirovna Šuchova überlassene Erbe als Fundus 1508. Davon machen die wissenschaftlichen Arbeiten und die dazugehörigen Materialien aus den Jahren 1881–1934 den ersten und größeren Teil des Fundus aus: 139 Mappen. Wegen der Vielfalt von Šuchovs Arbeiten ist dieser Teil in verschiedene Abteilungen gegliedert, beginnend mit dem Erdölwesen. Diese Abteilung umfaßt Berechnungen und Zeichnungen von Behältern[1], Pumpen, Gasbehältern[2], Erdölraffinerieanlagen[3], Rohrleitungen[4], Generatoren und Düsen, dargestellt in Originalpatentschriften[5], sowie Beurteilungen und Bemerkungen zu Planungen von Wasserleitungen, Erdölleitungen und Erdölraffinerien, Notizen zu Entwürfen von Erdölleitungen[6]. Dazu gehört auch eine Skizze des technologischen Ablaufs, der von Šuchov und Kapeljušnikov in Baku konstruierten Firma »Sovetskij kreking«[7].

Die Dokumente von Metallkonstruktionen (1888–1935) umfassen die Ausstellungspavillons für Nižnij Novgorod (1896)[8], Brückenbauten aus Eisen[9] und eiserne Dachkonstruktionen (mit Angabe der Bauzeit) in Photographien und Zeichnungen[10]. Hierzu gehören auch die Beschreibungen der Netzdächer von Šuchov und der nach seinen Plänen ausgeführten Bauten[11], ebenso Zeichnungen und technische Einzelheiten der Metallkonstruktionen von Gebäuden und Dachverbänden, Behältern und Kränen[12]. 18 Photographien und verschiedene Dokumente illustrieren die Wiederaufrichtung des Ulugbek-Minaretts in Samarkand[13]. Mit dem Patent für gitterförmige Türme beginnt die Abteilung der Turmkonstruktionen (1899–1929)[14]. In dieser Abteilung sind Photographien, Zeichnungen und Berechnungen von Leuchttürmen[15], Wassertürmen[16], Sendemasten, Schrotgießtürmen[17] und Fernleitungsmasten[18] enthalten. Besonders interessant sind die Blaupause des Entwurfs eines 350 m hohen Funkturms[19] und der Plan des ausgeführten Šabolovka-Rundfunkturms[20].

Die Materialien zum Schiffsbau (1893 – 1918) umfassen Photographien, Berechnungen, Beschreibungen und Zeichnungen von Kähnen[21] und vom Tor eines Trockendocks[22].

Die Abteilung für Wärmetechnik (1890 – 1935) spiegelt Šuchovs Tätigkeit bei der Planung von Kesseln verschiedenartigster Konstruktion wider. Hierzu gehören Zeichnungen[23], Originalpatente[24], Photographien, Berechnungen[25] und Verzeichnisse von Šuchov-Kesseln[26].

Den zweiten Teil bilden Materialien biographischer Art und zum wissenschaftlichen Werdegang Šuchovs aus den Jahren 1857–1953 (insgesamt 59 Mappen). Dazu gehören Geburtsurkunde, Pässe, Briefe der Direktion des Moskauer Polytechnikums von 1876 über Šuchovs Dienstreise nach Amerika[27], Akademie-Diplome als korrespondierendes Mitglied und als Ehrenmitglied, das Diplom von der Weltausstellung 1900 mit der Verleihung der Goldmedaille, die Urkunde »Held der Arbeit«[28]. Hierzu gehören auch eine beglaubigte Abschrift der Verfügung von 1919 zur Errichtung des Šabolovka-Funkturms, verfaßt vom Arbeiter- und Bauern-Verteidigungsrat[29], der Schriftwechsel zu Produktionsfragen[30], Reklameprospekte der Firma Bari und der nationalisierten Firma »Parostroj« für Šuchov-Kessel[31], Sitzungsprotokolle der Baukomission des Erdölinstituts, des Wissenschaftstechnischen Rates für die Erdölindustrie, der Vertreter der Erdölindustrie der UdSSR und andere zeitgeschichtliche Dokumente. Es folgen Schriften verschiedener Autoren über Šuchov[32], davon am wichtigsten und umfangreichsten die Maschinenschrift von G.M. Kovel'mans unveröffentlichter Arbeit über Šuchov[33]. Der Fundus wird mit Photographien von Šuchov[34], seiner Familie[35] und von einzelnen Bauobjekten[36] abgeschlossen.

Im Privatarchiv von Fedor V. Šuchov ist noch ein weiterer Teil der Erbschaft aufbewahrt. In erster Linie sind dies die Glas-Stereophotos, die der Großvater als Hobbyphotograph in den Jahren ab 1905 gemacht hat, außerdem das alte Betrachtungsgerät und andere Einrichtungsgegenstände des Großvaters. Daneben befinden sich dort einige bedeutende Original-Handschriften, eine Rußland-Karte der Firma Bari mit Angaben zur Bautätigkeit im gesamten Zarenreich (1914, Abb. 307), wissenschaftlicher Schriftwechsel, Zeitungsartikel (vorwiegend ab 1917), zahlreiche Photographien und einzelne Postkarten von Šuchov-Bauten (Cherson, Nižnij Novgorod). F.V. Šuchov und sein Sohn sind gegenwärtig dabei, dieses Material aufzuarbeiten, um es der Öffentlichkeit zugänglich zu machen.

Im Zentralen Historischen Staatsarchiv der Stadt Moskau (CGIA g. Moskvy) wird der Fundus 1209 »Baubüro des Ingenieurs A.V. Bari« mit insgesamt 122 Mappen aufbewahrt. Darin befinden sich über 3000 Zeichnungen und Pläne aus den Jahren 1885–1918. Dies sind Entwürfe von verschiedenen Fabriken sowie Erläuterungen zu den Plänen. Dazu gehören Zeichnungen der Ausrüstung der Humboldt-Maschinenfabrik, der mechanischen Werke der Gesellschaft Weyhelbig, Pläne der Pulverfabriken in Tambov und Kazan', der Röhrenwerke Samara[37], der Kabelfabrik der Genossenschaft »Alekseev, Višnjakov und Šamšin« in Podol'sk, der Kerosinfabrik der Transkaukasischen Eisenbahnen[38], der Bari-Kesselfabrik[39], Zeichnungen und Pläne von Schrotgießereien[40], Seifensiedereien, der Konovalov-Manufaktur in Vičuga[41] und anderer Projekte nach den Entwürfen Šuchovs. Daß es sich um Šuchovsche Arbeiten handelt, ist in den meisten Fällen nur durch Vergleich mit Dokumenten im Archiv der Akademie der

Wissenschaften feststellbar. Sehr selten ist dies aus den Zeichnungen selbst ersichtlich (etwa wenn sie von Šuchov paraphiert sind oder wenn sich handschriftliche Notizen Šuchovs auf den Plänen befinden). Thematisch gehören hierzu auch die Mappen mit Unterlagen zu Gebäuden der Allrussischen Ausstellung 1896 in Nižnij Novgorod[42] und zu der Moskauer Lehranstalt für Malerei, Bildhauerei und Baukunst[43]. Hauptbestandteil dieses Fundus sind die Entwürfe für Gebäude und technische Anlagen der Erdölindustrie: Zeichnungen und Pläne für Erdölraffinerien[44], von Apparaten zur kontinuierlichen Erdöldestillation, von Behältern zur Lagerung von Erdölprodukten[45], Pläne von Erdölpumpen und ihres Zubehörs.

Vorhanden sind auch Pläne von einigen typischen Šuchov-Flußkähnen[46] sowie Pläne für Bahnhöfe in den Städten Vladimir, Syzran', Orenburg, Vologda, Zeichnungen der Bahnhofsgebäude, der Waggon-Werkstätten und des Gepäcktunnels des Petersburger Bahnhofs, außerdem fast 100 Entwurfszeichnungen für den Kazaner Bahnhof in Moskau[47] und Zeichnungen des Packhauses und einer Fußgängerbrücke auf der Station Moskva der Nikolaever Eisenbahn[48].

Der bedeutende Šuchov-Biograph Grigorij Markovič Kovel'man weist in seinem Manuskript[49] auf Material hin, das in den uns bekannten Archiven nicht auffindbar war. Er muß ein umfangreiches Šuchov-Privatarchiv besessen haben[50]. Es wäre wichtig, den Verbleib dieser Sammlung festzustellen.

Unsere sowjetischen Kollegen, vor allem Nina Smurova, konnten in vier weiteren staatlichen Einrichtungen Šuchov-Original-Materialien ausfindig machen:
1. Die Lenin-Staatsbibliothek Moskau besitzt als Unikate die Kataloge der Exponate der Nižnij-Novgorod-Ausstellung 1896[51,52], das einzige erhaltene Exemplar der »Šuchovschen Wasserversorgung Moskaus« (1.4) sowie fast sämtliche Sekundärliteratur zu Šuchovs Werk, darunter Raritäten wie Šuchovs Erstveröffentlichungen (1.2; 1.9) oder Petrovs Werk über eiserne Wassertürme[53]. Ein Nižnij-Novgorod-Ausstellungsführer erschien seinerzeit in Russisch, Englisch, Französisch und Deutsch. Ein russisches Unikat befindet sich in der Lenin-Staatsbibliothek (ein deutsches Exemplar in der Bibliothek des Instituts für Auslandsbeziehungen Stuttgart[54]).
2. Im Zentralen Historischen Staatsarchiv der Stadt Leningrad (CGIA g. Leningrada) befindet sich der Fundus 1357 »Petersburger Metallfabrik«, von der im Auftrag der Firma Bari einige Bauten nach Šuchovs Plänen hergestellt wurden. Inhaltlich steht dieses Material in Zusammenhang mit dem Fundus 1209 des Zentralen Historischen Staatsarchivs der Stadt Moskau. Hier finden sich die Zeichnungen für das Hotel Metropol' (Moskau)[55], für das GUM (Moskau)[56] und die Moskauer Hauptpost[57].
3. Im Zentralen Staatsarchiv der Kriegsmarine der UdSSR in Leningrad befinden sich Schriften[58] und Pläne zu den Šuchov-Türmen auf den Kriegsschiffen »Pavl 1.« und »Andrej Pervozvannyj«[59].
4. In der Abteilung für Technik des Zentralen Historischen Staatsarchivs der UdSSR in Leningrad, einer weiteren Filiale des Zentralen Historischen Staatsarchivs der UdSSR (Moskau), befindet sich eine Mappe[60] mit den Patenten für gitterförmige Türme und für netzförmige Dächer und Netzgewölbe (2.6; 2.7; 2.8). In dieser Mappe liegen außerdem Drucke von den Gebäuden auf der Ausstellung 1896 in Nižnij Novgorod[61].

Weitere Šuchov-Materialien ließen sich sicherlich in den Archiven von Städten und von Firmen finden, in denen Šuchov-Bauten standen oder noch stehen. So befinden sich im Stadtmuseum von Vyksa eine Lithographie und Fotos von der dortigen Fabrikhalle mit Gitterschalen-Dach, in der ehemaligen Konovalov-Manufaktur in Vičuga ein Band mit Photographien von einer unterspannten Šuchov-Brücke (Abb. 270), im Heimatmuseum von Kinešma Fotos und ein Gemälde des dortigen 1989 abgerissenen Wasserturms, im Arbeiterklub des Erdöllagers Batumi fanden wir zahlreiche historische Photographien von Šuchov-Erdölbehältern. Die Direktion dieses Erdöllagers verfügt noch über die gesamte technische Dokumentation der alten Šuchov-Erdölbehälter. Eine systematische Suche würde sicherlich noch viele Šuchov-Materialien zutage fördern.

Anmerkungen:

1 Archiv Akad d. Wiss. 1508–1–1:
Fotos vom Behälterbau in Konstantinov an der Wolga, 1889;
1508–1–41:
Šuchovs Vergleich zwischen amerikanischen und seinen eigenen Behältern.
2 1508–1–8:
Zeichnungen.
3 1508–1–6:
Patent Nr. 12 926 vom 27.11.1891 (2.3).
4 1508–1–35:
Wasserleitung, 1922;
1508–1–36:
erste russische Druckwasserleitung, 1922.
5 1508–1–42:
Patent von 1881, erneuert 1928
im Patent Nr. 4 902 (1508–1–43) (2.13).
6 1508–1–13; 1508–1–19:
Erdölleitung Makat – Grebenščikovo.
7 1508–1–44; 1508–1–46:
Photographien dieser Krack-Anlage und anderer Anlagen;
1508–1–13:
Zeichnungen zum Plan einer Krack-Anlage nach Šuchovs System.
8 1508–1–47:
Berechnungen in Šuchovs Handschrift (3.4; 3.6), in einer Schreiber-Abschrift und in Maschinenschrift;
1508–1–48:
Blaupausen;
1508–1–49:
Mappe mit Drucken.
9 1508–1–50:
Fotoalbum von 1896 für die Pariser Weltausstellung 1900;
1508–1–65:
Brücken-Pläne.
10 1508–1–57:
2 Kladden von Šuchovs Hand;
1508–1–54; 1508–1–60:
Fotoalbum über den Bau des Kiever Bahnhofs in Moskau;
1508–1–66:
Lokhallen an der Strecke Moskau – Rybinsk;
1508–1–73:
Zeichnungen zum Kiever Bahnhof.
11 1508–1–52:
Patentantrag zum Patent Nr. 1894 vom 12.3.1899 (1508–1–56) (2.6).
12 1508–1–53:
Netzflächen für Türme und Behälter, 1895;
1508–1–58:
Berechnung von Türmen, 1909/10;
1508–1–59:
Berechnung der Behälterplattform für Wassertürme, 1910–1914;
1508–1–62:
Bogenbinder;
1508–1–63:
Dreigelenksbinder;
1508–1–75:
Berechnung von Dachverbänden u.a.
13 1508–1–72.
14 1508–1–76:
Patent Nr. 1 896 vom 12.3.1899 (2.8).

15 1508-1-77:
Fotos des Leuchtturms von Cherson;
1508-1-83:
Berechnungen und Zeichnungen.
16 1508-1-78:
Wassertürme 1896–1914, 1 Heft mit
Fotos und Beschreibungen;
1508-1-80:
Fotos von Wassertürmen;
1508-1-81:
Zeichnungen von Wassertürmen;
1508-1-91:
Verzeichnis der Wassertürme,
gebaut 1896–1928.
17 1508-1-87:
Blaupause des Schrotgießturms
Mar'ina rošča in Moskau.
18 1508-1-88:
Blaupausen der Nigrés-Strommasten;
1508-1-90:
Fotos der Strommasten, 1927–1929.
19 1508-1-84:
Šabolovka-Entwurf 350 m,
Zeichnung und Berechnung.
20 1508-1-85; 1508-1-86:
Fotos vom Bau des Turms (tatsächlich:
der Nigrés-Masten).
21 1508-1-93:
9 Fotos, 1893–1894;
1508-1-95:
Verzeichnis;
1508-1-100:
Blaupausen;
1508-1-101:
Zeichnungen.
22 1508-1-96:
Berechnung;
1508-1-98:
Zeichnungen und Beschreibungen,
1914/15;
1508-1-99:
15 Fotos von 1915.
23 1508-1-123.
24 1508-1-106:
Patent Nr. 15 435 vom 27. 6. 1896 (2.5);
1508-1-111:
Patent Nr. 23 839 vom 30. 4. 1913 (2.9).
25 1508-1-109:
Šuchovs Handschrift.
26 1508-1-105:
Tabelle vom Febr. 1893;
1508-1-116:
Vergleichstabelle von Kesseln aus
verschiedenen Produktionen.
27 1508-2-12.
28 1508-2-11.
29 1508-2-17.
Das Original befindet sich im Archiv
des Zentralen Partei-Instituts
Marx-Engels-Lenin beim ZK der KPdSU:
2-1-10764/14858, von dem es uns
freundlicherweise für Produktionszwecke
überlassen wurde (siehe Abb. 22).
30 1508-2-19.
31 1508-2-47.
32 1508-2-46:
Zeitungsartikel aus den Jahren
1897–1949.

33 Kovel'man, G. M.:
V. G. Šuchov. (russ.). Maschinenschrift,
M., 1953, 9 Bde
(1: Abriß über Leben und Werk;
2: Metallkonstruktionen;
3: Metalltürme und -masten;
4: Berechnung;
5: Erdölwesen;
6: Schiffbau;
7: Behälterbau;
8: Montageverfahren;
9: Daten zu Leben und Werk).
(1508-2-36 bis 1508-2-44).
Stark gekürzt veröffentlicht:
Kovel'man, G. M.:
Tvorčestvo početnogo akademika i
inženera
Vladimira Grigor'eviča Šuchova.
(Das Werk des Ehrenmitglieds der
Akademie und Ingenieurs V. G. Šuchov;
russ.).
M.: 1961, 360 S.
34 1508-2-50:
Porträt;
1508-2-52:
Šuchov beim Bau von Flußkähnen,
ca. 1890.
35 1508-2-53:
Šuchov und seine Frau Anna Nikolaevna
von 1896.
36 1508-2-59:
Fotos von Restaurationen, 1910–1930.
37 Histor. Stadtarchiv Moskau
1209-2-2.
38 1209-2-46.
39 1209-2-4.
40 1209-1-1.
41 1209-1-15.
42 1209-1-69.
43 1209-2-12.
44 1209-1-2; 1209-1-53.
45 1209-1-46; 1209-1-64.
46 1209-1-36; 1209-1-38;
1209-2-20.
47 1209-1-24.
48 1209-1-41.
49 Kovel'man, G. M. 1953 (a.a.O.).
50 Kovel'man, G. M. 1961 (a.a.O.),
S. 358.
51 Zdanija i sooruženija Vserossijskoj
chudožestvenno-promyšlennoj vystavki
1896 goda, v Nižnem Novgorode.
Sostavil G. V. Baranovskij.
(Gebäude und Anlagen der Allrussischen
Handwerks- und Industrieausstellung
1896 in Nižnij Novgorod; russ.).
SPb.: 1897, 146 S.
Exposition russe de l'industrie et des
beaux-arts de 1896 à Nijny-Novgorod/
Vserossijskaja promyšlenno-chudožest-
vennaja vystavka 1896 g. v
Nižnem Novgorode.
M./Moscou: o.D., 76 Tafeln.
Obščij ukazatel' Vserossijskoj
promyšlennoj i chudožestvennoj vystavki
1896 goda v Nižnem Novgorode.
(Allgemeiner Führer durch die
Allrussische Industrie- und Handwerks-
Ausstellung 1896 in Nižnij Novgorod;
russ.).
M.: 1896, 543 S.

Obščij vid Vserossijskoj 16-j vystavki
v Nižnem Novgorode 1896 goda.
(Gesamtansicht der 16. Allrussischen
Ausstellung 1896 in Nižnij Novgorod;
russ.). Odessa: o.D., 16 S.,
1 kolorierter Plan.
Vserossijskaja chudožestvenno-
promyšlennaja vystavka 1896 v
Nižnem Novgorode.
(Allrussische Industrie- und Handwerksausstellung 1896 in Nižnij Novgorod;
russ.). SPb.: 1896, 202 S.
Vserossijskaja promyšlennaja i
chudožestvennaja vystavka v Nižnem
Novgorode/Exposition nationale russe
de l'industrie et des beaux-arts à
Nijni-Novgorod/ 1893–1896.
SPb.: 1897, 75 S.
52 Vidy rabot, proizvedennych
stroitel'noj kontory inženera A. V. Bari na
Vserossijskoj vystavke v Nižnem Novgorode.
(Die Arbeiten des A. V. Bari-Baubüros
auf der Allrussischen Ausstellung
in Nižnij Novgorod im Bild; russ.).
o.O.: o.D., 16 Tafeln.
53 Petrov, Dm.:
Železnye vodonapornye bašni. Ich
naznačenie, konstrukcii i rasčety.
(Eiserne Wassertürme. Ihre Funktion,
Konstruktion und Berechnung; russ.).
Nikolaev: 1911, 133 S.
54 Die Allrussische Ausstellung im
Jahre 1896 in Nishni-Nowgorod.
Reisehandbuch.
(Die Stadt. – Die Messe. – Die Ausstel-
lung.)
SPb.: 1896, 264 S., 3 kolorierte Pläne.
55 Histor. Stadtarchiv Leningrad
1357-6-4166; 1357-10-871.
56 1357-6-491 bis 1357-6-493;
1357-6-507.
57 1357-10-1153.
58 Opisanie linejnogo korablja
»Imperator Pavl 1«.
(Beschreibung des Schlachtschiffs
»Kaiser Paul 1«; russ.).
SPb.: 1914, 253 S.
59 401-2-1103:
Reparatur der Türme: 876-5-4:
Blaupause des Schiffes
»Andrej Pervozvannyj«.
60 24-7-1258.
61 vgl.: Vidy rabot… (a.a.O.,
Anm. 52).

Verzeichnis der Schriften V. G. Šuchovs

Ottmar Pertschi

Šuchovs Schriften und die Veröffentlichungen über sein Werk sind bei uns weitgehend unbekannt und in unseren Bibliotheken auch nicht vorhanden. Die nachfolgende Bibliographie erfaßt Šuchovs Schriften vollständig (mit Ausnahme der Handschriften). Ein Verzeichnis der Sekundärliteratur wurde von der Übersetzungsstelle der Universitätsbibliothek Stuttgart erstellt und kann dort eingesehen werden.

Hier benutzte Abkürzungen:
L. Leningrad
M. Moskva
SPb. Sankt-Petersburg
UBS Übersetzung der Universitätsbibliothek Stuttgart

1.
Veröffentlichte Schriften

1.1.
Mechaničeskie sooruženija neftjanoj promyšlennosti. (Mechanische Anlagen der Erdölindustrie; dt. – UBS Nr. Ü/234, 18 S.).
In: Inžener. M., 3 (1883), kn. 13, Nr. 1, S. 500–507.
(Wiederabdruck in: 4.1, S. 29–43).

1.2.
Nefteprovody. (Erdölleitungen; russ.)
In: Vestnik promyšlennosti.
M., 1884, Nr. 7, S. 69–86.
(auch als Sonderdruck: M.: 1884, 18 S.).
Überarbeitungen siehe: 1.6, 1.8.

1.3.
Po povodu poslednej brošjury V. A. Titova o Moskovskom vodosnabženii.
(Anläßlich V. A. Titovs jünster Broschüre über die Moskauer Wasserversorgung; russ.)
M.: 1889.
(zusammen mit E. K. Knorre und K. E. Lembke – Wiederabdruck in: 4.2, S. 100–121)

1.4.
Proekt moskovskogo vodosnabženija.
(Projekt der Moskauer Wasserversorgung; russ.)
Sostavlennyj V. G. Šuchovym, E. K. Knorre i E. K. Lembke.
M.: 1891, 104 S., 1 Plan.
(Wiederabdruck in: 4.2, S. 11–100).

1.5.
Nasosy prjamogo dejstvija i ich kompenzacija. (Direktwirkende Pumpen und ihre Kompensation; russ.)
(S čertežami na otdel'nych tablicach).
M.: 1893/1894, 32 S., 1 Blatt Abb.;
2. überarb. Aufl.: 1.7.

1.6.
Truboprovody i ich primenenie k neftjanoj promyšlennosti. (Rohrleitungen und ihre Anwendung in der Erdölindustrie; russ.)
M.: 1895, 37 S., 1 Tab.
(Wiederabdruck in: 4.2, S. 159–210).
Systematische Überarbeitung von 1.2; weitere Überarbeitung siehe: 1.8.

1.7.
Nasosy prjamogo dejstvija. Teoretičeskie i praktičeskie dannye dlja rasčeta ich. (Direktwirkende Pumpen. Theoretische und praktische Angaben zu ihrer Berechnung; russ.) Izd. 2-e s dopolnenijami.
M.: 1897, 51 S., 1 Zeichnung.
(Wiederabdruck in: 4.2, S. 122–149.)
Überarbeitung von 1.5.

1.8.
Nefteprovody. (Erdölleitungen; russ.)
In: Énciklopedičeskij slovar'.
Izd. F. A. Brokgauza, I. A. Efrona.
SPb.: 1897, Bd 20 A (Teilbd 40), S. 936–937.
Enzyklopädie-Artikel, knappste Zusammenfassung von 1.2 und 1.6.

1.9.
Stropila. Izyskanie racional'nych tipov prjamolinejnych stropil'nych ferm i teorija aročnych ferm. (Der Dachverband. Ermittlung der günstigsten Dachträgerformen und Theorie der Bogenbinder; russ.)
M.: 1897, 120 S., 2 Bl. Zeichnungen.
(Wiederabdruck in: 4.1, S. 65–139).
Handschrift teilweise in 3.9.

1.10.
Sbornik zadač na priloženiju teorii rastjaženija i sžatija tel.
(Aufgabensammlung über die Anwendung der Theorie des Zugs und Drucks von Körpern; russ.)
Sostavili V. G. Šuchov i P. K. Chudjakov.
In: Chudjakov, P. K.:
Soprotivlenie materialov.
M.: 1898, S. 396–442.

1.11.
Po povodu uravnenija $El\ d^4y/dx^4 = -\alpha y$.
(Die Gleichung $El\ d^4y/dx^4$ in Aufgaben der Baumechanik; dt. – UBS Nr. Ü/336, 15 S.).
In: Bjulleteni Politechničeskogo obščestva.
M., 11 (1902), Nr. 8, S. 571–577;
12 (1903), Nr. 7, S. 531–536.
(Auch als überarbeiteter Sonderdruck: Uravnenie $El\ d^4y/dx^4$ v zadačach stroitel'noj mechaniki. M.: 1903, 22 S.; außerdem Wiederabdruck in: 4.1, S. 53–64).

1.12.
Teorija izgiba brusa na uprugoj opore.
(Theorie der Durchbiegung eines elastisch abgestützten Balkens; russ.)
In: Bjulleteni Politechničeskogo obščestva. M., 1903.

1.13.
Boevaja mošč' russkogo i japonskogo flota vo vremja vojny 1904–1905 gg.
(Die Kriegsmacht der russischen und japanischen Flotte während des Krieges 1904–1905; russ.).
In: Chudjakov, P. K.: Put' k Cuzime.
M.: 1907, S. 30–39.

1.14.
Rasčet bataporta. (Berechnung eines Schwimmpontons; russ.).
M.: 1915.
Handschrift: 3.11.
Vorhanden nur noch der Band mit den Zeichnungen und Berechnungen (1508-1-98):

1.15.
Čerteži i pojasnitel'naja zapiska k proektu bataporta. (Zeichnungen und Erklärung zum Schwimmponton-Entwurf; russ.) M.: 1915.

1.16.
Proekty min zagraždenija, vzryvatelej k nim i jakorej sistemy inž.-mech.
V. G. Šuchova. (Entwürfe für Sperrminen, Minenzünder und Anker nach Suchovs System; russ.) M.: 1916.

1.17.
Opisanie platformy sistemy inž.-mech. V. G. Šuchova pod 6-djumovuju pušku v 200 pudov. (Beschreibung einer Lafette für eine 200 Pud schwere 6-Zoll-Kanone; russ.)
Petrograd: 1917.

1.18.
K voprosu o dervejannych truboprovodach. (Wooden pipelines; russ. mit engl. Zusf.).
In: Neftjanoe i slancevoe chozjajstvo. M./L., 1921, Nr. 5/8, S. 147–150.

1.19.
Zametka o patentach po peregonke i razloženiju nefti pri povyšennom davlenii. (Shookhoff, V.: Note concerning the patents for distillation and its decomposition under high pressure; russ. mit engl. Übers.).
In: Neftjanoe i slancevoe chozjajstvo. M., 1923, Nr. 10, S. 481–482.
(Wiederabdruck in: 4.3, S. 54–56).

1.20.
Gorizontal'nye vodotrubnye kotly sistemy inž. V. G. Šuchova. (Suchovsche horizontale Wasserrohrkessel; russ.) M.: 1923, 19 S.
(Wiederabdruck in: 4.3, S. 76–82).
Werbeprospekt der Dampfkesselfabrik »Parostroj«.

1.21.
Zametka o nefteprovodach. (Bemerkung zu Erdölleitungen; russ.)
In: Neftjanoe i slancevoe chozjajstvo. M.: 6 (1924), Nr. 2.

1.22.
Rasčet neftjanych rezervuarov. (Berechnung von Erdölbehältern; dt. – UBS Nr. Ü/335, 5 S.).
In: Neftjanoe chozjajstvo. M./L., 9 (1925), Nr. 10, S. 516–520.
(Wiederabdruck in: 4.1, S. 44–46).
Fortsetzung der Schrift 1.1.

1.23.
O primenenii petel' v nefteprovodnych linijach. (Über den Einbau von Schleifen in Erdölleitungen; russ.)
In: Neftjanoe chozjajstvo. M./L., 10 (1926), Nr. 2, S. 233–235.

1.24.
Predislovie redaktora. (Vorwort des Hrsgs.; russ.)
In: 1.25, S. 5.
Zur Bedeutung der nachfolgenden Veröffentl. über Stahlbehälter.

1.25.
Opredelenie osnovnych razmerov vertikal'nych cilindričeskich rezervuarov s ploskimi dniščami. (Bestimmung der Hauptabmessungen von senkrechten zylindrischen Behältern mit flachem Boden; dt. – UBS Nr. Ü/334, 9 S.).
In: Kandeev, V.I.; Kotljar, E.F.: Stal'nye rezervuary. Pod redy. V. G. Šuchova. M.: 1934, 4. Kap., § 2, S. 63–69.
(Wiederabdruck in: 4.1, S. 47–52).
Überarbeitung der Schriften 1.1 und 1.22.

2.
Patente

Patente zum Erdölwesen:
2.1–2.3.
Patente zur Wärmetechnik (Dampfkesselbau):
2.4, 2.5, 2.9–2.16.
Patente zum Bauwesen:
2.6–2.8.

2.1.
Apparat dlja nepreryvnoj drobnoj peregonki nefti i t. p. veščestv. (Apparat zur kontinuierlichen Feindestillation von Erdöl und dgl. Stubstanzen; russ.)
In: Svod privilegij. SPb., 1889, Nr. 227, S. 1–3. (Nr. 13200 vom 31.12.1886 – eingereicht 13.5.1886 – zusammen mit F. Inčik).

2.2.
Gidravličeskij deflegmator dlja peregonki nefti i drugich židkostej. (Ein hydraulischer Dephlegmator zur Destillation von Erdöl und anderen Flüssigkeiten; russ.) – Privilegija Nr. 9783 vom 25.9.1890. (Eingereicht am 21.1.1886 – zusammen mit F. Inčik – Wiederabdruck in: 4.3, S. 20–21).

2.3.
Pribory dlja nepreryvnoj drobnoj peregonki nefti i podobnych židkostej, a takže dlja nepreryvnogo polučenija gaza iz nefti i ee produktov. (Geräte zur kontinuierlichen Feindestillation von Erdöl und ähnlichen Flüssigkeiten sowie zur kontinierlichen Gewinnung von Gas aus Erdöl und seinen Produkten; russ.). – Privilegija Nr. 12926 vom 27.11.1891. (Eingereicht am 24.1.1890 – zusammen mit S. Gavrilov – Wiederabdruck in: 4.3, S. 22–25).

2.4.
Trubčatye parovye kotly. (Dampfrohrkessel; russ.) – Privilegija Nr. 15434 vom 30.6.1896. (Wiederabdruck in: 4.3, S. 71–73).

2.5.
Vertikal'nyj trubčatyj kotel. (Vertikaler Rohrkessel; russ.) – Privilegija Nr. 15435 vom 27.6.1896.

2.6.
Opisanie setčatych pokrytij dlja zdanij. (Beschreibung von Netzdächern für Gebäude; dt. – UBS Nr. Ü/265, 4 S.). – Privilegija Nr. 1894 vom 12.3.1899. (Eingereicht am 27.3.1895).
Hier auf Seite 174

2.7.
Opisanie setčatych svodoobraznych pokrytij. (Beschreibung netzförmiger Gewölbedächer; dt. – UBS Nr. Ü/266, 2 S.) – Privilegija Nr. 1895 vom 12.3.1899. (Eingereicht am 27.3.1895).
Hier auf Seite 176

2.8.
Opisanie ažurnoj bašni. (Beschreibung eines gitterförmigen Turms; dt. – UBS Nr. Ü/267, 3 S.). – Privilegija Nr. 1896 vom 12.3.1899. (Eingereicht am 11.1.1896).
Hier auf Seite 177

2.9.
Vodotrubnyj kotel sistemy V. G. Šuchova. (Der Šuchovsche Wasserrohrkessel; russ.) – Privilegija Nr. 23839 vom 30.4.1913. (Wiederabdruck in: 4.3, S. 74–75).

2.10.
Vodotrubnyj kotel sistemy V. G. Šuchova. (Der Šuchovsche Wasserrohrkessel; dt. – UBS Nr. Ü/322, 1 S.). – Patent na izobretenie.
M.: 1926, Nr. 1097 vom 27.2., 1 S.

2.11.
Vodotrubnyj parovoj kotel. (Beschreibung eines Wasserrohr-Dampfkessels; dt. – UBS Nr. Ü/324, 3 S.). – Patent na izobretenie.
M.: 1926, Nr. 1 596 vom 31.8., 2 S. (Eingereicht am 16.2.1925 – Wiederabdruck in: 4.3, S. 83–84).

2.12.
Opisanie vozdušnogo ékonomajzera. (Beschreibung eines Rauchgas-Luftvorwärmers; dt. – UBS Nr. Ü/325, 7 S.). – Patent na izobretenie.
M.: 1927, Nr. 2 520 vom 31.3., 4 S. (Eingereicht am 21.3.1925).

2.13.
Ustrojstvo dlja vypuska židkosti iz sosudov s men'šim davleniem v sredu s bol'šim davleniem. (Beschreibung eines Flüssigkeitsauspressers aus Unterdruckbehältern in einen Hochdruckbereich; russ.) – Patent na izobretenie.
M.: 1928, Nr. 4 902 vom 31.3., 2 S. (Eingereicht am 8.2.1926 – zusammen mit I.I. Elin, N.E. Berezovskij, I.N. Akkerman – Wiederabdruck in: 4.2, S. 154–156).

2.14.
Poduška dlja uplotnitel'nych prisposoblenij k poršnjam suchich gazgol'derov. (Kolbendichtungslager für Trockengas-Druckbehälter; russ.) –
Avtorskoe svidetel'stvo Nr. 37 656 vom 31.7.1934.
(Zusammen mit A. A. Antropov, V. Kandeev, E. Kotljar, P. Tuchmanov-Belov, V. Sinicyn, A. Fedorov – eingereicht am 15.2.1933).

2.15.
Prisposoblenie dlja prižatija k stene rezervuara uplotnitel'nych kolec dlja poršnej suchich gazgol'derov. (Vorrichtung zum Anpressen der Kolbendichtungsringe von Trockengasdruckbehältern an die Behälterwände; russ.) –
Avtorskoe svidetel'stvo Nr. 39 038 vom 31.10.1934.
(Zusammen mit A. A. Antropov, V. Kandeev, E. Kotljar, P. Tuchmanov-Belov, V. Sinicyn, A. Fedorov – eingereicht am 15.2.1933)

2.16.
(Erneuerung des Patents 2.14) –
Avtorskoe svidetel'stvo Nr. 39 039 vom 31.10.1934. (Eingereicht am 15.2.1933).

3.
Handschriften (Auswahl)

3.1.
Archiv Akad. d. Wiss.
1508–1–7 Blatt 10–16:
Berechnung von Behältern

3.2.
1508–1–10 Blatt 1–2 R(ückseite):
Berechnung eines Gas-Druckbehälters

3.3.
1508–1–47 Blatt 14–18:
Berechnung von Dreigelenksbindern
(Wiederabdruck in: 4.1, S. 151–158)

3.4.
1508–1–47 Blatt 23–34 R:
Berechnung der Gebäude der Ingenieursabteilung auf der Ausstellung in Nižnij Novgorod;
dt. – UBS Nr. Ü/327, 9 S.
(Wiederabdruck in: 4.1, S. 169–174)
Hier auf Seite 178 ff.

3.5.
1508–1–47 Blatt 35:
Berechnung einer Brücke für die Ausstellung in Nižnij Novgorod

3.6.
1508–1–47 Blatt 50–60 R:
Berechnung der Gebäude der Fabriks- und Handwerksabteilung mit 2 200 Qu. Sažen und der Maschinenabteilung mit 1 000 Qu.Sažen großen Dächern auf der Ausstellung in Nižnij Novgorod;
dt. – UBS Nr. Ü/362, 7 S.
(Wiederabdruck in: 4.1, S. 175–178)
Hier auf Seite 181 ff.

3.7.
1508–1–55 Blatt 1–11:
Gebäude der Fabrik in Lys'va
(Wiederabdruck in: 4.1, S. 173–185)

3.8.
1508–1–58 Blatt 8 R:
Berechnung des Doppelstockturms von Jaroslavl'

3.9.
1508–1–68 Blatt 1–14:
Graphische Methode zur Bestimmung der in den Teilen von Dachträgern wirkenden Kräfte
(Wiederabdruck in: 4.1, S. 140–150)

3.10.
1508–1–83 Blatt 1–31:
Berechnung des 68 m hohen Leuchtturms von Cherson
(Wiederabdruck in: 4.1, S. 159–169)

3.11.
1508–1–96 Blatt 7 und 8:
Berechnung eines Dock-Tors

4.
Sammelwerke
Die Akademie der Wissenschaften der UdSSR hat durch ihre Einrichtungen »Institut für Geschichte der Naturwissenschaften und Technik«, »Šuchov-Gedächtnis-Kommission« und »Archiv der Akad. d. Wiss. d. UdSSR« bislang drei Bände Ausgewählte Werke Šuchovs herausgeben lassen:

4.1.
Šuchov, V/ladimir G/rigor'evič/
Izbrannye trudy. (1.)
Stroitel'naja mechanika.
(Ausgewählte Werke. 1. Baumechanik; russ.) Pod red. A. Ju. Išlinskogo,
M.: 1977, 192 S.

4.2.
Izbrannye trudy. (2.) Gidrotechnika.
(2. Hydrotechnik; russ.)
Pod red. A. E. Šejndlina.
M.: 1981, 222 S.

4.3.
Izbrannye trudy. (3.) Neftepererabotka. Teplotechnika.
(3. Erdölverarbeitung. Wärmetechnik; russ.) Pod red. A. E. Šejndlina.
M.: 1982, 102 S.

Zur Entstehung der Arbeit

Rainer Graefe

Der Plan, dieses Buch herauszugeben, wurde bereits vor zehn Jahren gefaßt. Er entstand im Zusammenhang einer Untersuchung historischer Leichtbaukonstruktionen, die am Institut für leichte Flächentragwerke (IL) der Universität Stuttgart durchgeführt wurde. 1980 hatte ich zusammen mit Ottmar Pertschi, Russischübersetzer der Universitätsbibliothek, eine Auswertung von Veröffentlichungen über Šuchovs Baukonstruktionen begonnen. Der Bauingenieur Murat Gappoev von der Moskauer Hochschule für Bauingenieure (MISI) kam im gleichen Jahr als Stipendiat des Deutschen Akademischen Austauschdiensts (DAAD) ans IL. Während seines einjährigen Studienaufenthalts beteiligte er sich auch an unseren Šuchov-Studien. Damals beschlossen wir, zu dritt die Arbeit fortzusetzen und die Ergebnisse zu veröffentlichen.

Šuchovs Leichtbaukonstruktionen waren uns zunächst durch eine russische und durch eine deutsche Veröffentlichung bekannt geworden. In einer russischen Ausgabe von Frei Ottos Buch »Das hängende Dach« hatte der sowjetische Herausgeber I. G. Ljutkovskij schon 1960 auf die – in Westeuropa völlig in Vergessenheit geratenen – Šuchovschen Hängedächer aufmerksam gemacht. Christian Schädlich schickte 1977 auf unsere Bitte eine Maschinenschrift seiner Arbeit über »Das Eisen in der Architektur des 19. Jahrhunderts« (Weimar 1967), in der Šuchovs Netz- und Gitterkonstruktionen beschrieben und bewertet sind. Außer dieser Arbeit war die Literatur über Šuchovs Baukonstruktionen nur in russischer Sprache erschienen.

In den folgenden Jahren hat Ottmar Pertschi eine umfassende Šuchov-Bibliographie erstellt und die wichtigsten russischen Texte ins Deutsche übertragen. Vom DAAD erhielt ich 1983 die Möglichkeit, einige Wochen in Moskau mit Murat Gappoev die Arbeit fortzuführen. Wir nahmen Kontakt mit der Šuchov-Gedächtnis-Kommission auf, einer Einrichtung an der Akademie der Wissenschaften der UdSSR. Mit Alexander Ju. Išlinskij, damaliger Kommissionsvorsitzender und Akademiemitglied, vereinbarten wir eine Zusammenarbeit. Irina Petropavlovskaja, wissenschaftlicher Sekretär der Šuchovkommission, hat seitdem wesentliche Voraussetzungen für den Fortgang der Arbeit geschaffen. Mit ihr wurde bereits damals die Idee erörtert, die geplante Buchveröffentlichung mit einer Ausstellung zu verbinden. Šuchovs Tocher Ksen'ja Vladimirovna Šuchova gestattete uns großzügig die Durchsicht ihres Privatarchivs.

1984 wurde das Šuchov-Projekt in das Arbeitsprogramm der Forschungsgruppe »Geschichte des Konstruierens« aufgenommen, die am IL im Rahmen des Sonderforschungsbereichs 230 der Deutschen Forschungsgemeinschaft gegründet worden war, und trotz mancher Hindernisse und Unterbrechungen zusammen mit den sowjetischen Freunden weitergeführt.

Viktor Baldin, damaliger Direktor des Ščusev-Architekturmuseums in Moskau, kam 1986 als Gast des Instituts für Auslandsbeziehungen (IfA) nach Stuttgart. Sein Museum hatte 1983 in Zusammenarbeit mit dem IfA eine Ausstellung über die Arbeiten Frei Ottos gezeigt. Viktor Baldin plante eine weitere Frei Otto-Ausstellung, die neuere Bauten und jüngste Forschungsergebnisse vorstellen sollte. Es bot sich fast selbstverständlich an, der Frei Otto-Ausstellung in Moskau eine Šuchov-Ausstellung in Stuttgart gegenüberzustellen. Dieser Vorschlag, im Gegenzug eine Šuchov-Ausstellung vorzubereiten, wurde von Frei Otto und Viktor Baldin sofort angenommen. Hermann Pollig, Leiter der Ausstellungsabteilung des IfA, war bereit, beide Ausstellungen zusammen mit dem Moskauer Architekturmuseum durchzuführen. Damit nahm der Plan konkrete Formen an. Weitere Hilfe vom IfA kam durch Erika Richter, Referentin für Mittel-, Südost- und Osteuropa, die einen Austausch der sowjetischen und deutschen Fachleute in Gang brachte.

In Moskau wurden die weiteren Einzelheiten der Zusammenarbeit vereinbart. Auf Initiative von Akademiemitglied V. P. Mišin, inzwischen Vorsitzender der Šuchov-Kommission, beteiligte sich die Akademie der Wissenschaften der UdSSR an Organisation und Finanzierung des Šuchov-Projekts. Die Akademie ermöglichte Forschungsaufenthalte der deutschen Wissenschaftler in Moskau und Leningrad. A. P. Kapica, Leiter der Ausstellungsabteilung der Akademie der Wissenschaften, gab außerdem den Bau zweier Modelle von Šuchov-Bauten in Auftrag. Sie sind von Konstantin K. Kupalov, einem früheren Mitarbeiter Šuchovs, und seinem Team mit größter Detailtreue ausgeführt worden. Mit Viktor Baldin und dem Architekturmuseum wurde eine größere Arbeitsgruppe gebildet. Dazu gehörten, wie bisher, Murat Gappoev, Rainer Graefe, Ottmar Pertschi und Irina Petropavlovskaja. Neu hinzu kamen Igor' A. Kazus', stellvertretender Direktor des Museums, und Nina Smurova, Architekturhistorikerin und Šuchov-Enthusiastin. Dieses Team hat in freundschaftlichem Einvernehmen alle Arbeiten gemeinsam bewältigt. In den folgenden zwei Jahren kam man immer wieder zusammen, um das umfangreiche Material in Archiven und Bibliotheken aufarbeiten und nach dem Verbleib von Šuchov-Bauten forschen zu können. Die Arbeitsaufenthalte der sowjetischen Kollegen in Deutschland wurden vom Sonderforschungsbereich 230, von der Deutschen Forschungsgemeinschaft und vom Referat für Mittel-, Südost- und Osteuropa des IfA finanziert. Insgesamt handelte es sich also um ein komplexes bilaterales Projekt, das erst durch das unkonventionelle Zusammenwirken vieler Institutionen und Personen zu verwirklichen war.

Eine einengende, strenge Aufgabenteilung hat es bei dieser Gemeinschaftsarbeit nicht gegeben. Einige Arbeitsschwerpunkte seien immerhin genannt: Irina Petropavlovskaja übernahm die Recherchen im Archiv der Akademie der Wissenschaften. Außerdem hat sie als Vertreterin der Akademie der Wissenschaften mit großem persönlichen Einsatz Wege geebnet und für Arbeitsmöglichkeiten gesorgt. Nina Smurova hat in den übrigen Archiven, darunter das Historische Archiv der Stadt Moskau und Leningrader Archive, auch bisher unbearbeitetes Material erschlossen und dem Team zugänglich gemacht. Die Auswertung des Archivmaterials wurde vom gesamten Team vorgenommen. Die Foto-Reproduktionen wurden mit Unterstützung der sowjetischen Kollegen vor allem von der deutschen Seite hergestellt. Nach Vorarbeiten von Irina Petropavlovskaja erstellten Nina Smurova und Igor' A. Kazus' einen ersten inhaltlichen Entwurf der Ausstellung. Igor' A. Kazus' übernahm die schwierige Aufgabe, die Arbeiten in Moskau zu organisieren. Ottmar Pertschi hat, neben seinen übrigen Arbeiten, auch einen wesentlichen Beitrag bei der Erfassung und Auswertung des Archivmaterials geleistet. Murat Gappoev war für die wissenschaftliche und organisatorische Koordination des sowjetisch-deutschen Teams verantwortlich. Ohne sein rückhaltloses Engagement wäre das Projekt nicht zu realisieren gewesen. Verstärkt wurde die Arbeitsgruppe durch Erika Richter (IfA), die eine Vielzahl planerischer und organisatorischer Aufgaben übernahm und sich auch inhaltlich, insbesondere an der Bearbeitung des Archivmaterials, beteiligte. Hinzu kam außerdem Ilse Schmall (IL), die den größten Teil der Fotoarbeiten in den Archiven und sämtliche Fotoarbeiten für die Veröffentlichung übernahm. Für die wissenschaftliche Gesamtkonzeption hatte ich die Verantwortung, ebenso für die Umsetzung der Forschungsergebnisse in Veröffentlichung und Ausstellung – bei der Veröffentlichung in Zusammenarbeit mit Murat Gappoev und Ottmar Pertschi, bei der Ausstellung in Zusammenarbeit mit Hermann Pollig.

1987 übernahm Aleksej M. Ščusev die Leitung des Ščusev-Architekturmuseums. Er hat sich des Šuchov-Projekts sogleich mit großer Energie angenommen und viele Hindernisse ausgeräumt. Ihm verdanken wir die Möglichkeit, die erforderliche Inventarisierung und Dokumentation erhaltener Šuchov-Bauten auf einer 10 000 km langen Fahrt durch die UdSSR durchführen zu können. Für das Zustandekommen dieses Unternehmens ist gleichfalls E. G. Rozanov, Akademiemitglied und Vorsitzender des Ministeriums für Architekturwesen (Goskomarchitektury), seinem Stellvertreter Eduard Zarnackij und Oleg. A. Koškin, Leiter der Auslandsabteilung des Ministeriums, zu danken. Verantwortlich für Vorbereitung und organisatorische Abwicklung war Vladimir Epstejn, Mitarbeiter des Architekturmuseums.

Hermann Pollig (IfA) hat das Projekt mitgetragen und mitgeprägt. Er hat uns bei der Planung der Buchveröffentlichung beraten. Die Konzeption der Ausstellung wurde mit ihm entwickelt, nach Vorarbeiten des gesamten sowjetisch-deutschen Teams und in enger Zusammenarbeit mit Hans Peter Hoch und seinem Atelier. Hermann Pollig und Aleksej Ščusev haben bald eine Fortsetzung des Ausstellungsaustauschs zum Thema Architektur beschlossen. Das Programm reicht mittlerweile bis 1993 und enthält, neben ›Šuchov‹ und ›Frei Otto‹, die Themen ›Hermann Finsterlin‹, ›Stuttgarter Weißenhofsiedlung‹ und ›moderne Holzarchitektur‹ auf deutscher Seite und die Themen ›traditionelle russische Holzarchitektur‹ und ›russische Avantgarde-Architektur I und II‹ auf sowjetischer Seite.

Von Frei Ottos Verständnis für Šuchovs Konstruktionen haben wir in vielen Gesprächen profitieren können. Er hat mit lebhafter Anteilnahme den Fortgang der Arbeiten verfolgt und gefördert. Sein Rat war, nicht nur die spektakulären Baukonstruktionen Šuchovs zu berücksichtigen, sondern auch die gesamte Breite der Šuchovschen Arbeiten und die vielfältigen Verknüpfungen der verschiedenen Arbeitsbereiche darzulegen.

Fedor V. Šuchov hat uns manchen wertvollen Hinweis zum Werk seines Großvaters gegeben. Ihm und seiner Familie sei für die Großzügigkeit, mit der sie uns ihr Privatarchiv zugänglich machten, und für die herzliche Gastfreundschaft gedankt.

Boris V. Levšin, Direktor des Archivs der Akademie der Wissenschaften, und seine Mitarbeiterin Nadežda M. Čarykova, A. S. Kiselev, Direktor der Stadtarchive, und E. G. Boldina, Direktorin des Historischen Archivs der Stadt Moskau, haben für beste Arbeitsbedingungen gesorgt, ebenso Tatjana A. Andrianova, Abteilungsleiterin der Moskauer Leninbibliothek. Die unbürokratische Zusammenarbeit zwischen den Mitarbeiterinnen der Leninbibliothek und der Stuttgarter Universitätsbibliothek hat den reibungslosen Fernleihverkehr von Moskau nach Stuttgart während der gesamten Forschungsarbeit ermöglicht.

Hinweise, Ratschläge und praktische Hilfen erhielten wir von Leonid Demjanov, Gabi Heim, Sergej L. Kolesničenko, Alexandr V. Kosicyn, Rolf Reiner, Hans Joachim Roschke, Photo-Hirrlinger, Doris Schenk und Jos Tomlow. Ohne die Hilfsbereitschaft vieler, vor allem der Stadtarchitekten, Bürgermeister, Firmenleiter und -mitarbeiter in Moskau und in der UdSSR wären zahlreiche Arbeiten nicht durchführbar gewesen.

Hans-Bodo Bertram, Leiter der Kulturabteilung der Botschaft der Bundesrepublik Deutschland in Moskau, hat liebenswürdig, mit Engagement und Erfahrung, unsere Arbeiten unterstützt.

Den Autoren, die zusätzlich zu den Beiträgen des Šuchov-Teams Aufsätze beigesteuert haben, sei besonders gedankt. Zu danken ist auch Hans Peter Hoch und seinem Team ist für die überlegte Gestaltung und Nora von Mühlendahl und der Deutschen Verlags-Anstalt für die sachkundige Vorbereitung des Buchs.

Die Autoren

Dr. Klaus Bach,
Institut für leichte Flächentragwerke
der Universität Stuttgart

Prof. Dr. Evgenij E. Belenja†,
Kujbyšev-Hochschule für Bauingenieure, Moskau

Dipl.-Archivarin Nadežda M. Carykova,
Abteilungsleiterin im Archiv der
Akademie der Wissenschaften, Moskau

Dr. Ivan I. Černikov,
Ministerium für Marine,
Abteilung Leningrad

Prof. Dr. Selim O. Chan-Magomedov,
Forschungsinstitut für
technische Ästhetik, Moskau

Dr. Natalja L. Čičerova,
Institut für Naturwissenschaften und Technik,
Akademie der Wissenschaften der UdSSR, Moskau

Dr. Murat Gappoev,
Kujbyšev-Hochschule für Bauingenieure, Moskau

Dr. Rainer Graefe,
Institut für leichte Flächentragwerke
der Universität Stuttgart,
Teilprojekt C 3
»Geschichte des Konstruierens«
des Sonderforschungsbereichs 230

Ing. Boris Gusev,
Mitglied des wissenschaftlichen Rats
für Denkmalpflege,
Kulturministerium der UdSSR, Moskau

Dr. Igor' A. Kazus',
stellvertretender Direktor des
Ščusev-Architekturmuseums, Moskau

Dipl.-Archivarin Valentina A. Memelova,
Abteilungsleiterin im
Zentralen Staatlichen Historischen Archiv
der Stadt Moskau

Dipl.-Übersetzer Ottmar Pertschi,
Universitätsbibliothek Stuttgart

Dr. Irina A. Petropavlovskaja,
wissenschaftl. Sekretär der
Šuchov-Gedächtnis-Kommission
der Akademie der Wissenschaften der UdSSR;
Institut für Naturwissenschaften und Technik,
Akademie der Wissenschaften der UdSSR, Moskau

Dr. Vladimir A. Putjato,
Kujbyšev-Hochschule für Bauingenieure, Moskau

Prof. Dr. Ekkehard Ramm,
Institut für Baustatik der Universität Stuttgart

Erika Richter,
Referentin für Mittel-, Südost-, Osteuropa,
Institut für Auslandsbeziehungen, Stuttgart

Prof. Dr. Georgij M. Ščerbo,
Institut für Naturwissenschaften und Technik,
Akademie der Wissenschaften der UdSSR, Moskau

Dr. Nina A. Smurova,
Polytechnisches Museum der
Akademie der Wissenschaften der UdSSR, Moskau

Dr. Fedor V. Šuchov,
Verband der wissenschaftlichen Ingenieur-
gemeinschaften der UdSSR, Moskau

Dr. Jos Tomlow,
Institut für leichte Flächentragwerke
der Universität Stuttgart,
Teilprojekt C 3 »Geschichte des Konstruierens«
des Sonderforschungsbereichs 230.

Dipl.-Ing. Rosemarie Wagner,
Institut für Massivbau der Universität Stuttgart

Index

Ačinsk 145
Afanas'ev, K. N. 13, 19
Akkerman 188
Alexander II 8
Al'-Taglja 121
Andižan 80
»Andrej Pervozvannyi« 105, 185, 186
Antropov, A. A. 189
Arnodin 14
Aše 148

Bach, Klaus 82, 104
Baku 8, 19, 22, 24, 116, 117, 118, 120, 128, 184
Balachany 116
Baldin, Viktor 190
Barcelona 110
Bari, Aleksandr V. 8
Bari, Firma 8, 11, 12, 14, 15, 16, 22, 30, 35, 44, 45, 76, 78, 112, 118, 119, 123, 129, 130, 134, 136, 137, 147, 157, 158, 159, 164, 184
Barnum & Bailey 27
Barton 19
Batumi 10, 22, 76, 116, 125, 126, 148, 185
Bauer 134
Baumann, Nikolaj E. 26
Belaja 147
Beleljubskij, N. A. 164
Belenja, Evgenij I. 60
Belev 141, 148
Bell, Alexander Graham 16
Belorečensk 22
Berezovskij, N. E. 188
Bertram, Hans-Bodo 190
Boldina, E. G. 191
Breyer, S. 106
Brod 74
Bruno, Giordano 26
Burkhardt, Berthold 13, 53

Candela, Felix 114
Caricyn 10, 81, 121, 132
Carykova, Nadežda M. 184, 191
Čebyšev, Pafnutij 8, 25
Černikov, Ivan I. 10, 104, 128
Čeljabinsk 152
Černyj Gorod 116
Chan-Magomedov, Selim O. 53, 168
Char'kov 81, 82, 88, 135
Cherson 14, 19, 78, 82, 83, 84, 165, 166, 184, 186, 189
Chudjakov, P. K. 14, 16, 25, 39, 44, 57, 60, 127, 187
Čičerova, Natal'ja L. 8, 11, 116
CNIIProektstal'konstrukcija 16, 152
Colonia Güell 113, 114
Cortii-Althoff 27
Culenborg 140
Culmann, Karl 138, 149
Čulym 145

Dagestanskie ogni 23
Delacroix 25
Demjanov, Leonid 191
Dinamo, Firma 10, 16, 78, 124, 153, 161
Družinin, F. S. 164
Dunker, K. G. 134
Dupuit, J. 35

Efremov 79
Eiffel 17, 18, 78, 93, 166
Elin, O. J. 118, 188
Enisej 142, 143, 144
Epstejn, Vladimir 191
Erichson, A. I. 152, 154, 155, 162, 163
Esslinger, Götz U. 29, 55

Farbštejn, F. G. 35
Fedorov, A. 189
Finsterlin, Hermann 191
Föppl, August 139, 149
Friedmann, N. 105
Frejdenberg, V. V. 155, 161
Freyssinet 59, 166

Gappoev, Murat M. 12, 13, 30, 44, 45, 54, 74, 190
Gaudí, Antoni 110, 111, 113, 114
Gavrilov, A. 118, 119, 188
Geppener, M. K. 155
Ginzburg, M. 171, 172
Gipronefť 20
Golosov, I. A. 153
Gor'kij, Maksim 8
Gor'kij 12, 22, 83
Graefe, Rainer 8, 12, 28, 190
Grajvoron 8
Groznyj 22, 29, 61, 116
Gusev, Boris 19, 150

Heim, Gabi 191
Hirrlinger 191
Hoch, Hans Peter 191
Hovgaard 106

»Imperator Pavel I« 105, 185, 186
Inčik, F. A. 118, 188
Išlinskij, A. Ju. 189, 190
Ivanovo-Voznessensk 112

Jaroslavl' 10, 17, 27, 35, 79, 80, 81, 82, 88, 166, 189

Kalinin, V. I. 20
Kandeev, V. I. 165, 188, 189
Kant, Immanuel 24
Kapeljušnikov 184
Kapica, A. P. 190
Katharina II 134
Kazan' 184
Kazus', Igor' 13, 47, 152, 190
Kiev 135
Kija 147
Kinešma 10, 91, 185
Kiselev, B. V. 191
Kislovodsk 137
Kitoj 146
Klejn, R. I. 152, 154, 155, 162
Knorre, E. K. 134, 187
Kolesničenko, Sergej L. 191
Kolomna 80
Konstantinov 123, 185
Kosicyn, Alexandr V. 81, 190
Kosior, I. V. 20
Koškin, Oleg A. 191
Kossov, V. 13, 45, 154, 164
Kotljar, E. F. 188, 189
Kovel'man, G. M. 11, 59, 77, 78, 115, 148, 184–186
Koval, F. P. 92
Kozel'sk 141

Krasin, G. 168, 172
Krasnodar 90
Krell 53
Krenkel', E. 166
Krim 115
Krinskij, V. 18
Krylov, A. P. 27, 129
Kujbyšev 47
Kulagin, S. M. 155, 161
Kupalov, Konstantin K. 60, 190
Kurdjakov, N. S. 155, 161
Kuznecov, Nikolaj 18
Kuzneck 22

Lafaille, Bernhard 35
Laval 117
Lazarev 129
Lazarevskoe 148
Le Corbusier 114
Leinekugel le Coq 14
Lejbenzon, L. S. 116, 117
Lek 140
Lembke, K. E. 134, 187
Lenin 17, 20, 22, 23, 92
Lentulov, Aristarch 19
Leningrad 23, 61, 76, 77, 92, 115, 185
Leonidov, Ivan 19, 114, 156, 172
Letnikov, A. V. 25
Levšin, Boris V. 191
Lipeck 14, 86, 87
Lisičansk 79
Ljudkovskij, I. G. 190
Lolejt, A. F. 58, 70, 71, 154, 155, 168
Love, A. E. H. 123
Lugovaja 89
Lys'va 61, 189

Magnitogorsk 22, 152
Maillart, R. 166
Mainz 52
Majakovskij, Vladimir V. 17, 19
Majkop 53
»Maksim Gor'kij« 23
Mannesmann 13, 107
Marbinsk 147
Mehrtens, G. Ch. 149
Memelova, A. 184
Mendeleev, D. I. 116
Mel'nikov, N. P. 24
Mel'nikov, K. S. 53, 72, 73, 153, 156, 158, 161
Mengeringhaus, M. 16
Merkulev 128, 130, 131
Michajlovo 121
Mišin, V. P. 190
Mohr, Christian 139, 149
Moller, G. 52
Moskau
    Akademie der Wissenschaften 161
    Autofabrik 22
    Azov-Don-Bank 155
    Bachmeťevskij-Busdepot 53, 73, 158, 161
    Bari, Kesselfabrik 10, 13, 15, 16, 27, 29, 30, 31, 45, 46, 50, 51, 62, 76, 124, 135, 152, 161, 162
    Fabrik Givartovskij 80, 163
    Gaswerk 154
    Golofteev-Passage 152, 162
    Hauptpostamt 16, 64, 155, 161, 185

Höhere Lehrkurse für Frauen 155, 163
Hotel Metropol 152, 153, 154, 155, 161, 185
Kaufhaus CUM 152, 155, 162
Kaufhaus GUM 12, 44, 53, 58, 59, 152, 154, 161, 185
Kazaner Bahnhof 16, 70, 71, 155, 185
Kiever Bahnhof 16, 61, 66–69, 152, 155, 161, 185
Kommissarov-Technikum 80, 155, 162
Krestovskij-Wassertürme 135, 154, 162
Kühlhaus 154, 163
Künstlertheater 13, 50, 51, 156, 162
Lastwagengarage 53, 72, 161
Lehranstalt für Malerei 63, 155, 161, 185
Miussker Straßenbahndepot 156, 161
Mjur und Mjurelis 155, 162
Morozov-Armenhaus 162
Petrovskij-Passage 12, 44, 152, 155, 161
Polytechnikum 8, 20, 21, 25, 116, 117, 120, 165, 184
Šabolovka Sendeturm 17, 18, 20, 22, 74, 82, 93–97, 153, 156, 161, 165–167, 172, 184
Schrotgießturm Mar'ina rošča 162, 186
Simonovo 79, 82
Soldatenkov-Bank 155, 163
Straßenbahndepots 154
Verlag Russkoe slovo 155, 162
Universitätsobservatorium 156
Wärmezentrale 82
Wasserversorgung 10, 11, 16, 77, 185, 187
Zentrales E-Werk 154
Muchanov, K. 60
Mühlendahl, Nora von 191
Munc, O. R. 155, 161

Nečaev-Mal'cev 14, 165
Nervi 166
New York 107
NIGRÉS 98–103, 186
Nikitin 166
Nikolaev 14, 79, 80, 83
Nikolaev, A. M. 92
Nižnij Novgorod 11–14, 22, 30, 32–34, 36–38, 40–45, 50, 53–55, 57, 60, 74, 76, 78, 79, 83, 85, 110, 119, 121, 136, 137, 164, 165, 170, 178, 181, 184–186, 189
Nižnij Tagil 152
Nobel 8, 118
Novikov, D. I. 155, 161
Novokuzneck 152

Oka 19, 22, 82, 98–103, 141, 145, 148
Oltarževskij, V. K. 155, 161
Orenburg 141, 147, 185
Orlov, F. E. 25
Orsk 82
Otto, Frei 53, 166, 191

Paris 11, 17, 26, 27, 78, 92, 119, 142–147, 185
Parostroj 15, 16, 21, 29, 120, 147, 158, 184
Paton 164
Patton, E. O. 144, 149
Pauli, Friedrich August 139, 140
Pearl Harbour 109
Perederij, G. P. 164
Pertschi, Ottmar 8, 184, 187, 190
Pesel'nik, S. I. 77
Petersburg 8, 26, 44, 127, 165, 168, 170, 185
Petropavlovskaja, Irina 14, 17, 18, 30, 78, 92, 190
Petrov, Dm. 185, 186
Philadelphia 8, 26
Pisa 150
Pittsburgh 8, 26
Podol'sk 22, 117, 137, 184
Polibino 13, 86, 87, 110
Pollig, Hermann 190
Polonceau 52, 60
Poltava 81, 88
Pomerancev, A. N. 44, 55, 58, 152, 154, 156, 161
Preston, A. 105
Priluki 81
Prochorov, S. 168
Proskurjakov, L. O. 164
Putjato, Vladimir A. 60

Ramm, Ekkehard 8, 120
Reiner, Rolf 191
Rerberg, I. I. 16, 66–69, 152, 155
Richter, Erika 158, 190
Riga 92
Ritter, August 139, 149
Robinson 106
Rockefeller 19
Rodčenko, M. 68, 73, 172
Roschke, Hans Joachim 191
Rotov, K. 18
Royal Navy 104
Rykov, A. I. 20, 22
Rozanov, E. G. 191

Sagiri 80
Sagrada Familia 110, 111, 113, 114
Samara 47, 50, 81, 111, 184
Samarkand 19, 23, 184
Saratov 10, 151
Sarger, R. 166
Ščerbo, Georgij M. 8, 24
Schädlich, Christian 12, 53, 190
Schanz, Sabine 52
Scheffler, H. 123
Scheffler, Sabine 52
Schmall, Ilse 191
Schnirch, Friedrich 51
Schwedler, Johann Wilhelm 52, 138, 144, 149
Ščuko, V. A. 153
Ščuko, Aleksej M. 191
Ščusev, A. V. 16, 70, 71, 152–155
Šechtel, F. O. 50, 162
Šejndlin, A. E. 189
Sevastopol' 133
Sinclair Oil 19
Sinicyn, V. 189
Smolensk 92
Smurova, Nina 11, 45, 134, 154, 164, 185, 190

Solov'ev, S. U. 155, 162, 163
Sovietskij Kreking 19, 118, 119, 184
Špakovskij, A. I. 116
Stal'most 16, 23, 149
Stendhal 25
Stieglitz 127
Sucharansk 116
Šuchov, Fedor V. 16, 20, 21, 22, 156, 165, 184, 191
Šuchov, Ju. V. 156, 165
Šuchova, Anna Nikolaevna 186
Šuchova, Ksen'ja V. 11, 21, 184, 190
Svir' 115
Sytin, I. D. 155, 162
Syzran' 147, 185

Tambov 11, 80, 135, 184
Tarus 137
Taškent 138, 141, 147
Tatlin, V. 17, 156, 172
Timošenko, S. 123
Titov, V. A. 187
Tjumen 82
Tokyo 93
Tolstoj, Aleksej 18
Tom 145
Tambov 82
Tomlow, Jos 14, 55, 110, 146, 191
Tuapse 22, 116, 148
Tuchmanov-Belev, P. 189
Tula 137

Val'kot, V. F. 154, 161
Verchne-Isetsk 22
Vesnin, L. V. und A. V. 155, 156, 161, 171
Vičuga 137, 184, 185
Viollet-le-Duc 24
Vjazemsk 147
Vladimir 185
Voigt, Harald 52
Volgograd 10, 121, 185
Vrubel', M. A. 155
Voronež 135
Vyksa 13, 47–49, 81, 152, 153, 185

Wachsmann, Konrad 14, 16
Wagner, Rosemarie 12, 16, 30, 136
Whitman, Walt 8
Winkler, E. 120, 139, 149
Wolga 10, 128, 129
Wren, Christopher 110

Zabaev, A. P. 134
Zarnackij, Eduard 191
Zimin, N. P. 134
Žitkevič, N. A. 164
Žizdra 141
Zollinger 77
Žoltovskij, I. V. 153, 171
Žukovskij, N. E. 25
Žuravskij, D. I. 164
Zychskaja 116